Journal
für
die Baukunst.

In zwanglosen Heften.

Herausgegeben

von

Dr. A. L. Crelle,

Königlich-Preufsischem Geheimen-Ober-Baurathe, Mitgliede der Königlichen Akademie der Wissenschaften zu Berlin, Correspondenten der Kaiserlichen Akademie der Wissenschaften zu St. Petersburg und der Königlichen Akademieen der Wissenschaften zu Neapel und Brüssel, auswärtigem Mitgliede der Königlichen Akademie der Wissenschaften zu Stockholm, Ehrenmitgliede der Hamburger Gesellschaft zur Verbreitung der mathematischen Wissenschaften.

Drei und zwanzigster Band.

In vier Heften.

Mit vier Figurentafeln.

Berlin.

Bei G. Reimer.

1846.

Inhalt des drei und zwanzigsten Bandes.

Erstes Heft.

Zweites Heft.

Drittes Heft.

Viertes Heft.

Journal
für
die Baukunst.

In zwanglosen Heften.

Herausgegeben

von

Dr. A. L. Crelle,

Königlich-Preufsischem Geheimen-Ober-Baurathe, Mitgliede der Königlichen Akademie der Wissenschaften zu Berlin, Correspondenten der Kaiserlichen Akademie der Wissenschaften zu St. Petersburg und der Königlichen Akademieen der Wissenschaften zu Neapel und Brüssel, auswärtigem Mitgliede der Königlichen Akademie der Wissenschaften zu Stockholm, Ehrenmitgliede der Hamburger Gesellschaft zur Verbreitung der mathematischen Wissenschaften.

Drei und zwanzigster Band.

Erstes Heft.

Mit zwei Figurentafeln.

Berlin.

Bei G. Reimer.

1846.

1.

Die Girardsche Schiffschleuse mit Schwimmer.

Vorbemerkung des Herausgebers dieses Journals.

Die *Girard*sche Schiffschleuse mit Schwimmer, oder vielmehr die von Herrn *Girard* erfundene, ebensowohl für erst zu errichtende, als für schon vorhandene Schiffschleusen benutzbare Vorrichtung, hat den Zweck und die Wirkung, von dem Wasser, welches in gewöhnlichen Schleusen *ohne* die *Girard*sche Vorrichtung zur Hinauf- oder Hinabfahrt der Schiffe nöthig sein würde, einen bedeutenden Theil zu ersparen; und zwar *nicht weniger als 80 bis 90 p. Ct., und noch mehr.* Die Erfindung ist also, da sie, so viel sich absehen läfst, in der Ausführung nicht eben Schwierigkeiten finden dürfte, die sich nicht heben liefsen und wegen derer sie aufgegeben werden müfste, für die Canalschiffahrt wichtig; denn sehr häufig fehlt es bekanntlich, besonders den *Scheitelstrecken* der Canäle, an Wasser.

Zwar sind Canäle *immer noch möglich,* so lange sie nur überall, und auch in der Scheitelstrecke, so viel Zuflufs von Wasser haben, als *verdunstet, versiegt* und durch die vielleicht nicht ganz dichten Schleusenthore dringt; denn man darf nur das Wasser, welches beim Durchschleusen der Schiffe abwärts fliefst, durch Dampfmaschinen von unterhalb jeder Schleuse wieder nach oberhalb heben: allein es kann kommen, dafs dieses Heben des Wassers *mehr kostet,* als die Zinsen nebst Amortisation des Anlagecapitals und die Kosten der Erhaltung der *Girard*schen Vorrichtung betragen; und kostete es auch nur eben so viel, und selbst noch etwas weniger, so würde dennoch das *Girard*sche Mittel, als das einfachere, den Vorzug haben.

Diese Vorrichtung verdient daher, schon des Nutzens wegen, welchen sie für die *Canal-Schiffahrt* haben kann, alle Aufmerksamkeit. Aber sie verdient sie auch, weil sie möglicherweise auch noch für andere Zwecke, z. B. *zum Heben des Wassers,* nützlich sein kann; und endlich, weil sie ungemein sinnreich und so eigenthümlich ist, dafs es nicht zu viel sein dürfte, zu sagen, sie sei ein wesentlich *neues* Bewegungsmittel, von welchem alle künftigen Anwendungen noch nicht vorherzusehen sind.

Herr ***Girard*** hat seine Erfindung der Pariser Akademie zum Gutachten vorgelegt, und diese hat damit die Herren ***Coriolis, Piobert, Seguier*** und ***Poncelet*** beauftragt. Herr ***Coriolis*** hat den Entwurf des Berichts über die Prüfung angefangen, und, nachdem er vor der Vollendung desselben, leider! verstorben ist, hat Herr ***Poncelet*** den Bericht nicht allein vollendet, sondern auch eine, bis in alle Einzelnheiten gehende mathematische Untersuchung der Wirkungen der Vorrichtung angestellt und dieselbe nebst dem Bericht bekannt gemacht.

Der Herausgeber dieses Journals, besondere Hochachtung gegen Herrn ***Poncelet*** hegend, kann unmöglich hier die Bemerkung übergehen, wie wahrhaft echt und bewundernswürdig der Eifer ist, mit welchem dieser, bekanntlich ebensowohl zu den Ingenieurs als zu den Mathematikern *ersten Ranges* gehörende ausgezeichnete Gelehrte sich des Gegenstandes angenommen hat. Sein Eifer hätte unmöglich gröfser sein können, wäre die Erfindung seine eigene gewesen; und die Arbeit, welche Herr ***Poncelet*** darüber geliefert hat, ist warlich nicht gering und mühelos. Sie bringt, eben wie seinen ausgebreiteten theoretischen und practischen Einsichten, auch seiner Uneigennützigkeit und seinem Eifer für die Wissenschaft und für alles Nützliche eine neue Ehre. Möchten doch Alle, welche über neue Ideen und über Fortschritte in den Wissenschaften und Künsten zu urtheilen berufen und zu ihrer Förderung beizutragen im Stande sind, einen ähnlichen Eifer beweisen! dann würde nicht so manches Gute und Benutzbare, wie es leider geschieht, übersehen werden und entweder, und mit ihm seine Frucht für das Gemeinwesen, ganz verloren gehen, oder doch einen schweren Kampf zu kämpfen haben, ehe es zu seinem Recht und zu seinem Zwecke gelangt. —

Wir theilen hier die ***Poncelet***sche Arbeit, mit einigen kleinen eingestreuten Bemerkungen, vollständig mit. Vorher, glauben wir aber, werde es gut sein, eine bestimmte und einfache Beschreibung und Erklärung der ***Girard***schen Vorrichtung selbst zu geben. Diese Erklärung ist allerdings in dem Bericht, und zwar in dem Theile desselben, der noch von Herrn ***Coriolis*** herrührt, enthalten: aber sie tritt dort nicht so hervor, dafs der Leser nicht auf Schwierigkeiten stiefse; um so mehr, da erst von einer andern, ähnlichen Idee des Herrn ***Girard*** die Rede ist, die er später aufgegeben hat. Wir haben eine klare Ansicht von dem Gegenstande, auf welchen es ankommt, erst nicht ohne einige Mühe zu erlangen vermocht; und diese Mühe möchten wir hier dem Leser ersparen.

Der Beschreibung der Vorrichtung werden wir die Erklärung der Figurentafeln folgen lassen, welche das Original giebt, und welche ferner zur Erläuterung dienen wird. Dann soll die ***Poncelet***sche Arbeit folgen, und zum Schlufs werden wir unsrerseits noch einige kleine Bemerkungen über die Vorrichtung machen.

Ein deutlicher Begriff von der ***Girard***schen Vorrichtung im Allgemeinen läfst sich zunächst aus Fig. 3. 4. 5. 6. Taf. II. entnehmen. Es verhält sich mit derselben wie folgt. Die gleichen Buchstaben bezeichnen dieselben Gegenstände.

(A) Fig. 3. 5. und 6. ist der Grundrifs und Durchschnitt der Kammer einer *gewöhnlichen* Schleuse, mit ihren Stemmthoren; (A′) und (A″) ist der Canal unterhalb und oberhalb. ***P, P, P*** Fig. 3. 4. und 5. ist ein kreiscylinderförmiger ***Brunnen,*** der, wie in Fig. 5. und 6. zu sehen, etwas tiefer ist als der Boden der Schleusenkammer; Wände und Boden des Brunnens sind aus wasserdichtem Mauerwerk. An seinem Boden steht der Brunnen mit der Schleusenkammer durch die Canäle S, S Fig. 3. 5. und 6. frei in Verbindung, so dafs das Wasser im Brunnen ***immer*** genau eben so hoch stehen wird, als in der Schleusenkammer. Die Canäle S, S werden ***nie*** verschlossen. ***S′, S″*** Fig. 3. und 4. sind Gräben, welche das obere und das untere Wasser des Canals in die Nähe des Brunnens leiten. (B) Fig. 3. ist ein kreiscylinderförmiger Kasten aus starkem Blech (***der Schwimmer***). Er ist auf einem Geripppe, entweder aus starken Hölzern, oder aus hohlen eisernen Stangen, gebaut. Seine Grundfläche ist so grofs, als die der Schleusenkammer ***zusammengenommen*** mit dem Spielraum zwischen der Brunnenmauer und dem Schwimmer, welcher Spielraum nach Herrn ***Girard*** 6 bis 8 Zoll breit sein soll. Der Schwimmer ist oben offen und aufser seinem untern Boden hat er auf die halbe Höhe noch einen zweiten Zwischenboden (Siehe Fig. 4. 5. 6.). Er hat also, wie es sich ausdrücken läfst, ***zwei Stockwerke. Jedes*** Stockwerk ist so hoch als das ganze Gefälle der Schleuse, und vom obern Stockwerke reicht der Rand noch etwas höher hinauf. ***M′*** Fig. 4. ist eine cylindrische Röhre, welche die Luft in dem untern Stockwerk ***B′*** des Schwimmers mit der äufsern Luft in Verbindung setzt. S′ und S″ sind umgekehrte Heber, durch welche, wie sich zeigen wird, das untere Wasser aus dem Canal ***S′*** in das untere, und das obere Wasser aus dem Canal ***S″*** in das obere Stockwerk des Schwimmers gelangen kann; so wie auch umgekehrt aus diesem und jenem Stockwerke des Schwimmers ***zurück*** in den untern und obern Canal. V′ und V″ sind die cylinderförmigen Ventile, um den Zutritt des Wassers in die Heber S zu öffnen, oder zu sperren, ähnlich den Ventilen an den Cornwallisschen Dampfmaschinen. *C, C, C* sind Vorrichtungen mit Gegengewichten gegen den Schwimmer, um ihn, wenn es nöthig ist, zu heben.

Gesetzt nun, es solle mittels der Schleuse ein Schiff aus dem untern in das obere Wasser gebracht werden und das Schiff sei zu dem Ende durch die untern geöffneten Thore in die Schleusenkammer (A) hineingefahren, worauf man die untern Thore hinter dem Schiff wieder verschlossen hat: so wird das Wasser in der Schleusenkammer, und vermöge der Verbindungscanäle S S Fig. 3. im Brunnen um den Schwimmer herum, so wie auch im untern Theile des Canals *gleich hoch* stehen, in der Art, wie es Fig. 4. und 5. vorstellen. Der Schwimmer, welchen wir ganz leer annehmen, wird im Brunnen auf der Oberfläche jener Wasserfläche schwimmen. Aber, obgleich gar kein Wasser darin sein soll, hat er selbst doch ein nicht unbedeutendes Gewicht, und vermöge dieses Gewichts wird er in das Wasser des Brunnens um eine gewisse Tiefe *eingesunken* sein, und zwar schon vorher, als die untern Schleusenthore noch offen waren, so dafs jetzt immer das Wasser in der Schleusenkammer und im Brunnen um den Schwimmer herum genau nur eben so hoch stehen wird, als das Unterwasser des Canals *aufserhalb* der Schleusenkammer, also so hoch als in dem Zuleitungsgraben *S'* Fig. 3. Da aber nun der Schwimmer vermöge seines Gewichts in das Wasser eingesunken ist, so wird die innere Oberfläche seines untern dünnen Bodens um *etwas tiefer stehen* als der Spiegel des Unterwassers in dem Graben *S'; angenommen um 2 Zoll.* Nun sollte das untere Stockwerk des Schwimmers gerade so hoch sein, als das *Schleusengefälle,* das heifst: die innere Oberfläche des *Zwischenbodens* des Schwimmers sollte gerade so hoch über der innern Oberfläche seines *untern Bodens* liegen, als das Oberwasser des Canals über dem Unterwasser. Daraus folgt, dafs, eben so wie die innere Oberfläche des *untern* Schwimmerbodens 2 Zoll tief unter dem *Unterwasser* liegt, auch die innere Oberfläche seines *Zwischenbodens* 2 Zoll tief unter dem *Oberwasser* liegen wird. Öffnet man daher die Ventile V der beiden Heber S' und S'' unterhalb und oberhalb, so wird, vermöge des Gefälles oder der Druckhöhe von 2 Zoll, das Unterwasser aus dem untern Graben *S'* durch den Heber S' in das untere, und *gleichzeitig* das Oberwasser aus dem obern Graben *S''* durch den Heber S'' in das obere Stockwerk des Schwimmers fliefsen.

Dadurch, dafs jetzt Wasser in das Innere des Schwimmers geflossen ist, ist derselbe *schwerer* geworden; er wird also *tiefer* in den Brunnen eingesunken sein, aber keinesweges etwa um so viel, als die Höhe der ***beiden*** eingeflossenen Wasserschichten ***zusammen*** beträgt, sondern gerade nur ***halb so viel.*** Wäre nemlich z. B. in jedes der beiden Stockwerke des Brunnens $\frac{1}{2}$ Zoll hoch Wasser eingeflossen, so wird der Schwimmer mit seinem untern und seinem Zwischenboden nicht um 1 Zoll, sondern nur um $\frac{1}{2}$ Zoll tief gesunken sein. Denn indem der Schwimmer sinkt, ***drückt*** er das Wasser aus dem Brunnen durch die Canäle S, S Fig. 3. in die Schleusenkammer ***zurück,*** und ***in die Höhe,*** so wie auch in dem Ringe zwischen ihm und der Brunnenmauer; und zwar gerade um ***eben so viel,*** als er gesunken ist, da jene beiden Räume, wie oben bemerkt, an Grundfläche zusammengenommen gerade so grofs sein sollen, als der Schwimmer. Indem also der Schwimmer unter seinen anfänglichen Stand $\frac{1}{2}$ Zoll tief sinkt, treibt er das Wasser in der Schleusenkammer und um sich herum im Brunnen um ***ebenso viel in die Höhe,*** und folglich ist nun der Gegendruck auf den Boden des Schwimmers zusammen um $\frac{1}{2}+\frac{1}{2}=1$ Zoll ***stärker*** als Anfangs: denn um $\frac{1}{2}$ Zoll ist der Boden des Schwimmers gesunken, und um $\frac{1}{2}$ Zoll ist ***zugleich*** das Wasser, welches den Schwimmer trägt, gestiegen. Dieser Gegendruck von 1 Zoll hält den ***beiden*** in den Schwimmer eingeflossenen Wasserschichten, jede von $\frac{1}{2}$ Zoll hoch, das Gleichgewicht, und folglich sind durch die Einströmung von zusammen 1 Zoll hoch Wasser in das untere und obere Stockwerk des Schwimmers die beiden Boden desselben nicht um 1 Zoll, sondern nur um $\frac{1}{2}$ Zoll ***unter ihren anfänglichen Stand*** tiefer gesunken.

Aber $\frac{1}{2}$ Zoll hoch Wasser ist auch nur über jeden der beiden Boden des Schwimmers eingeströmt: also stehen die ***Oberflächen des Wassers*** in beiden Stockwerken jetzt noch ***ganz an derselben Stelle, wo im Anfange die Oberfläche der Boden des leeren Schwimmers stand,*** und folglich, ***gleich diesen,*** jede ***unverändert*** noch ***2 Zoll*** tief unter dem untern und dem obern Wasser des Canals. So ist also die Druckhöhe für den Einflufs des Wassers in den Schwimmer durch die bisherige Einströmung um nichts vermindert worden, so wie auch nicht vermehrt. Demnach wird die Einströmung des Wassers unverändert ***fortdauern,*** und zugleich wird das Wasser in der Schleusenkammer, so wie im Brunnen, um den Schwimmer herum, ferner ***höher steigen.*** Durch eine neue Einströmung von z. B. $\frac{1}{2}$ Zoll hoch in jedes der beiden Stockwerke des Schwimmers wird derselbe von neuem $\frac{1}{2}$ Zoll tiefer sinken und das Wasser in der Schleusenkammer und im Brunnen um den Schwimmer herum wird ferner um $\frac{1}{2}$ Zoll höher steigen; und so ***immerfort,*** bis das untere Stockwerk des Schwimmers *ganz gefüllt* ist und also im obern Stockwerk das Wasser so hoch steht, als das *ganze* Schleusengefälle beträgt; wodurch denn auch, (da der Schwimmer, der immer gerade um eben so tief gesunken ist, als die Höhe der in jedes seiner Stockwerke hineingeflossenen Wasserschicht beträgt, also jetzt um das *ganze* Schleusengefälle) gleichzeitig das Wasser in der Schleusenkammer und im Brunnen (sammt dem Schiff) um eben diese Höhe über seinen anfänglichen Stand, also *ganz bis zu der Höhe des Oberwassers selbst,* empor getrieben sein wird.

Aber bis *dahin* läfst man die Einströmung des Wassers in den Schwimmer, und folglich das Sinken des Schwimmers, nicht fortwähren, sondern man hemmt plötzlich durch Verschliefsen der Ventile V die Einströmung: gerade in dem Augenblick, wo das Wasser in der Schleusenkammer und im Brunnen um den Schwimmer herum so hoch gestiegen ist, dafs seine Oberfläche unter der des Oberwassers im Canal noch um das *Doppelte* derjenigen Tiefe steht, in welcher sich beim Anfange der Bewegung die Oberflächen der Boden des leeren Schwimmers unter dem untern und dem obern Wasser befanden, also um das Doppelte der *Druckhöhe* für die Einströmung, *welche sich immer gleich blieb;* mithin in dem angenommenen Beispiele um 4 Zoll. Auch in diesem Augenblick steht noch, wie immer, die Oberfläche des Wassers im untern Stockwerke des Schwimmers 2 Zoll tief unter dem Unterwasser, und die Oberfläche des Wassers in dem obern Stockwerk 2 Zoll tief unter dem Oberwasser des Canals.

Nun läfst man durch die Schützen der obern Thore der Schleusenkammer in dieselbe so lange Wasser aus dem obern Canal einfliefsen, bis die Kammer *vollends gefüllt ist.* Darauf öffnet man die obern Thore und das Schiff fährt hinaus.

Soll jetzt weiter ein Schiff aus dem obern Canal in den untern gebracht werden, so läfst man es in die Schleusenkammer hineinfahren und verschliefst die obern Thore. Ist kein Schiff nach unten zu schaffen, sondern ein *zweites* soll von unten heraufgeholt werden, so verschliefst man blofs die obern Thore. Zu beiden Zwecken gleichmäfsig ist das Wasser in der Schleusenkammer, welches jetzt mit dem Oberwasser *gleich hoch* steht, wieder *bis ganz auf das Unterwasser hinunterzusenken;* und dies geschieht, nicht, wie gewöhnlich, dadurch, dafs man das Wasser aus der Schleusenkammer durch die Schützen der untern Thore ausfliefsen und also *verloren gehen* läfst, sondern wieder *vermittels des Schwimmers,* wie folgt.

Dadurch, dafs man Wasser durch die Schützen der obern Thore so lange in die Schleusenkammer fliefsen liefs, bis der Wasserspiegel in derselben, ***der noch 4 Zoll tief unter dem Oberwasser stand,*** die ***volle*** Höhe des Oberwassers erreicht hatte, damit das Schiff hinausfahren konnte, ist nemlich der Wasserspiegel, eben wie in der Schleusenkammer, so auch im ***Brunnen,*** um 4 Zoll *höher gehoben* worden: folglich ist auch der ***Schwimmer,*** der mit dem Wasser, welches er enthält, auf dem Wasser im Brunnen ***schwimmt,*** und der durch das Einströmen des Wassers durch die obern Thore der Schleuse an sich ***keine*** Veränderung erleidet, ***ebenfalls*** um 4 Zoll höher gehoben worden: mithin stehen die Oberflächen des Wassers in seinen beiden Stockwerken, die sich zuletzt 2 Zoll tief ***unter*** dem untern und dem obern Wasser des Canals befanden, jetzt jede um 2 Zoll ***höher*** als die Spiegel des untern und des obern Canalwassers, so, wie es Fig. 6. vorstellt. Öffnet man daher die Heberventile V, so wird nunmehr das Wasser aus dem untern Stockwerk des Schwimmers in das Unterwasser im Graben S', und aus dem obern Stockwerk in das Oberwasser im Graben S'', beides wieder unter der Druckhöhe von 2 Zoll, ***zurückfliefsen:*** eben dahin, von wo es der Schwimmer erhielt. Und zwar wird auch dieses ***Ausströmen*** des Wassers aus dem Schwimmer, ganz wie vorhin das ***Einströmen,*** unter derselben unveränderten Druckhöhe von 2 Zoll ***immer fortwähren.*** Denn gesetzt, es sei $\frac{1}{2}$ Zoll hoch Wasser aus ***jedem*** der beiden Stockwerke des Schwimmers ***ausgeflossen,*** so ist der Schwimmer um das Gewicht einer Wasserschicht von $\frac{1}{2} + \frac{1}{2} = 1$ Zoll hoch ***leichter*** geworden. Er wird sich also aus dem Wasser des Brunnens ***emporheben,*** aber nicht um 1 Zoll, sondern nur um $\frac{1}{2}$ Zoll; denn, indem er sich um $\frac{1}{2}$ Zoll hebt, ***sinkt*** das Wasser in der Schleusenkammer, durch die Canäle S, S Fig. 3. zurücktretend, so wie in dem Ringe des Brunnens um den Schwimmer herum (deren Flächen zusammen der Fläche des Schwimmers gleich sind) nothwendig ***gleichzeitig*** um $\frac{1}{2}$ Zoll: also ist der Druck auf den Boden des Schwimmers erst um den halben Zoll, um welchen sich derselbe gehoben hat, und dann um den halben Zoll, um welchen der Gegendruck des Wassers in der Schleusenkammer abgenommen hat, zusammen um 1 Zoll ***vermindert*** worden, und dadurch ist das Gleichgewicht gegen den Ausflufs von zusammen 1 Zoll hoch hergestellt. Da aber nun, während der Schwimmer um $\frac{1}{2}$ Zoll sich gehoben hat, auch gerade $\frac{1}{2}$ Zoll hoch Wasser aus jedem seiner beiden Stockwerke ausgeflossen ist, so sind die ***Oberflächen*** des Wassers in den beiden Stockwerken des Schwimmers wieder genau an ***denselben Stellen*** geblieben, wie vorher, und die Druckhöhe von 2 Zoll für gen Ausflufs ist weder vermindert noch vergröfsert worden. Demnach währt der Ausflufs unverändert fort. Z. B. mit jedem fernern halben Zoll Wasser, welches aus *jedem* der beiden Stockwerke des Schwimmers ausfliefst, hebt sich der Schwimmer um ½ Zoll, und *gleichzeitig* sinkt das Wasser in der Schleusenkammer um eben so viel; und so immerfort, bis beide Stockwerke des Schwimmers wieder *vollständig geleert sind,* das heifst, bis sie alle ihr Wasser, welches sie aus dem obern und untern Canal empfingen, *eben dahin* wieder zurückgegeben haben. Bis jetzt ist noch *gar kein* Wasser aus dem Oberwasser in das Unterwasser gelangt und verloren gegangen: denn was der Schwimmer genommen hat, hat er ihnen auch zurückgegeben.

Aber, nachdem so der Schwimmer wieder ganz geleert worden ist, hat sich das Wasser in der Schleusenkammer und im Brunnen *noch nicht ganz* bis auf das Unterwasser hinabgesenkt, sondern es steht daselbst nothwendig noch *höher,* als das Unterwasser; *und zwar um 4 Zoll:* denn stände es mit ihm *gleich hoch,* so müfsten die Boden des jetzt leeren Schwimmers nicht, wie es jetzt der Fall ist, 2 Zoll *höher,* sondern, wie im ursprünglichen Zustande, 2 Zoll *tiefer* als die Spiegel des Unter- und Oberwassers stehen. Da nun aber jetzt der Schwimmer nicht weiter zu wirken im Stande ist, so mufs man, damit entweder das von oben kommende Schiff in den untern Canal hinausfahren, oder, wenn kein Schiff von oben kam, in die leere Schleusenkammer ein Schiff von unten hineinfahren könne, *die noch übrigen 4 Zoll hoch Wasser durch die Schützen der untern Thore abfliefsen lassen,* damit dann die Thore geöffnet werden können; wodurch auch der leere Schwimmer zugleich um 4 Zoll sinken wird, so dafs nun seine leeren Boden wieder 2 Zoll tief *unter* dem Unter- und Oberwasser stehen. Jene 4 Zoll hoch Wasser betragen aber so viel als etwa 8 Zoll auf die Fläche des Schwimmers, und folglich noch etwas mehr für die Schleusenkammer *allein,* denn im Brunnen steht das Wasser *immer* eben so hoch als in der Schleusenkammer, und folglich ebenfalls noch 4 Zoll höher als das Unterwasser, und die Fläche des Brunnens ist um den *doppelten* Spielraum zwischen dem Brunnen und dem Schwimmer gröfser als die Fläche der Schleusenkammer, weil die Fläche des Schwimmers allein schon um jenen Spielraum gröfser ist als die Fläche der Schleusenkammer. Also beträgt die Höhe der Wasserschicht, von der Grundfläche der Schleusenkammer, welche durch die untern Thore hinauszulassen ist, *etwas mehr als 8 Zoll.* Diese Wasserschicht ist der *wirkliche Verlust an Wasser für ein Auf- und Abschleusen.* Nachdem dieses Wasser hinausgelassen ist, befindet sich Alles wieder in dem ersten, ursprünglichen Zustande; die Boden des leeren Schwimmers stehen wieder 2 Zoll tief *unter* dem untern und dem obern Wasser und das ganze Verfahren kann nun auf *dieselbe* Weise von Anfang an *wiederholt* werden.

Bei den gewöhnlichen Schleusen, *ohne* Schwimmer, ist, wenn ein Schiff hinaufgeschafft werden soll und dann gleich wieder mit der gefüllten Schleusenkammer ein Schiff hinabführt, oder auch, ebenso, falls kein Schiff sogleich den Rückweg zu benutzen da ist, zum Hinauf- oder Hinabschaffen *jedes* Schiffs eine *ganze Schleusenkammer* voll Wasser nöthig, also, wenn z. B. das Schleusengefälle 8 Fufs beträgt, eine Wasserschicht von *8 F. hoch*, von der Grundfläche der Schleusenkammer: hier, bei der *Girard*schen Schleuse *mit* Schwimmer, ist zu *denselben* Zwecken nur eine Wasserschicht von etwas über *8 Zoll hoch* von der Fläche der Schleusenkammer nöthig; es werden also durch den Schwimmer in dem angenommenen Falle etwa 90 p. Ct. an Wasser erspart, *vorausgesetzt freilich, dafs die angenommene Druckhöhe von 2 Zoll zu der Bewegung des Schwimmers hinreicht.*

Die vorstehende Beschreibung wird im Allgemeinen einen deutlichen Begriff von dem *Girard*schen Schwimmer und seinen Wirkungen geben. Wie der Schwimmer auf gekuppelte Schleusen und in andern Fällen anzuwenden sei, erhellet nun so ziemlich auch schon ohne besondere Erläuterung aus den Figuren 7. 8. 9. und 10. Dieses aber näher, so wie alles Übrige wird aus der Abhandlung selbst zu entnehmen sein.

Zunächst folgt noch erst die Erklärung der Figuren, wie das Original sie giebt.

Erklärung der Figuren.

Die Figuren 1. und 2., ohne Maafsstab, haben blofs den Zweck, die Bezeichnungen in den Formeln uud Auseinandersetzungen des Textes anschaulich zu machen; insbesondere in §. 11. 13. etc. 23. 30. 33. 35. etc. 46. etc. 55. und 56. 61 und 62. Die nach der Anweisung des Herrn *Girard* gezeichneten Figuren 3. bis 10. sind bestimmt, einen allgemeinen Begriff von seiner Vorrichtung und deren Anwendung auf die verschiedenen Arten von Schleusen zu geben.

Fig. 1. ist ein willkürlicher Durchschnitt durch die, dreien über einander folgenden gekuppelten Schleusenkammern von beliebiger Gröfse gemeinsame Axe. Es ist angenommen, dafs das Profil zugleich durch die Axe des Schwimmers und seines Brunnens gehe, so, dafs diese Axe in der Vorstellung in die Axe der Schleusenkammer versetzt ist. In diesem Längsdurchschnitt ist der Schwimmer in seiner *anfänglichen* Lage, beim Aufsteigen, wo seine beiden Stockwerke mit Wasser beinahe gefüllt sind, durch *ausgezogene* Linien vorgestellt; in seiner Lage *am Ende* des Aufsteigens dagegen, wo er nur noch zwei dünne Wasserschichten enthält, durch *punctirte* Linien.

Fig. 2. ist ein durch die lothrechte Axe des Schwimmers und der Hauptkammer der Schleuse gehender Querdurchschnitt. Der Schwimmer ist am Anfange seines Hinabsteigens gezeichnet, wo seine beiden Stockwerke nur erst schwache Wasserschichten enthalten, welche ihnen aus den beiden äufsersten Schleusenkammern zugeflossen sind. Die punctirten Linien stellen auch hier den Schwimmer am Ende seines Laufes vor; der hier absteigend ist.

Fig. 3. ist der Grundrifs eines zweistöckigen Schwimmers neben einer einfachen Schleusenkammer, welche zwischen Canalstrecken liegt, die gegen die Kammer als unbegrenzt zu betrachten sind.

Fig. 4. ist der lothrechte Durchschnitt nach der gebrochenen Linie KLMNOQ in Fig. 3. Der Schwimmer ist hier am *Anfange* seiner absteigenden Bewegung, also in seiner *höchsten* Stellung, und beinahe leer angenommen.

Fig. 5. und 6. sind lothrechte Durchschnitte nach der Linie XY Fig. 3. In Fig. 5. ist der Schwimmer am Anfange seiner absteigenden Bewegung, also leer; in Fig. 6. am Anfange seiner aufsteigenden Bewegung, also voll angenommen.

Fig. 7. ist der Grundrifs und gebrochene lothrechte Durchschnitt eines zweistöckigen Schwimmers für eine Schleuse mit zwei Kammern.

Fig. 8. ist der Grundrifs eines Schwimmers für eine Schleuse mit drei Kammern.

Fig. 9. ist von Fig. 8. nur darin verschieden, dafs hier die mittlere der drei Schleusenkammern zur Begegnung auf- und absteigender Schiffe Raum hat.

Fig. 10. ist der Grundrifs und lothrechte Durchschnitt, letzterer nach einer gebrochenen Linie, für den Fall von drei Schleusenkammern, und noch mit einem Sparbecken, welches in der angemessenen Höhe liegt.

Überall bezeichnen in den Figuren dieselben Buchstaben die nemlichen oder gleichartigen Gegenstände.

(A) ist die Haupt- oder mittlere Schleusenkammer, mit welcher der Brunnen für den Schwimmer an seinem Boden in Verbindung steht.

(A′) ist das Wasserbecken unterhalb, welches durch Heber oder Canäle mit dem untern Stockwerk des Schwimmers in Verbindung ist.

(A″) ist das Wasserbecken oberhalb, welches auf ähnliche Art mit dem obern Stockwerk des Schwimmers in Verbindung ist.

(B) ist der Schwimmer.

(B′) ist sein unteres und (B″) sein oberes Stockwerk.

C, C′ sind Vorrichtungen, um durch Gegengewichte, welche zwischen Leitstangen laufen, dem Gewicht des Schwimmers das Gleichgewicht zu halten.

D′, D″ sind Vorrichtungen mit Sperrhaken, um die Heber S′, S″, welche das Wasser nach den beiden Stockwerken des Schwimmers leiten, nach Belieben verschliefsen zu können.

F′ F″ sind bewegliche Röhrenscheiden, welche bestimmt sind, die Verbindung der Heber S′, S″ mit den ihnen correspondirenden Stockwerken des Schwimmers in dessen verschiedenen Lagen herzustellen.

M′ ist eine leere Röhre, bestimmt, die Luft aus dem untern Sotckwerk des Schwimmers ins Freie strömen zu lassen und so das Gleichgewicht des Drucks des Wassers auf die Boden der beiden Stockwerke des Schwimmers herzustellen.

M″ ist eine volle Röhre, um die Verbindung zwischen dem obern Stockwerk des Schwimmers und dem lothrechten Arm des Hebers herzustellen, welcher das Wasser durch den Brunnen hindurch in das obere Stockwerk des Schwimmers leitet.

(P) P ist der Brunnen für den Schwimmer, der mit der Hauptschleusenkammer (A) in freier Verbindung steht.

S′, S″ sind die umgekehrten Heber, welche das obere und das untere Wasser in die beiden Stockwerke B′ und B″ des Schwimmers leiten.

S′, *S″* sind die Zuleitungscanäle nach den Hebern.

V′, V″ sind die offenen cylindrischen Ventile, zur Eröffnung oder Verschliefsung der Hebermündungen.

Bericht an die Pariser Akademie der Wissenschaften über die von Herrn D. Girard erfundene neue Art von Schiffschleusen mit Schwimmern.

Die Beauftragten sind die Herren *Coriolis*, *Piobert* und *Seguier*; Bericht-Erstatter ist Herr *Poncelet*. Sitzung am 17. Febr. 1845.

Die Akademie hatte ihren oben genannten Mitgliedern die Untersuchung eines ersten Vorschlages zu einer neuen Art von Schiffschleusen mit Schwimmern und Hebern aufgetragen, welchen Herr *Girard* ihr am 7ten Febr. 1842 vorgelegt hatte. Die Untersuchung war recht eigentlich Sache des Herrn *Coriolis* (dessen zu frühen Verlust wir noch lange zu bedauern haben werden); auch übernahm dieser unser College die Erstattung des Berichts. Man fand denselben nach seinem Tode in seinen Papieren schon weit genug vorgerückt, um von den andern Beauftragten, welchen die Akademie nach dem Abgange des Herrn *Coriolis* am 2ten Febr. 1843 mich [*Poncelet*] beiordnete, bekannt gemacht zu werden. Es hat uns die Mittheilung des Entwurfs des Herrn *Coriolis* zu dem Bericht um so angemessener geschienen, da nicht blofs das Urtheil des Verstorbenen vollwichtig ist, sondern auch, weil es sich zugleich auf eine *erste* Idee des Herrn *Girard* bezieht, welche derselbe späterhin ganz verändert hat, die aber gleichwohl der Aufbewahrung werth ist.

Herr *Coriolis* sagt in seinem Entwurf zum Bericht Folgendes.

„Der Erfinder hat sich die Aufgabe gestellt, den Verbrauch von Wasser „beim Durchgange der Schiffe durch Schleusen auf Canälen zu vermindern „und nicht mehr bei jedem Durchgange eine *ganze* Schleusenkammer voll „Wasser aufgehen zu lassen."

„Seit lange hat man gesucht, diesen Zweck zu erreichen. Die dazu vor„geschlagenen bemerkenswerthesten Mittel sind die Rampen der Herrn *Reynolds* „und *Fulton;* die Schleusen mit Rollwagen des Herrn Ingenieur *Mercadier;* „die Schleusen der Herrn *Solage* und *Bossut,* mit beweglichen Kammern; die„jenigen mit Schwimmern und Gegengewichten des Herrn Ingenieur *Betancourt,* „und endlich diejenigen mit Kolben und Hebern des Herrn *Burdin.* Auch „ist noch des vor längerer Zeit patentirten Systems des Herrn *Thilorier* zu „gedenken; da indessen bei diesem letztern eine äufsere Kraft, z. B. die des „Windes oder der Pferde, zu Hülfe genommen werden soll, um das hinab„geflossene Wasser wieder zu heben, so gehört es nicht zu denen, bei wel-

„chen für diesen Zweck blofs auf die Kraft des herabfliefsenden Wassers selbst „gerechnet wird, um den gröfsern Theil desselben wieder in die Höhe zu „schaffen."

„Die Herren ***Reynolds, Fulton*** und ***Mercadier*** wollen sich, um ein „Schiff hinaufzuschaffen, eines andern bedienen, welches hinabfährt; sie setzen „es zu dem Ende auf Rollwagen auf einer Rampe, oder lassen es in Wasser-„behältern, welche auf Rollwagen fortbewegt werden, schwimmen."

„Bei der Schleuse der Herrn ***Solage*** und ***Bossut*** wird die vom Ober-„wasser bis zum Unterwasser bewegliche Kammer von einem Kasten senkrecht „getragen, welcher in einen Brunnen taucht, dessen Wasser durch Zu- oder „Ableitung des Wassers in der Kammer zum Steigen und Fallen gebracht wird."

„Das System des Herrn ***Betancourt*** bringt einen Behälter mit der Schleu-„senkammer in Verbindung und macht das Wasser in dieser vermittels eines „Schwimmers steigen und fallen, welcher sich in dem Behälter ohne grofse „Schwierigkeit senkt, oder daraus erhebt, indem er in jeder Lage vermöge „eines veränderlich vorkommenden Gegengewichts ungefähr ins Gleichgewicht „gebracht wird."

„Das System des Herrn ***Burdin*** beruht ebenfalls auf einem, mit der „Schleusenkammer in Verbindung stehenden Behälter seitwärts. Dieser Be-„hälter ist vermittels eines Deckels von allen Seiten luftdicht verschlossen und „hat einen umgekehrten Kolben, welcher also wie der einer Saugpumpe wirkt „und alles Wasser der Schleusenkammer entweder in den Behälter hinein- „oder aus ihm herausschafft, ohne dafs jedoch der Schwerpunct der ganzen „Wassermasse in beiden Räumen stiege oder fiele, und so, dafs also, um die „Bewegung hervorzubringen, nur die Reibung zu überwinden ist."

„Das von Herrn ***Girard*** vorgeschlagene Mittel ist von allen diesen „verschieden genug, um für neu gelten zu können. Es nimmt gleichzeitig „den Schwimmer des Herrn ***Betancourt*** und die Heber des Herrn ***Burdin*** „zu Hülfe."

„Es besteht in Folgendem."

„Zur Seite der Schleusenkammer macht man einen weiten und tiefen „Brunnen, der mit Wasser gefüllt ist. Ein prismatischer Kasten, von einem „leeren Schwimmer getragen, welcher kleiner ist und in den Brunnen sich „hinein senkt, enthält bis auf eine gewisse Höhe so viel Wasser, als nöthig „ist, die Schleusenkammer zu füllen. Wenn nun die Kammer leer ist, und „man will sie füllen, so steht der Schwimmer um etwas weniges, etwa 2 Zoll,

„höher, als das Wasser in der Schleusenkammer, nemlich als das *Unter-* „*wasser.* Grofse Heber, zehn an der Zahl, welche beständig voll Wasser „sind, können durch Öffnung ihrer Hähne das Wasser in dem schwimmenden „Kasten mit dem in der Schleusenkammer in Verbindung bringen, und es fliefst „aus jenem in diese. So wie dieses Ausfliefsen begonnen hat, senkt sich „das Wasser in dem Kasten; derselbe wird dadurch leichter und hebt sich „folglich um ein Gewisses in die Höhe, dessen Maafs von dem Stande der „Oberfläche des Wassers in dem Kasten und demjenigen des Wassers im Brun- „nen abhängt, auf welchem der Kasten schwimmt. Dieses Verhältnifs läfst „sich leicht so einrichten, dafs der Kasten um eben so viel aufsteigt, als das „Wasser in der Schleusenkammer. Diese Anordnung ist der unterscheidende „Bestandtheil der Erfindung des Herrn *Girard.*"

„Das Fliefsen des Wassers aus dem Behälter in die Kammer dauert „nun so lange fort, bis man es mittels besonderer Anordnungen durch Ver- „schliefsen der Hähne der Heber plötzlich unterbricht. Dieses thut man, so- „bald der Wasserstand in der Kammer bis auf etwa 4 Zoll hoch unter dem „Stande des Oberwassers gestiegen ist, wo dann also der Wasserstand in dem „schwimmenden Kasten nur noch 2 Zoll unter dem Oberwasser liegt. Jetzt „öffnet man die obern Thore der Kammer und läfst die noch fehlenden 4 Zoll „hoch Wasser in die Kammer fliefsen."

„Nachdem so dem Schiffe die Fahrt geöffnet, dasselbe hinausgefahren „ist und die obern Thore wieder verschlossen worden sind, kann auch das „Wasser in der Kammer auf ähnliche Weise wieder gesenkt werden, um ein „Schiff von oben nach unten zu schaffen. Man öffnet die Hähne der Heber, „und das Wasser, weil es in dem schwimmenden Kasten noch 2 Zoll *tiefer* „steht, als jetzt in der Kammer," [nachdem in diese die 4 Zoll, welche noch fehlten, durch die obern Thore eingelassen worden sind. D. H.] „fliefst aus „der Kammer in den Kasten; und so wie nun wieder der Kasten mehr Wasser „aufnimmt, wird er sich, während das Wasser in der Kammer sinkt, eben- „falls hinabsenken. Da andrerseits das Wasser in dem Brunnen durch die „Einsenkung des Kastens in die Höhe gedrückt wird, so entsteht für den ab- „soluten Wasserstand im Kasten eine Senkung, die gleich dem Unterschiede „der beiden entgegengesetzten Wirkungen ist. Vermöge der bestimmten Ver- „hältnisse zwischen den horizontalen Querschnitten des Wassers in der Schleusen- „kammer, in dem schwimmenden Kasten und im Brunnen, so wie der Fläche „der Eintauchung des Schwimmers, wird das Wasser im Kasten um eben so

„viel hinabsinken, als in der Schleusenkammer, also das Umgekehrte der Wir-„kung beim Aufsteigen erfolgen; mithin wird der Flufs des Wassers aus der „Schleusenkammer immer fortdauern und man wird die Schleusenkammer so „lange sich entleeren lassen können, bis das Wasser in ihr nur noch 4 Zoll „hoch über dem Unterwasser steht. Dann verschliefst man wieder die Hähne; „welches entweder durch einen dazu bestimmten Mechanismus vom Wasser „selbst geschieht, oder durch die Hand des Schleusen-Aufsehers. Das Wasser „im Kasten steht alsdann noch 2 Zoll hoch über dem Unterwasser, und wenn „man nun aus der Kammer die 4 Zoll, um welche es *dort* höher stand, als „das Unterwasser, durch die untern Thore abläfst, so ist alles wieder in dem „anfänglichen Zustande, weil jetzt das Wasser im Kasten wieder 2 Zoll *höher* „steht, als in der Kammer." [Es kann nun wieder aus dem Kasten das Wasser in die Kammer gelassen werden, um ein Schiff aufsteigen zu machen. D. H.]

„Es ist, wie gesagt, leicht, das Verhältnifs der Querschnitte des Kastens „und des Schwimmers so einzurichten, dafs der nöthige Unterschied der Wasser-„stände hervorgebracht wird. Aber die Rechnung ergiebt, dafs die dem Brunnen „und dem Schwimmer zu gebenden Maafse für die Ausführung Schwierigkeiten „haben; indessen wird dadurch die Ausführung, wenn auch theuer, doch nicht „unthunlich."

„Herr *Girard* berechnet die zu seiner Anordnung nöthige Zulage zu „den Kosten einer 105 F. langen und 16 F. breiten Schleuse auf 16 000 Thlr. „Sie dürften vielleicht 18 667 Thlr. betragen; aber in Fällen, wo man wegen „Mangel an Wasser Dampfmaschinen bauen mufs, um das Wasser zurückzu-„schöpfen, dürfte nach unserer Ansicht die Anordnung des Herrn *Girard* „doch noch vortheilhaft sein."

„Wir gehen nicht in alle Einzelnheiten der Anordnung ein. Vorzüg-„lich wird es nur nöthig sein, dafür zu sorgen, dafs die Heber immer luftfrei „und voll Wasser gehalten werden können. Da hiezu die Arbeit des Schleusen-„wärters wahrscheinlich nicht ausreichen wird, so dürfte eine Rofskunst, oder „eine sehr kleine Dampfmaschine, etwa von der Kraft Eines Pferdes, gebaut „werden müssen."

Hier endigt der Entwurf des Herrn *Coriolis* zu seinem Bericht, und man sieht daraus, dafs unser ehrenwerther College, obgleich er sich nicht die bedeutenden Bedenken gegen den *ältern* Vorschlag des Herrn *Girard* verhehlte, dennoch keineswegs ihn unbedingt verwarf, sondern diese Anordnung, in Fällen, wo das Wasser für die Schiffahrt fehlt, sogar allen frühern Vorschlägen vorzog. Da nun aber später der Erfinder, zufolge seines Vortrages vom 2ten October 1843, seine Anordnung noch sehr wesentlich verbesserte und vereinfachte, so scheint uns der jetzt vervollkommnete Vorschlag alle Aufmerksamkeit der Baumeister und der Akademie werth. Durch jene Verbesserung ist in der That eine völlig neu zu nennende Art von Schleusen mit Schwimmer zum Vorschein gekommen, die besser als die frühern für das Bedürfnifs der Schiffahrt sich eignen dürfte.

Nachdem Herr *Girard* von den beweglichen Hebern, die schwierig zu erhalten sind, so wie von dem Versenken eines Schwimmers in einen Brunnen, der wegen seiner grofsen Tiefe und seiner Absonderung nicht weniger schwierig sein würde, ganz zurückgekommen war, fiel er nach einigen Versuchen, die hier weiter auseinanderzusetzen nicht nöthig sein dürfte, darauf, den Schwimmer durch ein Gefäfs von der Gröfse und Gestalt des obern Raumes zu ersetzen, welches nun bestimmt ist, das Oberwasser zunächst aufzunehmen, und zwar durch einen ganz feststehenden Heber, dessen correspondirender senkrechter Arm durch den Boden des Brunnens und den des untern Theils des Schwimmers hindurchgeht und bei den Durchgängen mit Leder bekleidet ist.

Da solche Heber nicht die Schwierigkeit derer haben, welche *über* die Oberfläche des Wassers sich erheben, welches sie leiten sollen, so verlangt der Erfinder einen gleichen Heber für den obern Theil des Schwimmers, der von dem ersten nur darin verschieden ist, dafs sein senkrechter Arm durch eine Röhre hindurch geht, welche die beiden Boden des Schwimmers verbindet, indem er mit der Bekleidung aus Leder an seinem untersten Ende frei durch die Röhre hindurch streicht. Die Bekleidungen aus Leder sind bestimmt, dem Wasser den Eintritt aus dem Brunnen oder aus der Schleusenkammer in die Räume zu verwehren, wo der Gegendruck geringer ist. [Diese Heber sind also die in Fig. 4. mit $S'S'$ und $S''S''$ bezeichneten Röhren, und M'' ist die Röhre, welche die beiden Boden des Schwimmers verbindet und durch welche der Arm des einen Hebers hindurchstreicht. D. H.]

Der Schwimmer ist demnach hier ein prismatisches Gefäfs, welches ein Zwischenboden in zwei Theile theilt, die mit der äufsern Luft in Verbindung stehen: entweder unmittelbar, oder mittels einer Röhre [M'], welche durch den obern Theil hindurchgeht. Herr *Girard* will die Wände und die beiden Boden des Schwimmers aus $1\frac{1}{3}$ Linien [3 Millimeter] dickem Eisenblech machen, verstärkt durch hohle gufseiserne Träger, die ihnen Festigkeit geben dürften, da der Druck auf den untersten Boden sich gegenseitig beinahe aufhebt. Diese

Einrichtung des Schwimmers dürfte unbedenklich sein, da sich Ähnliches vielfältig in Frankreich und England findet. Ein kleines, auf der Oberfläche des Wassers in der untern Hälfte des Schwimmers schwimmendes Gefäfs zeigt ferner jeden Augenblick die Höhe des Wasserstandes in diesem Raume an. Die Heber, deren hier nur zwei sind, haben, wie nach dem ersten Entwurf des Erfinders, Klappen, um dem obern oder dem untern Wasser den Weg nach den beiden Hälften des Schwimmers zu öffnen, oder zu verschliefsen; welches mittels einer Vorrichtung von Drückern und Federn geschieht, die der Schwimmer selbst jedesmal beim Schlufs seines Auf- und Absteigens in Bewegung setzt.

Nehmen wir an, dafs die Höhen des obern und des untern Wassers *unveränderlich* sind, so mufs die Höhe jeder der beiden Hälften oder Stockwerke des Schwimmers gerade dem Unterschiede der Höhe des obern und untern Wassers, also dem Schleusengefälle gleich sein; ihr horizontaler Querschnitt wird gleich dem der Schleusenkammer zusammen mit dem des Spielraums des Schwimmers in dem Brunnen gemacht. Dieses sind die Bedingungen für die Maafse der verschiedenen Theile dieser Vorrichtung.

Betrachten wir jetzt das System in dem Augenblicke, wo die obern Schleusenthore verschlossen, die untern offen sind, damit ein Schiff von unten in die Schleusenkammer einfahren könne. Dann ist der Schwimmer leer und schwimmt frei auf der Oberfläche des Wassers im Brunnen, welche eben so hoch steht, wie in der Schleusenkammer. Vermöge seines Gewichts wird der Schwimmer um eine gewisse Tiefe in das Wasser einsinken. Herr *Girard* nimmt dafür immer 2 Zoll (5 Centimeter) an, indem er die Dicke der Böden des Schwimmers nicht weiter in Rechnung bringt. Die Böden des Schwimmers werden also um diese 2 Zoll, der eine unter das untere, der andere unter das obere Wasser hinabsinken, und folglich wird das obere Wasser in das obere, das untere Wasser in das untere Stockwerk des Schwimmers fliefsen, sobald man die untern Schleusenthore und die Klappen der Heber geöffnet hat. Man nehme die Querschnitte der beiden Heber so an, dafs unter gleichem Wasserdruck in gleichen Zeiträumen gleich viel Wasser durch sie fliefsen kann [also gleich grofs D. H.]; man abstrahire von der Dicke der Wände und Böden des Schwimmers und nehme an, dafs sein horizontaler Querschnitt dem der Schleusenkammer zusammen mit dem Spielraum zwischen dem Schwimmer und den Wänden des Brunnens gleich sei: so folgt, wenn man den Gegenstand statisch betrachtet (was wegen der grofsen Langsamkeit der Bewegung angeht), dafs, wenn nun in *jedes* der beiden Stockwerke des Schwimmers x hoch Wasser fliefst, der Schwimmer sich um $2x$

unter den veränderlichen Stand des den Schwimmer umgebenden Wassers senken wird. Da aber dieser veränderliche Wasserstand sich nur eben so hoch hat erheben können, als der Boden des Schwimmers sich gesenkt hat, deshalb, weil derselbe das Wasser aus dem Brunnen in die Schleusenkammer zurückdrückte, so folgt, dafs die absolute Hebung und Senkung nur x beträgt, das heifst, nur eben so viel, als die Höhe, um welche das Wasser im Innern des Schwimmers gestiegen ist. Die Wasserstände im Schwimmer werden daher während seiner ganzen Bewegung immer gleich tief unter dem obern und dem untern Wasser bleiben, wenn sie unter diesen beiden Wasserständen, wie vorausgesetzt, im Anfange gleich tief lagen.

War letzteres nicht der Fall, so werden, wie leicht zu sehen, die bewegenden Kräfte, vermöge der Bedingungen, die dem Systeme zum Grunde liegen, schnell sich *ausgleichen.* Denn durch den stärkern Wasserdruck entsteht im ersten Augenblick in dem Theile des Schwimmers, für welchen er Statt findet, ein stärkerer Zuflufs: also wird sich der Schwimmer und folglich der Wasserstand in seinem andern Theile um eine absolute Tiefe senken, die gröfser ist, als die Höhe, um welche dieser Wasserstand relativ sich hebt, und zwar im Verhältnifs der Zunahme der Höhe der Wasserschicht, die der geringere Wasserdruck herbeifliefsen macht. Da also dieser letztere immerfort wächst, während der andere abnimmt, so müssen beide zuletzt gleich werden und in kurzer Zeit wird die Bewegung zur Gleichförmigkeit gelangen.

Diesemnach sieht man, dafs die Bewegung des Schwimmers, hinab und hinauf, nach den nemlichen Bedingungen vor sich gehen wird, wie bei dem ältern Vorschlage des Herrn *Girard,* und wie sie in dem Bericht des Herrn *Coriolis* angegeben sind; worauf wir also nicht zurückzukommen brauchen. Wir haben nur zu bemerken, dafs, da hier der Schwimmer aus dem obern und dem untern Wasser zugleich Zuflufs, also eine doppelte Wassermasse erhält, die Bewegung rascher vor sich gehen wird, und der Brunnen weniger tief, der Schwimmer weniger hoch zu sein braucht.

Die Rechnung ergiebt in der That, dafs nach der ältern Anordnung des Herrn *Girard* der Boden des Brunnens für den Schwimmer wenigstens um das *vierfache* Schleusengefälle unter dem Spiegel des Oberwassers tief liegen und die Höhe des Schwimmers wenigstens dem *dreifachen* Schleusengefälle gleich sein mufs; und zwar in den günstigsten Fällen. Jetzt genügt der Tiefe des Brunnens und der Höhe des Schwimmers, wie man sieht, blofs das *doppelte* gröfste Schleusengefälle, welches auf regelmäfsigen Canälen nie sehr von dem mittleren Gefälle abweichen wird. Daraus folgt denn, dafs für Canäle, wo das stärkste Schleusengefälle höchstens der *Tiefe* des obern und untern Wassers gleich ist, der Boden des Brunnens nur wenig tiefer als der Boden der Schleusenkammer zu liegen kommt; selbst mit Rücksicht auf die Tiefe der Wasserspiegel in den beiden Hälften des Schwimmers unter dem obern und dem untern Wasser, und auf den nöthigen Spielraum zwischen den Böden des Schwimmers und des Brunnens.

Unter diesen Umständen dürften wohl die Kosten, welche die *Girard*sche Anordnung für schon vorhandene Schleusen noch erfordern würde, nicht über 16 000 Thlr. betragen, wenn man, wie es in unserer Zeit vorausgesetzt werden darf, mit Geschick und Sparsamkeit verfährt. Für Schleusengefälle von $9\frac{1}{2}$ bis $12\frac{1}{2}$ F. dürften freilich die Kosten vielleicht um die Hälfte höher sein: aber wir sind mit Herrn *Coriolis* der Meinung, dafs daran kein Anstofs zu nehmen sei, wenn es darauf ankommt, Wasser zu sparen, in Fällen, wo der Wassermangel die Schiffahrt und die Industrie unterbrechen, die angrenzenden Ländereien austrocknen oder die Nothwendigkeit herbeiführen kann, kostbare Dampfmaschinen zu Hülfe zu nehmen.

Andrerseits mufs man den dynamischen Punct des Gegenstandes berücksichtigen; was noch zu wenig geschieht; dessen Wichtigkeit für Schiffahrt, Ackerbau und Fabrication aber durch die steten Fortschritte der Industrie bald fühlbar werden wird. Die Canäle von St. Denis und von St. Martin, welche den Schiffen den Durchgang durch Paris zu ersparen bestimmt sind, so wie das Bassin von St. Ouen, welches aus Artesischen Brunnen und durch eine grofse Dampfmaschine gespeiset wird, die Dreiviertel des Jahres stillsteht, geben davon schlagende Beweise, uns nahe vor Augen. Auf jenen Canälen, welche sehr einträgliche Wasserwerke treiben, ist das Gefälle so kostbar, dafs man die Pferdekraft mit 213 bis 267 Thlr. bezahlt und lieber weniger Schiffe befördert, als den Preis des Durchschleusens herabsetzt, der für kleine und mittlere Schiffe zu hoch ist. Wäre hier die *Girard*sche Einrichtung vorhanden, so könnte man zehnmal so viel Schiffe durchlassen, insofern die *Zeit* dazu hinreicht, oder aber Neunzehntheile des Wassers sparen; was für die Stadt und die Wasserwerke von grofsem Vortheil sein würde.

In der That bedarf die *Girard*sche Einrichtung zu jedem Durchschleusen nur 8 Zoll hoch Wasser aus der Schleusenkammer, wenn man mit dem Erfinder annimmt, dafs, ungeachtet der Schwankungen der Höhe des obern und untern Wassers, 2 Zoll hoch Wasser zu der Bewegung des Schwimmers hinreichend sind. [Man sehe die Erläuterungen im Vorwort. D. H.] Wir fügen noch hinzu, dafs, falls bei hohen Wasserständen etwa die zu dem Durchschleusen nöthige *Zeit* nicht zu sehr vielen Durchgängen von Schiffen hinreicht, dann beim *Girard*schen System auch wieder durch etwas mehr Wasserverlust an *Zeit* sich gewinnen läfst; denn, wie leicht zu sehen, hangt die Bewegung des Schwimmers von der Geschwindigkeit ab, mit welcher das Wasser ihm zuströmt, oder aus ihm abfliefst, diese aber von dem Wasserdruck, und folglich von dem zur Hervorbringung der Bewegung aufgewendeten Wasserverlust. [Man würde also dann etwa den Schwimmer schwerer machen, mithin ihn belasten müssen, damit er, leer, tiefer einsinke. D. H.]

Das obige Beispiel dürfte schon hinreichend sein, um zu zeigen, dafs der sinnreiche Gedanke des Herrn *Girard* in der Ausübung wesentlichen Nutzen haben könne und also mindestens eine versuchsweise Ausführung im Grofsen verdiene. Aber die vortreffliche Schrift des Herrn *Minard* über den Canalbau bietet uns noch eine andere, ganz verschiedene Rücksicht dar. Man findet dort im 23ten Abschnitt die Bemerkung, dafs die Hemmung der Canalschiffahrt vorzüglich von der Menge der Schleusen, von der geringen Oberfläche der Canalstrecken, die also schnell geleert werden, und von dem Zeit- und Wasserverlust bei den gekuppelten Schleusen herrühre. Die Schrift zeigt, wie bedeutend gegentheils der Vortheil von Schleusen mit beträchtlichen Gefällen sein würde, wenn sie nicht den Wasserbedarf beim Durchschleusen vergröfserten, schwieriger zu bauen wären und die Schiffe durch die heftigen Wasserstürze durch die Thore, Leitungen oder Heber der Schleusen in Gefahr brächten. Nach dem 23ten Abschnitt ist auf dem *Canal du centre* auf etwa 26 Meilen lang, für 3 volle und 2 leere Schiffe, also zu 12 Durchschleusungen, täglich schon fast halb so viel Wasser nöthig, als sonst durch Ausdünstung, Verseigung u. s. w. verloren geht. Diese sonstigen Verluste betrachtet man als fast unvermeidlich, aber sie würden *relativ* weniger fühlbar sein, wenn die Schiffahrt, wie vorauszusetzen, zwei- und dreimal so lebhaft werden sollte.

Diese Erwägungen, und andere, die hier nicht weiter zu entwickeln nöthig sein werden, zeigen, unabhängig von den Bemühungen, die man zu verschiedenen Zeiten angewendet hat, um das Schleusenwesen durch Spaarbehälter, durch doppelte Kammern u. s. w. zu verbessern, wie grofs der Nutzen einer Vorrichtung sein würde, die, in Verbindung mit den schon angewendeten Mitteln, und ihnen zu Hülfe kommend, ohne diesen zu schaden, oder sie zu vertreiben, eine so bedeutende Masse von bewegender Kraft zu sparen geeignet wäre, bis zu Neunzehntheilen der jetzt aufgehenden Kraft, und noch mehr bei beträchtlichen Gefällen: zwar nicht Neunzehntheile des *gesammten* Wasserverbrauchs, aber doch desjenigen Wassers, welches die *unvermeidlichen* sonstigen Verluste *übrig* lassen, in Strecken, wo der Wassermangel fühlbar wird und eine Hemmung der Schiffahrt zur Folge hat.

Der neuste Vorschlag des Herrn *Girard* hat uns gleich beim ersten Anblick für diesen bedeutenden Zweck geeignet geschienen, wenn auch nicht schon, so wie er ist, so doch nach den Vervollkommnungen, die das System in der Ausführung und Anwendung wohl erfahren dürfte. Es wird der Grund-Idee, auf welcher dieses Schleusensystem beruht, nach unserer Meinung wahrscheinlich wie jedem andern neuen und fruchtbaren Gedanken ergehen: sie wird, anfangs nicht deutlich aufgefafst, Schwierigkeiten finden, zuletzt aber durch Zeit und Erfahrung diejenige Berühmtheit erlangen, die ihren practischen Nutzen aufser Zweifel setzt.

Der Schwimmer mit zwei Böden, so wie ihn der Erfinder im Modell nach einem Maafsstabe von 1 auf 10 hat ausführen und vor den Augen der Beauftragten der Akademie wirken lassen, stellt sich weniger als ein allgemeines Bewegungsmittel (obgleich er ein solches ist), sondern vielmehr als ein Instrument dar, dessen Anwendung, wegen der Aufmerksamkeit, die es beim Gebrauch nöthig hat, Übung erfordert, welches aber seiner Wichtigkeit wegen wohl bald diejenigen Vervollkommnungen erlangen wird, die es zu einem guten Werkzeuge machen, und welches dann auch, bis zu einem gewissen Punct, der Leitung durch den menschlichen Willen wird entbehren können. Man denke nur daran, was anfangs die besten Maschinen waren, und was sie jetzt geworden sind; man erwäge die vielen fruchtlosen Bemühungen der vorzüglichsten Ingenieurs um die Erzielung des Zwecks des Schwimmers, und man wird sich ohne Zweifel hüten, die Erfindung des Herrn *Girard*, die ihm sieben Jahre anhaltender, oft wegen Mangel an Mitteln und Erleichterungen peinlicher Arbeiten gekostet hat, ohne weiteres zu verwerfen.

Diese Bemerkungen schienen uns nöthig, um nicht mit unserer Absicht mifsverstanden zu werden, wenn wir nun im weitern Verfolg dieses Berichts die vorzüglichsten *Einwendungen* durchgehen, welche sich gegen die Anwendung des neusten *Girard*schen Systems erheben; so vorzüglich auch dasselbe gegen die frühern sein mag. Diese Einwendungen, näher und mit Hülfe der Rechnung untersucht, führen selber auf die Mittel, das System ohne zu grofse Verwicklungen vor der Befürchtung des Mifslingens zu sichern und seine Anwendung auf die verschiedenen Fälle der Canalschiffahrt auszudehnen.

Veränderlichkeit der Höhe des obern und untern Wassers.

Die *Girard*sche Einrichtung setzt, wie wir gesehen haben, voraus, dafs das obere und das untere Wasser *unveränderlich gleich hoch stehen,* damit immer ein Gefälle, wie angenommen von 2 Zoll, bleibe, unter dessen Druck das Wasser durch die Heber in die beiden Stockwerke des Schwimmers fliefsen möge. Aber die Wasserstände senken sich, selbst wenn die Canalstrecken fast unbegrenzt grofs wären. Müfsten z. B. für Schleusenkammern von mittlerer Gröfse 16 000 C. F. Wasser in den Schwimmer fliefsen, und hätten die Becken ober- und unterhalb der Schleuse 400 000 Q. F. Fläche, so würde das Wasser in der Canalstrecke sich um $\frac{16000}{400000} = \frac{1}{25}$ F. oder etwa $\frac{1}{2}$ Zoll senken, wenn die Canalstrecken etwa so breit als lang wären. Aber da dieselben gewöhnlich viel länger als breit sind [vielleicht 10 000 F. oder etwa eine halbe Meile lang D. H.], so kommt bei den Schleusenthoren das zur Hervorbringung der Flufsgeschwindigkeit nöthige Gefälle hinzu, und die Senkung wird über das Doppelte, also über 1 Zoll betragen. [Es mufs nemlich eine ganze Schleusenkammer voll Wasser, und sogar noch etwas mehr wegen des Spielraums des Schwimmers im Brunnen, bei jedem Durchschleusen in jede der beiden Hälften des Schwimmers fliefsen, wenn gleich nur ein kleiner Theil davon aus dem Oberwasser in das Unterwasser gelangt und verloren geht; denn das Übrige fliefst in den Canal *zurück,* so dafs also in der That bei jedem Durchschleusen eine ganze Schleusenkammer voll Wasser aus dem Oberwasser und eben so viel aus dem Unterwasser genommen wird. D. H.] Für kürzere Canalstrecken, wie sie öfters vorkommen, würde die Senkung noch mehr betragen; ihr Maafs wird durch das Verhältnifs der Oberfläche der Canalstrecke und des Schwimmers bestimmt.

Daraus folgt, dafs man von der Voraussetzung unveränderlicher Wasserstände oberhalb und unterhalb der Schleuse abstehen und auf eine allmälige Senkung derselben rechnen mufs, welche an den Mündungen der Heber nach der den Canalstrecken durch den Ausflufs entzogenen Wassermasse sich richten wird. Die Rechnung zeigt aber, dafs die Bewegung des Schwimmers auch dann noch möglich ist, wenn man seine beiden Theile über einander nicht beide so hoch macht als das Schleusengefälle, sondern ihre Höhe nach den Wassermassen einrichtet, die unter dieser neuen Bedingung in den Schwimmer zu schaffen sind und die von der dem Schwimmer zu verschaffenden mittleren Geschwindigkeit, so wie von den Verhältnissen der Oberflächen der Schleusenkammer und der obern und der untern Canalstrecke abhangen.

Die Entwicklungen, welche nöthig sind, um diesen Gegenstand zu untersuchen, und welche ziemlich ausgedehnte und nicht unschwierige Rechnungen erfordern, finden sich in dem Anhange dieses Berichts. Um nicht die Aufmerksamkeit der Akademie zu ermüden, bemerken wir hier blofs, dafs in dem genannten Anhange folgende Puncte erwogen worden sind. *Erstlich:* Was nöthig sein würde, damit eine ununterbrochene Bewegung und regelmäfsige Handhabung des Schwimmers möglich sei. *Zweitens* die Mittel, bei der Bestimmung der Maafse des Schwimmers diejenigen Veränderungen in Rechnung zu bringen, welche bei dem gesammten Gefälle vorkommen können: nicht blofs durch das Auf- oder Absteigen des Schwimmers, sondern auch durch wiederholte Durchgänge von Schiffen, oder durch Wassermangel; wegen welcher Umstände zu gewissen Jahreszeiten der Schwimmer in ausnahmsweise Fälle gerathen kann, die aber eben durch die neue Einrichtung seltener sollen gemacht werden. Die Möglichkeit davon beruht auf dem sinnreichen Gedanken des Herrn *Girard*, in die untere Hälfte des Schwimmers *eine Wasserschicht von unveränderlicher Höhe zu leiten*, nemlich je etwa von der Höhe der Veränderung des regelmäfsigen Schleusengefälles, und welche den Zweck hat, den Schwimmer um eine zu der Höhe der Wasserstände oben und unten verhältnifsmäfsige Höhe zu senken, wodurch der Unterschied der Wasserstände in den beiden Theilen des Schwimmers auf die Höhe des Gefälles oder auf den Unterschied der anfänglichen Wasserstände gebracht wird. *Drittens* die Möglichkeit, zu zeigen, wie der Fall einfacher Becken und ihnen correspondirender gekuppelter Schleusenkammern auf mehrere Becken auszudehnen sei, um z. B. auch den Fall von Sparkammern zu berücksichtigen, deren Nutzen, ähnlich dem, welchen Herr *Girard* zu erlangen sich vorsetzte, diesen bei weitem nicht erreicht.

Da drei, und noch mehr vier Becken, unvermeidliche Verwicklungen machen, sowohl für die Ausführung, als für die Handhabung der Vorrichtung, so haben wir diesen Fall, der mehr ein Gegenstand für die Theorie als für die Praxis ist, nicht weiter verfolgt. Aus demselben Grunde haben wir den Fall nicht weiter berücksichtigt, wo die Einfassungen der Speisebecken nicht lothrecht, sondern so flach schräg sind, dafs die dann Statt findende Veränderlichkeit der Oberfläche auf die Ergebnisse einigen Einflufs haben kann. Es ist leicht zu sehen, dafs man in solchem Falle nur die innern und äufsern Wände des Schwimmers und des Brunnens etwas schräg machen dürfe, um alle Schwierigkeiten zu heben. Sind die Canalstrecken sehr kurz, und nicht viel gröfser als die Schleusenkammer, so wird man ihnen schon innere senkrechte Wände geben: sind sie sehr grofs, so wird die Veränderlichkeit der Wasserhöhe zwischen schrägen Wänden nur unmerkliche Einflüsse haben, und jedenfalls werden sich dieselben und die davon etwa zu befürchtenden Schwierigkeiten bei der Handhabung der Vorrichtung durch eine wenig kostbare *senkrechte* Einfassung, blofs von der Höhe der Abweichung der Wasserstände, gänzlich heben lassen. [Wenn nicht etwa diese senkrechte Einfassung *oben* auf der Böschung besondere Schwierigkeiten macht. D. H.]

Schwankungen der Oberfläche des Wassers.

Da die Rechnung dieselben nicht in Betracht zieht, die Schwankungen aber jedenfalls durch den unvermeidlichen Hin- und Rückflufs in den Canalstrecken bei dem Durchschleusen der Schiffe, so wie durch die Bewegung der Schiffe selbst entstehen [so wie auch wohl, sehr bedeutend, durch starke Stürme in der Richtung des Canals D. H.]: so ist zu bemerken, dafs dieselben, obgleich sich dadurch die bewegende Kraft, welche den Flufs des Wassers durch die Heber hervorbringt, stetig ändert, dennoch nicht merklich die Wirkung ändern, welche man beabsichtigt.

Die Rechnung ergiebt, übereinstimmend mit der Erfahrung, dafs in kurzen Canalstrecken jene Schwankungen immer nur einige Secunden dauern und stets, im Verhältnifs mit ihren Anlässen, selten über einen Zoll über oder unter den mittleren Wasserstand betragen. Denn die Bewegung der Schiffe in der Wassermasse, welche in den Schwimmer strömt, ist immer nur sehr langsam. Die Strömung des Wassers wird also nur in einem abwechselnden Mehr oder Weniger bestehen, welches sich ausgleicht. Für gröfsere Canalstrecken werden, wenn sie im Verhältnifs zur Länge bedeutend breit sind, die Schwankungen wiederum nur wenig merklich sein; sind sie aber im Verhältnifs zur Breite sehr lang, so werden die bedeutenden Anschwellungen und Senkungen so langsam erfolgen, dafs dem Schleusenwärter Zeit bleibt, das Steigen und Fallen zu benutzen und den daraus entstehenden Störungen zu wehren. Wenn z. B. die Anschwellung durch ein schnellfahrendes Schiff hervorgebracht wird, so wird sie sich lange genug vorher ankündigen, um vorzubereiten was nöthig ist, ihm den Eingang in die Schleusenkammer zu gewähren, und nachdem die Anschwellung zurückgetreten ist und der regelmäfsige Wasserstand sich wieder hergestellt hat, wird auch eben so leicht das entgegengesetzte Verfahren möglich sein.

Die Rechnung ergiebt, dafs die ungünstigsten Fälle die einfacher Schleusen zwischen Canalstrecken von mittlerer Länge sind. In diesen Fällen kann es sein, dafs, statt der von Herrn *Girard* angenommenen 2 Zoll Druckwasser für den Schwimmer, das *Doppelte* nöthig ist und also auch der zum Durchschleusen nöthige Wasserverlust *doppelt* so viel beträgt. Nach unserer Meinung dürfte in solchen Fällen, und dann, wenn das Schleusengefälle nur gering ist, die *Girard*sche Einrichtung nur bedingten Nutzen haben; der selbst zweifelhaft sein kann. Bei starken Schleusengefällen, von 13 und mehr Fufsen dagegen, ist der Nutzen unzweifelhaft, weil sich der Wasserverbrauch dann immer noch bis auf den *zehnten Theil* des gewöhnlichen einer ganzen Schleusenkammer voll vermindern lassen wird. [Der Herr Verfasser rechnet auf 1 Decimeter Wasserdruck, und also 4 Decimeter hoch Verlust, 4 Metres Schleusengefälle, was den *zehnten* Theil giebt. D. H.]

Lenkung des Schwimmers.

Damit der Schwimmer Standfestigkeit auf dem Wasser bekomme, mufs der gröfsere Theil seiner Masse *nach unten* gebracht werden. Dieses geschieht schon durch die Construction desselben, wie sie Herr *Girard* verlangt; nemlich durch die eisernen Rippen im Boden und durch die symmetrische Stellung der Röhren für die Heber und für den Zutritt der äufsern Luft, die für beide Theile des Schwimmers gerade gleich schwer sein müssen; dann aber durch die Vertheilung des Wassers selbst auf den Schwimmer, dessen untere Hälfte immer das meiste Wasser aufnehmen mufs. Dieses letztere geschieht durch die Wasserschicht, welche der Schwimmer gleich Anfangs enthalten soll, um die Veränderung des Schleusengefälles auszugleichen; aber es mufs auch durch einen Überschufs des Wassers in den beiden Hälften des Schwimmers geschehen, und der Rechnung zufolge mufs immer das meiste Wasser aus der gröfseren Canalstrecke genommen werden. So mufs in dem Falle von zwei Schleusenkammern der Brunnen für den Schwimmer vorzugsweise mit der untern Kammer in Verbindung sein, während die obere den obern Theil des Schwimmers speiset.

Aber alles dieses reicht noch nicht hin, um dem Schwimmer eine genau senkrechte Bewegung zu geben und Schwankungen nach der Seite zu verhindern, welche aus Hin- und Rückstauungen im Innern entstehen können. Auch die Mündungen der Heber in den Böden des Schwimmers selbst müssen noch zu dem Zweck eingerichtet werden. Herr **Girard** schlägt zu dem Ende vor, den Schwimmer mit gekehlten Rollen zwischen drei senkrechten Stangen C, C, C (Fig. 3.) aus gegossenem Eisen sich bewegen zu lassen. Dies dürfte indessen wegen der ungemein schweren Masse, welche in Bewegung kommt, bedenklich sein. Es scheint uns, dafs man besser thun wird, dem Schwimmer ganz seine Freiheit zu lassen und ihn blofs durch drei Gegengewichte zu lenken, die symmetrisch auf seinen Rand vertheilt sind, welcher, eben wie der Brunnen, der Festigkeit und Ersparung wegen cylindrisch sein mufs. Diese Gegengewichte müfsten an den Enden von Ketten mit starken Gliedern hangen, welche über gekehlte Rollen laufen. Die Rollen müfsten auf hohlen eisernen Ständern stehen und die Ketten nach dem obern Rande des Schwimmers hinabreichen, wo sie ihn mittels starker Haken fassen, welche durch starke, senkrechte und wagerechte Eisen mit dem Umfange und der Mitte der beiden Böden verbunden sind, deren unterer noch aufserdem durch Zimmerwerk verstärkt werden müfste. Diese Anordnung, ähnlich derjenigen bei gewissen Zugbrücken mit Ketten und Rollen, ist nicht schwierig und würde den Nutzen haben, den Schwimmer bei seiner Bewegung nicht allein in der wagerechten Richtung zu erhalten, mit einer Kraft, welche zu den Gegengewichten und den Entfernungen der Rollen vom Angriffspunct im Verhältnifs steht, sondern auch die Ungleichheit der Vertheilung der Massen im Schwimmer, welche besonders im Anfange, wo er fast leer auf dem Wasser schwimmt, unvermeidlich ist, auszugleichen.

Andrerseits ergiebt die Berechnung des hydrostatischen Gleichgewichts (welches immer Statt finden mufs), dafs es unumgänglich nöthig sei, den Schwimmer durch Gegengewichte zu erleichtern und ihn etwas über den Stand des äufsern Wassers zu heben, in welches er eintauchen soll, um nach Erfordern die bewegende Kraft beim Anfange der Bewegung schwächen zu können. Das Gewicht, welches beim Anfange der Bewegung den Schwimmer ins Wasser drückt, besteht aus dessen Eigengewicht, welches 400 bis 500 Ctr. sein kann, und aus dem Gewicht der Wasserschicht in der *obern* Hälfte des Schwimmers, welche die Wirkung der Schwankungen auszugleichen bestimmt ist. Diese Wasserschicht, welche allein in Betracht kommt, da die in der untern Hälfte unter dem äufsern Wasser liegt und also von diesem getragen wird, mufs wenigstens $\frac{3}{4}$ bis $1\frac{1}{8}$ Zoll hoch sein und fügt also zu dem Gewicht des Schwimmers noch 80 bis 100 Ctr. hinzu, wodurch denn der Schwimmer beim Anfange der Bewegung und bei gewöhnlichen einfachen Schleusen 4 bis $5\frac{3}{4}$ Zoll tief ins Wasser gedrückt wird, also viel tiefer als es für die bewegende Kraft, welche man verlangt, nöthig ist. Unter solchen Umständen also würden, wenn die Druckhöhe der bewegenden Kraft nur $1\frac{1}{2}$ bis 2 Zoll betragen soll, Gegengewichte, von 100 bis 120 Ctr. jedes, nöthig sein. [Zu diesem Zweck würden die Gegengewichte allerdings nothwendig sein: aber ob sie den Schwimmer abhalten würden, seitwärts anzustofsen, ist doch wohl noch zweifelhaft. D. H.]

Anordnung der Heber, mit Zubehör.

Die Rechnung ergiebt, dafs, wenn die Heber nicht das richtige Maafs haben, die zur Ein- und Ausströmung des Wassers in der gehörigen Zeit nöthige bewegende Kraft um die Hälfte bis zwei Drittheile vermindert werden kann. Sie ergiebt auch den Gewinn durch Vergröfserung der Querschnitte der Heber, durch welche, innerhalb gewisser Grenzen, die Verminderung der bewegenden Kraft und des Wasserverlustes, der ungefähr in gleichem Verhältnifs ist, sich heben läfst.

Die äufsern Mündungen der Heber müssen so abgerundet werden, wie es die Gestalt der aus solchen Öffnungen strömenden Wasserstrahlen erfordert. Die Eintritts-Öffnung in die Heber mufs möglichst weit sein, damit keine Senkungen des Wasserspiegels beim Anfange der Einströmnng entstehen.

Aus diesen Gründen, die sich im Anhange zu diesem Bericht des weitern erörtert finden, wird es nöthig sein, die anfänglich von Herrn *Girard* vorgeschlagene Einrichtung der Heber zu verändern; auch noch in Rücksicht der Art, wie die Arme durch verliederte Röhren wasserdicht nach den Böden des Schwimmers hinzuleiten sind. Die Verliederung erfordert, wie es die vortrefflichen *Letestu*schen Pumpen beweisen [man findet darüber Näheres in diesem Journal Band 21. S. 256 etc. D. H.], keineswegs ausgebohrte und geglättete Röhren, und gewährt aufserdem den Vortheil, dafs die festen Arme der Heber kürzer sein können und dafs sie den wegen der etwaigen kleinen Schwankungen des Schwimmers nöthigen Spielraum erhalten können. Andrerseits wird der Flufs des Wassers durch die Röhren sehr befördert werden, wenn man über ihre Mündungen, in der Ebene derselben, einen platten Ring legt, der, wenn der Schwimmer am tiefsten steht, seinen Boden berührt. Wegen des Verlustes an bewegender Kraft durch die Zusammenziehung des Strahls an der Mündung der Röhren und im Verbindungscanal des Brunnens mit der

Schleusenkammer, so wie durch die Reibung des Leders in den Röhren, darf man sich nicht beunruhigen; denn dieser Verlust wird völlig unbedeutend sein, selbst wenn man dem Schwimmer 1 Zoll Geschwindigkeit in der Secunde geben wollte, so dafs er in der Minute 5 F. auf- oder abstiege.

Von den Klappen in den Hebern.

Diese Klappen wollte Herr *Girard* kegelförmig machen, mit einem Knopf, und sie sollten durch eine Stange gelenkt werden, welche in Löchern auf- und abglitt. Sie sollten durch ein Hebelwerk mit Sperrhaken von dem Schwimmer selbst in Bewegung gesetzt werden. Da die Höhe des Laufs des Schwimmers von dem Schleusengefälle nur um einen beinahe unveränderlichen Theil abweicht, wenn der innere und der äufsere Querschnitt des Schwimmers nur wenig von einander verschieden sind, so würde nach der Meinung des Erfinders die Ungleichheit, welche aus der Veränderung der Wasserstände entstehen kann, von dem Schleusenwärter gehoben werden können.

Ohne von den Vortheilen oder Nachtheilen dieser Anordnung zu reden, bemerken wir nur, dafs die von Herrn *Girard* vorgeschlagenen Klappen wohl zu schwer und zu schwer beweglich sein dürften, um von dem Schleusenwärter leicht und schnell genug gehandhabt zu werden. Wir glauben, dafs die lothrechten walzenförmigen Verschlüsse aus dünnem Blech, ähnlich denen, welche Herr *von Caligny* nach dem Muster derer an den Cornwallisschen Maschinen für seine Schwungsäulen-Maschinen vorgeschlagen hat, besser sein dürften. (S. „Journal de l'Institut" von 1842. 1ter Theil S. 76 und von 1844. S. 424.) Diese Verschlüsse, offen an den Enden und unten mit Leder belegt, reiben sich, wenn sie sich senken, an den Wänden der Heber und verschliefsen dadurch den Ausflufs des Wassers völlig, während sie fast keinen Widerstand finden, da der Druck von allen Seiten gleich ist und sich also aufhebt, so dafs sie nur durch eine einfache eiserne Achsenstange in der senkrechten Richtung gehalten werden dürfen. Das Innere dieser Verschlüsse, die über dem Wasserspiegel des Speisebeckens hinausreichen müssen, steht unmittelbar mit diesem oder jenem Theile des Schwimmers in Verbindung, und es wird also leicht sein, die Höhe des Druckwassers für den Ausflufs durch die Heber zu beobachten; was nöthig ist, um die Bewegung zu regeln, wenn die Wasserhöhen sich ändern. [Ohne Zeichnung ist dies nicht wohl ganz deutlich zu machen. D. H.] Die Bewegung der Verschlüsse ist nun leicht: entweder durch den Schleusenwärter, und zwar schnell und gleichzeitig wirkend, vermittels Hebelwerke und Gegengewichte: oder auch auf die Weise, wie es Herr *Girard* will, durch den Schwimmer selbst. Im letztern Fall müfste indessen der Schleusenwärter die Verschlüsse heben, je vor dem Anfange der nächsten Bewegung und nachdem die Wasserstände, falls sie sich verändert haben sollten, geregelt worden sind.

Der Brunnen, mit Zubehör.

Der Rechnung zufolge mufs der für den Schwimmer bestimmte Brunnen, welcher, wenn die Schleuse doppelt ist, mit dem untern Wasser und, wenn sie dreifach ist, mit der mittleren Kammer unter der Erde in Verbindung gesetzt wird, bis unter den Boden des Unterwassers hinunterreichen: also bis ziemlich tief unter den obern Schleusenboden; welches auszuführen zwar ziemlich schwierig, jedoch mit unsern jetzigen Mitteln nicht unmöglich sein wird.

Haben die Schleusen starke Gefälle, oder sind sie gekuppelt, so werden sie meistens an dem Abhange eines Berges zu bauen sein, wo die Austiefung des Brunnens und die Ausschöpfung des Quellwassers, wo es vorkommt, nicht allzu schwierig sein werden. Man wird übrigens den Brunnen natürlich hinreichend von der Schleusenkammer, welche wir als schon vorhanden annehmen, entfernen; und das um so mehr, je unfester der Boden ist und je tiefer der Brunnen sein mufs. Entfernt man z. B. den Rand des Brunnens um 12, 25 bis 32 F. von der Schleusenmauer, wodurch blofs die Kosten etwas vermehrt werden und der Flufs des Wassers in der Verbindungsrinne etwas verzögert wird, so wird nichts für die Schleuse und deren Boden zu fürchten sein, besonders wenn man die Erde zunächst erst zu den Umfangswänden des Brunnens, nur eben so breit als es nöthig ist, und möglichst senkrecht ausgräbt und sie nöthigenfalls absteift. Die Brunnenmauer wird schon jeden Erddruck und jedes Durchdringen des Wassers abhalten. Nichts hindert, gleichzeitig mit dem Brunnen das Mauerwerk zu den Hebern aus Béton zu machen; die Heber selbst können aus dünnem Blech, oder besser aus Brettern [?] gemacht werden, wie man dergleichen schon an den Schleusen hat. Hat man dann noch an einer schicklichen Stelle einen kleinen Nebenbrunnen, von Mauer- oder Holzwerk umgeben, gegraben, um als Schöpfgrube zu dienen, so wird sich das Wasser durch die wirksamen *Letestu*schen Pumpen ohne Bedenken ausschöpfen und jedem Schaden vorbeugen lassen. Den kleinen Nebenbrunnen mufs man beibehalten, um mittels desselben das Wasser und den Schlamm aus dem grofsen Schwimmerbrunnen ausschöpfen zu können.

Nachdem das Mauerwerk der Wände des Brunnens getrocknet und fest geworden ist, kann man den grofsen Brunnen vollends ausgraben und nun seinen Boden aus Béton machen, wenn es nöthig ist unter Wasser, und endlich den Canal vom Brunnen nach der Schleusenkammer, etwa 6 F. 4 Zoll breit und hoch. Die Schleusenmauer wird einstweilen da, wo der Verbindungscanal hindurchgehen soll, mit einem beweglichen Schütz aus Brettern mit calfaterten Fugen bekleidet, welches in eichenen Ständern läuft, die an der Mauer befestigt werden. Dieses Schütz hat den doppelten Zweck, die Schleusenmauer nun zu dem Canal durchbrechen zu können, ohne den Dienst der Schleuse zu hemmen, und selbst Einsickerungen abzuhalten, und dann, um jederzeit, wenn es Ausbesserungen wegen nothwendig ist, den Brunnen von der Schleusenkammer absondern zu können.

Die senkrechten Wände und der Boden des Verbindungscanals müssen an die Wände und den Boden des Brunnens in Krümmen sich anschliefsen, um die Strömung des Wassers zu erleichtern, und sie auch dann noch zu gestatten, wenn der Schwimmer dem Boden des Brunnens nahe ist (S. Fig. 3. und 6.). Vor der Mündung des Verbindungscanals mufs ein Gitter sein, um Steine und andere feste Körper von dem Brunnen abzuhalten. Auch der Spielraum zwischen dem Schwimmer und den Brunnenrändern mufs mit einem Gitter, aber nur von starkem Eisendraht, bedeckt werden, falls Nachläfsigkeit oder Böswilligkeit zu fürchten sein sollte.

Dafs wir hier Einzelnheiten berühren, die jedem Baumeister schon von selbst sich zeigen würden, geschieht nicht, um Belehrungen zu geben, sondern nur um scheinbaren Einwänden zuvorzukommen, die vielleicht gegen die Ausführbarkeit eines so ungewöhnlichen Baues erhoben werden möchten.

Regulirung der Wasserstände und der bewegenden Kräfte.

Die Bedingungen, welche erfüllt werden müssen, damit der Schwimmer sich regelmäfsig bewege, hangen insbesondere von dem anfänglichen bewegenden Drucke ab, der das Wasser durch die Heber treibt. Auch mufs der anfängliche Wasserdruck, ebenso wie der am Ende der Bewegung des Schwimmers, für zwei auf einander folgende Durchschleusungen derselbe sein, wenn, wie vorauszusetzen, die Geschwindigkeit der Bewegung des Schwimmers und der Wasserverlust es sein sollen.

Die Rechnungen ergeben in der That, dafs, mit bestimmten Maafsen der Heber und des Schwimmers, die auf die anfänglichen folgenden veränderlichen bewegenden Kräfte bestimmten und durch die anfänglichen bestimmbaren Werthen sich nähern; eben wie der Wasserverlust und die Geschwindigkeit der Bewegung. Da diese verschiedenen Werthe übrigens von dem Schleusengefälle unabhängig sind, und constant bleiben können, selbst wenn der Stand des obern und des untern Wassers sich ändert, so folgt, dafs die Wasserstände im Schwimmer sich auf gleiche Weise in einfachen und in gekuppelten Schleusen regeln lassen; jedoch mit Rücksicht auf die obern Wasserhöhen, deren theilweises Gefälle, da es mit dem ganzen Gefälle zugleich sich verändern kann, in gleichem Verhältnifs bleiben mufs.

Es ist wahr, dafs die Nothwendigkeit, die Wasserstände in den beiden Stockwerken des Schwimmers und in den Schleusenkammern gleichzeitig zu regeln, wenn das gesammte Gefälle sich ändert, eine der Hauptschwierigkeiten für die Anwendung der *Girard*schen Anordnung ist: aber es läfst sich zeigen, dafs die dazu nöthigen Beobachtungen nicht über die Einsichten eines gewöhnlichen Schleusenwärters gehen.

Da nemlich die Veränderungen der Wasserstände in der obern und der untern Canalstrecke nur erst nach mehreren Durchschleusungen, oder nach Zufälligkeiten, in Folge einer unregelmäfsigen Benutzung des Canals, oder auch etwa nach einer langen Unterbrechung der Schiffahrt merklich werden können, so hat der Schleusenwärter nur erst in längern Zwischenräumen, und wenn es die Zeit erlaubt, nöthig, die Wasserstände zu regeln. Dazu genügt, dafs er die Stellung der verschiedenen Wasserstände in dem Augenblick untersuche, wo der Schwimmer, frei auf der Wasserhöhe der obern oder mittlern Schleusenkammer schwimmend, in der Stellung ist, um absteigend ein Schiff zu heben, welches in eben diese Schleusenkammer einfuhr, deren Wasserstand dann der der untern Canalstrecke ist, während das Wasser in der obern Kammer mit dem obern Wasser gleich hoch steht, indem dazu die obern Thore offen gelassen sind.

Einerseits hat der Schleusenwärter nach dem nöthigen anfänglichen Wasserdruck für die Heber zu sehen; andrerseits danach, dafs der Unterschied der Wasserstände in der obern und der untern Kammer gleich sei. Die Wasserstände werden durch die Pegel angezeigt, welche in die verschiedenen Wasserbecken zu setzen sind. Die nöthige Senkung in der obern Kammer mufs ein durch die Rechnung und die darnach aufgestellte Tafel gegebener bestimmter Theil des gesammten Gefälles sein, und es wird diese Senkung durch Öffnung der Schützen in den obern oder untern Thoren hervorgebracht.

Der aus dieser Berichtigung entstehende Wasserverlust ist unbedeutend, da die Berichtigung nur selten nöthig ist.

Statt durch Pegel in den verschiedenen Wasserbecken, würde es vielleicht noch besser und bequemer sein, die verschiedenen Wasserhöhen durch Schwimmer, mittels Seile, über Rollen gehend, an einer Maafs-Scale vor den Augen des Schleusenwärters sich selbst anzeigen zu lassen. [Sicherer noch als durch Seile und Gegengewichte möchte es sein, Wasser aus den verschiedenen Becken in kleinen Röhren nach der Scale hinzuleiten, wo die Röhren senkrecht aufsteigen, und dann durch Schwimmer in den senkrechten Aufsatzröhren die Wasserhöhen vor der Scale anzeigen zu lassen; auf die Weise, wie Ähnliches bei den Dampfmaschinen geschieht. D. H.] Vielleicht möchte es selbst, obgleich wir im Augenblick nicht sagen können wie? möglich sein, eine Anordnung zu machen, mittels welcher die Wasserstände *sich selbst* regeln, ohne Verlust an Wasser und Zeit. Bei den Dampfmaschinen konnten Anfangs die verschiedenen Klappen durch die Aufseher kaum mit den Händen und Füfsen regiert werden: jetzt geschieht es *von selbst,* und das Beispiel zeigt, dafs der Mechanik auch das scheinbar Schwierigste nicht unmöglich ist.

Der den Hebern im Anfange der Bewegung nöthige Wasserdruck wird unmittelbar durch die Handhabung der Klappen der Heber hervorgebracht. Hat seit der letzten Operation die bewegende Kraft für die untere Hälfte des Schwimmers sich nicht verändert, oder ist sie regulirt worden, zugleich mit dem Wasserstande in der Hauptschleusenkammer, letzterer durch die Thore und ihre Schützen, so kann nur Eins von den Beiden sein: entweder hat das gesammte Gefälle sich vermindert, und dann ist die anfängliche Wasserschicht für die untere Hälfte des Schwimmers, so wie die bewegende Kraft für das Aufsteigen, die sogar negativ sein könnte, unzureichend: oder das gesammte Gefälle ist gröfser geworden, und dann ist die anfängliche Wasserschicht und die bewegende Kraft für die obere Hälfte des Schwimmers zu stark; denn es wird vorausgesetzt, dafs die anfängliche Wasserschicht für diese obere Hälfte ihre kleinste oder normale Höhe behalten habe, auf welche sie immer mittels der Klappe gebracht werden kann, die sich im Boden der obern Hälfte des Schwimmers befinden mufs. Im *ersten* Fall darf man nur in die untere Hälfte des Schwimmers durch die Klappe in seinen Boden Wasser einlassen, wodurch denn der Schwimmer so weit gesenkt werden wird, als es der Widerstand in der obern Hälfte erfordert, indem dadurch in der bewegenden Kraft dieser Hälfte nichts geändert wird, da der innere und äufsere Querschnitt des Schwimmers gleich sind. Im *andern* Fall, wo das Gefälle zugenommen hat, läfst sich zwar die Höhe der anfänglichen Wasserschicht in der untern Hälfte des Schwimmers, deren Oberfläche nach der Voraussetzung tiefer steht als das Wasser in der correspondirenden Schleusenkammer, nicht direct vermindern, und man müfste, nachdem man die untern Thore der Hauptschleusenkammer verschlossen hat, das Wasser in der Kammer und in dem Schwimmer so weit heben, dafs erst der Unterschied der Wasserstände negativ wird, worauf man dann das Wasser aus dem Schwimmer so weit es nöthig ablassen könnte, was aber einen Verlust an Zeit und an Wasser verursachen würde: indessen wird es, da die Zunahme des Gefälles und der obern bewegenden Kraft immer nicht beträchtlich gewesen sein kann, besser sein, Alles zu lassen, wie es ist, und den Schwimmer auf die gewöhnliche Weise sich herabsenken zu lassen, indem sich die zu starke bewegende Kraft mit der zu schwachen gewissermaafsen ausgleicht. Die Berichtigung der Wasserstände ist dann bei der nächstfolgenden Bewegung um so leichter.

Die ganze Vorrichtung hat in der That einfache Mittel, die Wasserstände zu reguliren; sowohl in den Schleusenkammern, durch Öffnung der Thore und ihrer Schützen, als im Schwimmer, durch die Klappen in den Hebern und in den Böden des Schwimmers. Es ist daher nicht zu besorgen, dafs nicht jeder, nur einigermaafsen verständige und aufmerksame Schleusenwärter sehr bald durch einige Übung lernen sollte, die Vorrichtung zu handhaben; wenn auch vielleicht nicht mit der äufsersten Sparsamkeit am Wasser-Aufwande, so doch so, dafs Unfälle verhütet werden.

Von den Beschädigungen, welche die Vorrichtung treffen können.

Die bedeutendsten Beschädigungen, welche vorkommen können, sind offenbar Lecken im Schwimmer, oder das Aufstofsen desselben, in Folge unrichtiger Lenkung. In beiden Fällen müfste man den Schwimmer mehr oder weniger aus dem Brunnen herausheben, um ihn ausbessern zu können; aber in der Vorrichtung selbst liegen sehr einfache Mittel dazu, die wir kürzlich der Reihe nach angeben wollen.

1. Leeren lassen sich die beiden Theile des Schwimmers so weit als möglich, wenn das Wasser aus der Schleusenkammer abgelassen wird und wenn man die Klappen des untern Hebers öffnet, so wie die Hähne in den Böden des Schwimmers.

2. Um den Brunnen trocken zu erhalten und gleichwohl den Gebrauch der Schleuse nicht zu hemmen, darf man nur die Klappen der Heber und das Schütz vor dem Verbindungscanal des Brunnens mit der Schleusenkammer fest verschliefsen, nachdem zuvor die Schleusenkammer geleert ist.

3. Wenn es die entstandene Beschädigung oder die Ausräumung des Brunnens erfordert, so kann derselbe durch die Pumpen in dem Nebenbrunnen, der schon bei dem Bau des Brunnens nöthig war, vom Wasser befreit werden. Unten in diesem Nebenbrunnen mufs ein Schütz und ein Hahn sein, der durch eine eiserne Stange von oben her gedreht werden kann.

4. Mufs der Schwimmer ganz herausgehoben und auf Balken gestellt werden, die in Gestalt eines Vielecks über den Rand des Brunnens gelegt sind, so geschieht dies durch die Gegengewichte, die man dann jedes bis auf 100 bis 120 Ctr. verstärkt: etwa durch Säcke voll Sand, die an die Ketten der Gegengewichte gehängt werden.

Die drei letzten Mittel können indessen noch nicht nöthig sein, wenn der Schwimmer nur deshalb aufgestofsen ist, dafs der Schleusenwärter versäumt hat, die Klappen zu schliefsen, durch welche das Wasser in den Schwimmer fliefst, und wenn dann noch keine Beschädigung entstanden ist, wegen deren der Schwimmer aus dem Brunnen herausgehoben werden müfste. In solchem Falle ist, um den Schwimmer wieder flott zu machen, nichts weiter nöthig, als durch die Hähne und Schützen etwas Wasser aus der Schleusenkammer oder aus dem Schwimmer abzulassen.

Von den weniger bedeutenden Unfällen, welche vorkommen können, gedenken wir desjenigen, wenn etwa die Heber aus den festen oder beweglichen Scheiden der beiden Theile des Schwimmers herausgetreten sein sollten; welches geschehen könnte, wenn, während der Schwimmer fast leer ist und die untern Schleusenthore verschlossen sind, der Wasserstand in der Kammer höher sein sollte, als es für den höchsten Stand des Schwimmers sein darf, wenn das gesammte Gefälle sein Maximum erreicht hat, welches Maximum zur Grundbestimmung für die Vorrichtung dient. Um diesen Unfall zu verhüten, hatte Herr *Girard* vorgeschlagen, das Aufsteigen des Schwimmers durch Hemmungen zu begrenzen, die an dem Mauerwerk des Brunnens zu befestigen wären; aber es ist leicht zu sehen, dafs dieses Mittel nicht ausführbar ist, und dafs so noch bedeutendere Unfälle entstehen könnten, als die, welche man verhindern will. Es wird offenbar besser sein, das zu hohe Aufsteigen des Schwimmers dadurch zu verhindern, dafs man die Gegengewichte, sobald der Schwimmer die äufserste Höhe erreicht hat, auf feste Unterlagen aufstofsen läfst; was für die gewöhnlichen Fälle hinreichen wird. Noch ein wirksames Mittel ist dann auch, eine an die Klappe im Boden des Schwimmers befestigte Stange, so wie der Schwimmer die Höhe seines Aufsteigens überschreiten will, gegen einen festen Widerstand anstofsen zu lassen, damit sich die Klappe öffne und Wasser in den Schwimmer dringe, welches ihn dann vom weitern Aufsteigen zurückhalten wird.

Es wird nicht nöthig sein, noch weitere Schwierigkeiten aufzuzählen, die keinen Baumeister in Verlegenheit setzen würden. Zum Schlufs wollen wir nur noch bemerken, dafs es rathsam sein wird, sobald der Winterfrost die Schiffahrt unterbricht, den Schwimmer, besonders seine obere Hälfte, ganz vom Wasser zu leeren und ihn so auf dem Wasser des Brunnens schwimmen zu lassen, welches, wenn, wie es gebräuchlich ist, die untern Thore ganz offen bleiben, nur so hoch als das untere Wasser stehen wird. Das Wasser im Brunnen, und folglich im Schwimmer, wird dann nicht gefrieren.

Zusammenstellung und Folgerungen.

Aus dem Obigen wird erhellen, dafs, wenn gleich die Anwendung der Vorrichtung des Herrn *Girard* mit einem zweistöckigen Schwimmer nicht ohne einige Schwierigkeiten ist, diese Schwierigkeiten doch nicht so bedeutend sind, dafs die Benutzung der Vorrichtung für schon vorhandene Schleusen unthunlich wäre.

Sodann zeigen die Rechnungen, dafs der Nutzen der Vorrichtung, besonders bei starken Schleusengefällen, bedeutend sein wird, für welche gekuppelte Schleusen oder auch sehr kurze Zwischenstrecken gemacht sind. Diese Zunahme des Nutzens besteht in einer verhältnifsmäfsig gröfsern Ersparung an Wasser, an Zeit zum Durchschleusen und an der Gröfse des horizontalen Querschnitts des Schwimmers und des Brunnens. Sie entsteht dadurch, dafs, da die Hebung und Senkung der Wasserstände in den verschiedenen Schleusenstufen einander entgegenkommend geschieht, diese Wasserstände weniger Höhe zu durchlaufen haben, bis die Schleusenthore geöffnet werden und die Schiffe einfahren können. Die Verminderung der Hebung und Senkung findet indessen nicht für den Schwimmer Statt, welcher immer die Höhe des ganzen Gefälles durchlaufen mufs, so dafs also die zu der Bewegung nöthige Zeit immer im Verhältnifs des gesammten Gefälles bleibt.

Der Wasserverbrauch und die Geschwindigkeit hangen sehr einfach von der Weite der Heber ab. Die Zeit des Durchschleusens läfst sich, wie schon bemerkt, fast nach Belieben durch mehreren Wasser-Aufwand, wo er zuläfslich ist, oder, besser, durch Erweiterung der Heber vermindern. Die Rechnung ergiebt., dafs, wenn man die Zusammenziehung des Strals an den Mündungen der Heber gehörig berücksichtigt hat, Durchmesser von 3 bis 6 F. hinreichend sind, um die vortheilhafteste Bewegung hervorzubringen. Macht man die Heber und ihre Klappen wie oben beschrieben, so wird sich ihnen diese Weite ohne Schwierigkeit geben lassen.

Wir haben gesehen, dafs, wenn man, mit Herrn *Girard*, sehr lange Canalstrecken, also einen unveränderlichen Wasserstand annimmt und den Spielraum um den Schwimmer, so wie die Dicke seiner Wände und seines Bodens nicht berücksichtigt, der horizontale Querschnitt desselben für einfache, gewöhnliche Schleusen ungefähr dem der Schleusenkammer gleich sein mufs, während die Höhe jedes der beiden Theile des Schwimmers über einander, und die Tiefe des Brunnens unter dem untern Wasser, nicht geringer sein dürfen als das Schleusengefälle. Bleibt man, der Einfachheit und Leichtigkeit der Vergleichung wegen, bei diesen Voraussetzungen stehen, was auch hinreichend ist, um einen Begriff von den bezüglichen Vortheilen dieser Schleusenart zu geben, so ergiebt sich Folgendes.

Für *zwei* Schleusenkammern von gleicher Gröfse und von welchen die untere allein, wie oben bemerkt, mit dem Brunnen in Verbindung gesetzt wird, kann die Grundfläche des Schwimmers bis auf 0,618 von der der Schleusenkammer vermindert werden; aber die Höhe der beiden Theile des Schwimmers sind nicht mehr gleich: der untere Theil, eben wie der Brunnen, mufs so hoch sein als das gröfste gesammte Schleusengefälle, der obere Theil dagegen darf nur 0,618 dieser Höhe haben.

Für *drei* gekuppelte Schleusenkammern von gleicher Gröfse, immer zwischen sehr langen Canalstrecken, bedarf der Schwimmer nur 0,414 der Fläche der Schleusenkammer, und jeder seiner beiden Stockwerke mufs 0,707 des gröfsten Gesammtgefälles, beide zusammen also müssen 1,414 dieses Gefälles hoch sein.

Für *zwei* Schleusenkammern von gleicher Gröfse, die durch ein Becken von der Länge der Kammer und der dreifachen Breite derselben getrennt sind, welche Breite zum Ausweichen der Schiffe mehr als hinreichend ist, kann ein Schwimmer zwei bis drei Schiffe über ein Gefälle von 0,822 seiner Höhe fortschaffen. Der Schwimmer bedarf 0,646 der Grundfläche der Schleusenkammer; die Tiefe des Brunnens und die Höhe der beiden Theile des Schwimmers müssen 0,607 des gesammten Gefälles sein.

Befindet sich endlich neben den Schleusenkammern ein Spaarbecken, dessen Gefälle ein Mittel zwischen den angemessen aufsteigenden Schleusenstufen hält, so ergeben die Rechnungen, dafs der Gewinn durch einen Schwimmer, der also drei Stockwerke über einander haben mufs, vorzüglich darin besteht, dafs die gesammte Höhe und die Höhe des Laufes dieses Schwimmers kleiner sein kann; was also zur Folge hat, die Zeit des Durchschleusens und die Tiefe des Brunnens zu vermindern. Da aber diesem Gewinne, der an sich ganz bedeutend ist, eine gröfsere Verwicklung und eine Vermehrung der Schwierigkeiten der Handhabung der Vorrichtung gegenübersteht, so glauben wir, dabei nicht verweilen zu müssen. Wir übergehen eben so die verschiedenen andern, der Canalschiffahrt ganz fremden Anwendungen, welche Herr *Girard* von seinem so fruchtbaren Hauptgedanken machen will. Man sieht übrigens leicht die Möglichkeit ein, den Gedanken zu neuen Vorrichtungen zu benutzen, um entweder unveränderliche Wasserstände zu erzielen, oder Wasser zu heben. Herr *Girard* beschäftigt sich jetzt mit deren Vervollkommnung.

Im Allgemeinen ist zu bemerken, dafs das ganz neue Mittel des Herrn *Girard,* im wesentlichen darin bestehend, Wasser zur Bewegung eines zweistöckigen Schwimmers dadurch zu gewinnen, dafs man aus zwei, durch eine Schleusenkammer getrennten Becken Wasser entnimmt, welches man ihnen aber vollständig *zurückgiebt,* wodurch sich dann das Wasser in der Schleusenkammer selbst abwechselnd heben und senken läfst, eine der glücklichsten mechanischen Ideen sein dürfte, die in neuerer Zeit vorgekommen sind, und dafs zu hoffen sei, dieses Mittel werde bald für die Schiffahrt grofsen Nutzen gewähren.

Wir sind daher der Meinung, dafs die Erfindung des Herrn *Girard* Beifall und Aufmunterung von Seiten der Akademie verdiene, und wünschen, dafs der Minister des Bauwesens, von welchem Herr *Girard* schon wohlwollende Unterstützung erhalten hat, nicht zögern möge, mit der Anwendung der Vorrichtung einen entscheidenden Versuch machen zu lassen, bei welchem sich dann alle Vortheile und Schwierigkeiten des Mittels wahrnehmen lassen werden und über seinen ökonomischen und practischen Werth wird entschieden werden können.

Der Vorschlag am Schlufs dieses Berichts ist von der Akademie genehmigt worden.

(Die Fortsetzung folgt.)

2.

Ein auf Erfahrung gegründeter Vorschlag, auch Bäche für die Fortbringung von Lasten fahrbar zu machen.

(Von Herrn *Heinrich Freiherrn von Pechmann,* Königl. Bairischem Geheimen-Ober-Baurathe.)

1.

Man glaubt gewöhnlich, dafs nur kleine, noch nicht schiffbare Flüsse, welchen wenigstens die Tiefe von $2\frac{1}{2}$ F. gesichert werden kann, den Aufwand lohnen können, welchen ihre Schiffbarmachung erfordert. Warum sollten aber nicht auch kleine Flüsse von geringerer Tiefe, und selbst Bäche, hätten sie auch nur wenig über 1 F. Tiefe, der Schiffbarmachung würdig sein: denn wenn die Fracht auf denselben bedeutend wohlfeiler ist, als auf Landwegen, so mufs ihre Fahrbarkeit für nützlich erkannt werden, ihre Tiefe mag noch so gering und die auf denselben fahrenden Schiffe oder Nachen mögen noch so klein sein. Nur müssen von diesen Schiffen so viele an einander befestigt werden, als nöthig ist, um eine Last aufnehmen zu können, welche der Anstrengung eines Pferdes entspricht und sie lohnt.

Der Nutzen einer so kleinen und unbedeutend scheinenden Schiffahrt ist nicht zu bezweifeln. Sie mufs den innern Verkehr wesentlich erleichtern und befördern, und sie kann vorzüglich für ackerbauende Länder wichtig werden, um durch sie die Erzeugnisse der Landwirthschaft, und vor allem andern das Getreide, leicht und ohne vielen Aufwand an den nächsten schiffbaren Flufs zu bringen, auf welchem es ausgeführt werden kann und soll.

Ich werde hier einen Vorschlag umständlich entwickeln, wie Bäche schiffbar gemacht werden können, aber, ehe ich zu dieser Entwicklung schreite, einen Versuch darstellen, den ich vor einigen Jahren mit der Beschiffung eines mäfsigen Baches und von noch kleineren Canälen und Gräben gemacht habe. Er hatte den glücklichsten Erfolg und ich darf daher um so mehr meine Vorschläge auf denselben stützen.

2.

Der Versuch wurde auf dem in den Jahren 1790 bis 1793 unter der Regierung des Churfürsten Karl Theodor ausgetrockneten, $3\frac{1}{2}$ Quadratmeilen umfassenden Donaumoore gemacht *). Dieses Moor ist von mehreren Wegen durchschnitten, welche mit der aus den beiderseitigen, ziemlich breiten und tiefen Graben ausgehobenen Erde erhöht und nur mit einer nicht sehr dicken, für das darauf gehende Fuhrwerk aber hinlänglich starken Kieslage bedeckt sind, und darum Erdwege genannt werden. Sie werden mit Flufskies, der nicht innerhalb der Grenzen des Moores gefunden wird, sondern aus dem, zwischen diesem und der Donau liegenden Bezirke herbeigeführt werden mufs, erhalten. Der ziemlich weiten Entfernung wegen kostete der Fuhrlohn für einen Haufen von 18 Cubikfufs im Durchschnitt 1 Gulden: ein ziemlich hoher Preis, welcher den Wunsch erregen mufste, daran etwas ersparen und das Ersparte für andere wichtige Zwecke des Moores verwenden zu können. Die Gelegenheit dazu bot sich mir ziemlich bald dar, denn mir lag ein wichtiger Theil der Sorge für die Erhaltung dieser Anstalt ob, nachdem die Arbeiten für die Wiederherstellung der lange vernachlässigten Austrocknung des Moores, deren Leitung mir grofsentheils übertragen war, vollendet waren.

Das Moor durchfliefst ein mäfsig grofser Bach, die *Ach* genannt. Er hat auf dem gröfsten Theile seiner Ausdehnuug eine Breite von 10 bis 15 F. und eine Tiefe von höchstens $1\frac{1}{2}$ F. Eine halbe Stunde von der Stelle, wo dieser Bach das Moor verläfst, hatte man an demselben vor etwa 50 Jahren, als die Austrocknungs-Arbeiten ausgeführt wurden, eine Mühle stehen lassen, die wegen ihrer Schädlichkeit für die vollkommne Austrocknung nach wenigen Jahren gekauft und entfernt werden mufste. Man hatte damals zwar das Wehr derselben herausgebrochen, aber unterlassen, das dadurch gewonnene Gefälle gleichförmig auf die Länge des

---

*) Ich glaube hier die Leser an meine Geschichte der Austrocknung und der Cultur des Donaumoores erinnern zu dürfen; denn ich werde hier einige Örtlichkeiten berühren, welche nur durch die, dieser Geschichte beiliegenden Carte vollkommen verständlich werden können. Aber auch ohne dieses dürfte jene Schrift durch ihren wichtigen Gegenstand interessant und durch die Darstellung der langjährigen Vernachlässigung dieses Moores, der Folgen derselben und der endlichen Wiederherstellung, manchem Leser lehrreich werden. Da mir für die Geschichte dieser Austrocknung alle Hülfsquellen zu Gebot standen, und ich an der Wiederherstellung den thätigsten Antheil nahm, so können meine, in diesem Buche enthaltenen Angaben, als vollständig und zuverlässig angesehen werden. Ich habe hier im Text die Stellen, welche den Anblick der Carte des Moores nöthig machen können, mit einem * bezeichnet.

oberhalb liegenden Bachs zu vertheilen. Die erwartete Wirkung konnte daher nur unvollkommen erfolgen. Als in den Jahren 1820 und 1821 die Wiederherstellung des in den Sumpfzustand zurückkehrenden Moores ausgeführt wurde, geschah endlich die Vertheilung des Gefälles der *Ach*, von der Stelle der erwähnten Mühle an, bis hinauf an die Kehrmühle *. Die gröfste Vertiefung dieses Baches mufste natürlich unten, von dem abgebrochenen Mühlenwehre an, aufwärts geschehen. Sie fand in einem Boden Statt, der aus Flufsgeschieben der Donau bestand, aber schon seit Jahrhunderten mit Erde bedeckt und mit Wald, der Unterforst genannt, bewachsen war. Die ausgehobenen Flufsgeschiebe lagen auf beiden Ufern des Baches in grofsen Haufen im Walde und würden längst zur Erhaltung der Erdwege verwendet worden sein, wenn ihr Transport aus Mangel an fahrbaren Wegen nicht zu schwierig gewesen wäre.

Es war im Frühlinge 1832, als ich, mit dem damaligen, um diese Anstalt sehr verdienten Donaumoor-Inspector *Häutle* auf der bei der Colonie Untermaxfeld über die Ach führenden Brücke stehend, mich mit ihm über die Mittel berieth, das zur Erhaltung der Erdwege nothwendige Material wohlfeiler als bisher an Ort und Stelle zu bringen. Es kamen dabei die längs den Ufern der Ach im sogenannten Unterforste liegenden Kieshaufen, aber auch die Schwierigkeiten, sie aus dem Walde wegzuführen, zur Sprache. Hier kam ich zuerst auf den Gedanken, die unter meinen Füfsen hinfliefsende Ach als Wasserstrafse für diese Kies-Anfuhr zu benutzen. Nach kurzer Berathung liefs Herr *Häutle* die dazu nöthigen Fahrzeuge nach meiner Angabe bauen. Es waren 4 Nachen, jeder von 30 F. Länge, 6 F. Breite und 2 F. Höhe. Sie waren, den einen ausgenommen, vollkommen rechtwinklig; nur das Vordertheil dieses einen hatte die spitzig zulaufende Gestalt eines gewöhnlichen Nachens. Sie wurden an einander befestigt, mit jener Spitze voran, und bildeten auf solche Weise ein viergliedriges Schiff. Mit ungefähr 300 Cubikfufs Kies beladen, wurden sie von einem Pferde, nicht bis an die Kehrmühle, bis wohin ich es allein für thunlich gehalten hatte, sondern noch eine deutsche Meile weiter, bis an die Grabmühle *, ohne Schwierigkeit gezogen. Der herbeigeführte Kies wurde auf die umliegenden Erdwege vertheilt und der dafür ausgegebene Fuhrlohn betrug kaum mehr den *zehnten* Theil Dessen, was vorher die Landfracht gekostet hatte.

3.

Es wurde nnn mit der Anfuhr des Wegematerials fortgefahren. Der Inspector *Häutle* fand sich durch den glücklichen Erfolg veranlafst, mir, da ich diesen Sommer nicht mehr nach dem Moore kam, schriftlich den Vorschlag zu machen, mehrere Entwässerungs-Canäle und Gräben, welche mit der Ach entweder bereits in Verbindung waren, oder damit in Verbindung gebracht werden könnten, auf ähnliche Weise zu benutzen, um auch die von diesem Bache entfernteren Wege des Moores mit verminderten Kosten erhalten zu können, aber, weil jene Canäle und Graben schmaler als die *Ach* sind, dafür Nachen von nur 4 F. breit und 24 F. lang zu bauen. Ich gab diesem Vorschlage gern Beifall und Genehmigung, und Herr *Häutle* dehnte die Schiffahrt bald auf einige, bis jetzt trockene Strafsengraben aus, welche entweder aus der *Ach*, oder aus den Canälen, wenigstens für eine Zeitlang, mit Wasser gefüllt werden konnten. Da der obere Theil dieser Canäle und Gräben nicht immer die nöthige Tiefe von wenigstens 15 Zoll hatte, so wurde ihnen solche durch kleine Aufstauungen, die in einem eingestellten Schützbrette bestanden, gegeben. Diese Schützbretter waren hinreichend, und ziemlich leicht zu handhaben, weil eine Aufstauung von nur 1 F. hoch meistens hinreichend war, die Canäle und Gräben ziemlich weit hinauf zu erhöhen, indem die meisten derselben nur ein Gefälle von 1 bis 2 Z. auf 1000 F. Länge hatten. Wäre ihr Gefälle stärker gewesen, so hätte man in der Entfernung, welche der Länge eines gegliederten Fahrzeuges gleich ist, zwei kleine leichte Stauwerke angebracht, welche eine Art von Schleusenkammer zwischen sich gebildet hätten.

4.

Es wurden Anfangs 6 bis 10, und endlich 20 dieser Nachen mit einander verbunden und dadurch zuletzt ein 480 F. langes gegliedertes Fahrzeug gebildet, welches, weil jeder Nachen, bei einer Eintauchung von 13 bis 14 Z., ungefähr 40 Ctr. zu tragen vermochte, mit 800 Ctr. beladen werden konnte. Diese Fahrzeuge wurden nicht von Pferden, sondern von Menschen gezogen, deren 12 nöthig waren. Es konnten also wenigstens 70 Ctr. durch die Kraft eines Mannes fortgebracht werden. Man zog hier Menschen den Pferden vor, um den ärmern Bewohnern des Donaumoores, in der Zeit, wo sie nicht auf andere Weise etwas verdienen können, eine kleine Erwerbsquelle zu eröffnen.

5.

Die einzelnen Kähne wurden an den Ecken an einander befestigt. Das dadurch gebildete lange gegliederte Fahrzeug war also nicht biegsam. Dies konnte in Canälen und Gräben, welche hier alle geradlinig waren, keinen

Nachtheil haben. Nur an ein paar Stellen, wo die Fahrzeuge aus einem Canale in den andern übergehen mufsten, war es nothwendig, mit ihnen eine Wendung, und zwar beinahe im rechten Winkel zu machen. Um dies zu können, wurde die Ecke, um welche gewendet werden mufste, so weit abgerundet als nöthig war, um mit einem 24 F. langen Nachen um dieselbe wenden zu können; die Verbindung aber zwischen den einzelnen Nachen wurde an der dieser Ecke entgegengesetzten Seite gelöset, während sie auf der andern blieb. So wurde das lange gegliederte Fahrzeug, während ein auf dem Nachen hingehender Mann mit einer Ruderstange behülflich war, ohne erhebliche Schwierigkeit aus einem Canal in den andern gebracht.

6.

Diese kleine Schiffahrt wurde bald nicht allein zur Erhaltung der Wege, sondern auch von den Colonisten des Moores zu verschiedenen ihrer Zwecke benutzt; wozu man ihnen gern auf ihren Wunsch so viele Nachen zum Gebrauch überliefs, als sie nöthig zu haben glaubten. Sie sollte aber auch noch für andere allgemeine Zwecke des Moores angewendet werden, welche ich allmälig zur Sprache bringen und die Bewilligung des dazu nothwendigen Aufwandes bewirken wollte. Der wichtigste dieser Zwecke war für jetzt die Verschiffung des vortrefflichen Torfes, welchen das Donaumoor in beinahe unerschöpflicher Menge enthält. Von den 56 000 Baierischen Tagwerken (zu 40 000 Quadratfufs), innerhalb der Grenzen des Donaumoores enthalten mehr als 40 000 Tagwerke Torf, welchen die Natur hier von 6 F. bis zu 30 F. tief niedergelegt hat. Er ist das ausschliefsliche Brennmaterial der Colonisten und bildet einen grofsen Theil des Brennstoffs der umliegenden Dörfer und Landstädte, so wie der beiden Städte Neuburg und Ingolstadt. Es war jetzt schon die Ausführung des Ludwigcanals beschlossen und es war mit Gewifsheit vorauszusehen, dafs nach Eröffnung desselben die Preise des Holzes längs der Donau, wegen vermehrter Ausfuhr, bedeutend steigen würden. Die Torfvorräthe des Donaumoors mufsten dann nothwendig noch höheren Werth erlangen und vielleicht zu einem höchst wichtigen Bedürfnisse dieser Gegenden werden, und es war höchst wahrscheinlich, dafs eine grofse Menge derselben auf dem Canale nach dem holzärmern Franken geführt werden würde. Die Erleichterung der Ausfuhr des Torfs nach der Donau würde daher wohl gewifs sehr wohlthätig wirken, und ich hatte bereits den Entwurf gemacht, wenigstens ein paar Canäle des Moores, und vor allem Andern den Länzen-Mühlbach *, bis an diesen

Strom fahrbar zu machen und an ihrer Ausmündung, an den Ufern desselben, an von Hochwassern sichern Stellen grofse Torfscheunen zu bauen. Überdies hoffte ich, wenn die Erfahrung die Vortheile dieser kleinen Schiffahrt hinlänglich erwiesen haben würde, es dahin bringen zu können, dafs sie noch auf mehreren, fruchtbare Thäler durchfliefsenden und in die Donau sich ergiefsenden Bächen eingeführt würde, um die landwirthschaftlichen Erzeugnisse jener Gegenden um so leichter an den Ludwigcanal und in das ferne Ausland bringen zu können. Ich werde auf diesen Gegenstand am Ende des gegenwärtigen Aufsatzes wieder zurückkommen.

Allein es sollte nicht geschehen und die Verwirklichung dieser Entwürfe erst ferneren Jahren vorbehalten bleiben.

7.

Im Anfange des Jahres 1836 wurde ich zur Ausführung des Ludwigcanals nach Nürnberg berufen, und von nun an bis jetzt blieb das Danaumoor meiner Aufmerksamkeit entrückt. Unglücklicherweise verlor es bald darauf den Inspector *Häutle.* Er war an einem Abend von München nach Neuburg, seinem Wohnort, zurückgekommen, wurde ein paar Stunden darauf von der Cholera ergriffen, und starb noch vor Mitternacht, umgeben von der aus seiner Frau und 11 noch unversorgten Kindern bestehenden Familie. Er war der *Erste,* der in Baiern von dieser Krankheit befallen wurde, und das *erste* Opfer derselben. Er war ein eifriger, wissenschaftlich gebildeter Landwirth, und hat als solcher im Donaumoore ungemein viel Gutes bewirkt; und zwar um so leichter, weil er sich das unbeschränkte Vertrauen der Colonisten und der umliegenden, im Moore begüterten Gemeinden zu erwerben gewufst hatte, und es auch in vollem Maafs verdiente. Er hatte aufserdem mit wahrhaft väterlicher Sorgfalt für das Wohl der armen Colonisten gesorgt und ihnen manche neue, ihnen bis dahin noch fremde Erwerbsquelle geöffnet. Sein Verlust schien damals unersetzlich. Unglücklicherweise ging um diese Zeit auch noch eine Verwechselung der Beamten, welche von Einflufs auf das Donaumoor waren und die Bedürfnisse desselben kannten und wahre Theilnahme dafür fühlten, vor sich. Diese Theilnahme schien jetzt zum Theil zu fehlen; auch schienen hie und da wieder Vorurtheile Spielraum zu gewinnen, welche durch die anfänglich üble Behandlung des Moores und die traurigen Folgen derselben hervorgerufen worden waren. Die so nützliche kleine Schiffahrt hörte auf und die Nachen verfaulten binnen Kurzem. Falls ich nicht unrecht berichtet worden bin, so war eine der Ursachen dieser Vernachlässigung die Absicht, den Colonisten, welche früher durch die Anfuhr des Strafsenmaterials mit ihren Pferden Geld erworben hatten, diesen Erwerb wieder zurückzugeben. Wenn es sich wirklich so verhält, so ist schwer einzusehen, wie man nicht begriff, dafs, indem das durch diese kleine Schiffahrt Ersparte wieder für das Moor verwendet wurde, dieses doch gröfstentheils den Colonisten wieder als Arbeitslohn zufliefsen mufste. Überhaupt scheint es, dafs dieses, zu so vielen glänzenden Hoffnungen berechtigende Moor seitdem keine so grofse Fortschritte gemacht hat, als man hätte erwarten sollen.

Doch es ist Zeit, jetzt zu dem eigentlichen Zweck dieser Abhandlung, auch Bäche für eine kleine Schiffahrt brauchbar zu machen, überzugehen. Zu dem Ende mufs ich vorher noch einen Blick auf die mit so günstigem Erfolge versuchte Schiffahrt im Donaumoore zurückwerfen.

8.

Wir sahen, dafs zunächst ein Bach, welcher wegen seiner geringen Wassermenge wohl nie für die Schiffbarmachung fähig gehalten worden wäre, ohne irgend eine vorausgegangene Verbesserung, mit einem, wenigstens mit 300 Ctr. beladenen, von einem Pferde gezogenen Fahrzeuge ohne alle Schwierigkeit beschifft wurde: dafs dieses später auf noch schmalern und keineswegs tiefern Entwässerungscanälen, und endlich sogar auf erst jetzt mit Wasser gefüllten Strafsengraben geschah: dafs auch diese langgegliederten Fahrzeuge, die mit 5 bis 800 Ctr. beladen waren, von Menschen ohne Schwierigkeit fortgezogen wurden: dafs jeder dieser Menschen ungefähr 70 Ctr. zu ziehen vermochte, ungeachtet der Widerstand, welchen die Nachen im Wasser fanden, unverhältnifsmäfsig grofs war, da der Querschnitt der Wasserbahn, in welcher sie fortgezogen wurden, nicht einmal doppelt so grofs war, als der eingetauchte Querschnitt der Nachen, und endlich, dafs, ungeachtet so ungünstiger Verhältnisse, diese Schiffahrt doch noch entschiedene Vortheile hatte. Ich mache auf diese Umstände deshalb besonders aufmerksam, damit mich nicht mancher Leser, wie aufserdem wohl zu befürchten wäre, beschuldigen möge, dafs ich nur auf willkürlichen Voraussetzungen beruhende und nicht auf Erfahrungen und unläugbare Thatsachen sich stützende Vorschläge mache.

9.

Bei dem Vorschlage, welchen ich hier für die Herstellung der Fahrbarkeit von Bächen mache, kommt in Betracht: *Erstlich,* die Gestalt und der Bau der Nachen, aus welchen die langen gegliederten Fahrzeuge, die zu dieser Schiffahrt angewendet werden sollen, zusammengesetzt werden müssen. *Zweitens,* die Art, wie sie mit einander verbunden werden. *Drittens,* die Mittel, durch welche diese Fahrzeuge über Mühlwehre oder andere Aufstauungen hinübergebracht werden müssen, und endlich, *Viertens,* die Verbesserung der Bäche selbst, um ihnen die nöthige Tiefe zu sichern.

10.

Über die Gestalt der Nachen, aus welchen die gegliederten Fahrzeuge zusammengesetzt werden müssen, ist Dem, was ich bereits davon gesagt habe, nur noch wenig hinzuzufügen. Ihre Gröſse hangt von dem Querschnitt der Bäche ab, für welche sie bestimmt sind; die geringste Breite der Fahrzeuge wird 4 F. sein und nur selten 6 F. übersteigen, auch wird ihre zweckmäſsigste Länge für die schmalen Nachen 24 F. sein, für die breitern aber 36 bis 40 F. kaum übersteigen dürfen. Die Höhe oder Tiefe der Nachen kann für alle Fälle zu 2 F. angenommen werden. Ihre Zusammenfügung kann wohl selten anders sein, als die gewöhnliche: nemlich aus den gewöhnlichen Rippen- oder Kniehölzern, mit 1 bis 1½ Z. dicken Brettern bekleidet. Sie unterscheiden sich nur durch die schmalen, ganz senkrechten Wände an ihren beiden Enden. Doch dürfte es an manchen Orten etwas schwierig sein, die erforderlichen Rippen- oder Kniehölzer zu finden, und dann könnte folgende Bauart empfohlen werden.

Auf den, zuerst zu verfertigenden Boden des Nachens werden auf die beiden Enden und in der Mitte desselben, in einem Abstande von etwa 3 F. von Mitte zu Mitte, 8 Z. dicke und 15 Z. hohe Balkenstücke, und an deren Hirn-Enden die 2 F. hohen Seitenwände festgenagelt. Die an den beiden Enden des Nachens auf den Boden desselben befestigten Balken erhalten jedoch, indem man sie aus zwei auf einander befestigten Stücken zusammensetzt, die volle Höhe der beiden Seitenwände, und bilden auf solche Weise die Vor- und Rückwand des Nachens. Da jeder Dorfzimmermann im Stande sein wird, einen auf diese Weise zu bauenden Nachen zusammenzunageln, so dürfte diese Bauart in vielen Fällen den Vorzug haben.

11.

Die Art, wie im Donaumoore die Nachen zu einem gegliederten Fahrzeuge mit einander verbunden wurden und wie diese Verbindung wieder getrennt werden konnte, war nichts weniger als einfach, und man sah bald die

Nothwendigkeit einer Verbesserung, die aber immer von Zeit zu Zeit verschoben wurde, und endlich durch den schnellen Tod des Inspector *Häutle* ganz unterblieb. Da die gegliederten Schiffe beinahe immer nur in langen geraden Canälen fuhren und nur selten eine andere Richtung, und dann beinahe immer nur in einem rechten, oder dem rechten nahe kommenden Winkel zu nehmen hatten, dann aber die Verbindung zwischen einzelnen Nachen nur an einer Seite gelöset werden mufste, so hatte sie nur an den beiden Ecken Statt gefunden. Ich habe sie nicht beschrieben, weil sie, wie ich bereits gesagt habe, noch unvollkommen war und verbessert werden sollte. Ich beschreibe sie hier nun so, wie ich sie gemacht haben würde, wenn mir die Zeit dazu gestattet gewesen wäre.

An den 4 Ecken jedes Nachens würde ich einen senkrechten, etwa 6 Zoll hohen eisernen Bolzen befestigt haben. Ein etwa 2 F. langes, aus runden, 2 Zoll im Durchmesser haltenden Gliedern bestehendes Kettenstück würde, in die zwei Bolzen der einander berührenden Nachen auf jeder Seite derselben eingehängt, diese verbunden haben und, je nachdem man auf der einen oder der andern Seite dieses Kettenstück an mehr oder weniger von einander entfernten Gliedern eingehängt oder ganz weggenommen hätte, würde man die langen gegliederten Fahrzeuge in jeder veränderten Richtung haben führen können. Diese Verbindungsart scheint an den für Bäche bestimmten Fahrzeugen anwendbar zu sein. Allein da diese nie in lange gerade Linien gebracht werden können und es unvermeidlich ist, viele Krümmungen, wenn sie nicht Schlangenkrümmungen sind, beizubehalten, so würde die so oft nothwendige Lösung oder Verbindung an den Ecken sehr beschwerlich und zeitraubend werden, und es daher besser sein, die Nachen so aneinander zu hängen, dafs öfteres Lösen nicht nöthig ist.

12.

Statt der zwei Bolzen an den Ecken der Nachen wird zu dem Ende nur einer derselben in der Mitte ihrer schmalen Endwände angebracht und, indem man das erwähnte Kettenstück in mehr von einander entfernten Gliedern in dieselben einhängt und den Raum zwischen den einander nahe stehenden Nachen vergröfsert, wird die Fähigkeit des gegliederten Fahrzeuges, sich zu krümmen und den Krümmungen zu folgen, vermehrt. Ein Mann, welcher auf über die Länge der Nachen gelegten Brettern hinschreitet, wird leicht im Stande sein, mit einer Ruderstange, indem er sich damit gegen das eine oder das andere Ufer stemmt, die Nachen in gehöriger Richtung zu erhalten, oder wenn die Art der Ladung ihm das Hinwegschreiten über dieselbe nicht gestattet, wird er, am Ufer neben dem Fahrzeuge fortgehend, den Zweck erreichen können, wenn er mit der Stange und dem daran befestigten Schiffshaken, die Nachen nach Erfordern entweder an das Ufer zieht oder davon abstöfst.

13.

Über die Wehre der Mühlen, an welchen es in Bächen niemals fehlt, müssen die Fahrzeuge mittels Schleusen gebracht werden; doch können diese Schleusen viel einfacher als gewöhnlich gebaut werden. Sie bedürfen nur eines Ober- und eines Unterhaupts, mit einflügeligen Thoren. Die Seitenwände der dazwischen liegenden Kammer können blofs Erdböschungen bekommen; doch wird es gut sein, ihnen nur halbfüfsige Böschungen zu geben: erstens, um zu verhüten, dafs der Raum-Inhalt der Kammer nicht zu grofs werde und zur Füllung derselben der nebenliegenden Mühle nicht zu viel Wasser entzogen werde, und zweitens, weil die in der Kammer während der Ausleerung derselben herabsinkenden Fahrzeuge, wenn sie nicht genau in der Mitte sich befinden, auf einer weniger steilen Böschung nicht herabgleiten, leicht darauf liegen bleiben und in Gefahr kommen könnten, umzufallen. Da aber eine so steile Böschung unbekleidet entweder gar nicht oder nicht lange haltbar bleiben kann, so wird es nothwendig sein, sie dauerhaft zu pflastern, oder mit Holz zu bekleiden.

14.

Da mäfsig starke Bäche nie für die an ihnen liegenden Mühlen einen Überflufs an Wasser besitzen, so kann das Durchschleusen der Schiffe den Mühlen ziemlich nachtheilig werden. Zwar dürften wohl selten während eines Tages viele Durchschleusungen Statt finden, indessen ist die Möglichkeit zu wünschen, jenen Nachtheil zu vermindern. Dieses kann durch Anlage eines kleinen Teiches neben der Kammer geschehen, welcher durch eine kleine Zuflufs-Öffnung aus dem Bache allmälig, so dafs der Mühle der Wasserverlust wenig merklich wird, gefüllt wird. Die Kammer wird dann aus diesem Teiche gröfstentheils gefüllt werden können, und nur der obere Theil ihrer Höhe mufs seine Füllung unmittelbar aus dem Bache durch die Schützen im obern Schleusenthore erhalten. Da die Mühlen gewöhnlich, wenigstens während eines Theils der Nacht, stille stehen, so wird die Nachtzeit angewendet werden können, die Teiche durch eine gröfsere, aufserdem verschlossene Zuflufs-Öffnung zu füllen.

15.

Um den Bächen eine gleichförmige Tiefe zu geben und ihnen dieselbe zu sichern, bedarf es nur der Anwendung der bekannten Regeln des Flufsbaues. Es ist demnach unnöthig, dafs ich mich darüber weiter verbreite. Ich begnüge mich, zu erinnern, dafs die grofsen und kurzen Krümmungen, und zwar vorzüglich die Schlangenkrümmungen, in welchen die langen gegliederten Fahrzeuge gar nicht, oder wenigstens nur schwer fortzubringen sein würden, durchstochen werden müssen. Der Bach soll dadurch keineswegs ängstlich in lange gerade Linien, sondern denselben nur insofern näher gebracht werden, dafs die ungehinderte Fortbewegung des langen Fahrzeuges nicht zu beschwerlich werde. Da durch diese Abkürzungen das Wasser eine gröfsere Geschwindigkeit erlangt und also an Tiefe verliert, so werden nicht selten, um die Tiefe wieder zu gewinnen, kleine Aufstauungen nothwendig sein.

16.

Diese Aufstauungen dürfen aber nicht eine den anliegenden Grundstücken schädliche Erhöhung des Wasserspiegels hervorbringen; besonders wenn das Wasser durch Regen angeschwellt wird. Sie müssen also so eingerichtet sein, dafs man die Höhe des Wassers in seiner Gewalt behält und, wenn es aus seinen Ufern zu treten droht, die Aufstauung entfernen kann. Folgende Einrichtung dürfte dazu die einfachste und zweckmäfsigste sein.

Man lege auf den Grund des Baches eine gegen Unterspülung hinlänglich gesicherte, in der Richtung desselben 20 bis 30 F. lange Sohle von Brettern oder Bohlen, und über dieselbe, auf hölzerne oder steinerne Widerlager, einen Steg, der mit seiner Sohle und den Widerlagern auf irgend eine Weise ebenfalls gegen Unterspülung zu bewahren ist. Ein paar Fufs aufwärts von dem Steg befestige man quer über die Sohle einen 6 bis 8 Z. hohen Balken oder Grundbaum, und an ihn und oben an den Steg lehne man etwa 8 Z. breite, aus einem einzigen Holzstücke geschnittene Schützen, die über dem Steg in ein rund geschnittenes Ende auslaufen, an welchem sie gefafst und eingesetzt und wieder herausgenommen werden können. Es werden dieser Wehre so viele und in solchen Entfernungen von einander aufgestellt, als nöthig ist, um die erforderlichen Aufstauungen hervorzubringen. Beginnt der Bach anzuschwellen, so werden einige derselben, oder, wenn er oberhalb des Stegs dennoch seine Ufer zu übersteigen droht, alle herausgenommen. Um die herausgenommenen Schützen, falls der Bach ganz aus seinen Ufern treten sollte, vor dem Wegschwemmen zu bewahren, ist ein kleines, neben dem Steg errichtetes, hinlänglich hohes Gerüst nöthig, auf welches die Schützen gelegt werden.

17.

Diese Aufstauungen können wieder auf keine andere Weise umgangen werden, als durch Schleusenkammern, und diese werden von den übrigen vorher gedachten gewöhnlich nur durch ihre geringere Höhe verschieden sein. denn nur selten ist eine bedeutende Aufstauung nothwendig, oder zuläfslich. Das Ober- und Unterhaupt dieser Schleusen wird daher immer nur sehr einfach gemacht werden dürfen, und auch die Pflasterung der Kammerböschungen wird nicht immer nothwendig sein. Die schicklichste Stelle für die Schleusen wird beinahe immer neben einer Krümmung des Baches sein, welche dadurch abgeschnitten wird. Das Stauwerk wird dann in dieser Krümmung selbst erbaut, während man den Bach in der Richtung der erst zu bauenden Schleusenkammer ableitet, um das Stauwerk im Trocknen errichten zu können.

18.

Ich glaube, der Erste zu sein, der auf die Ausführbarkeit und Nützlichkeit der Fahrbarmachung von Bächen aufmerksam macht. Hat es vor mir noch Niemand gethan, so ist die Ursache wohl keine andere, als die so geringe, hier zuläfsliche Breite der Fahrzeuge und die geringe Wassertiefe der meisten Bäche. Auch mich würden diese Umstände abgehalten haben, den Vorschlag zu machen, wenn mich nicht die mir beinahe unabsichtlich gewordene Erfahrung auf dem Donaumoore belehrt hätte, dafs sich die mangelnde Tiefe und Breite der Fahrzeuge oder Nachen durch die *Zahl derselben*, indem man sie aneinander hängt und daraus ein langes gegliedertes Fahrzeug bildet, und durch deren Länge ersetzen lasse; denn wir haben gesehen, dafs das Fahrzeug, ungeachtet einer Wassertiefe von nur $1\frac{1}{2}$ F, mit einer Last befrachtet werden konnte, welche die eines Flufsschiffs von mittlerer Gröfse ist. Der Nutzen dieser unbedeutend scheinenden Schiffahrt ist aber wohl kaum zu bezweifeln; denn sie kann für einzelne Gegenden Das leisten, was die Flufsschiffahrt für ein ganzes Land oder für mehrere Länder leistet.

Vorzüglich wichtig kann sie für einen ackerbauenden Staat sein, der die Erzeugnisse seines Bodens auf seinen schiffbaren Flüssen dem Auslande zusendet: denn indem er sie leichter und wohlfeiler aus entfernteren Gegenden diesen Flüssen zuschickt, wird er sie auch wohlfeiler dem Auslande senden können und dadurch ihren Absatz erleichtern und vermehren. Für Baiern liegt die Möglichkeit, diesen Vortheil auf die von mir bezeichnete Weise zu erreichen, seit der Erbauung des Ludwigcanals ganz nahe, und ich glaube die Leser nicht zu ermüden, wenn ich mich noch etwas umständlicher hierüber äufsere.

19.

Das Königreich Baiern ist ein ackerbauender Staat, und die wichtigste Quelle seines Wohlstandes und seines Reichthums ist die Fruchtbarkeit seines Bodens. Sorgfältige Untersuchungen, ehe der Bau des Ludwigcanals beschlossen wurde, haben gezeigt, dafs dieser Staat *Achtmalhunderttausend Baierische Scheffel* [über 3 Millionen Preufsische Scheffel D. H.] *Getraides* ohne Nachtheil seines innern Bedarfes ausführen kann, und dafs er den gröfsern Theil dieses Getraides wirklich ausführt. Diese Ausfuhr mufs sich nach der Eröffnung des Ludwigcanals wesentlich vermehren: denn schon seit vielen Jahren wird eine ungemein grofse Menge von Getraide von Regensburg aus über Nürnberg und Bamberg, ungeachtet der grofsentheils sehr bergigen und beschwerlichen Strafse, an den Main geführt. Die fruchtbarsten Kreise des Königreichs werden von der Donau und dem Inn durchschnitten, und viele Bäche, welche aus den an Getraide sehr fruchtbaren Thälern hervorkommen und auf die von mir vorgeschlagene Weise leicht fahrbar gemacht werden könnten, ergiefsen sich in diese Flüsse. Zum Beispiel die Mindel, die Günz, die Kembach, die Schmuter, die Wienitz, welche aus dem wegen seiner Fruchtbarkeit berühmten Ryfs hervorkommt, die Abens, die Ilm, die Vils, welche bei Vilshofen in die Donau, und die Roth, welche 3 Meilen oberhalb Passau in den Inn sich ergiefst. Diese beiden Bäche durchfliefsen lange, ausgedehnte, durch Fruchtbarkeit an jeder Art von Getraide ausgezeichnete Thäler. Zwar werden nicht alle diese Bäche der vorgeschlagenen Verbesserung fähig sein; aber doch gewifs die meisten. Sicher würde die Zufuhr aus diesen fruchtbaren Thälern in die Donau sehr zunehmen, wenn die in denselben wohnenden Gemeinden ihren Überflufs an Getraide leichter und mit weniger Beschwerde an diesen Strom bringen könnten. Der erleichterte Absatz würde dann auch die Erzeugung von Getraide sehr vermehren; denn noch ist in ganz Baiern die Landwirthschaft weit von der erreichbaren Vollkommenheit entfernt; beinahe noch nirgends hat die Dreifelderwirthschaft der bessern Wechselwirthschaft Platz gemacht, beinahe nirgends noch hat der Futterbau und mit diesem die Viehzucht, welche durch den Dünger, den sie liefert, die gröfsere Ausdehnung des Getraidebaues bedingt, den möglichen Umfang erreicht, und die Behandlung des Düngers ist beinahe überall höchst unvollkommen und fehlerhaft. Die vermehrte Nachfrage nach Getraide würde wesentlich dazu beitragen, diese Mängel nach und nach zu entfernen, und der Landwirth, der die Wirkungen kennt, den eine verbesserte Wirthschaft, wenn sie an die Stelle einer unvollkommnen tritt, hervorbringen kann, wird die Möglichkeit nicht läugnen, dafs binnen einer mäfsigen Reihe von Jahren die Erzeugung des Getraides im Königreiche Baiern, wenigstens in den südlichen Kreisen desselben, sich vielleicht um die Hälfte würde vermehren können.

Die Hauptstrafsen eines Landes können nur dann den möglich-gröfsten Vortheil gewähren, wenn die zu ihnen führenden minder wichtigen Strafsen und Landwege in gutem Zustande sind: denn je vollkommner diese sind, um so leichter und aus um so gröfseren Entfernungen können die Erzeugnisse des Landes auf die Hauptstrafsen gebracht werden. Die Vervollkommnung jener Wege ist daher ein wichtiges, aber jetzt leider noch viel zu wenig beachtetes Bedürfnifs. Die Bäche, welche fahrbar gemacht werden können, werden, sobald sie es sein werden, sich zu den schiffbaren Flüssen ebenso verhalten, wie jene Wege zu den Hauptstrafsen: und dafs sie fahrbar gemacht werden *können*, glaube ich in dieser Abhandlung gezeigt zu haben. Möge meinem Vorschlage die Aufmerksamkeit und die Beachtung zu Theil werden, welche er verdient; dann wird die Verwirklichung desselben nicht blofs ein frommer Wunsch bleiben.

München im November 1845.

3.

Einige Nachrichten von den Entwürfen zu einem Schiffahrts-Canal durch die Land-Enge von Panama.

(Fortsetzung des Aufsatzes No. 12. im 3ten und No. 18. im 4ten Heft 22ten Bandes.)

Nachtrag zu den obigen Mittheilungen des Herrn M. Chevalier, die Land-Enge von Panama betreffend.

[Erst als schon ein grofser Theil des Vorstehenden abgedruckt war, gelang es dem Herausgeber dieses Journals, die Schrift selbst des Herrn *M. Chevalier* zu Gesicht zu bekommen, aus welcher die „Annales des ponts et chaussées" von 1844 in ihrem Mai- und Juniheft den oben überlieferten Auszug gegeben haben. Von den 12 Abschnitten der *Chevalier*schen Schrift theilen die Annalen, ihrem Zwecke gemäfs, nur die 7 Abschnitte 1. 5. 6. 7. 8. 9. und 10. mit; mehr oder weniger vollständig und wörtlich. Der Abschnitt 2. enthält Historisches, die Entdeckung der Gelände um Panama betreffend, und kann daher auch in dem gegenwärtigen Journal übergangen werden, da der Inhalt sich in der Geschichte findet. Anders ist es mit den noch übrigen Abschnitten 3. 4. 11. und 12.: sie enthalten noch interessante *technische* Bemerkungen, und besonders dürfte hier noch der Abschnitt 11., welcher von der Verbindung des Rothen- mit dem Mittelmeere bei Suez handelt, in Betracht kommen, weil es, nachdem man weiter oben die Meinungen *Englischer* Ingenieure über diesen Gegenstand vernommen hat, von Interesse sein wird, nun auch einen *Französischen* Ingenieur darüber zu hören. Wir lassen daher hier noch die vier Abschnitte 3. 4. 11. und 12. der *Chevalier*schen Schrift nachträglich folgen. D. H.]

Dritter Abschnitt. Art und Maafse der zu wünschenden Strafsen-Verbindung.

Ist es ein gewöhnlicher Canal, den man zu wünschen hat, oder welcher sonst? Soll man durchaus bei einem Canal bleiben, oder soll man sich zu einer Eisenbahn wenden? Um diese Fragen zu beantworten, sind die Zwecke des Durchganges durch die Land-Enge von Panama zu erwägen.

Die Dienste, welche der Canal zu leisten haben würde, sind nicht die nemlichen für die Europäer und für die Americaner. Den Europäern würde er den Weg nach China und Ost-Indien nicht abkürzen; auch nicht den Weg nach den Sunda-Inseln, wo Holland vortreffliche Colonieen besitzt und wo auch andere Völker, angelockt durch den Gewinn der Holländer, wahrscheinlich ebenfalls noch Colonieen gründen werden. Die Schiffahrt von Europa nach China nimmt ihren Weg um das Vorgebirge der guten Hoffnung, und wenn hier zur Abkürzung des Umweges eine Land-Enge zu durchstechen ist, so ist es *diejenige von Suez.* Der Weg, welchen die Strafse bei Panama verkürzen würde, ist der um das Cap Horn, und diesen Weg machen die Schiffe, welche von Europa nach Perù, nach der Westküste von Mexico und nach den Besitzungen der vereinigten Staaten, der Engländer und der Russen auf der Westküste von America fahren. Ferner begiebt man sich um das Cap Horn herum nach einigen Gegenden von Australien, nach Neu-Seeland, nach den Markesas-Inseln, nach den Freundschafts-Inseln und nach den zahlreichen andern Inseln im Südmeer, welche noch unbesetzt sind, so wie nach den Sandwich-Inseln, nach welchen mehr als eine Seemacht trachtet, weil sie zwischen Nord-America und den Gegenden von China und Japan eine Station abgeben, ähnlich der von Malta, zwischen Spanien, Frankreich und Italien einerseits, und Egypten und Syrien andrerseits. Um Europa mit allen diesen weiten Landstrichen zu verbinden und Europäische Ansiedler dorthin zu leiten, würde die Strafse durch die Land-Enge von Panama grofsen Nutzen haben. Für den Weg von Europa nach China und Japan dagegen gewährt sie keine Abkürzung. Der Weg nach China über Panama ist 230 Längengrade, also etwa zwei Drittheil des Umfanges der Erde lang; der andere Weg um das Vorgebirge der guten Hoffnung herum, abgesehen von dem Umwege um Africa herum, nur 130 Längengrade. Indessen hat freilich die Fahrt zwischen den Wendekreisen für Schiffe, die westwärts fahren, aufser dafs dort das Meer meistens ruhig ist, noch die beiden andern grofsen Vortheile der Passatwinde und des Golfstroms, welche beide die Schiffe nach der gleichen

Richtung treiben. Von Havre oder London nach Canton, um das Vorgebirge der guten Hoffnung herum, zweimal den Aequator schneidend, sind 3250 Meilen, über Panama 3580 Meilen, nemlich ohne Abweichungen von der Bahn; die wirkliche Reise ist um ein Fünftel oder Viertel länger. [Dieses stimmt ungefähr mit den Zahlen oben in dem Vorwort dieser Mittheilung. D. H.] Der verhältnifsmäfsig kleine Überschufs der Länge des Weges über Panama würde indessen reichlich durch die Hülfe der Passatwinde und des Golfstroms ausgeglichen werden, so wie durch die Gefahrlosigkeit der Fahrt fast zu jeder Jahreszeit, obschon dem Stillen Meere seine Benennung eigentlich nur zwischen den Parallelkreisen von Coquimbo und Cap corrientes, vom 30ten Grade südlicher bis zum 5ten Grade nördlicher Breite, zukommt. Aufserhalb dieser Grenzen ist das Meer in der Regenzeit, besonders längs der Küsten von America, gefährlich. Die Fahrt von Acapulco nach Manilla ist schon in einer blofsen bedeckten Chaluppe gemacht worden. Sie ist 2200 Meilen lang, also dreimal so lang, als der Weg von der Küste von Africa nach den Antillen. Der Pilot Don Francisco Maurelli vollbrachte im Anfange dieses Jahrhunderts muthvoll diese Reise, um die Nachricht von dem Ausbruche des Kriegs zwischen England und Spanien nach den Philippinischen Inseln zu bringen. Im Allgemeinen würde ein Schiff, welches von Europa nach China will, durch den Durchstich von Panama an der *Zeit* seiner Reise, welche 4 bis 4½ Monate beträgt, etwa 14 Tage sparen. Aber der *Rückweg* läfst sich in dieser Richtung nicht machen, weil dann das Schiff die Passatwinde und den Strom gegen sich haben würde. Ein Schiff, welches von Europa nach der Nutkabai will, auf der Nordwestküste von America, in der Inselgruppe von Quadra und Vancouver, wo ein grofser Pelzhandel getrieben wird, oder auch nach der Mündung des Columbiaflusses, der den vereinigten Staaten gehörigen Theil des Oregongebiets durchströmt, würde um das Cap Horn herum 3650 Meilen zurückzulegen haben, über Panama nur 2200 Meilen. Auch für die Fahrt nach Perù, nach den Mexicanischen Häfen Acapulco, San Blas und Mazatlan, nach den Markesas- und Sandwich-Inseln, so wie nach den unbewohnten Inseln des Stillen Meeres, würde die Ersparung an Länge der Fahrt bedeutend sein. Für die Fahrt nach Neu-Holland würde es sein, wie für die nach China. Endlich würden alle Chinafahrer, welche zugleich einen der Häfen an der Westküste von America, von Chili an bis zur Nutkabai, berühren wollen, die Strafse über Panama vorzuziehen haben.

Ganz anders ist es für die Schiffahrt der vereinigten Staaten von Nord-

America. Die Nord-Americaner, deren Schiffahrt ungemein lebhaft ist, haben schon ausgedehnte Verbindungen mit China und mit allen Uferländern des nördlichen und südlichen Oceans. Desgleichen sind ihre Fischereien sehr beträchtlich. Auf der Nordwestküste von America besitzen die Staaten das weite Oregongebiet, nach welchem hin sich die Bevölkerung drängt und welches schnell colonisirt werden würde, wenn man zu Wasser dorthin gelangen könnte, statt nur über das Felsengebirge und durch die Wüsten an dem rechten Ufer des Mississippi, oder durch das Land, welches der Missouri bespült, ohne es fruchtbar machen zu können. Der Durchstich der Land-Enge von Panama würde also, schon wenn die übrigen Verhältnisse dieselben wären, für die vereinigten Staaten von grofsem Vortheil sein. Aber die übrigen Umstände sind nicht dieselben. Nord-America ist der Land-Enge von Panama viel näher, als Europa: also ist der Nutzen des Durchstichs auch deshalb für Nord-America gröfser. Der Weg von New-York oder New-Orleans nach Guayaquil, Lima oder Valparaiso würde durch den Durchstich beinahe geradlinig werden. Jetzt sind von New-York, oder von Boston nach Canton, um das Vorgebirge der guten Hoffnung herum, 3300 Meilen: durch die Land-Enge von Nicaragua würden es nur etwa 3100 Meilen sein. Für Europa macht der Durchstich von Panama den Weg nach China etwas länger, für America etwas kürzer. Aber nach der Mündung des Columbiaflusses im Oregongebiet sind es um das Cap Horn herum 3800 Meilen, über Panama nur 1850.

Also sind (mit den Ausdrücken *A. v. Humboldts*) kürzlich die Hauptzwecke des Durchstichs von Panama folgende: die Erleichterung der Verbindung von Europa mit den Westküsten der beiden America, von Havanna und den vereinigten Staaten mit China, mit den Philippinischen Inseln und mit Japan (wenn dereinst auch dieses Land, gleich China, den Europäern zugänglich geworden sein wird); die Colonisation des Oregongebiets und der Inseln im Stillen Meer; die Beförderung der Schiffahrt zwischen Europa oder Nord-America und China, mit Stationen auf der Americanischen Westküste; und endlich die Erleichterung des Wallfischfanges. Der Schiffahrt zwischen Europa und China *ohne* Stationen würde der Durchstich den *Hinweg* erleichtern, nicht aber den *Rückweg*.

Auf der Westküste von America ist die Civilisation noch sehr zurück; auf den Inseln des Stillen Meeres findet sich davon erst noch kaum eine Spur. Dafs die Ostküste von America weiter vorgeschritten ist, kommt offenbar daher, dafs sie Europa, von wo die Civilisation ausgeht, näher und zugänglicher liegt. Das Gleichgewicht würde sich bald herstellen, wenn der Durchstich bei Panama vorhanden wäre und die Schiffahrt durch den Canal von Panama würde dadurch belebt werden. Dafs jetzt Chili etwas weiter vorgerückt ist als die übrigen Staaten auf der Americanischen Westküste, rührt daher, weil dieser Theil der Küste um das Cap Horn herum eher erreicht wird; und der Weg nach Chili von Europa her würde vielleicht auch fernerhin um das Cap Horn herum bleiben.

Die Land-Enge von Panama selbst, welche vor der Entdeckung von America durch die Europäer, wie es die Denkmale beweisen, welche selbst die üppigste Vegetation nicht ganz hat zerstören können, von mächtigen Völkern bewohnt wurde, ist ein von der Natur gesegnetes Land und würde, zum Kreuzwege gemacht, auf welchem sich die Erzeugnisse der beiden Americas und der Antillen begegnen, den Handel kräftig anziehen und also ebenfalls dazu beitragen, den Verkehr zu bewegen, dieser Strafse den Vorzug zu geben.

Ist auf solche Weise der Zweck der Strafse durch die Land-Enge festgestellt, so folgt daraus leicht die Beschaffenheit, welche sie haben müfste. Es mufs eine Strafse sein, *die für grofse Seeschiffe fahrbar ist.* Es giebt hier keine Wahl: ein kleiner Canal, eine Eisenbahn, eine gepflasterte oder chaussirte Strafse, wären sonst gleich gut, oder vielmehr zu nichts gut. [Dieser Ausspruch dürfte allenfalls richtig sein für einen kleinen Canal und eine Chaussée: aber was die Eisenbahn anlangt, möchte er zu bezweifeln sein. D. H.] Die Strafse durch die Land-Enge ist als noch immer nicht vorhanden zu betrachten, wenn nicht ein Canal da ist, auf welchem ein von Bordeaux oder Liverpool abgefahrener Dreimaster, ohne umzuladen und ohne sich länger als zwei bis drei Tage an der Land-Enge aufzuhalten, gerade bis Canton segeln kann. Jede Strafse, welche das Umladen erfordert, würde für den grofsen Handel so gut als nicht vorhanden sein. [Der Beweis davon fehlt wohl. Wenn die Vortheile, welche die Strafse durch die Land-Enge verspricht, nicht einmal das Umladen der Waaren aufwögen, so wäre der Nutzen der Strafse wohl überhaupt zweifelhaft. Wie häufig müssen nicht Waaren durch Leichterschiffe weiter geschafft werden, und dennoch vertreibt diese Unbequemlichkeit den Verkehr nicht, wenn ein Umweg erspart wird, selbst da, wo ein anderer Weg möglich ist. D. H.]

Die Strafse von Panama ist ein Werk für die Zukunft. Und da nun wahrscheinlich in der Folge die Dampfschiffahrt, oder wenigstens die Schifffahrt mit Dampfkraft und Segeln zugleich, oder abwechselnd, die Stelle der Fahrt ausschliefslich mit Segeln einnehmen wird, so wird der Canal für Dampfschiffe von der Gröfse derjenigen einzurichten sein, welche jetzt den Ocean befahren; insofern dieselben den Maafsstab für die künftigen Fahrzeuge abgeben.

Dieses wären also die Grundzüge für den Durchstich von Panama. Auf jede andere Art ausgeführt, würde derselbe für Europa keinen Nutzen haben. [Ist zu bezweifeln. D. H.]

Man mufs sich indessen hierüber verständigen. Wir behaupten, dafs jede andere Strafse als ein Canal, der wenigstens für grofse Handelsschiffe fahrbar ist, für den Verkehr von *Europa* mit den entfernten Küsten des Stillen Meeres keinen wesentlichen Vortheil haben und der Fürsorge von Frankreich und England nicht zu empfehlen sein würde. Gleichwohl würde indessen auch eine geringere Strafse schon für die *dortige Gegend* Nutzen haben. In Europa, da wo dies Land in allen Richtungen von gebauten Strafsen durchzogen ist, macht man sich keinen Begriff von einer Gegend, welcher alle Strafsen fehlen, und von den Hindernissen dieses Mangels für die Civilisation. Man erkennt diesen Übelstand nur, wenn man ihn gesehen hat. [Und dazu darf man leider! auch in Europa noch nicht eben weit gehen. D. H.] Ein 12 Meilen breiter Streifen Landes ohne Strafsen setzt dem Fortschritte ein stärkeres Hindernifs entgegen, als der unbeugsame Wille des schlausten und bestbedienten Tyrannen [!!]. Eine gute Strafse, 18 Meilen lang, über die Land-Enge von Tehuantepec, von dem Hafen dieses Namens bis zum Flufs Guasacoalco, bis zu der Stelle, wo derselbe stets schiffbar ist, würde schon weit über die Land-Enge hinaus wirken. Das ganze Mexicanische Reich würde davon schon die Wirkung erfahren. Nicht allein die fruchtbare und gesunde Gegend der Land-Enge würde dem Anbau zurückgegeben werden und die Ebene von Tehuantepec würde wieder eben die reichen Erndten liefern, wie vor der Zeit der Eroberung und der Seeräuber: sondern der ganze Verkehr zwischen dem östlichen und westlichen Lande würde belebt werden. Der Zug von Europa her würde sich nach der Westküste von Mexico hin ausdehnen, die er jetzt nicht erreichen kann. Eine nothdürftige Flufsschiffahrt durch den Nicaraguasee, von einem Ocean nach dem andern, würde ebenfalls die gesegneten Ufer dieses Sees beleben und die Bewohner der Westküste von Mittel-America anregen, weil dann Europa endlich auf sie Einflufs bekäme. Ebenso würde es sich mit jeder andern, noch so dürftigen Verbindung der beiden Meere verhalten. Solche örtliche und einzelne Strafsen würden, was sich nicht verkennen läfst, ohne Zweifel auch mittelbar Nutzen für Europa haben. Aber oben habe ich als Europäer gesprochen, der vor Allem auf den Nutzen Europas sieht; in der

Überzeugung, dafs das, was diesem Lande nützt, der ganzen Erde Vortheil bringe. Ich habe *Das* in Erwägung gezogen, woran vorzugsweise Europa liegen und was seinen Verkehr fördern würde, und in diesem Sinne habe ich einen Canal für Seeschiffe empfohlen. Aber wenn eine dazu angemessene Strafse durch die Land-Enge von Panama hergestellt wird, so ist es Europa, welches dazu die Kosten hergiebt; es ist daher billig, nur an Europa zu denken, wenn man sagen will, wie die neue Strafse beschaffen sein müsse. [Der Herr Verfasser führt hier, wie es scheint, selbst den Beweis gegen seine obige Behauptung, dafs etwas anders als ein grofser Canal für Europa ohne Nutzen sein würde. Er gesteht sogar das Gegentheil theilweise mit den eignen Worten ein. Man setze einmal, nur die Cultur und der Handel von Mittel-America und Mexico liefsen sich durch eine nur dürftige Strafse durch die Land-Enge beleben, wie es auch der Herr Verfasser annimmt, so dafs dort bedeutende Handelsplätze entständen und grofse Capitalien sich hinzögen, so ist wohl kein Zweifel, dafs dann auch der Verkehr, selbst zwischen Europa und China den Weg über Panama dem um das öde Cap Horn, und selbst um Africa herum, vorziehen würde, und wenn auch bei Panama zweimal umgeladen werden müfste; denn die Zwischenstation würde dann allein schon den Verkehr anziehen. D. H.]

Ich unternehme es nicht, hier mit Bestimmtheit die Maafse anzugeben, welche der die beiden Meere verbindende Canal haben müfste. Ich glaube aber, dafs man sich wenig von dem Richtigen entfernen würde, wenn man dem Canale die Maafse gäbe, welche die beiden ähnlichen Canäle in Europa haben: der Caledonische Canal quer durch Schottland, und der Nord-Canal von Amsterdam nach dem Helder, welche beide für grofse Handelsschiffe und selbst für Fregatten fahrbar sind. Sie sind seit dem Frieden eröffnet. Der Schottische Canal ist 119 F. in der Wasserlinie breit; was mehr als hinreichend ist. Das Wasser darin ist $19\frac{1}{2}$ Fufs tief, was für Schiffe von 16 bis 20 Tausend Ctr. Ladung, also für die gröfsten Handelsschiffe hinreicht. Ein transatlantisches, voll beladenes Paketboot taucht $16\frac{3}{4}$ F. tief ins Wasser, aber unter dem Kiel mufs noch $1\frac{1}{2}$ F. Wasser sein, also bedarf ein solches Schiff $18\frac{1}{4}$ F. Wassertiefe, und es ist wahrscheinlich, dafs diese Schiffe, von 450 Pferden Dampfkraft in Bewegung gesetzt, wenigstens in Rücksicht der Wassertiefe, die sie nöthig haben, so bleiben werden wie sie sind. [Doch könnte sich eine Änderung ergeben, wenn, wie wahrscheinlich, die Wasserschrauben für Dampfschiffe *allgemein* vortheilhafter befunden würden als die Schaufelräder. Die Schiffe würden dann vielleicht, während sie weniger ***Breite*** auf dem Canal erfordern, etwas mehr Wasser*tiefe* nöthig haben. D. H.] Die Maafse des Nord-Canals in Holland sind beinahe dem des Schottischen Canals gleich; derselbe hat 121 F. Breite und 20¼ F. Tiefe. Die Schleusen des Caledonischen Canals, die sehr zahlreich sind, haben 167 F. in der Länge und 39 F. in der Breite. Sie würden um etliche und 60 F. länger und um etwa 20 F. breiter sein müssen, für transatlantische Paketboote, wie man sie jetzt baut. Die Canäle von grofsem Querschnitt in Frankreich sind 48 F. in der Wasserlinie breit und 5 F. tief; ihre Schleusen sind 103½ F. lang und 16½ F. breit. Der Seitencanal aus der Garonne ist ein wenig gröfser; der Canal von Arles nach Bouc noch etwas gröfser; seine Schleusen, deren nur wenige sind, sind 159½ F. lang und 25½ F. breit. Die Englischen und Americanischen Canäle sind ein wenig kleiner. Der Canal Erié wird jetzt gröfser als die bisherigen gemacht, sogar gröfser als der Canal du midi und der Seitencanal aus der Garonne. Der Canal von Chesapeake nach dem Ohio hat ungefähr die Maafse der grofsen Französischen Canäle. Der Seitencanal aus dem St. Lorenzflufs in Canada ist 97 F. in der Wasserlinie breit und 9½ F. tief. Canäle von der Gröfse des Caledonischen und des Nord-Canals kosten natürlich viel mehr, als die andern. Bei Uns haben in den Jahren 1821 und 1822 die Canäle 250 000 Thlr. die Meile gekostet; die neueren, von der Marne nach dem Rhein, von der Aisne nach der Marne und der Seitencanal aus der Garonne werden 600 000 Thlr. auf die Meile kosten. Die kleinen Englischen Canäle kosteten im Durchschnitt 270 000 Thlr., die Americanischen im Durchschnitt nur 200 000 Thlr. die Meile. Der grofse Caledonische Canal hat auf 9160 Ruthen lang 6⅔ Millionen Thaler gekostet, also etwa 1½ Millionen Thaler die Meile. Die ganze Länge dieses Canals beträgt 22 567 Ruthen, aber, was über 9160 Ruthen ist, befindet sich auf Seen und Flüssen. Der Nord-Canal in Holland scheint, auf mehr als die doppelte Länge, nemlich auf 21 505 Ruthen lang, nicht mehr als der Caledonische Canal gekostet zu haben, also nur etwa 620 000 Thlr. die Meile. Er hat aber auch nur eine Schleuse an jedem Ende, welche Schleusen blofs bestimmt sind, gegen die Ebbe und Flut einen gleichförmigen Wasserstand in dem Canal zu erhalten. Eine Schleuse auf den gewöhnlichen grofsen Canälen in Frankreich kostet, bei der Geschicklichkeit und Übung, welche jetzt unsere Ingenieurs erlangt haben, nur 20 bis 22 Tausend Thaler. Nach den Brester Preisen, wo das Wassermauerwerk wohlfeil ist, würde eine Schleuse für transatlantische Paketboote von 450 Pferdekraft: das Mauerwerk und die Thore, also die Schleuse ohne das Ausgraben der Baustelle, so wie ohne den Rost, wo er nöthig ist, etwa 93 und alles zusammen mindestens 107 Tausend Thaler kosten. Für einen Dreidecker kostet zu Brest eine Schleuse noch 13 000 Thlr. mehr, obgleich sie nicht so lang und breit nöthig ist, als für Paketboote von 450 Pferdekraft, wie der Christoph Columbus und der Canada, die zu Brest gebaut sind; denn die Schleuse mufs tiefer sein. Das Paketboot taucht nur $16\frac{3}{4}$ F. tief ins Wasser, ein grofses Linienschiff, wie z. B. der Valmy, $25\frac{1}{4}$ F. tief. Wenn man den Dampfschiffen Wasserschrauben statt der Schaufelräder giebt, so werden die Schleusen für sie schmaler sein können. Der Schiffsrumpf wird kürzer und breiter gemacht werden können. Ein Paketboot von 450 Pferdekraft wird dann die Schleusen für Linienschiffe passiren können, welche 215 F. lang und 58 F. breit sind. Die Tiefe, welche die Schleusen haben müssen, ist die der Eintauchung des Schiffs, mit noch $1\frac{1}{2}$ F. Wasser unter dem Kiel.

[Hier folgt die Stelle oben S. 207 Band 22. Heft 3., welche mit den Worten anfängt: „An diese Bedingung" bis zu „Erste Durchgangsstelle etc.", welche die „Annales des ponts et chaussées" wieder wörtlich aufgenommen haben.

Vierter Abschnitt. Maafse der Schwierigkeiten, welche man jetzt bei Canälen zu überwinden gewohnt ist.

Nach diesen Vorbemerkungen können wir weiter auf den Gegenstand eingehen. Vorher wird es jedoch nicht unnütz sein, einige Bemerkungen über das Maafs der Schwierigkeiten zu machen, welche jetzt die Kunst beim Canalbau zu überwinden vermochte, so wie die Bedeutung einiger technischen Ausdrücke anzugeben, deren wir uns zu bedienen haben werden.

Canäle, so wie man sie jetzt baut, seit im 15ten Jahrhundert in Italien die Schleusen erfunden wurden, sind von den Flüssen sehr verschiedene Wasserstrafsen. Ein Flufs hat immer einiges Gefälle, und das Wasser bewegt sich darin fort. Die Alten ahmten die Canäle den Flüssen nach, aber die Nachahmung gelang ihnen selten. Ein neuerer Canal gleicht *nicht* einem Flusse: er besteht vielmehr aus einer Reihe ausgegrabener Behälter von gröfserer oder geringerer Länge, öfters Meilen lang, die stufenweise jeder höher als der nächste liegen und in welchen das Wasser völlig wagerecht steht. Ein neuerer Canal läfst sich mit einer Treppe von sehr langen und verhältnifsmäfsig schmalen Stufen vergleichen, während ein Flufs einer sehr sanft abhängenden Rampe gleicht. In einem Flusse steht das Wasser, je nach den Jahreszeiten, bald hoch, bald niedrig: in einen Canal wird immer gerade so viel Wasser künstlich hineingeleitet, dafs es darin immer *gleich hoch* steht. Dadurch erlangt man in den Canälen mit so wenig Wasser, als vielleicht nur ein kleiner Bach führen würde, eine Wasserstrafse ohne Gegenstrom, und mit weniger Unterbrechungen und mehr Bequemlichkeit als auf einem Flusse. Die Schiffahrt auf dem Canal du midi z. B. ist bequemer als auf der Seine; wenigstens in demjenigen Zustande dieses schönen Flusses, in welchem man ihn noch bis jetzt gelassen hat. Gleichwohl fliefsen in der Seine beim niedrigsten Wasser, nach den Hundstagen, noch 3 bis 4 Tausend Cub. F. Wasser in der Secunde, während der Canal du midi, der in diesem Punct freilich merkwürdig ist, nicht des 100ten Theils davon bedarf. 32 C. F. in der Secunde sind für ihn völlig hinreichend.

Ein Canal, wagerecht von einem Ende bis zum andern, ist selten möglich. Der Nordcanal in Holland ist es zwar, aber in Holland ist auch die Oberfläche des Bodens so eben, wie fast in keinem andern Lande. Gewöhnlich besteht ein Canal aus einzelnen, stufenweis ansteigenden wagerechten Strecken (biefs) *ohne* Gefälle. Von einer Strecke zur andern steigt die Oberfläche des Wassers plötzlich empor, gewöhnlich um 6 bis 10 Fufs auf einmal, bekanntlich durch Schleusen mit Thoren, vermittels welcher die Schiffe aus einer Strecke in die andere gebracht werden können, auf die Weise, die Jedermann bekannt ist. [Die Beschreibung des Spiels der Schleusen, welche hier der Herr Verfasser noch giebt, kann hier wohl füglich wegbleiben. D. H.]

Gewöhnlich steigen die Canäle durch mehr oder weniger einzelne Strecken bis zu einer höchsten Strecke hinan, und von da wieder hinab; diese höchste Strecke heifst *Scheitelstrecke.* Es giebt auch Canäle, die *nur* hinaufsteigen: so wie andere, welche *mehr als eine* Scheitelstrecke haben. Die Baukosten der Canäle sind natürlich um so höher, je gröfser ihre Länge und die Zahl der nöthigen Schleusen ist.

Folgendes sind die Maafse einiger Canäle. Der Canal von Burgund und der Canal du midi sind jeder 31¾ Meilen lang; der Canal von der Marne nach dem Rhein ist 40 Meilen, der Canal du Berri 42 Meilen, der Canal von dem Rhône nach dem Rhein 46 Meilen, der Canal von Nantes nach Brest 50 Meilen lang. Die Reihe der Canäle, welche London und Liverpool verbinden, ist 56½ Meilen lang. In dem Staate New-York ist der Erié-Canal, der in jedem Betracht seinen Namen des *grofsen* Canals verdient, 77½ Meilen lang. Die Canäle in der Richtung von Philadelphia nach dem Ohio sind 59 Meilen lang; der Canal vom Chesapeake nach dem Ohio hat eine Länge von 73 Meilen; mehrere andere Canäle in den vereinigten Staaten sind 53 bis 73 Meilen lang.

Canäle von gewöhnlicher Gröfse ersteigen hie und da mittels der Schleusen ohne zu grofse Schwierigkeit sehr bedeutende Höhen. Der Canal du Berri steigt und fällt vermittels 115 Schleusen 784 F.; der Canal du midi vermittels 99 Schleusen 804 F., der Canal vom Rhône nach dem Rhein mittels 160 Schleusen 1253 F.; der Canal von Burgund mittels 191 Schleusen 1596 F.; Der Canal von Nantes nach Brest mittels 238 Schleusen 1768 F.

Die Canäle in England haben weniger Steigen und Fallen als die Französischen. Die Canäle zwischen London und Liverpool haben für 185 Schleusen nur 1412 F. Steigen und Fallen. Der höchste Punct des Canals von Leomiaster, welcher unter den Englischen Canälen die gröfste Höhe übersteigt, liegt 452 F. hoch über dem niedrigsten.

Auf dem Erié-Canal in America beträgt die Summe des Steigens und Fallens von 83 Schleusen 669 F. Die beiden Canäle, welche, nebst einer Eisenbahn, Philadelphia mit dem Ohio verbinden, haben auf 151 Schleusen 1141 Steigen und Fallen. Der prächtige Canal vom Chesapeake nach dem Ohio wird auf 398 Schleusen 3068 F. Steigen und Fallen bekommen; der bis jetzt vollendete Theil dieses Canals hat für 74 Schleusen 561 F. Steigen und Fallen. [Es ist unter den angegebenen Höhen offenbar überall die *Summe* des Steigens und Fallens zu verstehen, nicht etwa die Höhe des höchsten Puncts über dem niedrigsten. Bei den Americanischen Canälen sagt der Herr Verfasser ausdrücklich „somme des pentes et contrepentes", bei den andern zwar nicht; aber schon aus der Zahl der Schleusen folgt, dafs nichts anders verstanden werden kann, weil sonst durchschnittlich auf eine Schleuse zu viel Gefälle kommen würde. D. H.]

Aber hier, zu der Verbindung zweier Meere, ist ein gröfserer Canal nöthig. Der Querschnitt eines Canals für Seeschiffe, wie z. B. der Caledonische, ist 8½mal so grofs als der der gewöhnlichen Canäle in Frankreich vom sogenannten grofsen Querschnitt, und eine Schleuse für Seeschiffe würde 4 bis 5mal so viel kosten als eine gewöhnliche. Wollte man also die verschiedenen oben genannten Canäle im allgemeinen mit dem Canal hier durch die Land-Enge von Panama vergleichen, so müfste man für letzteren die 8½fache Länge und das 4 bis 5fache Gefälle anschlagen. Der Canal von Nantes nach Brest [Obigem zufolge 50 Meilen lang, mit 238 Schleusen und 1768 F. Gefälle] würde also auf der Land-Enge bei Panama nur einem Canale von noch nicht 6 Meilen lang mit 53 Schleusen und 392 F. Gefälle gleich kommen; der Canal Erié einem Canale von etwa 13 Meilen lang mit 20 Schleusen und 140 F. Gefälle.

Eine grofse Schwierigkeit bei Canälen, die ja nicht übersehen werden darf, und die in Frankreich nicht überall genug berücksichtigt worden ist, ist die, den Scheitelstrecken hinreichendes Wasser zu verschaffen. In diesem Punct ist das tropische Clima den Canälen günstiger, als das unsrige, gemäfsigte. Zwischen den Wendekreisen in America, besonders da, wo das Land mit Wäldern bedeckt ist, fällt 5 bis 6mal so viel Regen als in Paris: hier 19 bis 21 Zoll, dort 103 bis 115 Zoll hoch jährlich. Es würden sich also dort leichter Vorrathsbehälter füllen lassen. Zwar ist zwischen den Wendekreisen auch die *Ausdünstung* des Wassers stärker als bei uns, jedoch nach den sorgfältigen Beobachtungen des Herrn *v. Humboldt* nur um drei Fünftel der hiesigen beträchtlicher. Da nun der Regen 5 bis 6mal so viel beträgt als zu Paris, und etwa 4mal so viel als im Süden von Europa, so ist die Gegend von Panama für einen Canal gegen Europa immer im Vortheil. [Für die Wasserbehälter allerdings, und zwar gar sehr, wenn in die Behälter das auf eine sehr grofse umliegende Fläche fallende Regenwasser hineingeleitet wird, so dafs der gröfere Gewinn an Wasser von einer grofsen Fläche herkommt, während der Verlust durch die Ausdünstung eigentlich nur mehr für die kleine Oberfläche des Behälters in Anschlag zu bringen ist; aber nicht für die Oberfläche der Canalstrecken selbst; für diese ist der unmittelbar gröfsere Gewinn geringer und dagegen der Verlust durch die Ausdünstung gröfser. D. H.] Wir werden übrigens weiter unten sehen, dafs in derjenigen Linie, welche sich für den Verbindungscanal der beiden Meere am meisten empfiehlt, die Versorgung des Canals mit Wasser wenig Schwierigkeiten haben dürfte.

Wir wollen nun die fünf verschiedenen Stellen näher beschreiben, wo der Canal Statt finden könnte. [Dies ist die weiter oben gegebene Beschreibung. Es ist jetzt noch der 11te und 12te Abschnitt herzusetzen. D. H.]

Eilfter Abschnitt. Von der Strafsenverbindung des Rothen mit dem Mittelländischen Meere bei Suez.

Die Projecte zu einem Canal bei Suez sind denen zu dem Canal bei Panama vergleichbar. Jedermann wird an die beiden Land-Engen fast zugleich denken. Sie geben für Europa die beiden Durchgänge nach dem grofsen Ocean, nach Osten und nach Westen, unter Vermeidung grofser Umwege und einer gefährlichen Schiffahrt. Auf gewisse Weise concurriren sie mit einander, und rücksichtlich der weit gedehnten Ufer des Oceans ist der Durchgang bei Suez für Europa eigentlich noch wichtiger als der bei Panama. Einige Worte über den erstern werden daher hier nicht am unrechten Orte sein.

Beim ersten Anblick zeigt sich die Land-Enge bei Suez ungemein günstig für einen Canal. Der Boden ist dort flach, niedrig und noch halb mit Wasser bedeckt. Es ist unverkennbar, dafs früher das Meer dort einen Durchgang hatte und dafs Africa vor Zeiten mit Asien nicht zusammenhing, sondern eine Insel war. Denn wenn man sich von Suez, am rothen Meere, nach Thyneh, nahe bei den Ruinen von Pelusium am Mittelmeere, begiebt, so stöfst man zuerst auf ein sehr langes und bis 50 F. unter dem niedrigsten Wasserstande bei Suez tiefes Wasserbecken. Dieses Becken bilden die bittern Seen des Plinius; die Araber nennen es Crocodillenmeer. [Man sehe die kleine Carte beim vorigen Heft Taf. VII. links. D. H.] Es ist über 5 Meilen lang und erstreckt sich gerade in der Richtung von Suez nach Pelusium. Weiter folgt in der gleichen Richtung der See Temsah, und dann folgen Lagunen, die mit dem grofsen See Menzaleh zusammenhingen, der westlich die Ebene von Pelusium begrenzt. Also quer durch die ganze Land-Enge hat man fast ohne Unterbrechung Lagunen und Seen zur Seite, die über eine Fläche von Sand zerstreut sind, welcher ganz dem Meeressande ähnlich ist. Nirgends erhebt sich der Boden bedeutend. Nach dem Nivellement, welches Herr *Lepère* während der Französischen Besitznahme von Egypten gemacht hat, liegen die höchsten Puncte des Bodens 16, 19 bis 24 F. hoch über dem niedrigsten Stande des Mittelmeeres: nur eine Stelle fand sich 34 F. hoch. Der Nil bei Cairo schwillt bis 38 F. hoch über das Meer an.

Auch rücksichtlich ihrer Breite zeigt sich die Land-Enge für den Durchgang günstig. Von Suez bis nach dem Ufer von Faramah, auf welchem Thyneh liegt, sind nur 16 Meilen; und wenn man darauf Rücksicht nimmt, dafs die Fluth bei Suez noch an $\frac{3}{4}$ Meilen nördlich ins Land dringt, so sind die beiden Meere eigentlich nur $15\frac{1}{4}$ Meilen von einander entfernt. Die Entfernung ist noch viel geringer, wenn man den See Menzaleh, der in der That mit dem Mittelmeere zusammenhängt, als eine Fortsetzung desselben ansieht.

Die Ungleichheit der Höhe des Wasserstandes der beiden Meere ist hier gröfser als bei Panama. Zufolge des Nivellements des Herrn *Lepère* steht die Ebbe des Rothen Meeres bei Suez, die beim Neu- und Vollmonde eintritt und mehr beträgt als in den beiden andern Mondvierteln, 25 F. 10 Zoll hoch über dem niedrigsten Wasserstande des Mittelmeers bei Thyneh. Dort steigt das Meer um 13 Zoll höher; bei Suez noch 6 F., so dafs der gröfste Unterschied der Wasserstände 31 F. 10 Zoll ist.

Hieraus und aus der niedrigen Lage des Landes folgt, dafs ein Canal vom Rothen- nach dem Mittelmeere leicht ausführbar und leicht mit Wasser zu speisen sein würde. Das Rothe Meer würde ihn mit Wasser versorgen, mittels der bittern Seen, die zu Behältern dienen würden, in welche man das Wasser zur Zeit der Flut fliefsen lassen würde. Die Erhaltung und Aufräumung des Canals würde wegen des beweglichen Wüstensandes allerdings Schwierigkeiten haben, aber nicht von unverhältnifsmäfsigem Belange. Die gröfste Schwierigkeit wäre die, einen guten Hafen am Mittelmeere für die Mündung des Canals zu finden. Diese Schwierigkeit ist jetzt gröfser, als im Alterthum, weil die jetzigen Schiffe tiefer in das Wasser tauchen als die der Phönicier, Griechen und Römer, oder wie die Galeeren im Mittel-Alter, und weil die Küsten des Mittelmeers, östlich vom Nil, durch den Sand, welchen die kleinen Flüsse hinunterspülen, so wie durch den Schlamm des Nils selbst, immer mehr verlandet werden.

Der Canal durch die Land-Enge von Suez ist übrigens kein blofses Project. Er hat schon existirt. Die Geschichte sagt es und die Reisenden haben von dem Canal die Spuren gefunden. *Strabo* scheint die Anlage des Canals dem grofsen Sesostris zuzuschreiben; ***Herodot*** und ***Diodor*** geben diese Ehre dem Necho, dem Sohne des Psammetichus. Darius von Persien liefs die Ausführung fortsetzen, und es scheint, dafs er es war, welcher den Canal vollenden liefs, obgleich man die Vollendung auch dem zweiten Ptolemäer zuschreibt; der ihn aber wahrscheinlich nur herstellen liefs. Aber dieser Canal im Alterthum durchschnitt nicht geradezu die Land-Enge von Suez ab nach Pelusium; sei es, dafs die Egyptischen Könige fürchteten, der Canal werde von dem Wüstensande zugeschüttet werden, oder dafs sie ihn nicht in das Mittelmeer ausmünden lassen wollten, welches damals als stürmisch verrufen war; oder auch wegen ihres Bestrebens nach gänzlicher Absonderung ihres Landes von den Nachbarn; oder endlich vielleicht, weil eine Verbindung von Suez mit Pelusium von ihnen als nicht Egyptisch betrachtet wurde; in der That würde so der Canal für die Bewohner der Nil-Ufer keinen directen Nutzen gehabt haben. Der ***Canal der Könige,*** so hiefs er, verband demnach Suez mit dem ***Pelusischen Nil-Arm,*** welcher heut zu Tage fast ganz verlandet ist, und mündete zu Bubastis aus, etwas unterhalb des heutigen Cairo. Er war ansehnlich grofs: 105 bis 160 F. breit und wenigstens 16 F. tief; ***Plinius*** sagt sogar, doppelt so tief. Er wurde vom Nil gespeiset, der beim hohen Wasser über das Rothe Meer und über das ganze anliegende Land hinaufschwillt. Von Bubastis, dem Pelusischen Nil-Arm, lief der Canal gen Osten in einem weiten Thale fort, welches Ouady heifst, wendete sich dann gegen Mittag nach den bittern Seen hin und gelangte von da mittels eines gegen 3 Meilen langen Durchstichs nach dem Hafen von Suez. Seine gesammte Länge war etwa 22 Meilen.

Während des Stillstandes der Civilisation des Alterthums, als sie ihren Gipfel erreicht hatte, wurde der Canal zur Zeit der Ruhe, welche das Römische Reich im 2ten Jahrhundert nach Christo genofs, hergestellt. Der künstliche Nil-Arm, welcher ihm das Wasser zuführte, erhielt vom Kaiser Hadrian den Namen des Trajanflusses; seinem Adoptivvater zu Ehren.

Nachdem der Canal von dem Wüstensande verschüttet worden war, welchem die nomadisirenden Araber zu Hülfe gekommen waren, damit sie mit ihren Kameelen allein die Transporte durch die Wüste zu besorgen bekommen möchten, wurde derselbe nochmals durch die Sarazenen hergestellt; und zwar auf Befehl des nemlichen Omar, den die hundertzüngige Fama als so wild schildert, und dem sie (wenigstens was den Canal betrifft mit Lügen gestraft) auch die Verbrennung der Alexandrinischen Bibliothek zuschreibt. Amru hatte Egypten erobert. Omar befahl ihm, die Verbindung des Nilthals mit dem Rothen Meere herzustellen: im Interesse der heiligen Stadt Mecca. Man veränderte indessen die Linie abermals, nachdem schon die Römer sie geändert hatten, und legte die Mündung noch höher hinauf, nach Cairo, um mehr Gefälle zu gewinnen. Nach der Wiederherstellung des Canals durch Amru bekam derselbe den Namen des Canals des *Fürsten der Gläubigen*. Es scheint, dafs immer die Eroberer von Egypten ihm ihren Namen haben geben wollen.

Als die Franzosen Egypten in Besitz hatten, wollte der Ober-General die Herstellung des Canals. Er legte darauf einen so grofsen Werth, dafs er die Untersuchung persönlich unternahm. Er begab sich bis nach Suez, wo er bei der Besichtigung der Umgegend in grofse Gefahr gerieth. Seine Geistesgegenwart allein rettete ihn von einem Tode, ähnlich dem, welchen Pharao bei der Verfolgung der Israeliten fand. Die Befehle des Eroberers der Pyramiden wurden pünctlich weiter von dem Wege- und Brücken-Ingenieur *Lepère* ausgeführt und aus dessen wichtigen Arbeiten schöpfe ich die gegenwärtigen Nachrichten.

Der von Herrn *Lepère* vorgeschlagene Canal würde ungefähr die Richtung des *Canals der Könige* bekommen. Er würde 20 Meilen lang sein und aus einer einzelnen Strecke bestehen. Die bittern Seen würden einen Theil davon ausmachen. Er würde vom Nil gespeiset werden, der bei seinen Anschwellungen, die das Land befruchten, 15 F. *höher* als die Ebbe im Rothen Meere steht, während der Strom, in seine Ufer zurückgetreten, beim niedrigsten Wasser im Gegentheil etwa $14\frac{1}{4}$ F. *tiefer* steht als das Rothe Meer, so dafs also der Canal nur während der hohen Wasser im Nil fahrbar und 4 bis 5 Monaten jährlich unbrauchbar sein würde. [Wahrscheinlich wohl, weil man nicht das Salzwasser des Meeres ins Land leiten wollte. D. H.] Das wäre nun ein grofser Übelstand. Wir sind nicht mehr in den Zeiten, wo man mit *unterbrochenen* Strafsenverbindungen zufrieden war: nicht mehr in einer Zeit, wo z. B. die Spanischen Gallionen nur alle drei Jahre nach Porto Belo gelangen konnten; wogegen damals Niemand etwas einzuwenden hatte. In solchen, wie in vielen andern Fällen, wollen die Menschen jetzt *ohne* Unterbrechung Herren der Schöpfung sein.

Es fragt sich also, auf welche Weise eine *stets fahrbare* Wasserstrafse von dem Nil nach Suez herzustellen sei. Man müfste zu dem Ende einen Behälter, gröfser als der See Moeris, mit hohen Ufern, in der Mitte des Canals haben, in welchen das Hochwasser des Nils geleitet würde; und zwar durch den Canal selbst. Aus dem Behälter flösse dann ein Theil des Wassers, als Speisewasser des Canals, wieder in den Nil zurück. Die Wassermasse in dem Behälter müfste ungemein grofs sein; was hier nur durch eine beträchtliche Oberfläche zu erlangen wäre; und das gäbe dann ein Werk gleich dem Ungeheuersten, was die alten Egyptischen Könige ausgeführt haben. Dabei würde noch durch die schnelle Verdunstung in jenem heifsen Lande und unter dem Einflufs der trocknen Winde der Wüste [vielleicht auch noch durch die Verseigung in den Boden D. H.] ein grofser Theil des Wassers aus dem Behälter verloren gehen und der Behälter würde vielleicht seine Bestimmung immer nur unvollständig erfüllen. Für den Theil des Canals nach dem Rothen Meere zu würde man natürlich das Meerwasser benutzen. Für den übrigen Theil des Canals könnte man vielleicht versuchen, dem Behälter *durch Maschinen* zu Hülfe zu kommen, welche das Wasser aus dem Nil hinaufschöpfen: dergleichen ist schon bei mehreren Canälen in Ausübung gebracht worden. Ein ohne Unterbrechung fahrbarer Canal vom Nil bis Suez dürfte inzwischen, wie man sieht, immer sehr schwierig sein. Wer mag aber sagen, dafs unsere Zeit vor Dingen zurückschreckt, welche schon das Alterthum für sein Bedürfnifs zu Stande brachte. Auch im Wasserbau sind Fortschritte nicht zu bezweifeln.

[Behälter für das Speisewasser eines Canals werden wohl in Fällen, wo sie mit grofsen Kosten künstlich hergestellt werden müssen und wo viel Wasser durch die Ausdünstung verloren geht, wie hier, immer nur ein sehr unvollkommnes und wenig gutes Aushülfsmittel sein. Sehr wohl kann es sein, dafs es da, wo es der Scheitelstrecke eines Canals an Wasser fehlt, wohlfeiler und sicherer ist, das nöthige Speisewasser durch Maschinen allmälig, selbst bis zur Scheitelstrecke hinauf zu heben, als es aus Behältern zu nehmen. Oben z. B. berichtete der Verfasser, dafs 32 C. F. Wasser in der Secunde allen Bedürfnissen des $31\frac{3}{4}$ Meilen langen Canal du midi, mit 99 Schleusen und 804 F. Steigen und Fallen, genüge. Durch eine Pferdekraft lassen sich $1\frac{2}{3}$ C. F. Wasser in der Secunde $3\frac{1}{3}$ F. hoch, also $5\frac{5}{9}$ C. F. Wasser in der Secunde 1 F. hoch heben. Um die 32 C. F. Wasser in der Secunde 1 F. hoch zu heben, würden also $5\frac{19}{25}$ Pferdekräfte nöthig sein; das macht für die 804 F. Steigen und Fallen des Canal du midi 4631 Pferdekräfte. Dafs dies im Verhältnifs zu dem Zwecke noch nicht zu viel ist, läfst sich durch folgende kleine Rechnung übersehen. Man nehme eine Schleuse von 150 F. in der Kammer lang, 20 F. breit und mit 8 F. Gefälle an, so müssen $150 \cdot 20 \cdot 8 = 24\,000$ C. F. Wasser für die Durchfahrt *eines* Schiffs 8 F. hoch gehoben werden. Eine Pferdekraft hebt in 24 Stunden $24 \cdot 60 \cdot 60 \cdot 5\frac{5}{9} = 480\,000$ C. F. Wasser 1 F., also 60 000 C. F. Wasser 8 F. hoch: mithin sind $\frac{24000}{60000} = \frac{2}{5}$ Pferdekräfte auf 24 Stunden nöthig, um eine Schleusenkammer voll zu schöpfen. Eine Pferdekraft, durch Dampf hervorgebracht, kostet in Berlin bei starken Maschinen 20 Sgr. und, wo die Kohlen wohlfeiler sind, weniger. Also kostet eine Schleusenkammer aus dem Unterwasser zu füllen $\frac{2}{5} \cdot 20 = 8$ Sgr. Wir wollen aber, wegen des Wassers, welches verdunstet, verseigt und durch die Schleusenthorfugen zurückfliefst etc., desgleichen wegen der Verzinsung der Anlagekosten und wegen der Kosten der Erhaltung der Maschinen, beinahe das *Vierfache*, also 1 Thlr. annehmen, so thut das für die 99 Schleusen des Canal du midi 99 oder in runder Zahl 100 Thlr. *für ein Schiff.* Nun wird das Schiff wenigstens 1000 Ctr. laden: also werden die Kosten der Schiffsfracht durch das Heben des Wassers *mittels Maschinen* um $\frac{1}{10}$ Thlr. = 3 Sgr. für den Centner erhöht werden; was für die Länge von $31\frac{3}{4}$ Meilen nicht allzu bedeutend ist. Von den oben berechneten 4631 Pferdekräften kommen $\frac{4631}{99} = 47$ Pferdekräfte auf eine Schleuse, welche, da wir $\frac{2}{5} \cdot 3\frac{3}{4} = 1\frac{1}{2}$ Pferdekräfte für ein Schiff gerechnet haben, so viel Wasser schöpfen können, als zu der Fahrt von $\frac{47}{1\frac{1}{2}} = 32$ Schiffen täglich nöthig ist; welches Ergebnifs der ziemlichen Zusammenstimmung der beiden Rechnungen wenigstens nicht entgegen ist. Es versteht sich, dafs die Maschinen das Wasser nicht in die Schleusenkammern selbst, sondern je von einer untern Strecke des Canals, über die Schleuse hinweg, in die nächst obere schöpfen müfsten, weil das Schiff nicht warten kann, bis die Maschinen die Schleusenkammer vollgepumpt haben. Die Canalstrecken dienen von selbst zu den nöthigen Wasser*behältern.* Die Versorgung eines Canals mit Wasser durch Aufschöpfen desselben von unten herauf mittels Maschinen, da wo es dem Canal oben an Wasser fehlt, ist daher gar nicht ganz unausführbar. Es ist freilich besser, wenn man das Speisewasser eines Canals oben *umsonst* haben kann, aber ein Canal, dem es oben an Wasser fehlt, ist deshalb noch gar nicht unmöglich, wenn nur *unterhalb* hinreichendes Wasser vorhanden und sonst das Terrain nicht gar zu schwierig ist; das Aufschöpfen des Wassers durch Maschinen kann sogar leicht wohlfeiler und sicherer sein als die Versorgung des Canals aus grofsen Behältern, die oben mit grofsen Kosten gebaut werden müssen und viel Land bedecken; und zwar noch um so mehr, da es, wenn auch ganz oben, doch wenigstens nicht überall bis oben hinauf an Wasser fehlen wird, so dafs wenigstens die Kosten des Wasserhebens noch um einen bedeutenden Theil sich vermindern lassen werden. D. H.]

Von Suez bis nach dem Nil ist erst der halbe Weg bis zum Mittelmeere. Der Nil fliefst freilich in das Mittelmeer, aber bei niedrigem Wasser ist er nur noch für kleine Barken fahrbar und seine beiden Haupt-Arme bei Rosette und Damiette münden in so enge und so gefährliche Wasserläufe aus, dafs sich kein Schiff hindurch wagen darf, welches nur einigermaafsen tief ins Wasser taucht. Der Boghaz (so heifst jeder der beiden engen Wasserläufe) ist bei Damiette noch am fahrbarsten; aber es finden sich darin nur $7\frac{1}{2}$ bis 8 F. Wasser, wenn der Strom niedrig, und etwa $10\frac{1}{2}$ F. Wasser, wenn er hoch steht; bei Rosette sogar nur $4\frac{1}{4}$ bis $4\frac{3}{4}$ F. Tiefe bei niedrigem und $7\frac{1}{2}$ bis 8 F. Tiefe bei hohem Wasser. Zur Winterszeit sind aufserdem die beiden Durchgänge wenig im Schutz. Dieser Beschwerlichkeit für die Schiffahrt verdankt Alexandrien seine Entstehung. Alexander, der nicht blofs ein grofser Feldherr, sondern auch ein grofser Geist und ein grofser König war, fafste den Entschlufs, eine regelmäfsige Verbindung von Griechenland mit Indien herzustellen. Dazu boten sich ihm zwei Wege dar: der eine durch den Persischen, der andere durch den Arabischen Meerbusen, das Rothe Meer. Er *wählte* nicht: er benutzte *beide.* Sein Ehrgeiz war unermefslich, seine Kraft wunderbar, seine Gewalt über die Menschen unbegrenzt. Er beherrschte Alle, nur freilich sich selbst nicht. Um den Handel des Morgenlandes mit dem Abendlande (damals Griechenland) zu beleben, gründete er Alexandrien, an einer Stelle, wo sich ausnahmsweise ein guter Hafen fand. Dieses war einer der schönsten und kühnsten Gedanken dieses kühnen und fähigen Kopfes, und eine der glücklichsten Unternehmungen des Mannes, welchem Alles gelang.

Die von Suez auf dem Canal anlangenden Schiffe sollten nach Alexandrien gehen, weil dort der einzige Punct auf dem Egyptischen Ufer war, wo ein aus dem Innern kommendes, einigermaafsen schwer beladenes Schiff in das Mittelmeer gelangen konnte. Aber wie nach diesem Hafen gelangen, selbst nur bis in seine Nähe, während des grofsen Theils des Jahres, wo der Nil nur noch für kleine Barken fahrbar ist? Um das möglich zu machen, waren grofse Arbeiten nöthig. Die Schiffahrtsbahn auf dem Strom mufste von der Einmündung des Canals an verbessert werden; das Wasser mufste durch Wehre aufgestaut, oder es mufste längs des Stroms ein Canal gegraben werden. Dann mufste Alexandrien selbst durch einen Canal mit dem Nil verbunden werden. Das Letztere ist geschehen, aber sehr unvollkommen, durch den Canal Mahmoudiéh, welchen Mehemet Ali gebaut oder vielmehr wieder hergestellt hat. Der Canal ist 10½ Meilen lang und mündet bei Fouah in den Nil; der alte Canal mündete bei Rahmanyéh ein, ein wenig weiter oberhalb, und mehr östlich; er war nach Herrn *Lepère* 12½ Meilen lang. Der Canal Mehemet Ali's weicht von dem alten Canal etwas ab, um die Länge zu verkürzen. Der Theil des Stroms, auf welchem die Schiffahrtsbahn noch zu verbessern wäre, ist 24 Meilen lang; also wären zusammen auf 34½ Meilen lang grofse Arbeiten nöthig und, mit Einschlufs des Canals von Suez nach dem Nil, würde die Wasserstrafse zusammen 54¾ Meilen lang sein. Das ist sehr viel für eine fast ganz durch Kunst hervorgebrachte Wasserstrafse, und sehr theuer.

Es fragt sich also, ob nicht ein Canal geradezu von Suez nach dem Mittelmeere besser wäre. Diese Entfernung beträgt nur etwa 13¼ Meilen. Die Linie, welche Herr *Lepère* bauen wollte, ist 20 Meilen lang; aber es sind darunter 5⅓ Meilen auf den bittern Seen, und diese Seen sind stets tief genug. Auf die ganze übrige Länge scheint der Weg für den Canal von der Natur schon vorbereitet. „Nach meiner Meinung," sagt Herr *Lepère*, „würden von Suez an bis Ras el Moyeh, also auf den gröfsern Theil der Länge, nur einige Deiche zu bauen sein. Da die Wüste überall höher liegt als dieses niedrige Land, so würde die Schiffahrt hier immer gangbar sein und es würde sich hier leichter eine gröfsere Tiefe herstellen und erhalten lassen, als in der Richtung von Suez nach Cairo." Liefse sich in der Nähe des alten Pelusium ein Hafen herstellen, so wäre diese Richtuug sicherlich die beste. In diesem Hafen liegt die Hauptschwierigkeit der Strafsenverbindung des Rothen Meeres mit dem Mittelmeere für die Schiffahrt.

Herr *Lepère* ist der Meinung, dafs, wenn der Hafen am Mittelmeere einmal gebaut wäre, derselbe sich durch die Wasser des andern Meeres, die man in dem weiten Behälter, welchen die bittern Seen bilden, aufhäufen könnte, spülen lassen würde, und dafs sich so der Eingang in den Hafen von dem Sande reinigen lassen dürfte, welchen die Strömungen darin abgesetzt hätten. Dieses Spülen aber würde nur dann wirksam werden, wenn man den Canal auch mit dem Nil verbunden hätte, um dessen Wasser hineinzuleiten: denn da der Nil zeitweilig sehr hoch steigt, so würde dann die Spülung eine grofse Kraft bekommen. Der berühmte *Prony*, welcher die Arbeiten des Herrn *Lepère* officiell beurtheilt hat, hält die Offenhaltung des Hafens auf diese Weise nicht für unausführbar. Dieses also wäre weiter zu untersuchen. [Das Spülen ist wohl meistens nur sehr wenig wirksam und man schlägt häufig seine Kraft viel zu hoch an. Wenn es blofs auf den *Hafen* ankommt, so fragt sich, ob Baggermaschinen nicht wirksamer und wohlfeiler sein würden. Besonders das Nilwasser möchte hier zum Spülen auch noch deshalb weniger passend sein, weil es, wie bekannt, viel Schlamm mit sich führt. D. H.]

Für die Bedürfnisse des Welthandels giebt es hier kein anderes *befriedigendes* Mittel als einen Canal in gerader Richtung von Suez nach dem Mittelmeer. [Wenn nicht etwa eine *Eisenbahn*, selbst von Alexandrien nach Suez, besser ist. D. H.] *Clot Bey* hat Recht, in seiner ausführlichen Beschreibung des heutigen Egyptens zu sagen, dafs der Canal, welcher das Rothe mit dem Mittelmeer verbinden soll, *nothwendig* die Richtung gerade von Suez nach Pelusium haben müsse.

Bis zur Ausführung dieses Canals, und abgesehen von der Wirkung, welchen der Durchstich bei Panama haben würde, werden die Schiffe, welche von Europa nach Ost-Indien und China gehen, um das Vorgebirge der guten Hoffnung herumfahren. Suez wird nur von den *Reisenden* und den *Briefen* berührt werden, die durch Dampfkraft fortgeschafft werden. Jetzt hat man in Paris zuweilen in 31 Tagen Briefe aus Bombay, ungeachtet des Verlustes an Zeit zur Einnahme von Kohlen in Aden und zur Reise durch die Wüste von Suez. Die Alten hatten 40 Tage Zeit nöthig, blofs um das Rothe Meer entlang zu schiffen. Man hofft noch auf eine weitere Abkürzung der Zeit.

Herr *Waghorn* gedenkt in 27 Tagen Briefe von Bombay bis London zu schaffen. Im Jahre 1774 sendeten die Engländer zum erstenmal über Suez Depeschen nach Ost-Indien. Dieselben brauchten damals über 90 Tage Zeit, und es wurde als etwas Aufserordentliches betrachtet, wenn sie den Weg in 80 Tagen zurücklegten.

Herr *Lepère,* indem er die Schiffahrt nach Ost-Indien um Africa herum mit der durch das Mittelmeer, Egypten und das Rothe Meer vergleicht, berechnet für erstere 3463, für letztere 1766 Meilen, also für letztere etwa nur die Hälfte. Er glaubt, dafs wenn der Canal von Suez nach Thyneh vorhanden wäre, für die Schiffe statt 5 Monate 3 Monate Zeit hinreichen würden. Seitdem ist die Schiffahrtskunst vervollkommnet worden; aber das *Verhältnifs* der Fahrzeiten würde das nemliche bleiben. Herr *Lepère* setzt Pondichery als *Ziel* der Reise und nimmt für die Fahrt um Africa herum Lorient, für die über Suez Marseille als *Ausgangspunct* an.

Der jetzige Beherrscher von Egypten hat immer für öffentliche Unternehmungen grofsen Eifer bezeigt. Die Einzelnheiten der Canalisation, welche er hat ausführen lassen und von welchen *Clot Bey* berichtet, sind überraschend. Und die Ausführung geschah zu einer Zeit, wo Mehemet Ali eine ungeheure Land- und Seemacht zu erhalten hatte. Seit vier Jahren haben sich seine Verhältnisse sehr verändert. Einerseits ist seine Stellung sicherer geworden, weil sein Besitz von Egypten für erblich erklärt und von den grofsen Mächten garantirt worden ist: andrerseits hat er seine Streitmacht, deren Kosten den gröfseren Theil seiner Einkünfte wegnahmen, vermindern und auf kostbare Eroberungsplane verzichten müssen. Es stehen ihm jetzt seine ganzen Einkünfte zu Gebot und er hat Europäer, so wie Eingeborne, die immer mehr und mehr Bildung erlangen, zu Beamten; die Bevölkerung ist an Zucht und an Arbeit wohlgewöhnt, und sein Ehrgeiz, den seine grofsen Fähigkeiten rechtfertigen, hat das Alter nicht vermindert. Statt wie früher nach der Herrschaft über Syrien und Klein-Asien zu streben, würden Friedenswerke, und unter diesen der Canal von Suez, seiner würdig sein. Diese Werke wären für einen Mann, wie er, der gewohnt ist, grofse Dinge zu thun, nur ein Spiel; und da ihm die Menschen-Arbeit wenig kostet, so würde auch der Canal durch die Zölle, welche er eintragen würde, eine einträgliche Speculation für den Pascha sein. Das Werk würde Egypten endlich wirklich diejenige Bedeutung geben, welche davon allen Eroberern alter und neuer Zeit, so wie einem der gröfsten Denker, dem berühmten *Leibnitz,* vorschwebte, in der Denkschrift, die er über den Gegenstand Ludwig XIV. vorlegte. Möchte Mehemet Ali doch seine Kräfte Denen zeigen, die sich schmeicheln, ihn vernichten zu können, und möchte er ein unvergängliches Werk hinterlassen, welches ihm den Dank aller civilisirten Völker für immer sichern und glänzend den Anfang einer Dynastie bezeichnen würde, welche der Fortdauer würdig ist! Es würde dann in der That merkwürdig sein, wenn ein Fürst, der einem von uns barbarisch genannten Volke entsprofs, den Regierungen der grofsen Europäischen Staaten das Beispiel von Bestrebungen gäbe, wie sie jetzt die Völker von den Mächtigen der Erde erwarten. [Alle diese schönen Vorhaltungen werden wohl schwerlich den Pascha bewegen, den Canal bauen zu lassen. Eher vielleicht dürfte der Zweck erreicht werden, wenn Europa dem Pascha mit den Kosten, oder doch mit einigen Millionen Thalern zu Hülfe käme, ihm auch die mäfsig zu bestimmenden Zölle überlassend, unter der Bedingung, dafs die technische Anordnung den Gebern zukomme und dafs der Canal für alle Völker offen bleibe. Jenes Opfer an Geld würde der Canal dem Europäischen Handel wohl bald und reichlich wieder einbringen. D. H.]

Zwölfter Abschnitt. Auf welche Weise der Canal durch die Land-Enge von Panama ausgeführt werden könnte.

Von den beiden Linien, welche sich bis jetzt für den Canal gefunden haben, geht die eine durch den Staat Neu-Grenada, die andere durch Mittel-America.

Die Regierung von Neu-Grenada würde man sehr geneigt für den Canal finden, insofern ihre Souverainetät nicht angetastet wird; auf welche sie streng hält. Diese Regierung ist einsichtig; sie begreift die Vortheile, welche der Canal für einen grofsen Theil der Republik haben würde; sie hat nicht aufgehört, die Europäische Industrie zur Ausführung des Canals einzuladen; sie hat mit offenen Armen Alle aufgenommen, die sich zu dem Werke meldeten und ihnen die besten Bedingungen gemacht. Der Baron *Thierry,* welcher sich für seine Person meldete, und der Herr *Ch. Biddle,* aus den vereinigten Nord-Americanischen Staaten, welchen das Cabinet von Washington auf den Wunsch des Senats sandte, wurden mit aller Zuvorkommenheit empfangen. Ferner die Franco-Grenadische Gesellschaft, obgleich die Ortsbehörden auf Anstiften fremder Agenten sich eben nicht wohlwollend gegen sie zeigten. Ein junger Franzose, der schon oben genannte Herr *Leon Lecomte,* der mit Muth und Eifer mehrere Reisen über die Land-Enge gemacht hat, um die beste Linie für den Canal auszumitteln und die Ausführung des Werks dem Schutze seines Vaterlandes zuzuwenden, kann nicht genug sagen, wie sehr die obersten Beamten der Republik für die Ausführung eingenommen waren; besonders der Präsident der Regierung, mit welchem er darüber sich unterredet hat.

Ganz neulich, nachdem die Grenadische Regierung keinen Erfolg von der sich selbst überlassenen Industrie gesehen hatte, richtete sie officiell folgende Aufforderung an die grofsen Seemächte.

„Die Regierung von Neu-Grenada, in Folge des Wunsches, dem Handel „der Völker die Vortheile zugewendet zu sehen, welche denselben eine Strafsen-„Verbindung des Atlantischen mit dem Stillen Meere, durch die Land-Enge von „Panama hindurch, gewähren dürfte, hat beschlossen, die grofsen Seemächte „aufzufordern, mit ihr einen Vertrag wegen der Ausführung dieses Werks „zu schliefsen, nach welchem entweder die Mächte selbst die Ausführung des „Canals für ihre Rechnung übernehmen, oder für die Neutralität der Verbin-„dung der beiden Meere und für die Erfüllung der deshalb zu stellenden Be-„dingungen die Gewähr leisten. Die Regierung hat zu dem Ende ihren Geschäfts-„träger am Brittischen Hofe bevollmächtigt, mit den Beauftragten der genannten „Mächte zu unterhandeln." Dieses ist wörtlich das von dem Minister der auswärtigen Angelegenheiten von Neu-Grenada, Herrn ***Mariana Ozpina***, an die Mächte gesandte Schreiben.

Wer also die Ausführung des Canals unternähme, würde von der Grenadischen Regierung Alles erlangen, was sie zu bewilligen im Stande ist: den Grund und Boden, die Baumaterialien aus der Nähe, die Zusicherung eines hinreichenden Zolles und Erleichterungen für die Waaren-Niederlagen. Die Grenadische Regierung verlangt blofs, Herr in ihrem Lande zu bleiben und will, dafs die Strafse neutral bleibe, dafs heifst, für jede ihr befreundete Flagge offen sei und ohne dafs eine einzelne Macht sie ihren eigenen Feinden oder ihren Nebenbuhlern verschliefsen könne. [Das ist auch wohl so ziemlich Alles, was billigerweise verlangt werden kann. Blofs müfste wohl noch die dortige Regierung, im Fall sie dieser oder jener Macht, mit welcher *sie* etwa in Krieg geräth, die Durchfahrt verschliefst, Dem, der das Geld zum Canal hergegeben hat, den Ausfall bis zu dem Betrage bestimmter Zinsen garantiren, weil die Unternehmer unter den Streitigkeiten der dortigen Regierung mit Andern nicht leiden können. Ganz ähnlich diesem ist der Fall der Strafse bei Suez. D. H.]

Auch in Mittel-America zeigte sich, gleich nach erlangter Unabhängigkeit, die Regierung des Staatenbundes geneigt, die Ausführung einer Strafse auf der Land-Enge durch den See Nicaragua zu begünstigen. Sie forderte im Jahre 1825 die fremden Capitalisten zu diesem Werke auf. Im Jahre 1826 gab sie Herrn *Palmer* aus New-York eine Concession dazu und übertrug vorläufig das Privilegium im nemlichen Jahre auf eine Holländische Gesellschaft, deren vorzüglichster Theilnehmer der unternehmende König Wilhelm von Nassau war; mit welcher Gesellschaft dann die Unterhandlung in den folgenden Jahren fortgesetzt wurde. Man war dem Abschlufs nahe, als die Belgische Revolution ausbrach. Der König Wilhelm war nun gezwungen, sein Vorhaben aufzugeben, um seine Aufmerksamkeit und seine Kräfte ganz auf die Scheldemündungen wenden zu können und sich mit der Londoner Conferenz zu verständigen.

Jeder, der Sinn für das Wohl der Völker und für grofse und nützliche Unternehmungen hat, wird mit lebhaftem Interesse die Äufserungen lesen, welche die Regierungen von Columbien und von Mittel-America in dieser Angelegenheit gemacht haben. Man erblickt darin den aufrichtigen Wunsch, die allgemeinen Interessen der Völker, die Freiheit und den Frieden gefördert zu sehen. So machte das Decret des National-Congresses von Mittel-America, welches die einzelnen Artikel der Concession der Holländischen Gesellschaft bestimmt, die Bedingung, dafs die Fahrt auf dem Canal denjenigen Schiffen *jeder* kriegführenden Macht verschlossen sein solle, welche Kriegsbedarf geladen haben. Ein anderer Artikel bestimmte, dafs der Canal den Sclavenschiffen verschlossen sein solle. Es war auf alle nur mögliche Weise für die Neutralität und die gemeinschaftliche Benutzung des Canals für alle Völker gesorgt. Auch wurden den Unternehmern Grund und Boden, Baumaterialien, ein Zolltarif und Garantie angeboten. Man gab ihnen eine Hypothek auf alle Staatsländereien und insbesondere auf das Uferland an dem See Nicaragua und Leon und am Flusse Tipitapa auf eine Lieue breit. Die Baustoffe und Baugeräthe sollten völlig zollfrei sein. Man gestattete den Unternehmern den Schlag des vortrefflichen Holzes, welches Mittel-America hervorbringt, an einer der Mündungen des Canals und auf dem festen Lande, oder auf den Inseln des Staats, in einem weiten Umfange. Man versprach, Alles anzuwenden, um ihnen Arbeiter aus dem Lande zuzuführen. Auf den Ufern des Canals, oder an einer seiner Mündungen, sollte eine freie Handelsstadt, welche viele Privilegien bekommen sollte, gegründet werden. Die Beamten der Gesellschaft sollten als Gastfreunde im Lande behandelt werden und als solche mehrere

Freiheiten geniefsen. Auch die alte Castilianische Höflichkeit fand sich in dem Decret: dem Könige Wilhelm solle ein Denkmal errichtet werden, dessen Inschriften die Erkenntlichkeit der Republik gegen einen Fürsten ausdrücken, welcher ihr einen so glänzenden Beweis seiner Freundschaft gegeben habe.

Seitdem hat Mittel-America grofse Mifsgeschicke erfahren. Der Staatenbund ist gewaltsam zerrissen worden, und die gröfseren Theile, aus welchen er bestanden hatte, beseelt nicht mehr der Europäische Geist. Nach einem scheufslichen Bürgerkriege ist Guatimala in das Joch eines Wütherichs gefallen. Nachdem diejenigen Classen der Einwohner, welche unter der Colonial-Regierung den meisten Einflufs besafsen, den Banden-Anführer (condottiere) Carrera bewaffnet und unterstützt hatten, um den General Morazan, der die Europäischen Grundsätze so würdig aufrecht erhielt, abzusetzen und zuletzt hinzurichten, gaben sie sich selbst und dem Volke einen blutdürstigen Oberherrn. Eine Finsternifs, ähnlich der, welche nach dem Einbruch der Barbaren über das Römische Reich kam, bedeckt nun diese schönen Länder, die eines bessern Looses so würdig wären. Glücklicherweise hat die rohe Knechtschaft nicht die Staaten Nicaragua und Costa Rica getroffen, durch welche der Canal gehen würde, und bei diesen Staaten würde man noch alle Erleichterung finden. Ich habe schon gesagt, dafs eine Vermittlung von Frankreich in den Angelegenheiten des Canals von ihnen gern würde gesehen werden und dafs sie in der unpartheiischen Unterstützung Frankreichs eine Gewähr der Obhut erkennen würden, die ihnen gegen den wilden Carrera so nützlich wäre.

Die Frage, ob eine Privatgesellschaft das Werk mit ihren Mitteln allein dürfte ausführen können, läfst sich nicht beantworten, ohne den Betrag der Baukosten zu kennen; und das ist noch nicht einmal näherungsweise der Fall. Man weifs blofs, dafs die Kosten *sehr hoch* sein würden. Aber die Zahl der Schiffe und der Betrag ihrer Ladungen, die theils um Africa, theils um das Cap Horn herum in das Stille Meer gehen, ist auch sehr bedeutend, und nimmt noch immer zu. Nach den Berichten über den auswärtigen Handel, welche der [französische] Finanzminister bekannt macht, ist dieser Betrag, wenn man nur die vier Hauptseemächte England, Frankreich, Holland und Nord-America in Anschlag bringt, folgender:

Im Jahre 1839	. . .	2453	Schiffe mit	983 890	Tonnen (zu etwa 20 Ctr.) Ladung.
- - 1840	. . .	2532	- -	1 000 995	- - - - - - - - - -
- - 1841	. . .	2966	- -	1 203 762	- - - - - - - - - -

Die Herstellung der Handelsverbindungen mit China und die Verpflichtungen, welche dieses Land gegen den Europäischen Handel eingegangen ist, werden ohne Zweifel eine bedeutende Zunahme jenes Verkehrs zur Folge haben. Rechnet man 2 Thlr. 20 Sgr. Zoll für die Tonne [also etwa 4 Sgr. für den Centner] auf die ganze Länge des Canals, und nimmt an, dafs Zweidrittheile des gesammten Verkehrs, etwa 1 200 000 Tonnen sich dem Canal zuwenden, so giebt dies eine jährliche Brutto-Einnahme von 2 133 333 Thaler und, mit Rücksicht auf etwaige Verluste, eine Netto-Einnahme von 1 600 000 bis 1 866 666 Thlr. Der Zollsatz von 2 Thlr. 20 Sgr. für die Tonne ist nicht zu hoch, im Vergleich der Ersparung an Zeit, Gefahr und Assecuranzkosten für alle Schiffe, die um das Cap Horn gehen. Beliefen sich nun auch die Baukosten des Canals und der Häfen an seinen Mündungen auf 40 bis 53 Millionen Thaler (und wie es scheint, mufs man darauf rechnen), so bliebe immer noch ein hinreichender Zinsfufs für die Unternehmer. [Dafs $3\frac{1}{2}$ bis 4 pro cent hinreichend sein sollten, um Capitalisten zu bewegen, ihr Geld, welches sie in Europa höher anbringen können, z. B. durch Eisenbahnen, übers Meer zu senden, dürfte zu bezweifeln sein. D. H.] Indessen ist in solchen Dingen so Vieles ungewifs und es können so viele Vorausberechnungen sich nicht bestätigen, dafs Capitalisten sich wohl schwer zu der Unternehmung entschliefsen dürften, wäre auch der zu hoffende Ertrag höher, so lange nicht mächtige Staaten, wie Frankreich und England, ihnen Garantieen und Hülfe gewähren.

Übrigens ist nicht einzusehen, warum nicht jene beiden grofsen Staaten mit einander und mit Nord-America sich vereinigen sollten, um das Werk nach einem sorgfältig vorbereiteten Plane *selbst* auszuführen. Europa, oder vielmehr das Europäische Geschlecht (und auch America gehört dazu) ist in einem Zuge der Entwicklung begriffen, deren baldiges Resultat die Herrschaft über die ganze Erde zu werden scheint. Es verlangt nach dieser Herrschaft, und es versteht auch, sie hochherzig zu erringen, nemlich mit dem Zwecke, die andern Völker in der Civilisation zu sich emporzuheben. Für dieses Bestreben ist es natürlich, die Hindernisse, welche der Entwicklung entgegenstehen, wegzuräumen. Wie wäre es denn also unrecht, wenn die beiden mächtigsten und civilisirtesten Völker von Europa [richtiger wohl, die beiden den meisten Seehandel treibenden Völker; denn in die Reihe der mächtigsten und civilisirtesten Völker gehören auch noch die Deutschen. D. H.] sich mit den Nord-Americanern, die an Zahl und Reichthum, im Unternehmungsgeist und im Handelsverkehr unter den übrigen die ersten sind, vereinigten, um die Schranken zwischen den beiden gröfsten Meeren der Erde zu durchbrechen.

Das Mittel, die Neigung zum Frieden zu fördern und den Frieden dauernd zu machen, ist, zu beweisen, dafs der Friede nicht blofs wohlthätig, sondern auch zugleich erhaben und selbst kühn sei. Der Friede mufs den Menschen, während er sie bereichert, auch zugleich Ehrfurcht einflöfsen und ihnen zur Leidenschaft werden. Wehe den Feinden, oder vielmehr, wehe uns selbst, wenn dieser Frieden nur den kalten Eigennutz förderte, engherzig machte und seine Unternehmungen furchtsam würden! Die Strafse von Panama ist schon aus diesem Gesichtspunct wichtig; sie würde es sein, wenn sie auch nur diente, durch die Gemeinschaftlichkeit der Unternehmung das Band zwischen England und Frankreich enger zu knüpfen, müfste auch Frankreich 15 oder 25 Millionen Thaler dabei opfern; nur zu oft sind ja die Steuern viel weniger gut verwendet worden.

Die Theilnahme von Nord-America an dem Werk scheint mir aus mehreren Gründen *nothwendig*. Die Nord-Americaner bilden den bedeutendsten Staat in der andern Halbkugel, sind am weitesten vorgeschritten und haben am meisten Sinn für gemeinnützige Werke. Sie sind die kühnsten Seefahrer und die rührigsten Handelsleute. Ihre Flagge ist eine derjenigen, die sich am meisten in dem grofsen Meere zeigen, und sie kann in dasselbe nur über Panama gelangen, während den Europäern der Weg dahin über *zwei* Land-Engen zu Gebote steht. Sie sind daher mehr als alle Andern bei dem Durchstich der Land-Enge von Panama interessirt und sie würden gewifs geneigt sein, dazu beizutragen, so viel es nur ihre Mittel und ihre Verfassung zulassen. Seit lange schon hat die Nord-Americanische Regierung das Werk im Auge gehabt, und die Landes-Einwohner haben nicht aufgehört, ihre Regierung dabei anzutreiben. Die Regierung von Mittel-America wendete sich zuerst an die Nord-Americanische Union. Herr *Clay*, als er 1825 unter dem Präsidenten *Adams* Staatssecretair war, interessirte sich besonders für den Gegenstand.

Dafs man gerade die Stadt Panama für den Congrefs wählte, der das Bündnifs der neuen Republiken unter einander und mit Nord-America schliefsen sollte, beweiset ebenfalls, wie wichtig dem ganzen America, gleich nachdem es seine Selbständigkeit errungen hatte, der Durchstich der Landzunge zu sein schien. Dieses Werk interessirt die *gesammte* andere Halbkugel. Hätten Andere das Werk ausführen wollen, ohne sich darüber mit der nördlichen Union, als der ältern der americanischen Staaten, zu verständigen, so wäre es gleichsam ohne die *Zustimmung* von America geschehen. America hat sich von dem Gängelbande losgemacht, an welchem früher Europa es hielt, und man würde, wollte man ohne die Union handeln, den tiefen Hafs wieder aufregen, in Folge dessen das Land sich einst ablösete. Wer etwa diese Bemerkung übertrieben findet und die Meinung hegt, die Staaten von Neu-Grenada, Nicaragua und Costa Rica hätten vermöge ihrer Souverainetät wohl das Recht, die Ausführung des Canals, wem es ihnen beliebt zu überlassen, und z. B. mit Frankreich und England deshalb zu unterhandeln, Dem bringen wir in Erinnerung, dafs ja seit zwanzig Jahren England, Frankreich, Holland und Nord-America dahin trachten, einander von der Obhut über das Werk zu verdrängen, dafs ihre Gegenbestrebungen sich vernichten, und dafs eben nur deshalb der Canal noch nicht ausgeführt wurde. Ist es noch nöthig, zu wiederholen, dafs Einigkeit Kraft giebt? Sobald die beiden Hauptseemächte von Europa mit der Hauptmacht von America sich darüber vereinigt haben werden, dafs der Durchstich gemacht werden solle, wird er ausgeführt werden. Bei Frankreich und England ist es jetzt die rechte Zeit. Ihre Vereinigung über dieses Werk wird eine Bürgschaft mehr für den allgemeinen Frieden geben; und dieser Frieden kann nicht Bürgschaften genug haben.

[Wenn es sich ereignen sollte, dafs Privatgesellschaften, welche nur die Absicht haben, und haben können, ihr Geld zu hohen Zinsen anzulegen, die Strafsenverbindung der beiden Meere durch die Land-Enge von Panama bauten, so würde ohne Zweifel wieder ein Theil des Zwecks dieses Werks eingebüfst werden, eben wie es bei allen von Privatgesellschaften gebauten neuen Strafsen geschieht, die höhere Zinsen tragen, als die gewöhnlichen. Der Überschufs des Ertrages über die gewöhnlichen Zinsen, der *Allen* im Volk zu gut kommen sollte und könnte, fliefst hier Einzelnen zu. Es ist eben so, als wenn die Strafse mehr, als sie wirklich kostete, gekostet hätte, in demselben Verhältnifs, wie die Actien über pari stehen, z. B. 20, 30, 50, 100 pro cent *mehr*. Aber der Tribut, den so das Volk den Einzelnen zahlt, ist nicht der einzige Verlust. Es giebt noch einen bedeutenderen Schaden. Der unnöthig höheren Transportkosten wegen bleibt nemlich Vieles unbewegt, was ganz wohl die neuen Strafsen hätten transportiren können, und so geht ein Theil und ein sehr bedeutender Theil des Nutzens derselben verloren. Soll der volle Nutzen, welchen eine neue Strafse gewähren kann, wirklich dem *Volke* zu Gute kommen, und soll die Strafse ihren Zweck vollständig erreichen, wozu noch ganz besonders gehört, dafs *so viel* darauf transportirt werde, als nur irgend möglich ist, so kann es nicht anders geschehen, als wenn auch das

Volks selbst, das heifst, die Regierung, die dasselbe repräsentirt, das Werk ausführt, um dann den Tarif so zu bestimmen, dafs nur die gewöhnlichen Zinsen des Anlagecapitals, die Kosten des Transports und der Erhaltung des Werks und einer möglichst baldigen Amortisation des Capitals aufkommen, ***kein*** weiterer directer Gewinn, der übrigens den Erbauern doch nicht entgeht, sondern ihnen durch Belebung des Verkehrs auf indirecte Weise gewifs reichlich zu Theil wird.

Hier bei Panama scheint die Ausführung, wenigstens eines *Canals*, durch Privatgesellschaften ***glücklicherweise*** nicht gut möglich; denn die Aussicht auf Gewinn, so grofs sie auch ohne Zweifel für die ***Völker*** ist, ist allem Anschein nach für *Einzelne* zu unsicher und zu gering, als dafs sie ihr Geld daran sollten wagen mögen. Es scheint die Ausführung dieser Strafsenverbindung nicht anders möglich, als dafs Regierungen ins Mittel treten: nicht etwa durch Garantie von Zinsen für Einzelne, sondern durch selbst eigene Hergabe des Baucapitals, sei es aus Staatsmitteln, oder durch Anleihen aufgebracht; und diese Art der Ausführung würde ferner für das Werk selbst nur erspriefslich sein, denn dann würde es mit Einsicht und zweckmäfsig zu Stande kommen und seine vollen Früchte tragen.

Was der Herr Verfasser über die für den Zweck zu wünschende Vereinigung der drei Hauptseemächte sagt, ist unstreitig des andern Zwecks wegen, durch das Werk ein Band mehr für den allgemeinen Frieden zu erlangen, sehr wichtig. Da aber jene Vereinigung wohl wahrscheinlich grofse Schwierigkeiten haben dürfte, so würde sie mindestens die Ausführung sehr ***verzögern.*** Es dürfte aber die *Nothwendigkeit* der Vereinigung als ***sine qua non*** gerade nicht vorhanden sein. Denn wenn eine der Mächte (und Nord-America wäre wohl die nächste Macht dazu) das Werk allein unternähme, dasselbe den Andern gegen die nemlichen mäfsigen, allenfalls um ein Geringes höheren Zölle zum Gebrauch öffnend, so würden wohl schwerlich die beiden andern ihr deshalb den Krieg erklären, oder auch nur scheel drein sehen; denn sie behielten ja dann ihre Capitalien zum andern und eignen Gebrauch und verlören nichts, weil die Voraussetzung ist, dafs kein ***directer*** Überschufs an Ertrag Statt finden soll. Die ausführende Macht aber würde ebenfalls nichts verlieren, da wiederum die Voraussetzung ist, dafs keine Anlagekosten verloren gehen und dafs die *gewöhnlichen* Zinsen sicher aufkommen; was hier allem Anschein nach angenommen werden darf. D. H].

Von den Ergebnissen der jetzt vollendeten örtlichen Untersuchungen des Herrn *Garella,* deren der vorstehende Aufsatz erwähnt, findet sich so eben in dem „Journal des Débats" vom 14ten Mai 1845 eine kurze Nachricht, welche wir hier (Maafs und Geld auf Preufsisches reducirt) beifügen.

„Der von dem Herrn Ober-Ingenieur *Garella* dieser Tage dem Herrn „Minister der auswärtigen Angelegenheiten erstattete Bericht von der Unter„suchung der Landzunge von Panama, die ihm aufgetragen war, enthält, wenn „wir gut unterrichtet sind, genaue Nachrichten von Allem, worauf es ankam, „und verbreitet mehr Licht über eine Frage, über welche man bisher stritt, „ohne viel mehr als Vermuthungen und dunkle Vorstellungen von dem Gegen„stande zu besitzen. Die Breite der Landzunge, die Herabsenkung der Anden „zwischen Panama am Stillen Meer und Chagres am Atlantischen Meer, der „Überflufs von Wasser in dem Lande und die Leichtigkeit es nach der Scheitel„strecke eines Verbindungscanals und sonst in denselben zu leiten, das Vor„handensein von Baustoffen, die Beschaffenheit der in das eine und das andere „der beiden Meere sich ergiefsenden Flüsse, die Möglichkeit, sichere und ge„räumige Landungshäfen oder doch gute Ankerplätze an den beiden Mündungen „des Canals zu erlangen, die Salubrität des Landes, die Zahl der Arbeiter, „welche dort zu finden sein würden: alles das hat Herr *Garella* mit aller „der Einsicht und Geschicklichkeit untersucht, durch welche sich unsere In„genieure auszeichnen. Er kommt mit einem Plane zurück, welcher besser aus„gearbeitet ist, als manche andere, die die Kammern schon zureichend fanden, „um Geldmittel zu bewilligen."

„Herr *Garella* hatte vor Allem zuerst eine Frage zu untersuchen, „auf deren Beantwortung er wahrhaft ungeduldig sein mufste, nemlich die „Frage, ob wirklich die ungeheure Andenkette, die vom Cap Horn in Süd„America bis zum Berge St. Elias in Nord-America auf 1850 Meilen lang „ihre Spitzen weit über die Linie des ewigen Schnees erhebt, dort bei „Panama sich so sehr tief herabsenke als man es behauptet hatte. Man „hatte gesagt, die Wasserscheide des Gebirges senke sich zwischen Panama „und Chagres bis auf 35 F. hoch über das Meer hinab: das hiefs behaup„ten, es liefsen sich die beiden Meere durch einen Canal *ohne* Schleusen „verbinden. Die trigonometrischen Messungen des Herrn *Garella* haben er„geben, dafs dem nicht so sei. Indessen senkt sich die Gebirgskette, auf „etwa 5 Meilen lang, wirklich tief genug herab, so dafs es Schluchten darin „giebt, die nur noch 380 bis 510 F. hoch über dem Meere liegen. Das ist

„freilich viel mehr als die frühern 35 F., aber es ist immer noch wenig. Sonst „steigen die Berge hier über 10 und 20mal so hoch hinauf. Unsere Canäle „übersteigen nicht selten beträchtliche Höhen. Die Entfernung der beiden Meere „von einander, von dem Fort Chagres bis zur Stadt Panama, beträgt $8\frac{1}{3}$ Meilen. „Wollte man also durch dieses Land einen gewöhnlichen Schiffahrtscanal ziehen, „so würde die Gestalt des Bodens eben kein Hindernifs sein. Es wäre „eine nur ganz gewöhnliche Aufgabe für Französische, Englische und Nord-„Americanische Ingenieure. Aber hier kommt es auf einen Canal an, der „dreimal so lang [soll wohl *breit* heifsen. D. H.] und viermal so tief ist, als „die Canäle in Frankreich von sogenanntem *grofsen* Querschnitt, und auf „Schleusen von eben so mehrfacher Gröfse."

„Selbst ein Canal ohne Gefälle braucht noch viel Wasser: um so mehr „ein Canal mit Schleusen und mit *vielen* Schleusen; denn jeder Durchgang „von Schiffen erfordert eine Schleuse voll. Woher nun das Speisewasser „nehmen? Der Chagresflufs, welcher schon dazu bezeichnet worden ist, würde „in der That das nöthige Wasser völlig zureichend liefern. Herr *Garella* „hat den Ergufs dieses Flusses ausgemittelt und gefunden, dafs man aus ihm „durch zwei Gräben alles dem Canal nöthige Wasser würde ziehen können. „Der Chagresflufs ist zwar der einzige Flufs, welcher das Wasser würde liefern „können, aber es bleibt auch noch übrig, Behälter zu machen, welche sich in „der Regenzeit füllen. Um indessen das Wasser aus dem Chagresflufs be-„nutzen zu können, würde die Scheitelstrecke des Canals auch an den nie-„drigsten Stellen der Wasserscheide noch tief in den Boden versenkt werden „müssen. Statt 380 bis 510 F. würde die Scheitelstrecke nur 160 bis „190 F. hoch über dem Meere liegen dürfen. Und dann würden, wenn man „die Scheitelstrecke 380 bis 510 F. hoch legen müfste, gar zu viel Schleu-„sen nöthig sein, welche dann die Schiffahrt sehr erschweren würden. Auf „welche Weise wäre nun die Scheitelstrecke des Canals in die Wasser-„scheide zu versenken? durch einen tiefen *Einschnitt?* oder will man sich „an einen *Tunnel* wagen. Der Einschnitt in die *Felsen* würde sehr kost-„bar werden. Auch ist man mit Einschnitten bis jetzt noch nicht bis über „eine gewisse Tiefe gegangen; indessen für so grofse Zwecke, wie hier, könnte „man allerdings auch wohl weiter gehen, wenn etwa ein *Einschnitt* das *einzige* „Mittel sein sollte. Ein Tunnel, wenn man einen Canal für Fregatten oder „für die gröfsten Handelsschiffe von 1200 Tonnen Ladung verlangt, müfste die „ungewöhnliche Höhe von 96 F. über dem Wasser bekommen. Bis jetzt haben

„Alle, welche über den Durchstich durch die Land-Enge von Panama schrie-„ben, einen Tunnel ganz verworfen. Herr *Garella* hat diesen Gegenstand „näher erwogen und, die Art des dortigen Bodens berücksichtigend, findet „er einen Tunnel ohne allzugrofse Kosten ausführbar. Die Schlucht, durch „welche nach seiner Meinung der Canal am besten zu ziehen sein würde, ist „die von Ahogayegua, welche noch 446 F. hoch über der Meeres-Ebbe liegt. „Er nimmt hier die Scheitelstrecke des Canals 131 F. hoch über dem Meere „an, und folglich 315 F. tief unter dem Boden der Schlucht. Dann würde der „Tunnel für die Scheitelstrecke 1420 Ruthen lang werden müssen und es würden „nach dem einen Meere hin 18, nach dem andern hin 16 Schleusen nöthig „sein. An Wasser würde es nicht fehlen."

„Dieser 1420 R. lange, 96 F. über Wasser und 118 F. über dem „Boden des Canals hohe Tunnel, mit der nöthigen Wassertiefe von 22 F. und „einer Breite von mindestens 64 F., ist der bedenkliche, schwierige Theil und „kühne Theil des *Garella*schen Entwurfs. Man meint bei den gewöhnlichen „Canälen und bei den Eisenbahnen schon sehr grofse Tunnels gemacht zu „haben, wenn man ihnen 25½ F. Breite und Höhe giebt. Der Querschnitt „dieses Tunnels hier würde davon das *Zwölffache* sein. Der Tunnel von „Panama würde daher bis jetzt bei weitem der gröfseste sein. Aber unsere „Zeit ist es in solchen Unternehmungen gewohnt, alles Frühere zu überbieten. „Ist es kühn, ein solches Unternehmen vorzuschlagen, so würde es verwegen „sein, es ohne nähere Untersuchung für unmöglich zu erklären. Es kommt „hier darauf an, die Meinung der erfahrensten Ingenieurs zu vernehmen. Ohne „Zweifel wird die Regierung die Brücken- und Wegebaubehörde, und selbst „die Akademie der Wissenschaften, über diesen Theil des *Garella*schen Plans „befragen, so wie es der erste Consul im Anfange dieses Jahrhunderts wegen „des Tunnels für den Canal von St. Quentin that, der damals ebenfalls etwas „noch nicht Versuchtes war. Herr *Garella* ist übrigens bei seinen Vorschlägen „nicht blofs obenhin verfahren. Er hat die Felsmassen in dem Boden sorg-„fältig untersucht und würde den Beurtheilenden ausführliche Auskunft zu geben „im Stande sein. Er hält es für beinahe gewifs, dafs der Tunnel keine Ein-„fassung von Mauerwerk nöthig haben würde, oder eine solche Einfassung „doch nur stellenweise. Er schätzt die Kosten des Tunnels auf etwa 11¾ Mil-„lionen Thaler."

„Für den Fall, dafs der *Tunnel* nicht rathsam gefunden werden sollte, „hat Herr *Garella* auch einen *Einschnitt* entworfen. Zufolge der Gestalt

„der Bodenfläche will er diesen Einschnitt nicht so tief hinabtreiben, als den „Tunnel. Er will ihn 48 F. weniger, also nur 267 F. tief machen; was aller„dings mehr ist, als bis jetzt vorkam, aber noch nicht unausführbar. Es würden „dann an jeder Seite 5 Schleusen mehr nöthig sein. Auch würden sich ge„kuppelte Schleusen nicht ganz vermeiden lassen, die zuweilen einen örtlichen „Wassermangel veranlassen. Die Länge dieses Einschnitts würde 1593 R. „betragen und die Kosten würden um etwas *geringer* sein, als die des Tun„nels. Wollte man hingegen den Einschnitt eben so tief treiben als den Tunnel, „nemlich bis auf 315 F. tief in den Boden, so würde der Einschnitt 9⅓ Millionen „Thaler *mehr* kosten als der Tunnel." [Wie die 48 F. mehrere Tiefe über 10 Millionen Thaler *mehr* kosten können, wird man aus dem Bericht des Herrn *Garella* selbst sehen müssen. Ohne besondere Gründe leuchtet es nicht ein; denn, selbst wenn man die Kosten, wie bei Einschnitten in *lose Erde* etwa im Verhältnifs des *Quadrats* der Tiefe zunehmend rechnet, was bei Felsenboden doch nicht ganz der Fall ist, ergiebt sich die so grofse Summe der Mehrkosten nicht. D. H.]

„An der Mündung des Canals nach Europa zu würde man den Chagresflufs, „nachdem die Fahrbahn desselben verbessert worden, auf einige Viertelmeilen „benutzen können. Der Canal würde in der Limon-Bai bei Chagres ausmünden, „welche Bai schon dazu vorgeschlagen worden und recht geräumig ist; indessen „würde eine Mole daselbst nöthig sein, um die Schiffe gegen gewisse Rich„tungen der Stürme zu schützen. Am Stillen Meere läfst sich bei Panama „*nicht* landen. Die Peilcarten, welche bei der neulichen, von dem Capitain „*Jos. de Rosamel* befehligten Expedition aufgenommen worden sind, liefsen „diesen Umstand schon befürchten, der allerdings für eine Stadt, welche schon „einen Ruf hat, bedauerlich ist. Herr *Garella* hat etwa 2⅓ Meilen westlich „von Panama, zu Vaca de Monte, einen zwar nicht sehr geräumigen, aber doch „sichern Ankerplatz gefunden, nach welchem sich der Canal bequem hinleiten „lassen würde. Die Fahrt von einem Meer zum andern würde dann 10 Meilen „lang sein und ein Schiff würde diese Strecke in 24 und selbst in 15 Stunden „zurücklegen können." [In dieser Zeit 34 bis 44 Schleusen passiren und noch 10 Meilen fahren? D. H.] „Von den 10 Meilen würden 7⅓ Meilen auf „den Canal vom Stillen Meere bis zum Chagresflufs, 1⅛ Meilen auf das regu„lirte Flufsbett, und 1½ Meilen auf die Strecke von Chagres bis zur Limonbai „kommen."

„Baustoffe: als Werkstücke, Bruchsteine, Kalk, Ziegel-Erde und Bau-

„holz finden sich dort im Überflufs. Für die Gesundheit der Menschen ist „wenig zu fürchten. An Lebensmitteln, und selbst an Arbeitern würde es „nicht fehlen. Die gesammten Kosten für den Tunnel u. s. w., mit Inbegriff „der Häfen, würden sich auf etwa 34⅓ Millionen Thaler belaufen. Dies ist „ungefähr dieselbe Summe, welche Herr *M. Chevalier* in seinem Aufsatze über „die Land-Enge von Panama geschätzt hatte. Bei dieser Schätzung ist für „die laufende Ruthe Tunnel 6700 Thlr. gerechnet, ohne die Einfassung mit „Ziegelmauerwerk, falls eine solche nöthig sein sollte. Dieses übersteigt also „weit die früheren Schätzungen von 4 bis 5⅓ Millionen Thaler. Die Sätze „des Herrn *Garella* für die Kostenberechnung sind scheinbar ganz passend, „und es ist noch zu bemerken, dafs wenn die Schiffe 2⅔ Thlr. für die Tonne „(4 Sgr. für den Centner) bezahlen, nach Abzug der Erhaltungskosten des „Werks noch 5 pr. c. des Anlagecapitals an Einnahme übrig bleiben dürften. „Dieses End-Ergebnifs der Arbeit des Herrn *Garella* ist nicht weniger merk-„würdig als der übrige Theil derselben."

„Bei der Regierung von Neu-Grenada würde man übrigens viel guten „Willen antreffen. Der gegenwärtige Präsident dieser Republik, der General „Mosquera, ist ein unterrichteter Mann, der in Europa und besonders in Paris „gewesen ist, und der nach seinem Vaterlande nicht blofs vielen Eifer für „die Einführung der Europäischen Civilisation zurückgebracht hat, sondern auch „ungewöhnliche Einsichten in die Mittel zur Erreichung dieses Zwecks besitzt."

„Die wenigen Personen, welche auf den Bericht des Herrn *Garella* „einen Blick haben werfen dürfen, loben ihn sehr, und versichern, dafs derselbe „nichts zu wünschen übrig lasse. Die Zeichnungen und Carten, welche den „Bericht begleiten, sind vortrefflich. Ohne Zweifel wird die Regierung, welche „diese Arbeiten veranlafst hat und welcher dieselben alle Ehre machen, nicht „säumen, sie zu veröffentlichen. Diese Publication würde eine gute Wirkung „haben. Und es ist immer gut, der Welt zu zeigen, dafs Frankreich, getreu „in diesem Punct seiner Vergangenheit, mit Angelegentlichkeit und Einsicht „fortfährt, sich für Dinge zu interessiren, die für die gesammte Civilisation „Nutzen haben würden."

[Wir fügen noch einige Bemerkungen hinzu.

Wenn, wie Herr ***M. Chevalier*** meint und wie es nach den obigen Schilderungen der Gegend auch wohl der Fall zu sein scheint, für eine Wasserstrafse durch die Land-Enge nur die beiden Stellen bei Nicaragua und bei Panama in Betracht kommen, so lange nicht noch andere gefunden sind, etwa bei der Mandingabai, oder bei Boca del Toro, so dürfte von jenen beiden wahrscheinlich wohl nur allein auf die ***bei Panama für den Canal*** zu rechnen sein, keineswegs auf die durch den San-Juan-Flufs, den Nicaragua- und den Leonsee; denn eine Strafse für Seeschiffe, die sich einen grofsen Theil ihrer Länge auf einem Flusse befindet, über Binnenseen geht, und dann weiter mittels vieler Schleusen einen Bergrücken übersteigt, würde gewifs immer nur ein wenig befriedigendes und seinen Zweck wenig erfüllendes Werk sein. Die Häfen an den Eingängen würden dort auch der Beschreibung nach nicht die besten sein; die Fahrt über die Barre des S. Juanflusses würde immer Schwierigkeiten und Hindernisse haben; die Wassertiefen dort und in dem Flusse würden nur für sehr mittelmäfsige Schiffe hinreichend sein; die Krümmen des Flusses würden die Fahrt sehr verlängern; im Flufs würden wahrscheinlich immerwährende Uferbauten, vielleicht selbst Baggerungen nöthig sein; ein sehr kostbarer Canal ***neben*** dem Flufs aber würde in den Bergen und wegen der zahlreichen Seitenzuflüsse gewifs grofse Schwierigkeiten machen; die Schiffahrt auf den grofsen Binnenseen würde wahrscheinlich gefährlich sein; die Schiffe müfsten auf dem Flufs und auf den Seen von Dampfschiffen gezogen werden und die vielen Schleusen würden grofsen Aufenthalt verursachen, so dafs hier die Durchfahrt durch die Land-Enge gar sehr langweilig sein würde, und für ganz grofse Schiffe dennoch wohl nicht practicabel. ***Jeder*** Canal, welcher Flüsse zu Hülfe nimmt, wird hier gewifs seinen Zweck immer nur sehr unvollständig erreichen, weil es wohl immer in den Flüssen und auf den Sandbänken, wie sie sich vor der Mündung jedes Flusses anzulegen pflegen, für ganz grofse Schiffe an ***Tiefe*** fehlen wird, auch die Flufsmündungen wohl nur selten ***gute*** Häfen abgeben werden. Selbst noch jeder Canal, welcher ***Schleusen*** nöthig hat, wird immer noch unvollkommen sein, denn nur zu häufig ist die Speisung der Scheitelstrecken doch mifslich, und die Schleusen verursachen vielen Aufenthalt; auch sind sie nicht blofs zu ***bauen,*** sondern auch zu ***erhalten*** kostbar. Nur ein Canal ***ohne Schleusen,*** von einem tiefen und sichern Hafen an dem einen Meere ausgehend, nach einem eben solchen Hafen am andern Meere, würde seinen Zweck wirklich und ***ganz*** erfüllen. In einem *solchen* Canal würde das Wasser des einen Meeres mit sehr mäfsiger Geschwindigkeit in das andere strömen und das Bett stets rein erhalten, und keinen Aufenthalt würden die Schleusen verursachen. Möge dieser Canal auch *sehr* viel kosten, so wird er doch auch etwas beinahe Vollkommenes sein, während jeder andere, der besonders mit Rücksicht auf die *Erhaltungskosten* am Ende doch wohl auch *nicht viel* wohlfeiler sein wird, immer nur etwas sehr Unvollkommnes sein und bleiben wird.

Ist es ferner irgend möglich, so möge man den *Tunnel* vermeiden und lieber einige Millionen mehr für einen offenen Durchstich ausgeben; wobei denn doch gegen die gewöhnliche Art noch gar viel gespart werden kann. Ein *Tunnel* ist und bleibt immer in Bau und Bestand mifslich, ungesund (besonders im heifsen Clima) und auch für die Passage gefährlich.

Ist aber ein Canal *ohne Schleusen*, bei Panama, oder vielleicht noch an irgend einer andern Stelle, ohne, oder allenfalls mit Tunnel, ohne *allzu* grofse Kosten nicht ausführbar, so wird man, so scheint es, besser thun, auf eine Wasserstrafse lieber *ganz zu verzichten* und statt ihrer eine *Eisenbahn* zu bauen. Welche grofsen Vorzüge kann auch am Ende hier ein Canal vor einer Eisenbahn haben? Die Eisenbahn vermag *Alles* zu leisten, was der Canal leistet; mit der einzigen Ausnahme, dafs dann nicht *dieselben* Schiffe von einem Meere in das andere übergehen können. Aber für den *Handel* hat dies schwerlich besonders wesentliche Nachtheile; und dafs *Kriegsschiffe* nicht durch die Land-Enge kommen können, kann ebensowohl gut, als übel sein; auch ist es die Frage, ob selbst im günstigsten Falle ein Canal möglich wäre, der für *Linienschiffe* fahrbar wäre. Das Aus- und Einladen der Waaren kann nicht zu viel Schwierigkeit, Aufenthalt und Kosten machen: es läfst sich durch Maschinen und Ladebrücken ungemein erleichtern; und dann erfolgt die Fahrt auf der Eisenbahn gewifs ohne Vergleich *schneller,* als auf dem besten Canal. Auf einem Canal mit Schleusen kann die Fahrt leicht so viel *Tage* erfordern, als auf einer Eisenbahn *Stunden.* Und die Transportkraft auf dem Canal ist hier auch nicht blofs der Wind, sondern es wird ebenfalls Dampfkraft nöthig sein; eben wie auf der Eisenbahn. Für die Eisenbahn wird man wahrscheinlich die besten Häfen zu Endpuncten und die besten, bevölkertsten und gesundesten Gegenden aussuchen und die Bahn über irgend eine Senkung der Wasserscheide hinwegführen können. Die Schwierigkeiten werden *ohne Vergleich* geringer sein, als die eines Canals. Und was die Kosten betrifft, so wird wahrscheinlich die Eisenbahn vielleicht noch lange nicht halb so viel kosten als der Canal, müfste sie auch 30, 40 und 50 Meilen lang sein, während der Canal vielleicht nur 8 bis 10 Meilen lang nöthig ist. Auch ist die Ausführung der Eisenbahn leichter; denn es sind bei weitem weniger Arbeiter zu den Erd-Arbeiten nöthig, als beim Canal, und alles Übrige kann in Europa gemacht und hinübergeschafft werden; was bei dem Canal nicht der Fall ist. Die mannichfachen Vorzüge der Eisenbahn vor dem Canal dürften in der That so grofs sein, dafs, wie es scheint, beinahe *unbedingt* dazu zu rathen sein möchte. Es kommt dann auch noch der am Schlufs des vorigen Aufsatzes erwähnte Vorschlag des Herrn Major ***Harris,*** beladene Schiffe auf einer Eisenbahn zu transportiren, in Betracht.

Noch ist zu bemerken, dafs es vielleicht nicht unmöglich wäre, die Ansiedelung von Deutschen auf der Mosquitoküste, welche jetzt beabsichtigt wird, mit der Strafse durch die Land-Enge in Verbindung zu bringen. Die Mosquitoküste befindet sich in der unmittelbaren Nähe einer der beiden vorzüglichsten Durchgangsstellen durch die Landzunge, nemlich nahe an der Mündung des San-Juan-Flusses, der aufwärts in den Nicaraguasee führt. Vielleicht, wenn Deutsche die Eisenbahn durch die Landzunge gerade dort am San-Juan-Flusse unternähmen, würde sich daran die Ansiedelung auf der Mosquitoküste wie von selbst schliefsen; oder auch umgekehrt. Aber wenn etwa eine Privatgesellschaft die Kosten hergäbe (die eben nicht gerade höher sein würden, als die Summen, welche zu vielen gröfseren Eisenbahnen in Deutschland ohne Schwierigkeit zusammengebracht wurden), würde es wohl ganz nothwendig sein, und aus Fürsorge für die Ansiedler billig und recht, dafs die Regierungen das Werk durch ihre Sachverständigen entwerfen und ausführen lassen; denn da Privatgesellschaften, welche selbst bauen, wie es die Erfahrung lehrt, nur zu leicht den technischen Theil des Werks zu sehr als Nebensache betrachten, so könnte hier in dem entfernten Lande gar leicht Alles mifslingen und Menschen und grofse Geldsummen könnten geopfert werden. D. H.]

4.

Historisch-hydrographische Nachrichten von den Häfen und andern Schiffahrts-Anstalten Ostfrieslands bei der Stadt Emden und in den Emsmündungen,

nebst

practischen Vorschlägen zur Verbesserung des Fahrwassers, zur völligen Sicherung der Stadt und Umgegend gegen Zerstörung durch hohe Sturmfluthen, und zur Vermehrung der innern Entwässerungs-Anlagen des Binnenlandes zum Besten der Landwirthschaft.

(Von *D. Reinhold,* Königl. Hannöverschem Wasserbau-Inspector.)

(Fortsetzung der Abhandlung No. 1. im ersten, No. 8. im zweiten, No. 16. im vierten Hefte ein und zwanzigsten und No. 14. im dritten Hefte zwei und zwanzigsten Bandes.)

VII.

Der *Leibusen* liegt zwischen zwei hervorspringenden Landspitzen und erstreckt sich nordöstlich landwärts bis zu dem bei der Stadt Norden liegenden Syhle. Am südlichen Ufer dieses Busens liegt *Greetsyhl.*

Der Leibusen bietet seine Öffnung gerade dem Nordwestwinde dar, welcher dann durch das Seegatt zwischen den Inseln Juist und Borkum die Sturmfluthen durch die Oster-Ems auf ihn zurückwälzt. Dies ist denn auch wohl die Ursache, weshalb er nicht wie der Harrlbusen seit seiner Entstehung ganz wieder zugeschlickt, angewachsen, begrünt und hernach bedeicht worden ist. Dafs das bis zur Stadt Norden heraufgehende Fahrwasser mehr zuschlickt, als der Leibusen selbst, rührt von seiner nordöstlichen Richtung, von seinem trichterförmigen, bis zum Nordsyhle sich verengenden Bette, welches zu beiden Seiten eingedeicht ist, und von dem Syhle bei der Stadt Norden her, welches das Fahrwasser an seinem Ende im Binnenlande verschliefst und keinen an Masse und Höhe hinreichenden Wasserstand binnenseits hat, um die bei jedem Hochwasser sich ablagernden Schlick- und Sinkstoffe während der Ebbe wieder wegzutreiben, so dafs der mit jeder Fluth heraufkommende Schlick und Sand sich auf den Boden des Fahrwassers eher ablagert, als in dem offnen und weiten Leybusen, dessen Sinkstoffe mehr, wie dort, durch den Wellenschlag und Wind bei der geringen Tiefe in Bewegung erhalten und mit der Ebbe fortgeführt werden. Das aus dem 17 Fufs weiten, aus Ziegelsteinen erbauten, überwölbten, bei der Stadt Norden liegenden Syhle bei der Ebbe abströmende Binnenwasser hat aber bei der bedeutenden Länge des Aufsentiefs, von mehr als einer Stunde Weges oder 1500 Ruthen Rheinl., kein hinreichendes Gefälle, mithin nicht Geschwindigkeit und Spühlkraft genug, um die durch die Fluth in das Fahrwasser heraufgebrachten Schlickstoffe wieder alle wegzuführen. Auf diese Weise ist das Norderfahrwasser nach und nach so verschlammt, dafs die Entwässerung dieser Syhlacht bedeutend darunter leidet und die Schiffahrt nur für kleine, bis zu 4 bis 5 Fufs tief gehende Schiffe mit günstigen Fluthen mehr möglich ist.

Der *Leybusen* oder Leysand ist der zweite Meerbusen, den Ostfriesland, nächst dem Dollart, jetzt noch besitzt und der zwischen dem Amte Norden und Greetsyhl sich befindet. Ob er zur Zeit des Dollarts im Jahre 1277, oder wann sonst entstanden sei: darüber fehlen authentische Nachrichten. Vielleicht entstand er im 12ten Jahrhundert, als die Insel Borkum in zwei Theile, das Ostland und das Westland, getrennt wurde. Vielleicht mündete vormals der alte östliche Ems-Arm oder die Oster-Ems durch das Amt Greetsyhl hier in die Nordsee. Grofse Wasserfluthen haben ihn wahrscheinlich erweitert; wie z. B. die vom 9ten October 1373, welche das Dorf Westeel, $\frac{1}{2}$ Stunde südlich von der Stadt Norden, und eine Menge Landes verschlungen haben soll.

Dieser Busen hat sich in seiner gröfsten Ausdehnung ehemals bis auf $\frac{3}{4}$ Stunden nach Marienhafen und Osteel ins Innere von Ostfriesland erstreckt und etwa 2 Quadratmeilen enthalten. Von 1551 an bis 1604 wurden dem Leybusen durch Eindeichungen etwa $\frac{1}{2}$ Quadratmeile, oder 5000 Diemat zu 400 Q. R. Rheinl., abgewonnen, also im Durchschnitt jährlich 94 Diemat. Nächstdem aber nahm hier, ebenso wie späterhin im Dollart, der Anwachs nicht mehr so stark zu, indem von 1604 bis 1770 nur etwa 2000 Diemat anwuchsen; was in 166 Jahren nur etwa 12 Diemat im Durchschnitt für jedes Jahr beträgt. Dies ist sehr nahe dasselbe Verhältnifs, wie an der Ostfriesischen Küste des Dollarts, wo, wie wir in der historisch-hydrographischen Beschreibung der Hafen-Anstalten der Stadt Emden berichteten, von 1795 bis 1840 hinter dem Heinitzpolder etc. im Durchschnitt jährlich $10\frac{1}{10}$ Diemat mit Queller begrünter Anwachs entstand. Seit 1770 haben die Eindeichungen am Leysandbusen kaum 200 Diemat ergeben. Dies macht bis 1824, in 54 Jahren, kaum 4 Diemat jährlich und bestätigt die Vermuthung, dafs der Anwachs bei Emden und Nesserland nicht viel geschwinder fortschreiten werde, als höchstens um 10 Diemat jährlich; wonach man die Zeit seiner Begrünung muthmaafslich berechnen kann.

Am südlichen Ufer des Leybusens liegt der Flecken *Greetsyhl*, mit einem 18 Fufs weiten steinernen Syhle, der unmittelbar in den Busen auswässert. Das Greetsyhler Aufsentief, die *Ley* genannt, welches sich zwischen dem Pilsumer Watte und dem Homburger Sande mit der Oster-Ems vereinigt, ist bei der Fluth für Seeschiffe von mittler Gröfse fahrbar, und es ist gewifs, dafs Greetsyhl sich zu einem guten festen Seehafen eignen würde, wenn die nöthigen nautischen Anlagen und Anstalten dort dazu gemacht würden. Jetzt laufen gewöhnliche plattbodige Seeschiffe mittler Gröfse mit dem Hochwasser dort aus und ein, laden und löschen daselbst und flüchten auch wohl bei heftigen Sturmwinden in die Greetsyhler Muhde, um dort sicher zu sein. Als Nothhafen ist diese Syhlmuhde sehr gelegen und wurde auch während der Englischen Blocade der Holländischen und Ostfriesischen Häfen und der Mündungen der Weser und Elbe von 1806 bis 1813 sehr benutzt und damals verbessert. Greetsyhl treibt einigen Handel mit Landesproducten, der aber wegen der Nähe von Emden und Norden und aus Mangel an kaufmännischen Etablissements nicht von grofser Bedeutung ist. Im Jahre 1843 liefen zu Greetsyhl 41 Schiffe mit 735 Lasten ein und 59 Schiffe mit 1067 Lasten aus.

VIII.

Wir sahen im Vorhergehenden die Ursachen, aus welchen das Fahrwasser der Stadt Norden nach und nach verschlammt ist, und fortan noch mehr verschlammen kann. Schon seit einer langen Reihe von Jahren, namentlich seit 1771, hatte der Magistrat der Stadt Norden sich über den immer mehr und mehr sich verschlechternden Zustand des Aufsentiefs beklagt, indem nicht allein die ganze Norder Syhlacht durch unzureichende Entwässerung einen bedeutenden Schaden litt, sondern auch die Schiffahrt dieser für die dortige Gegend hinsichtlich des Absatzes der Landesproducte bedeutenden Handelsstadt merklich abnahm. Officiellen Nachrichten zufolge war der Schiffsverkehr der Stadt Norden im Jahre 1834 folgender:

a. Beim Syhle an der Stadt selbst liefen 102 Schiffe mit 1917 Lasten ein und 134 Schiffe mit 2508 Lasten aus.

b. Am Norddeiche, ½ Stunde von der Stadt, liefen 8 Schiffe mit 63 Lasten ein und 7 Schiffe mit 73 Lasten aus.

Die Syhlacht litt nicht allein durch Mangel an hinreichender Entwässerung, also an Verminderung der ökonomischen Erzeugnisse, sondern auch dadurch, dafs durch zunehmende Erschwerung der Transportmittel aus und nach der See, dieselben immer theurer und die ökonomischen Erzeugnisse des Landmanns nach eben diesem Verhältnisse geringer bezahlt wurden, so dafs zunächst der Landmann den Schaden davon hatte.

Für den nicht unbedeutenden Handel und die Schiffahrt, Fabriken und Gewerbe einer in der Nähe der See liegenden ansehnlichen Handelsstadt von etwa 5000 Einwohnern, die mit England, Holland, Frankreich und andern auswärtigen Ländern einen directen Handel zur See treibt und zur Ausfuhr Ostfriesischer Landes-Erzeugnisse wesentlich mit beiträgt, war der immer schlechter werdende Zustand der Abwässerung und des Fahrwassers nach der See ebenfalls gefahrdrohend, indem Norden zu einer gewöhnlichen Landstadt herabsinken konnte und Hunderte von Syhlachts-Interessenten ihre Producte und Fabricate dann mit vielfachen Kosten gröfstentheils auf der Achse nach den nächstgelegenen Syhlen und Häfen, oder nach dem ½ Stunde entfernten Norddeich fahren und von dorther würden beziehen müssen, wenn kein von der See bis zur Stadt gehendes, für Seeschiffe von wenigstens mittler Gröfse fahrbares Wasser mehr existirte. Im Jahre 1797 wiederholten die Schiffer und Rheder der Stadt Norden die Klagen über die stets zunehmende Unfahrbarkeit des Aufsentiefs, durch welches man nicht einmal ein lediges Smackschiff bei günstigem Ostwinde hinausbringen könne; und ebenso wenig die zum Laden des Schiffes bestimmten, mit Getraide beladenen Fahrzeuge. Wegen Mangel an Tiefe des Norderfahrwassers mufsten schon damals die gröfsern, nach Norden gehörenden Schiffe oft in Emden und an andern Orten überwintern, daselbst Liegegeld bezahlen und sich vor dem Auslaufen für 5 bis 600 Gulden Kosten verproviantiren; wodurch denn auch dieser Nutzen für die Stadt Norden verloren ging. Der Magistrat legte daher von Zeit zu Zeit der höhern Behörde diese Noth vor Augen, und diese liefs es sich auch nach allen Kräften angelegen sein, derselben abzuhelfen. Im Jahre 1783 wurden Sachverständige gesendet, um das Local zu untersuchen und Vorschläge zur Abhülfe des Übels zu machen. Es geschah, aber die Ausführung wurde von Seiten mehrerer Syhlachts-Interessenten hintertrieben, weil sie sich dadurch beeinträchtigt glaubten. Bis zum Jahre 1804 wurde zwischen den Partheien ein nutzloser Federkrieg geführt. Indessen waren doch schon im Jahre 1798 andere Sachverständige, besonders der verstorbene, sehr kenntnifsreiche Baudirector *Bley* beauftragt worden, Vorschläge zu den nöthigen Anlagen zu machen; was sie auch thaten. Die Sachverständigen erkannten an, dafs das Aufsentief oder das Fahrwasser geradegezogen und vertieft, das Binnentief aufgeräumt, erweitert und eine Strecke desselben an beiden Seiten eingedämmt, eine Stauschleuse in demselben zum Spülen des Aufsentiefs gebaut, eine bestimmte Höhe für den Sommerwasserstand festgesetzt und gute Aufsicht über die verbesserten Einrichtungen geführt werden müsse; was alles zusammen auf 4658 Thlr. angeschlagen wurde. Die Syhlacht lehnte aber die Stauschleuse und alles dazu Gehörige ab; was sie blofs zum Nutzen der Schiffahrt verwenden zu sollen wähnte. Sie drang vielmehr allein auf die Ausgrabung der Binnensyhltiefe. Dies wurde ihr, jedoch blofs als Versuch, höheren Orts nachgelassen und kostete über 22 000 Thlr., wozu die Ostfriesischen Landstände freiwillig einen Beitrag von 5000 Thlr. bewilligten. Im Jahre 1806 fanden die Sachverständigen bei einer neuen Untersuchung, dafs die niedrigen Gegenden der Syhlacht keinen Nutzen von der bis 2 Fufs unter dem Syhlschlagbalken geschehenen Ausgrabung der Syhltiefe gehabt hatten, sondern noch immer überschwemmt wurden; und zwar noch mehr als vorher: dafs also das Aufsentief, welches 1 bis 2 Fufs höher im Boden war als der Syhlschlagbalken oder Drempel, ausgegraben werden müsse; wovon die Kosten auf 5945 Thlr. berechnet wurden. Die damalige Landesbehörde genehmigte diesen Vorschlag. Die am Ende des Jahres 1806 durch die Französische Invasion eingetretene Veränderung der Landes-Obrigkeit war indefs Ursache, dafs dieser Gegenstand, gleich vielen andern ähnlichen, ruhen blieb. Im Jahre 1821 wurde endlich das Wasser des Berumer Fehncanals, welches bis dahin innerhalb des Syhles in das Syhltief abflofs und mit zur Überschwemmung der niedrigen Lande beitrug, abgeleitet und gleich aufserhalb des Syhles in das Aufsentief geführt. Dieses Mittel verminderte zwar die Überströmung des Binnenlandes um etwas, half aber zur Verbesserung des verschlammten Fahrwassers für die Schiffahrt nichts.

Der Magistrat der Stadt Norden drang nun auf eine neue Untersuchung durch Sachverständige, und es wurden damit mein verstorbener College, der Wasserbau-Inspector *Remmers* und ich im Jahre 1822 beauftragt. Nach genauer Erwägung schlugen wir einmüthig nach Erfahrung und Überzeugung folgende Anlagen vor, die wir für beide Theile nützlich und nöthig hielten.

a. Vom Norder Syhle abwärts sollte das in vielen Krümmen durch den begrünten, zu beiden Seiten durch Polder-Seedeiche eingedeichten Anwachs 730 Ruthen lang sich hinziehende Fahrwasser möglichst geradegezogen werden, so daſs es nur 628 Ruthen lang blieb und also um 102 Ruthen oder etwa den siebenten Theil kürzer wurde. Dadurch kam das Gefälle für diese 102 Ruthen der kürzer gewordenen Strecke zu Gute und die Geschwindigkeit des aus dem Syhle ablaufenden Wassers, mithin seine Kraft zum Spühlen und zum Treiben des Syhlpfluges, muſste gröſser werden. Die Schiffe konnten dann nicht mehr so sehr Gefahr laufen, in den vielen Krümmungen aufgehalten zu werden und stecken zu bleiben, oder gar nicht durchzukommen; vielleicht gar zu verunglücken. Dem Syhlachtspfluge, mit welchem das Auſsentief von Zeit zu Zeit ausgepflügt wird, wurde eine geradere Durchfahrt, ein für ihn passenderes Strombette und mehr Triebkraft gegeben, um die auf dem Boden gelagerten Schlickstoffe aufzurühren und fortzutreiben; mithin wurden Mühe und Kosten bei der Ausreinigung des Auſsentiefs erspart. Denn jetzt treibt der Pflug in den Krümmungen und dem abwechselnd breiten und schmalen Strombette öfters in allen möglichen schiefen Richtungen umher: bald in breiten Profilen, worin viel Wasser neben dem Bote und Pfluge herflieſst, langsam: bald geschwind, in engen Profilen, wo der ganze Wasserdruck auf den Pflug wirkt: bald wird er an das eine, bald an das andere Ufer getrieben, und oft steckt er ganz auf dem Boden fest; welches Alles allein von den vielen Krümmungen und der Unregelmäſsigkeit der Querprofile des Stroms herrührt. Durch die Geradeziehung des Auſsentiefs würden auch Eisstopfungen beim Eisgange und gefährlich hohe Aufstauungen des Wassers beim Thauwetter, also auch Deich-Abbrüche, mehr vermieden werden. Vor den Deichen wurden Buschhäupter projectirt, die daselbst Anwachs hervorbringen würden. Das Auſsentief sollte vorläufig nur auf 628 Ruthen lang, vom Norder Syhle bis zum Deiche unterhalb des Gastmarscher Syhles, geradegezogen werden, weil der Anwachs bis dahin begrünt ist, weiterhin aber rohes aufgeschlicktes Watt sich findet, in welchem der gerade Durchstich weit schwieriger und kostbarer sein würde; durch welches er aber nach dem Maaſse, wie das Watt begrünt, künftig fortgesetzt und dann zwischen den beiden Deichen, an der Ausmündung am Leybusen eine Seeschleuse mit Flügeldeichen gebaut werden könnte; durch welches Alles das Aufschwemmen der Schlickstoffe mit der täglichen Fluth bis zum Norder Syhle bedeutend vermindert werden würde.

b. Da der Norder Syhl 17 Fufs Rheinl. im Lichten weit ist, so wurde für die Bodenbreite des neuen Aufsentiefs 22 Fufs, eine 2füfsige Dossirung der Ufer, eine mittlere Tiefe von 9½ Fufs unter dem Maifelde, und die Tiefe des Bodens wasserpafs mit dem Fluthbette, also 1 Fufs unter dem Schlagbalken des Norder Syhles angenommen. Die obere Breite des rectificirten Tiefes würde also im Durchschnitt 60 Fufs betragen. Bei diesen Maafsen kann eine hinreichende Wassermasse abfliefsen. Sie wird sich beim Auslaufe aus dem Syhle sofort ausbreiten, mithin senken, aber auch keinen so grofsen Querschnitt im Canale einnehmen, dafs dadurch die Geschwindigkeit und Spühlkraft bedeutend vermindert würde und die nöthige Druckhöhe zum Treiben des Pfluges verloren ginge. Der Pflug würde in den regelmäfsigen Querprofilen nicht mehr hin- und herschwanken, sondern mit regelmäfsiger Geschwindigkeit in gerader Richtung fortgetrieben werden und stärker wirken. Da 2 Fufs 10 Zoll Sommerwasser im Binnentiefe auf dem Schlagbalken des Syhles bleiben dürfen, ohne das niedrigste Binnenland zu überstauen, und die gewöhnliche Ebbe 1 Fufs 6 Zoll hoch auf dem Schlagbalken des Syhles stehen bleibt, unter welchem der Boden des Aufsentiefs noch 1 Fufs tief gegraben werden soll, die gewöhnliche tägliche Fluth aber 6½ bis 7 Fufs über den Schlagbalken steigt, so würde bei gewöhnlicher Ebbe 2½ Fufs und bei gewöhnlicher Fluth 7½ bis 8 Fufs Fahrwasser im Aufsentiefe vorhanden sein und, nach Abzug eines Fufses Spielraum zwischen dem Boden des Schiffes und des Aufsentiefs, 6½ und 7 Fufs Fahrwasser; bei 2 bis 3 Fufs höhern Springfluthen oder nordwestlichem Winde aber noch mehr. Es würden also schon bei halber Ebbe und bei halber Fluth 5 bis 6 Fufs und bei Hochwasser 6 bis 8 Fufs tiefgehende Seeschiffe von 60 bis 75 Lasten wieder ein- und auslaufen können, statt dafs jetzt, wo der Boden des Tiefs stellenweise 2 Fufs über dem Schlagbalken des Syhles liegt, nur 3½ bis 4 Fufs Fahrwasser bei Hochwasser übrig bleiben, die kaum für kleine Fahrzeuge von 20 Lasten hinreichen.

c. Um die Strombahn künftig in Ordnung und in der Normalbreite von 60 Fufs zu erhalten, so wie um Uferabbrüche und Krümmungen zu verhindern, auch das vorspringende Ufer gegen Anwachs und Anpoldern zu schützen, sollten an den Stellen, wo es nöthig war, zusammen 10 kleine Buschhäupter in den Concaven angelegt werden, deren Höhe bei der gewöhnlichen Fluth durchschnittlich gleich war und die bis an die neue Uferlinie reichen sollten.

d. Da, wo die neuen Durchstiche das alte Fahrwasser durchschneiden, sollten stromabwärts Ebbedämme und stromauf Fluthdämme quer durch die wegzuschaffenden Krümmen aus Busch- und Klai-Erde gebaut werden, die aus den Durchstichen erfolgen würde. Die Fluthdämme, welche mit dem begrünten Maifelde gleich hoch sein sollten, würden das Durchströmen durch die Krümmen verhindern. Die Ebbedämme sollten zwar die letzte Hälfte der Fluth, aber nicht die ganze Ebbe über sich hinwegfliefsen lassen; auf welche Weise dann bei jeder Fluth neues Schlickwasser in die unten mit dem Maifelde gleich und oben 2 bis 3 Fufs hoch unter der gewöhnlichen Fluth abgedämmte Krümmen eintreten und dieselben um so schneller verschlammen würde, da der Schlick bei stillstehendem Hochwasser sich darin ablagern und bei der Ebbe verhindert werden würde, wieder abzufliefsen. Auf diese Weise würden die abgeschnittenen Krümmen in 3 bis 4 Jahren verschlammen und begrünen, zum Theil aber auch schon durch die aus den neuen Durchstichen erfolgende Erde ausgefüllt werden; wodurch auch die Gefahr vermieden werden würde, dafs die aus den Durchstichen ausgeworfene Erde bei hohen Fluthen wieder in dieselben hineingespühlt werde.

e. Die Wegschaffung eines an der Südseite aufsen vor dem Syhle befindlichen hölzernen Flügels, der, statt aufwärts, einwärts vor die Ausflufs-Öffnung des Syhles vorspringt und dadurch die freie Auswässerung desselben hindert, wurde für nöthig gehalten; was auch kurz nachher ausgeführt sein soll und das Einzige ist, was von unsern Vorschlägen bis jetzt befolgt wurde. Dieser Flügel sollte nach der Meinung Derer, die ihn angelegt haben, das Wasser nach dem Lagerplatze der Schiffe hinüberweisen und denselben ausspühlen. Aus bekannten hydraulischen Gründen that er aber das nicht, sondern verursachte gegentheils Aufstau im Syhle und Anschlammung des Lagerplatzes.

f. Der Lagerplatz für die Schiffe sollte vom Schlamme gereinigt und tiefer und gröfser ausgegraben werden, um mehre und tiefer gehende Schiffe aufnehmen zu können.

Der Kosten-Anschlag von allen diesen Arbeiten belief sich auf 12880 Thaler Preufs. Courant.

Nachdem das Project zur Geradeziehung und Verbesserung des Aufsenfahrwassers gemacht worden war, kam es darauf an, Mittel vorzuschlagen, um das Fahrwasser, ohne die Ausgrabung bald wiederholen zu dürfen, in gutem Stande für die Entwässerung und Schiffahrt zu *erhalten*.

Um dies zu erzielen, war zur Hervorbringung einer gröfsern Spühlkraft, zur Reinhaltung des Aufsentiefs, die künstliche Erhöhung des Binnenwasserspiegels auf eine angemessene Strecke des Syhltiefs nothwendig. Die

Anordnung mufste von der Art sein, dafs nicht allein dieser Zweck erreicht, sondern auch die Syhlacht vor Überschwemmung und dadurch möglichem Schaden bewahrt wurde. Wir schlugen Folgendes vor:

1. 304 Ruthen oberhalb der Stadtbrücke sollte im Syhltiefe ein sogenanntes Schüttverlaat oder eine Sperrschleuse von 20 Fufs Rheinl. im Lichten weit gebaut werden; also 3 Fufs weiter als der Syhl, um das Binnenwasser nicht aufzustauen. Zu der Länge dieses Bassins kamen noch 50 Ruthen vom Syhltiefe zwischen dem Syhle und der Stadtbrücke hinzu, so dafs das ganze Bassin 354 Ruthen lang, etwa 40 Fufs im Mittel breit und 5 bis 6 Fufs tief sein und also eine hinreichende Wassermasse enthalten würde, um während der Ebbe einige Stunden lang zum Spühlen und Pflügen des Aufsentiefs zu dienen. Das Bassin zwischen der Stadtbrücke und dem Syhle, von 50 Ruthen lang, würde dazu viel zu klein gewesen sein: ein gröfseres als von 354 Ruthen lang aber liefs sich wegen einiger Localschwierigkeiten und ohne zu grofse Eindämmungskosten der beiden Ufer nicht wohl hervorbringen; auch würde das Ablaufen einer zu grofsen eingelassenen Masse Aufsenwassers durch den Syhl in das Binnenland die Abwässerung der Syhlacht zu lange aufgehalten und das salzige Seewasser würde das, auch zum Tränken des Viehes bestimmte süfse Wasser verdorben haben.

Das Schüttverlaat oder die Sperrschleuse sollte zwei Fluththüren ohne Schützen bekommen, um von dem obern Syhltiefe das eingelassene Seewasser abzuhalten, damit die Viehtränke dadurch nicht verdorben werde. Zwei Ebbethüren mit Schützen sollten dienen, das oberhalb dem Verlaate stehende Binnenwasser bis zu einer unschädlichen Höhe aufzuhalten, um das Spühlbassin bis zum Syhle nach Ablauf des Wassers daraus spühlen und pflügen und die mit dem Seewasser eingeschwemmten Sinkstoffe wieder fortschaffen zu können, damit auch das Bassin nicht verschlamme.

2. Um die Syhlachtslande, die nach der Ausmittlung nur eine Wasserhöhe von 2 Zoll 10 Zoll bis 3 Fufs über dem Schlagbalken des Syhles leiden können, nicht zu überschwemmen, zugleich aber auch einen höhern Wasserstand in das Spühlbassin zu bringen, sollte das Syhltief von der Stadtbrücke bis zum Schüttverlaate zu beiden Seiten, im Durchschnitt $1\frac{1}{2}$ Ruthen vom Ufer entfernt, eingedeicht werden.

Die Strecke zwischen der Stadtbrücke und dem Syhle hat hinreichend hohe Ufer, um 4 Fufs 9 Zoll Standwasser über dem Schlagbalken zu ertragen, ohne überstaut zu werden. Diese Kaiung sollte aus einem Graben oder Ringschloote, im Durchschnitt bis 3 Fufs über dem Maifelde hoch, 12 Fufs im Grundschlage, 2 Fufs in der Kappe breit, mit 2füfsiger Dossirung und 18 Fufs breiter Aufsenberme aufgeworfen werden.

In den in das Syhltief auf dieser eingedeichten Strecke einmündenden Abwässerungsgraben sollten horizontale hölzerne Pumpen, mit Klappen, die sich von selbst schliefsen, unter den Seitendämmen angebracht werden, damit diese Lande durch die Dämme entwässert werden konnten, ohne vom Syhltiefe aus überstaut zu werden.

Die ganz verfallenen Ebbethüren des Norder-Syhles sollten neu gemacht werden und Schützen oder sogenannte Spühlthüren von etwa 2 Fufs im Gevierte bekommen, um das im Spühlbehälter aufgestaute Wasser zum Treiben des Mudderpfluges abzulassen.

Alle diese Anlagen wurden summarisch auf . . . . 3 571 Thlr.
angeschlagen. Hiezu die zu den vorhin beschriebenen Anlagen
berechneten . . . . 12 680 -
giebt . . . . 16 251 Thlr.
für die gesammten Kosten, welche die Stadt und Syhlacht pro rata würde haben aufbringen müssen.

Wir waren der Meinung, dafs die Geradeziehung des Aufsentiefs *zuerst* ausgeführt werden müsse, und dafs allenfalls der Erfolg davon erst einige Jahre abgewartet werden könne, dafs aber, sobald sich eine Erhöhung des Bodens im Aufsentiefe durch Verschlammung zeige, die innern Spühl-Einrichtungen auszuführen sein würden, die ebenfalls unentbehrlich zu sein schienen. Wir hatten uns überzeugt, dafs für die obige Summe Dasjenige erreicht werden könne, was nach den Umständen zu erreichen möglich und dem Zwecke nach nöthig war; so wie dafs das Geld nicht so zwecklos ausgegeben werden würde, wie die 22 000 Thlr., welche für die blofse Vertiefung bis 2 Fufs unter den Schlagbalken die Syhlacht früherhin blofs versuchsweise ausgegeben hatte. Denn zu der Binnenschiffahrt mit Böten, welche Käse, Butter und Korn nach der Stadt Norden zu Markte bringen, und die etwa $1\frac{1}{2}$ Fufs tief gehen, war eine solche Tiefe gar nicht nöthig, indem 2 Fufs 10 Zoll Sommerwasser zu der Viehtränke etc. auf dem Schlagbalken stehen bleiben können und müssen: zu der Entwässerung aber nützte die mehrere Tiefe unter dem Schlagbalken nichts. Höchstens mochte man das Syhltief wasserpafs mit dem Fluthbette oder 1 Fufs unter den Schlagbalken ausgraben, um die Niederschläge in diesem Raume zu bergen. Die mehrere Tiefe war nutzlos.

Nachdem seit der im Jahre 1822 von mir und dem verstorbenen Wasser-Bau-Inspector *Remmers* geschehenen Untersuchung und Begutachtung 20 Jahre unter verschiedenen Verhandlungen erfolglos verstrichen waren, gelang es endlich den Bemühungen und der Sorge unserer Regierung, den im Jahre 1822 entworfenen Plan, mit einigen Veränderungen, in den Jahren 1841 und 1842 ausführen zu lassen; wovon mir aber der Erfolg unbekannt geblieben ist.

Das Obige wird hinreichen, den Zustand des Fahrwassers und des Hafens der Stadt Norden, die Ursachen seiner Verschlammung und die Mittel zu seiner Wiederherstellung zu zeigen.

IX.

Die Poldersyhle am Leybusen, von der Stadt Norden bis Greetsiehl, nemlich der Gestaarsche und Abdinggaster Syhl etc., dienen blofs zur Entwässerung der Polder und haben für die Schiffahrt kein besonderes Interesse; weshalb sie hier nicht speciell zu beschreiben sind.

Diejenigen Syhle, welche an der Nordseeküste der Emsmündung zwischen den vorhin erwähnten Syhlen zu Greetsiehl und der Stadt Emden liegen, sind: der Syhl an der hervorspringenden Landspitze, die *Knock* genannt, von 8 Fufs Weite, und der massive Syhl zu *Larrelt,* von 18 Fufs weit, in der Bucht von Wybelsum und der Stadt Emden. In commerzieller oder nautischer Rücksicht sind sie nicht merkwürdig. Es darf aber nicht übergangen werden, dafs die Bucht von Wybelsum, zwischen dem Syhle an der Knock und dem Larrelter Syhle, den ein- und auslaufenden Seeschiffen auf der Ems bei Stürmen und hohen Fluthen als sicherer Ankerplatz und Zufluchts-Ort dient, folglich Werth hat.

Von dem Syhle bei Larrelt, etwa eine Meile westlich unterhalb Emden, in der Bucht nördlich von der Halb-Insel Nesserland, ist zu bemerken, dafs im Jahre 1843 in das Aufsentief desselben 14 Schiffe mit 153 Lasten ein- und 11 Schiffe mit 153 Lasten von da ausliefen. Hauptsächlich dient indessen der Larrelter Syhl mehr zur Entwässerung des Binnenlandes, als zur Schiffahrt und zum Handel; welche beide vielmehr die nahe gelegene Stadt Emden treibt.

Wegen des Verkehrs von Emden verweise ich auf meine frühere historisch-hydrographische Beschreibung der Hafen- und Schiffahrts-Anstalten Ostfrieslands in den Emsmündungen und gehe zur Übersicht der oberhalb Emden vor dem Emsstrome liegenden hauptsächlichsten Syhle und deren Schiffsverkehr weiter

(Der Schlufs folgt.)

Inhaltsverzeichnifs des ersten Hefts drei und zwanzigsten Bandes.

Berlin, gedruckt bei G. Reimer.

Journal

für

die Baukunst.

In zwanglosen Heften.

Herausgegeben

von

Dr. A. L. Crelle,

Königlich-Preufsischem Geheimen-Ober-Baurathe, Mitgliede der Königlichen Akademie der Wissenschaften zu Berlin, Correspondenten der Kaiserlichen Akademie der Wissenschaften zu St. Petersburg und der Königlichen Akademieen der Wissenschaften zu Neapel und Brüssel, auswärtigem Mitgliede der Königlichen Akademie der Wissenschaften zu Stockholm, Ehrenmitgliede der Hamburger Gesellschaft zur Verbreitung der mathematischen Wissenschaften.

Drei und zwanzigster Band.

Zweites Heft.

Berlin.

Bei G. Reimer.

1846.

5.

Über die Baumaterialien des alten und des neuen Griechenlands, und über die geognostischen Verhältnisse dieses Landes.

(Von Herrn *F. Stauffert*, ehemaligem Stadt-Architekten von Athen, in den Jahren von 1835 bis 15ten September 1843.)

Zwei Umstände sind es, aufser dem glänzenden Verstande und dem Schönheitsgefühle der alten Griechen, die besonders Veranlassung gaben, dafs Baukunst und Bildhauerkunst bei ihnen jenen hohen Grad der Ausbildung erreichten, der dies Volk vor allen Völkern ihrer Zeit so sehr auszeichnete. Diese beiden Dinge sind: die geognostische Beschaffenheit des griechischen Bodens, und der Überflufs an edlen Baumaterialien. Es ist nicht zu verkennen, dafs die Schönheit und die aufserordentliche Menge des Marmors die höhere Ausbildung der Architektur und Sculptur in Griechenland mehr fördern mufste, als das Baumaterial bei andern Völkern, welche die Natur nicht so verschwenderisch bedacht hatte.

In Egypten, wo das Material: Basalt, Syenit, Granit, Gneis, Wacke etc., von einer aufserordentlichen Festigkeit und dunkler, trüber Farbe ist, hatte der Künstler vor Allem sein Nachdenken und seine Kräfte darauf zu richten, die bei Bearbeitung desselben sich darbietenden Schwierigkeiten zu überwinden; die Sprödigkeit des Materials erlaubte ihm nicht, dasselbe nach seinem Willen zu gestalten, und daraus mufsten die steifen Formen und colossalen Verhältnisse der egyptischen Werke der Baukunst und Bildhauerkunst entstehen, die denn aber auch noch nach 4000 Jahren den Stürmen der Zeit mehr haben widerstehen können, als die Griechenlands.

Die steifen Formen wurden wohl auch im Anfange der Kunst nach Griechenland übertragen, aber bald, bei dem Sinn der Griechen für Schönheit, durch die Leichtigkeit veredelt, mit der man den Marmor gewann, und durch die Schmiegsamkeit, mit der er sich bearbeiten und in die Gestalten formen liefs, welche dem Künstler als Ideal vorschwebten. Da aufserdem der Marmor, den man zu Statuen anwendete, eine blendende Weifse hatte, so gab er, besonders der Bildhauerkunst, ein Material ab, welches die höchste Vollendung ihrer Werke nach den wohlgefälligsten Linien gestattete und das Auge durch die prächtige, beinahe durchsichtige Weifse des Marmors entzücken mufste: eine Aufmunterung, die dem Bildhauer nicht zu Theil werden konnte, hätte er auch nach denselben wohlgeformten Linien gearbeitet, wenn er aus dem todten Gestein des Granits u. s. w. seine Werke hätte schaffen müssen.

Der Marmor übte also in Griechenland, sowohl auf die Baukunst als auf die Bildhauerkunst, einen geistigen und künstlerischen Einflufs aus. Die Architektur war aufserdem noch dem Einflufs der Formen unterworfen, nach welchen die Natur den griechischen Boden selbst gebildet hat. Man vergleiche nur die Umrisse seiner Gebirgs- und Felsmassen mit den architektonischen Hauptlinien der griechischen Bauwerke, und man wird eine gewisse Übereinstimmung derselben nicht verkennen. Grofse und vielfältig über einander liegende Schichten röthlicher Massen körnigen und dichten Kalksteins, mit oft parallel-horizontal oder vertical laufenden Fugen, wie die Fugen eines künstlichen Mauerwerks, die Gipfel der Gebirge fast staffelförmig gehoben, ohne dafs eine grüne Bedeckung ihre natürliche Regelmäfsigkeit verstecken könnte, scheinen sie, mit ihren senkrecht abgeschnittenen Felswänden und horizontalen Kämmen nicht Werke der Natur zu sein, sondern künstlich aufgeführte Mauern, die einer Gruppirung von gewaltigen Gebäudemassen angehören, welcher der dorische Tempel mit seinen einfachen und erhabenen Linien nun die Bekrönung giebt. Wenn man die Stellen betrachtet, wo die griechischen Tempel gestanden haben und zum Theil noch stehen, wird man von dieser Vorstellung unwillkürlich ergriffen, und sie wird noch deutlicher, wenn man wahrnimmt, dafs immer zur Errichtung dieser Bauwerke solche Plätze gewählt wurden, wo der Berg oder Fels als der Unterbau des Gebäudes betrachtet werden konnte. Ganz besonders aber tritt dies bei der Atheniensischen Akropolis hervor, welche eine isolirt liegende, von allen Seiten steil abgeschnittene, nur von einer kleinen Stelle aus zugängliche Felsenmasse ist, die aber aus einer Menge von ungeheuern Stücken, gleich kyklopischen Mauern, zusammengesetzt ist und fast künstlich aufgeführt scheint. Indem der griechische Geist auf diesen Felsen und auf diese Grundlage, wie sie nimmer die Kunst hätte erschaffen können, das prächtige Parthenon und den Cultus der Minerva setzte, erschuf er ein unübertreffliches Werk von der gelungensten Ausführung und dem erhabensten Effect durch einen der Natur entlehnten, aber genialen Einfall.

Man könnte die historische Wahrheit dieses Einflusses, welchen die Formen der griechischen Gebirge auf die Architektur ausübten, bezweifeln wollen: aber wenn man dies Land durchreiset, wird man überall Harmonie der künstlichen mit den natürlichen Formen erkennen und darin nur schwerlich ein Werk des Zufalls sehen können.

Man wird sich dann auch erklären, warum die griechische Architektur, auf unsern Boden verpflanzt, welcher nur weiche und wellenförmige Linien hat, nicht dieselbe schöne Wirkung hervorbringt, wie in dem Lande, das sie geboren hat.

Schon in der Kindheit der griechischen Kunst machte sich der Einflufs der Formation der Felsen bemerkbar. Man vergleiche damit die kyklopischen Mauern, und man wird zugeben müssen, dafs die Entstehung der kyklopischen oder pelasgischen Baukunst im Peloponnes und in ganz Griechenland in der Nachbildung der vielen grofsen Polyeder zu suchen ist, welche die dicken und vielfältigen Bänke des dichten Kalksteinfelsens bilden. In der Maïna, die jetzt vor allen Provinzen Griechenlands besonders kahl ist, deren Berge nicht durch Waldungen bedeckt sind und deren Gestein in seinen scharfen Umrissen sich darstellt, wurde noch bis vor wenigen Jahren das Mauerwerk der grofsen Thürme, die zur Vertheidigung ihrer Bewohner dienten (die stets in einem Familienkriege lebten, welcher erst seit der Demolirung vieler dieser Thürme im Jahre 1834 und seit der Unterwerfung ihres Chefs aufgehört hat) dieser Felsbildung nachgeahmt.

Da auf diese Weise ein überwiegender Einflufs der Bildung des Bodens und des Baumaterials auf die Architektur sich nicht wohl läugnen läfst, so dürfte eine genaue Beschreibung der Baumaterialien Griechenlands und der geognostischen Beschaffenheit dieses Landes auch in dieser Rücksicht Interesse haben. Sie soll hier so genau als möglich gegeben werden; der geognostische Theil indessen nur insoweit, als er mit dem Baumaterial zusammenhängt und dessen Fundort näher bezeichnet.

Das hier Folgende ist, aufser nach eigner Anschauung, nach den Quellen bearbeitet, welche das Archiv der Königlich-Griechischen Regierung darbot, und deren Genauigkeit um so zuverlässiger ist, als langjährige Beobachtungen dazu erforderlich waren, die mit der gehörigen Aufmerksamkeit und Sicherheit bei den frühern Verhältnissen des Landes nie gemacht werden konnten. Da aus dem Alterthume genaue Nachrichten über die Baumaterialien des classischen Landes nicht auf uns gekommen sind, so dürfte gegenwärtiger Aufsatz auch Denjenigen nicht unwillkommen sein, die sich dem Studium der Geschichte der Baukunst bei den Griechen widmen, und vielleicht dazu beitragen, aus

Griechenland nach Italien u. s. w. geschleppte architektonische Fragmente der Architektur und Werke der Sculptur im fremden Lande als Überbleibsel griechischer Monumente wieder zu erkennen, und selbst zu bestimmen, zu welchen Gebäuden sie gehört haben.

In keinem Lande findet man auf einer so kleinen Fläche, als Griechenland, so ungeheure Massen des schönsten, in allen Farben schimmernden Marmors aufgeschichtet. Welche Menge dieses edlen Gesteins kann nicht noch in Attika, auf den Inseln, besonders aber im Peloponnes, gebrochen werden! Ganze Welttheile könnten sich hier ihren Bedarf, sei er auch noch so grofs, holen, ohne je fürchten zu dürfen, dafs der Vorrath ende: Billionen Cubikmeter sind dort vorhanden! Es ist merkwürdig, dafs der schöne Marmor dieser Halb-Insel nicht bekannter war. *Hirt* sagt in seiner Geschichte der Baukunst: „Arm „an schönen Stein-Arten scheint der Peloponnes gewesen zu sein." Es ist gerade umgekehrt. Hätten die Spartaner mit mehr Luxus gebaut, so würden die schönen Marmor-Arten, die sich so ganz in ihrer Nähe befanden, bekannter geworden sein.

In den Marmorbrüchen ist es kaum bemerkbar, dafs die Alten das Material zu ihren ungeheuren Bauten daraus hernahmen; die Brüche scheinen nur kleine, in riesige Bergmassen eingewühlte Löcher zu sein. Andere Marmorstöcke, wie die der Taygetos- und der Monemerasischen Bergketten, sind noch so gut wie gar nicht berührt, und kaum weifs man es, dafs gerade diese Gebirge, besonders der Taygetos, die gröfsten und schönsten Massen enthält, die alle Aufmerksamkeit verdienen. Vielleicht könnte hier der Marmor gebrochen und von den griechischen Häfen aus, die an jeder Küste in Menge vorhanden sind und nahe bei einander liegen, nach allen Theilen Europa's geführt werden: jetzt, wo die Schiffahrt in so ungeheurem Schwunge steht und Handelsschiffe ein Material als Ballast einnehmen könnten, welches sie überall absetzen und damit willkommen sein würden.

Die Gewinnung des griechischen Marmors ruhte seit so vielen Jahrhunderten, aufser auf der Insel Tinos, von wo er, besonders der blaugestreifte, (da die Türken ihn gern zu ihren Grabdenkmälern nehmen) nach der Levante, Constantinopel und andern Theilen der Türkei ausgeführt wurde. Seit der Entstehung des jungen griechischen Staates werden einige Brüche wieder benutzt; der Pentelikon, der Hymettos, die Insel Tinos liefern den Marmor zu des Königs Palais in Athen und zu andern Bauwerken; auch hat man in neuerer Zeit angefangen, ihn zu versenden; eine Schiffsladung Pentelischen weifsen Marmors ging vom Pyräus nach Hamburg. Leider sandte man nur solche Stücke ab, die beim Königlichen Palaisbau ausgeschossen waren!

Der Parische Marmorbruch liegt noch immer so, wie ihn die Alten verlassen haben; und doch birgt er noch den unübertrefflichen, altberühmten Statuenmarmor, dessen Stellen man den Fremden, die die Insel besuchten, nicht einmal zeigte: so unbekannt waren die Brüche geworden; namentlich derjenige, der die edelsten Bänke hatte.

Die Wieder-Eröffnung der Brüche von Paros ist nicht schwierig; der Transport des Steins bis zum Hafen ebenfalls nicht; doch bleiben sie, trotz der mehrfachen Vorstellungen, welche Sachverständige der Regierung deshalb machten, der Vergessenheit überlassen. Und der Staat könnte so grofse Summen aus dem Betriebe dieser Brüche lösen, wenn man nur Sorge trüge, den Weg nach dem Hafen fahrbar zu machen! Was seit 10 Jahren hätte geschehen können und müssen, lassen die Nachkommen der alten Griechen durch Fremde geschehen: denn Franzosen sind jetzt beschäftigt, die Transportstrafse herzustellen, den Bruch zu reinigen und kunstgerecht anzugreifen, um den Marmor zu Napoleons Denkmal in Paris auf Paros zu brechen. Es geht daraus hervor, dafs die Instandsetzung des Weges vom Bruche nach dem Hafen für die griechische *Regierung* nicht etwa zu kostspielig sein konnte. Der erste in neuerer Zeit gewonnene Parische Marmor, nachdem die Alten den Bruch zum letztenmale berührten, wird so dem Andenken des gröfsten Mannes neuerer Zeit gewidmet.

Geognostische Beschreibung von Griechenland.

Das Festland Griechenlands.

Rumelien. Während hier weifsgrauklippige Kalkgebirge mit architektonischen, horizontalen und verticalen Linien den kahlen Character von Attika und Morea haben, sind die Provinzen des Festlandes vom jetzigen Königreich Griechenland, Akarnanien und Aëtolien, Lokris und Phokis, waldig, bewässert und haben eine starke Erdbedeckung. Sie bilden ein schönes Gebirgsland; besonders der Theil, welcher den Hauptgebirgsstock des ganzen Landes umgiebt, nemlich das Hochland in Aëtolien und Akarnanien, der Korax, Kadrokuda, Chelidona, Tymphrestos, das Agrafagebirge und der Pindus. Der schöne Parnass und der Othris sind zwei grofse Zweige dieses Gebirgsstockes; der erstere theilt sich östlich in den Oëta und den Helikon.

Das ganze Gebirgssystem dieser Provinzen gehört dem Übergangskalke an, der mit Thonschiefer, Grauwacke und Grauwackenschiefer wechsellagert; häufige, sehr mächtige Einlagerungen von eisenschüssigem, hornsteinartigem Gesteine treten auf. Alle die Berge der nördlichen Küste des Golfs von Lepanto, so wie auch die gegenüberliegenden von Morea, bestehen aus dichtem mergeligem Kalkstein von grünlichen, rauchgrauen und lichten Farben, mit rothem und schwarzem hornsteinartigem Gestein. Die Berge der Umgegend von Megara gehören zum Theil dem rauchgrauen Kalksteine an, und der Berg Zigos (Arakinth) im Norden von Missolonghi, so wie die Felsen von Anatolikon (die kleinen Dardanellenschlösser), gehören zu den reinen dichten Kalksteinen, die auf Grünsandstein ruhen. Der Berg Rigani, an dessen Abhang die Stadt Lepanto erbaut ist, besteht aus dichtem Lithographen-Kalkstein, mit grauem und röthlichem Hornstein, der in mergeligen Kalk von röthlicher, grünlicher und gelblicher Farbe übergeht und unter welchem der Grünsandstein mit rothem und grünem Jaspis durchbricht.

Der Berg Parnassos (in neuern Zeiten Lyakura genannt), 2492 Meter über der Meeresfläche hoch, besteht aus demselben Kalkstein. An seiner Grundfläche findet man Grünsandstein; dann wechseln rauchgraue und lichte Kalke in dünnen Lagen ab, welche Hornstein und viele Versteinerungen, besonders Seelilien enthalten; hierauf wechsellagert grauer, dichter, grünlicher, blättriger Kalkstein, angefüllt mit kleinen Adern von weifsem Spath, aus deren Mitte die Kastalische Quelle entspringt, welche am Fufse des berühmten Berges liegt. Der Gipfel desselben besteht aus weifslichgrauem, der Kreide angehörigem Kalkstein von gelblicher Farbe, mit rothen und violetten Nüancen; in der Umgegend von Livadia schliefst der feste Kreidekalk eine grofse Menge Versteinerungen (Ammoniten) ein, welche die dasigen Einwohner mit dem Namen Ochsenhörner bezeichnen.

Der Oëta besteht ganz aus dichtem Kalkstein. Jüngere Gebilde erfüllen in diesen Gegenden die tiefern Puncte. So sieht man alle die grofsen Bassins, welche die Gebirge einschliefsen, z. B. den Kopaïs-See, zunächst umgeben von Bergreihen des Hippuritenkalks, der dem Übergangskalke aufgelagert ist und bis zu 1300 Meter hoch ansteigt, während letzterer sich über 2300 Meter erhebt.

Die Umgegend von Athen hat als Grundgebirge Glimmer- und Thonschiefer und körnigen und dichten Kalk, welcher in den Bergen Pentelikon, Hymettos und Parnafs sich erhebt, die das Thal von Athen begrenzen. Nördlich und südwestlich von der Akropolis ist Übergangsthonschiefer die Grundlage, der an manchen Stellen zu Tage liegt, aber keine grofse Ausdehnung hat und nördlich, westlich und südlich durch Gerölle und Erde bedeckt wird, welche das Thal zu einer Ebene ausfüllen. Bei Athen wird dieser Thonschiefer an einigen Stellen von mächtigen, steil emporstehenden Massen dichten, splittrigen, graulichen Kalksteins bedeckt, z. B. von dem 278 Meter über dem Meere hohen Lykawettos, an dessen Fufse eine grofse, von ihm abgestürzte Kalkmasse liegt. Nahe dabei, 800 Meter in Nordwest, hebt sich eine andere Felsmasse desselben Gesteins zu einem kegelförmigen Berge ohne alle Vegetation und 218 Meter über das Meer hoch empor, auf welchem die Athenienser jetzt die zum Bau der neuen Stadt nöthigen Steine brechen.

Südwestlich, südlich und südöstlich umgeben die Akropolis niedrige Berge und Hügel, ebenfalls aus Kalksteinfelsen bestehend; wie alle, welche die Ebene von Athen umgrenzen, und von welchen der höchste der des Museums mit dem Denkmale des Philopappus ist; dann die Pnyx, der Areopag und der am westlichsten hinausgesprengte Nymphenhügel (auf dessen jetzt abgeplatteter Kuppe gegenwärtig eine Sternwarte erbaut wird), mit seinen zerstreuten, abgerissenen Blöcken. In diesen Hügeln befinden sich künstliche Höhlen, in Felsen ausgehauene Treppen, durch den Meifsel abgeplattete Flächen und senkrecht ausgehauene Wände: Spuren ehemaliger Wohnungen und Orte von Volksversammlungen (Pnyx, Areopag).

Nordwestlich und nördlich von der Akropolis erheben sich nahe dem Olivenwalde noch andere niedrige Kuppen desselben Kalks, da, wo die Akademie des Platon einst war. Auf der einen derselben, der südlichsten, liegt *Ottfried Müller* begraben; ein Monolith von Pentelischem Marmor ist seinem Andenken gewidmet und über seinem Grabe errichtet worden. Möchten doch die griechischen Behörden wachen, dafs diese geweihte Ruhestätte nicht ferner angetastet werde! Fast fortwährend bricht man Steine daselbst, und man war mit dieser Arbeit Ende 1843 nicht mehr fern von dem Grabe.

Südlich der oben genannten Hügel, bis zum Meere hin, ist eine, theils versumpfte, theils mit Ölbäumen und Wein bewachsene Ebene, welche von unfern des Pyräus an beiden Ufern des Kephisos sich nördlich bis dahin erstreckt, wo der Parnass und der Pentelikon gegen einander abfallen.

Östlich vom Pyräus erhebt sich, südlich von der genannten Ebene aus, ein Vorgebirge, welches die drei Hügel Phaleros, Munychia und Pyräus (zwischen den beiden letztern sind die Ruinen des Grabmals des Themistocles) umschliefst und ins Meer hinabfällt. Es ist mit Kalkmergel bedeckt, mit welchem leider! zum Nachtheil der Strafse und des Publicums, der gröfste Theil der Strafse vom Pyräus nach Athen beschottert wird, der aber auch den Pyräoten als Baustein dient.

Der Theil der eben genannten Ebene, vom Pyräus aufwärts, an beiden Seiten des Kephissos, bildet einen bedeutenden Olivenwald, mit seit 10 Jahren darin angelegten Gemüse-, Obst- und Weingärten. Im Jahre 1834 war derselbe noch bedeutend versumpft; denn das Flufsbett des Kephissos war sowohl der Willkür des nach heftigen Regengüssen wildströmenden Wassers, als dem beliebigen Gebrauche der Eigenthümer zur Bewässerung ihrer daran liegenden Grundstücke überlassen. Am Ausflufs des Kephissos in die Phalereïsche Rhede haben sich aus dem Sande, den dieser kleine Flufs bis ins Meer hinabführt, Dünen gebildet, welche den Abflufs, sowohl seines Wassers, als des Ilissus hinderte. Im Jahre 1836 wurden ein Hauptcanal inmitten des versumpften Ölwaldes seiner Länge nach und in denselben mündende Seitencanäle gezogen, Brücken angelegt, die Ausmündung ins Meer einer strengen Aufsicht und öftern Räumung unterstellt, und jetzt ist dieser Olivenwald schon so trocken, dafs man ohne Gefahr vor Sumpffiebern, die in Griechenland sehr gefährlich sind, jetzt daselbst wohnt und viele Familien ihren Sommer-Aufenthalt dort haben. Nördlich von Athen, bei dem Dorfe Ambelokipos, welches schöne und grofse Gärten hat, zieht sich gegen den Hymettos, am Ufer des Ilissos, ein nicht unbedeutender Olivenwald hin. Hier findet sich in der Nähe Glimmerschiefer, der flach in Norden abfällt, wie der Thonschiefer bei Athen.

Der *Hymettos* (von den Neuern Trillówuno, entrückter Berg genannt), 1028 Meter über der Meeresfläche hoch, dehnt sich, östlich bis südöstlich von Athen, in einen langen massigen Bergrücken aus, der die Ebene an dieser Seite begrenzt. Er zieht sich vom Meere ab gegen den Pentelikon hin, von welchem er durch ein breites Thal getrennt ist, welches die Ebene von Athen von der etwas höher gelegenen von Markopoulo (gegen das Lauriongebirge hin) sondert. Der graulich-weifse Glimmerschiefer schliefst sich an den Thonschiefer von Athen an und steht bis hoch am untern Abhange zu Tage. Er ist zwischen seiner Schichtung häufig mit weifsem, krystallinisch-körnigem Kalk, der die Stelle des Quarzes ersetzt, verwachsen; wie dies bei allem Glimmerschiefer, welcher mit Marmor bedeckt, gewöhnlich der Fall ist.

Der Hymettos ist jetzt, gleich vielen andern Bergen von Griechenland, die sonst bewachsen waren, nackt und kahl; auf seinen grauen Klippen wachsen nur Sträucher, und selbst diese nicht überall, während im Alterthum dieser Berg starke Stämme Bauholz lieferte. Dieselbe Armuth der Vegetation findet man, aufser in Rumelien, auch fast in allen andern Theilen Griechenlands, wo der Zerstörungswuth die Werke der Kunst und der Natur seit Jahrtausenden haben unterliegen müssen.

Der Hymettos liefert den Atheniensern Marmor, Bausteine und Platten.

Der ***Pentelikon*** liegt in N. N. O. von Athen, etwa 14 000 Meter davon entfernt, und ist gegen Süden durch ein breites Thal vom Hymettos getrennt. Er ist ein Massengebirge, das von S. O. nach N. W. streicht, fast nur von Ebenen umgeben und fällt am steilsten in der Ebene von Marathon hinab. Nordwestlich hangt der Pentelikon mit dem Parnafs durch niedrige Hügelreihen zusammen. Er erhebt sich bis zu 3500 Fufs über das Meer. Glimmer und Thonschiefer bilden auch hier den Kern des Gebirges; sie sind von körnigem Kalke bedeckt. Am Fufse des Berges steht der Glimmerschiefer zu Tage, im Norden fallend; auf ihm liegt in mächtigen Bänken der berühmte Marmor, der schon so viele Ausbeute gegeben hat und noch ferner geben wird.

Das ***Lauriongebirge,*** an der Südspitze von Attika, mit dem Cap Sunium endigend (wo noch Säulen des Tempels der Athene-Sunias vorhanden sind), besteht aus Glimmer- und Thonschiefer und ist mit krystallinisch-körnigem oder schiefrigem Kalke bedeckt. Das genannte Cap, jetzt Cap Colonna genannt, springt schroff ins Meer hervor und besteht aus seidenartig glänzendem dunkelgrauem thonigem Schiefer. Das Lauriongebirge ist nur niedrig; die wenigen Bergrücken streichen von Süd nach Nord und endigen mit dem Berge Theriko stin Blaka, der bei Keratio als eine mächtige Kuppe von Granit den Schiefer und Kalk durchbricht; es befinden sich noch einige Schachte auf ihm. Sein Granit ist der letzte nördliche in der Fortsetzung der Kykladen.

Die Felsgebilde des Laurischen Gebirges enthalten Eisenerze und silberhaltigen Bleiglanz. Die alten Athenienser trieben hier einen ausgebreiteten Bergbau; wie es die auf einer früher so belebten, jetzt ganz todten und nur von Schaafheerden betretenen Oberfläche von noch nicht einer Quadratmeile sich findenden Pingen, Halden, Schlackenhausen etc. beweisen. Auch Marmor wurde viel gebrochen, der in starken Bänken steht.

Zu Attika gehört auch noch die Insel *Aegina.* An der westlichen Seite ist sie von zahlreichen Trachytmassen gebildet, und an der Ostküste bildet das Gestein der Küste und am Fufse des 534 Meter über der Meeresfläche hohen Berges, worauf das Panhellenion steht, ein junges Tertiärgebilde; es ist ein sandig-mergliger Grobkalk, mit Resten von Petrefacten. Einerseits ruht das Felsgebirge auf Hyppuritenkalk, andrerseits wird es von Trachyt-Trümmergestein bedeckt, aus welchem Massen eines sehr schönen Trachyts hervortreten.

2. Der *Peloponnes* zeigt sich im Ganzen als ein ähnliches Felssystem wie Rumelien, jedoch mit einigen Verschiedenheiten. Im Norden sind es wieder Übergangskalk, wechselnd mit Thon- und Grauwackenschiefer, welche die Masse des Hauptgebirgsstockes bilden; nemlich die bis 2374 Meter über die Meeresfläche sich erhebende Kyllene-Kette in Achaja und im nördlichen Arkadien. Diese Übergangsschiefer sind mit ungeheuern Ablagerungen von Nagelfluh bedeckt, welche ganze Stückgebirge bildet und an 6000 Fufs über das Meer ansteigt. Längs der westlichen Küste und in dem südlichen Arkadien bedecken ausgedehnte Lagerungen von Diluvialgebilden meist sandige Mergel, mit Meeres-Conchilien und Braunkohlen der Übergangs-Formation; wohin das ganze Plateau von Elis und die Umgebung von Olympia gehört. In Messenien kommt wieder Übergangskalk mit Thonschiefer unbedeckt zu Tage, erhebt sich zu gewaltigen Massen und steigt im Gebirge Taygetos, zwischen Messenien und Lakonien, über 7000 Fufs (die höchste Spitze hat 2409 Meter) über das Meer hinauf. Dies Gebirge verlängert sich im Süden, bildet die Halb-Insel Maïna, endet am Vorgebirge Matapan, dem alten Tänaron, und gehört bis nahe an das Vorgebirge dem körnigen Kalke an, der, als der herrlichste Marmor, in unendlicher Fülle sich zeigt. Am Cap Matapan werden Glimmer- und Thonschiefer ganz vorherrschend und enthalten in Porto Quaglio (dem ehemaligen Hafen der Mainottischen Seeräuber) mächtige Lagen von Braun-Eisenstein.

Sparta hat ähnliche geognostische Verhältnisse. Übergangskalk wechselt mit Thonschiefer und ist bedeckt von Hyppuritenkalk und ungeheuern Ablagerungen von tertiärer Nagelfluh.

Der Peloponnes hat bedeutende Hoch-Ebenen: die von Tripolitza ist 630 Meter hoch über dem Meer; Pholoë, die untere Gebirgs-Ebene von Lala in Elis, 640, die obere 800 M.; die Kynata-Ebene von Kalawrita ist 701 M. hoch; der See bei Phonia liegt 752, der von Stymphalos (Zarakka) 620, der Tempel des Apollo zu Bassä 1129 Meter, die Ruinen von Sparta über dem Theater 244, die Burg von Mistra 635, der Boden der Moschee auf Akrokorinth 575 Meter hoch. Der höchste Punct des Isthmus von Korinth liegt 58,6 M. über dem Meere hoch, die Ebene von Megalopolis 427 und die Burg Larissa, die Akropolis von Argos, 289 Meter hoch.

Da sich ferner nicht Gelegenheit bieten wird, von dem Tempel des Apollo zu Bassä zu reden, so sei es erlaubt, hier etwas über seine ausgezeichnete Lage zu sagen. Er liegt 2½ Wegestunden östlich von der Stadt Pawlitza, 40 Stadien von Phygalia, auf dem bewaldeten Gipfel des Berges Kotylion, über einem kleinen Thale; er beherrscht durch seine hohe Lage beinahe den ganzen mittäglichen Theil des Peloponnes. Unter dem Berge fliefst die Neda, an deren Ufer man die Ruinen von Ira sieht, dem ersten Messene; weiter entfernt erblickt man den Berg Ithome, das Messene des Epaminondas, und im Hintergrunde erscheint der Golf von Koron, rechts mit den Küsten von Messene und links mit den hohen Gebirgen des Taygetos, der von dieser Seite die Grenze von Lakonien bildet. Der Tempel war einer der vollkommensten, welche das Alterthum seinen Göttern errichtet hatte. Zu seinem Bau wurde Kalkstein von der festesten Art und der gröfsten Feinheit, zu seinen Säulen der Marmor von Paros genommen.

Auf der Halb-Insel Methona findet sich Übergangskalk, von Hyppuritenkalk bedeckt; durch beide heben sich grofse Bergmassen (die höchste Spitze ist 741 M. hoch), von Feldstein-Prophyr und Trachyt durchbrochen, empor.

Zum Peloponnes gehören auch noch die Inseln Poros, Hydra und Spezia.

Poros ist ein vom Peloponnes losgerissenes Stück Land und besteht in seinen tiefsten Ablagerungen aus chloristischen Grauwacken. Sandstein wechselt mit Grauwackenschiefer, Thonschiefer und dichtem Kalkstein in ganz dünnen Straten. Ein grauer dichter Übergangskalk, mit mächtigen Euphotid-Lagen, bedeckt das ganze Grauwackengebilde und setzt sämmtliche Hauptberge der Insel zusammen.

Hydra ist ein isolirter, langer und hoher Felsen von dichtem Kalkstein, ohne alle Vegetation und ohne Wasser; Spezia ist ein kleines, niedriges Eiland.

3. *Euböa.* Von dem Festlande Griechenlands ist Euböa nur durch den Canal von Talanti und den von Negroponte getrennt, welche sich so eng zusammenziehen, dafs ein grofses Seeschiff den schmalen Punct ihrer Vereinigung bei der Stadt Chalkis nicht passiren kann. Wie in der ältesten Zeit, so noch jetzt, führt eine Brücke über den schmalsten Theil dieser Meer-Enge und verbindet die Insel mit dem Continente. Die Meer-Enge ist berühmt durch das ganz besondere Phänomen der Ebbe und Fluth, welches sich dort zeigt. Man weifs davon nur, dafs während der ersten 6 Tage des Monats, und dann vom 14ten bis 20ten und während der 3 letzten Tage, die Ebbe und Fluth regelmäfsig ist; während sie alle andern Tage, also vom 7ten bis 14ten und vom 20ten bis 25ten so unregelmäfsig eintritt, dafs sie sich binnen 24 Stunden 12, 13 ja 14mal verändert.

Euböa ist durchweg von Bergen durchzogen, deren beträchtlichste folgende sind: im Norden der Lithada 664 M. hoch, der Plako-wuno (die alten Berge Telethrios); im Mittelpunct der Insel die Berge Dipso, Kandili und Delphi (1706 M. über der Meerfläche hoch) und im Süden der Berg St. Elias (der alte Ocha) 1060 M. hoch. Diese Berge sind hoch genug, um den Schnee während eines Theils des Jahres darauf zu erhalten; sie haben einige sehr bedeutende Waldstellen, die aber leider an den höchsten Abhängen, oder in Schluchten und Kesselthälern der Gebirge liegen, von wo es schwierig ist, das Holz wegzuschaffen; doch ist schon Viel dafür geschehen und namentlich viel Bauholz von hier nach Athen und Syra geliefert worden.

Das Grundgebirge auf Euböa bilden Thonschiefer, Glimmerschiefer und Gneis; welche Gebilde durch mächtige Ablagerungen von Übergangskalk, wechselnd mit Euphotidgebilden, Thonschiefer und körnigem Kalk, bedeckt sind und sämmtlich, sowohl Kalk als Schiefer, reich an Einlagerungen von Braun- und Roth-Eisenstein und mitunter von bauwürdiger Mächtigkeit sind. Die Alten hatten hier grofse Marmorbrüche; die vorzüglichsten lagen in der Nachbarschaft der Stadt Karysto, am Fufse des Ochat.

Ausgedehnte und sehr mächtige Diluvionen bilden die oberste Fels-Ablagerung und bedecken die ältere in allen buchtenförmigen Einschnitten der Insel, in den beckenartigen Vertiefungen und in den Hauptthälern, welche sehr fruchtbar sind. Diese Diluvionen enthalten mächtige Braunkohlenbänke, die man, z. B. bei Kumi, bergmännisch benutzt. Wo Serpentin unmittelbar unter dieser jüngern Decke liegt, ist er zu Thon aufgelöset, der meist das Liegende der Kohlen bildet. Euböa war auch in den ältesten Zeiten berühmt durch seine Kupfer- und Eisenminen, und seine Bewohner waren sehr geschickt in Verfertigung von Metall-Arbeiten.

Die berühmten Vorgebirge Kaphara, jetzt Cap Doro, und dasjenige von Mantéla in dem Canal von Bocca Silota, gegenüber der Insel Andros, sind aus grünlichem Thonschiefer gebildet, der auf Glimmerschiefer ruht.

Euböa war im Alterthum und in allen Zeiten berühmt durch die Ausfuhr des Asbests, der hier in Menge gewonnen wurde. Dieses Mineral, welches im Alterthum unter dem Namen „Unverbrennlicher Flachs" zur Verfertigung einer Leinwand diente, um die Todten beim Verbrennen darein zu wickeln und ihre Asche zusammenzuhalten, wurde, um es zu bearbeiten, in Öl erweicht, mit gewöhnlichem Flachs gesponnen und dann sogleich dem Feuer übergeben.

4. Die *Kykladen.* Sie streichen von S. O. nach N. W. Sämmtliche Inseln des griechischen Archipels, selbst die nicht ausgenommen, welche zum Theil dem vulcanischen System angehören, sind zu der Reihe der Urgesteine zu zählen. Nur auf den Inseln hat sich diese Formation aufserordentlich entwickelt. Sie kommt zwar auch in Morea und dem südlichen Theile von Attika vor, aber nur an einigen Stellen und spielt dann nur eine untergeordnete Rolle.

Nicht vulcanische Inseln.

Andros. Diese Insel ist sehr gebirgig, mit hohen, einen Theil des Jahres mit Schnee bedeckten Bergen; ihr geognostischer Bau ist dem von Euböa und Tinos ähnlich; nur dafs hier körniger Kalk bei weitem weniger vorkommt. Der nördliche Theil besteht aus Glimmer- und grünem Talkschiefer; in ersterem sind Quarzputzen und Asbestlagen; so wie häufige Bänke von körnigem Kalk, der ganz im Norden massig auftritt. Zwei Serpentinkuppen durchbrechen den Glimmerschiefer. Eine Stunde nordwestlich von Arna, in den Umgebungen Palaeopolis, lag bei dem Tempel des Bacchus ein Springquell der Alten, welche sie das Geschenk Jupiters nannten und dessen Wasser den Geschmack des Weins gehabt haben soll.

Tinos ist gänzlich gebirgig. Graue Granite, in grofsen Massen, rother und brauner, weifser und tigerfleckiger Schriftgranit, verschiedene Granulite, Talkschiefer und Gneis, Glimmerschiefer, Varietäten körnigen Kalkes, Amphybolische Gesteine und Serpentin sind die verschiedenen Felsarten, aus welchen die Insel besteht. Ihr Centralpunct ist der Berg O Burgo, der ganz aus Granit besteht und dessen Gipfel Petassos die Höhe von 577 Meter über dem Meere erreicht. An der Westküste sind bedeutende Marmorlager, und ganz im Norden hebt sich mächtig Serpentin empor, welcher auch im Süden der Insel auftritt.

Mykoné ist eine grofse Granitmasse, mit stellenweiser Ablagerung tertiärer Gebirge. Die höchste Spitze ist der Dimastos der Alten; er ist steil und kahl.

Delos, der Geburtsort des Apollo und der Diana, ist, wie Mykoné, ganz Granit, der sich nur an einem Puncte zu einer einzigen, 87 Meter hohen Spitze, den Kynthos erhebt; an einer Stelle der Westküste ist weifser Urkalk einige Lachter mächtig aufgelagert.

Rhenée ist in zwei Theile getheilt, die nur durch eine aus Sand und Kies bestehende Land-Enge verbunden sind. Die Insel besteht ebenfalls aus Granit; doch zeigt sich auch Syenit an der Ostküste des nördlichen Theils.

Beide Inseln (die letztere war die Gräberstätte der Delier) sind mit Ruinen und Fragmenten des schönsten griechischen Marmors und vieler Hunderte von Granitsäulen bedeckt; die Reste der ehemaligen Prachtgebäude, besonders des herrlichen Apollotempels, liegen am Boden; zerschellt und zerhackt. Nachdem das Beste weggeführt worden war, wurden diese Inseln als ein förmlicher Steinbruch betrachtet; die Einwohner von Mykoné und anderer benachbarter Inseln, schleppten, bis zur Errichtung des neuen Königreichs, Alles fort, was ihnen zum Gebrauche anstand und zahlten für die Erlaubnifs dazu an die Türken eine jährliche Steuer von 10 Thalern. Quadern, Säulen, Platten u. s. w. wurden schiffsladungsweise fortgeführt und zum Verkauf ausgeboten, um zum Bau elender Hütten zu dienen, oder um in Kalk umgewandelt zu werden; zu welchem Behuf man selbst Kalk-Öfen inmitten der herrlichsten Gebäudetrümmer errichtet hatte, die erst seit der Ankunft des Königs in Griechenland aufser Thätigkeit gekommen sind. Man sieht, wie es die Griechen verstanden, die Kunstschätze ihrer Vorfahren zu ehren!

Chiura. Hier kommen Glimmerschiefer mit schwachen Lagen gelblich weifsen krystallinischen Kalks und hin und wieder schmale Lagen von weifsem Quarz vor; desgleichen Serpentinfels.

Syra. Die höchste Spitze dieser fast ganz unfruchtbaren, aber bedeutendsten Insel Griechenlands, hinsichtlich ihres Handels, liegt 500 Meter über dem Meere hoch. Es kommen vor: Glimmer- und Chloritschiefer, mit darauf liegendem krystallinisch-körnigem Kalke bedeckt; desgleichen grauer Kalk; mächtige Lager von reinem Quarz und Braun-Eisenstein, mit Braunstein-Oker; Marmor und Alabaster zur Ausfuhr.

Paros hat Glimmerschiefer, auf welchem krystallinisch-körniger Kalk liegt. Die Insel taucht als ein mächtiges Marmorgebirge aus dem Meere auf, welches sich bis zu 850 Meter hoch erhebt; seine Berge sind nackt und unbewachsen, so dafs nicht einmal Ziegen Nahrung finden.

Antiparos hat Glimmerschiefer, als Grundgebirge, mit Auflagerung von Übergangskalk, und ist berühmt wegen der Stalactitengrotte.

Naxos hat einen sehr gebirgigen Boden. Die Hauptgesteine, aus welchen die Insel besteht, sind Granit, Gneis, Glimmerschiefer und körniger Kalk, welcher gute Marmor-Arten liefert. Der geheiligte Berg des Jupiter erhebt sich 1007 Meter hoch über die Meeresfläche.

Nio (Jos). Die nordwestliche Hälfte der Insel besteht abwechselnd aus Glimmerschiefer und krystallinisch-körnigem Kalk; die oberste Bedeckung ist grauer Kalk. An einigen Stellen sind tertiäre Gebilde. In der südöstlichen Hälfte der Insel bricht Granit hervor, welcher ringsum mit Gneis bedeckt ist und sich bis zur höchsten Spitze erheht.

Polykandro besteht zu unterst aus Glimmerschiefer, welcher mächtig mit krystallinisch-körnigem Kalke bedeckt ist und, obgleich Polykandro zwischen vulcanischen Inseln fast in der Mitte liegt, enthält sie doch nichts Vulcanisches. Am westlichsten Theile der Insel findet sich schöner feinkörniger Marmor.

Amorgo. Zu unterst liegt schwärzlich grauer Thonschiefer, der mit glimmerigem Grauwackenschiefer und dieser in der südwestlichsten Hälfte der Insel mit grobkörniger Grauwacke, in der nördlichen mit einer mächtigen, graulichweifsen krystallinisch-körnigen Kalkmasse bedeckt ist.

Anaphé. Verschiedene Gebirgs-Arten haben sich hier neben einander gehoben. Das herrschende Gestein ist Syenit, Granit, Serpentin und Grauwackenschiefer, so wie dunkelgrauer Thonschiefer, unter welchem wieder blafsgrüner Serpentin hervortritt. Mächtige Kalkmassen lagern sich darauf, die aus grauem krystallinisch-körnigem Kalke bestehen. Es finden sich hier eine grofse Menge Asbest; desgleichen Marmorbrüche.

Syphno ist von sehr regelmäfsig-geognostischem Bau. Zu unterst ist Glimmerschiefer und häufig grau gestreifter Marmor. Derselbe ist im nördlichen Theile der Insel mit krystallinisch-körnigem Kalkstein in dicken Bänken überdeckt.

Serpho ist ein Schiefergebilde mit vielen Eisenerzlagern. Es finden sich mächtige Durchbrüche von Granit, mit schwarzem Glimmer und dünnen Lagen krystallinisch-körnigen Kalks zwischen den grauen Glimmerschichten.

Thermia. Das herrschende Gestein ist sehr kalkhaltiger Glimmer- und Thonschiefer. Es ist eine Fortsetzung der Schiefergebilde von Zea und dem Laurischen Vorgebirge und mit weifsem krystallinisch-körnigem Kalk bedeckt. An der Nordwestseite des Hafens von Erimi sind warme Quellen, deren Temperatur 33 bis 44½ Grad R. ist. Sie wallen nur einige 100 Schritt vom Meere ruhig entfernt empor und enthalten hauptsächlich salzsaure Soda Magnesia.

Zea. Diese Insel, deren höchste Spitze, St. Elias, 570 Meter über dem Meere liegt, gehört zur alten Schieferformation. Glimmerschiefer, der viel Quarz enthält, ist herrschend und mit feinkörnigem krystallinischem Kalke bedeckt. Auch zeigt sich schiefriger Serpentin.

Vulcanische Inseln.

Vulcanische Gebilde sind die Inseln *Santorin, Milos, Antimilos, Kimolos* und *Polinos*. Sie sind Producte der noch heut zu Tage thätigen Vulcane. Sie sind einiger nähern Betrachtung werth.

Santorin. Diese ganze Insel ist rein vulcanisch; mit Ausnahme der Südostseite, wo, auf Thonschiefer gelagert, krystallinisch-körnig weifser Kalk bis zur höchsten Kuppe, dem Berge Elias, 750 Meter über das Meer sich erhebt. Die Insel Santorin ist der Rand eines grofsen eingestürzten Erhebungskraters und umschliefst halbmondförmig die ganze Ostseite desselben, der vom Meere erfüllt ist und eine elliptische Form hat, deren längere Axe drei geogr. Meilen beträgt und dessen Rand im Westen die Inseln Therasio und Aspro hisi bilden. In der Mitte des Kraters haben sich in späterer Zeit die Inseln Kaimeni und Kaminos durch Eruptionen erhoben.

Jener grofse Krater hob und warf, sehr gleichmäfsig verbreitet, ganz- und halbgeschmolzene Trachyte, Trachytlaven, vulcanischen Sand, Asche und Bimstein aus. Die oberste, meist ein Paar Lachter mächtige Lage vulcanischer Asche bildet jetzt den fruchtbaren Boden der Insel, welcher besonders einen ausgezeichnet starken Wein erzeugt.

Auf Santorin sind gar keine Quellen, sondern nur Cisternen. Nach sehr trocknen Wintern ist man genöthigt, das Wasser von der Insel Amorgos zu holen.

Milos. Die Fläche der Insel hat die Gestalt eines Hufeisens, dessen innere Seite den grofsen Hafen bildet, der grofs genug ist, um die Kriegsschiffe von ganz Europa zu fassen; nur kann kein Schiff bei starkem Nordwinde auslaufen.

Den nördlichen Schenkel des Hufeisens characterisiren mächtige Trachyt-Durchbrüche; am südlichsten Schenkel fand die höchste Erhebung am Berge St. Elias, von mehr als 3000 Fufs Höhe über dem Meere, Statt. Der ganze Berg besteht aus veränderten Trachyten; am Fufse umgeben ihn, gürtelartig, veränderte Granite, Gneise und Glimmerschiefer, und aus diesem Gestein erheben sich die grofsen Kuppen von umgewandelten Trachyten, welche die Hauptmasse bilden. Zwischen den Ablagerungen der Trachyte sieht man eine Einlagerung von schwarzem unverändertem dichtem Kalkstein. Die Gehänge sind theilweise mit Gips- und Thon-führenden Alluvionen und vulcanischem Trümmergestein bedeckt. Der Bogen des Hufeisens, die Verbindung beider Schenkel, bilden lauter niedrige, höchstens 1000 Fufs hoch ansteigende Berge; meist kegelförmige Massen von zersetztem Trachyt, bedeckt mit vulcanischen Tuschen und Schutt-Conglomeraten. Durchbrüche von unveränderten Trachyten und von Mühlstein-Porphyr mangeln nicht; das eigentliche Grundgebirge aber scheint unzersetzter Glimmerschiefer zu sein. Die innere Seite des Hufeisens, die grofse Ebene am Ende des Hafens, bilden Alluvionen von plastischem Thon und Schutt.

Die Felsgebilde, welche den innersten Theil des grofsen Hafens, Wasiliko genannt, zunächst begrenzen, sind Bimsteintuff und Bimstein. Die ganze bergige Umgebung des Vorgebirges Kalamo besteht aus Trachyt. Die Berge aus zersetztem und unzersetztem Trachyt gehen von Kalamo, am südöstlichen Ende der Insel, bis nach Wudia am nordöstlichen Ende fort. Bei Palan-Chori tritt der Glimmerschiefer unverändert unter den vulcanischen Gebilden hervor, und am Vorgebirge Rhevma unterbrechen mächtige Ablagerungen von Mühlstein-Porphyr den Trachytzug.

Auf Milos finden sich Schwefel, Kochsalz, Eisenvitriol, Alaun, Gips, Mühlsteine, Bimstein, als leichter Baustein, Obsidian, Schwefelkies, Schwarz-Manganerz, Porzellan-Erde und Thon, als Walker-Erde.

Der gröfste Theil der Insel ist unfruchtbar.

Antimilos ist zu einem mächtigen Gebirge emporgequollener rother Trachyt; ebenso die Inseln Falkoniera und Belopulo.

Kimolos. Ein Theil der Süd- und Ostküste dieser Insel besteht aus Felsen, die durch Hitze verändert und zersetzt sind. Derselbe hat ziemlichen Zusammenhalt, ist dabei gleichförmig und eignet sich zu Bausteinen. Die Mitte decken vulcanische, thonige Conglomerate, die Nordwestseite verhärteter kalkiger Meeressand mit Versteinerungen, die Nordwestküste vulcanischer Tuff; wo sich auch ein mäfsig hoher, langgezogener Berg aus poröser Lava erhebt. Das Gebirge im Innern, das Hauptgebirge, besteht ganz aus trachytartigem Feldsteinporphyr, aus sogenanntem Mühlstein- und aus Perlsteinporphyr. Den Rücken des Gebirges bilden Perlstein und Bimsteinporphyr.

An nutzbaren Producten hat die Insel Bausteine, Mühlsteine und Kimolit.

Die Berge sind kahl; nur in den Thälern und kleinen Ebenen stehen einige Mastixsträucher. Man sieht viel ungebautes Land, und nur weniges ist urbar gemacht, um etwas Gerste und Baumwolle zu bauen.

Polino ist ein wüstes Eiland; aber culturfähig an der Nordseite. Die ganze Insel besteht aus dem schon erwähnten weifsen, zersetzten Feldspathgestein, welches hier und an dem nordwestlich entgegengesetzten Ufer von Kimoli, nur gleichförmiger, zusammenhängender, in regelmäfsigen Bänken geschichtet und daher zu Bausteinen günstiger vorkommt.

5. Die Insel *Candia,* nicht zum jetzigen Königreich Griechenland gehörig, ist die gröfste der Kykladen; sie erstreckt sich 45 Meilen lang von Westen nach Osten und gehört gröfstentheils der Juraformation an. Man findet dort Rogenstein; indessen ist der Berg Mélecsa, der zwischen Armyro und der Suda liegt, von schiefrigem Bau und granitisch an seiner Grundfläche, während die Berge, welche man auf dem Wege von Candia nach Armyro berührt, aus dichtem Kalkstein bestehen, oder der Braunkohlenformation angehören. Die hohen Berge der Provinz von Selino, d. h. ein Theil der weifsen Berge, sind gleichfalls Schieferformation; sie sind sehr bewaldet und haben schöne Castanienwälder, deren Holz nach Athen etc. ausgeführt wird.

Bei dem Hafen Kisamos (früher Aptère), auf dem westlichen Theile der Insel, wird schöner Gips gewonnen; ebenso auch auf der kleinen Insel Casos.

Die ganz aus Kalkstein bestehende Insel Dia oder Standia, nördlich von Candia, hat Marmor und Alabaster.

6. *Die Nord-Sporaden.*

Skyro hat Thonschiefer und Glimmerschiefer, mit dichtem grauen Kalkstein darüber gelagert; bei dem Orte Skyro liegt über dem Thonschiefer ein thoniges, eisenokriges Conglomerat. Sandstein geht nördlich weithin am Meere fort und enthält dort eine Menge gröberer Conglomeratschichten. Wo er nördlich gleichförmigeres, feineres, festes Korn hat, hauen die Einwohner daraus kleine längliche Quaderstücke, die als Baustein zum Verkauf ausgeführt werden. Die Insel hat Chromeisenstein; ein starker Bach führt etwas Goldsand. Auch findet sich Brauneisenstein.

Skiathos ist eine sehr bergige Insel; doch von unbedeutender Höhe. Der gröfste Theil der Insel, der südliche, westliche und der gröfste Theil des nördlichen, hat Schiefergebilde und die Berge sind dort glockenförmig gehoben und mit niedriger Waldung bedeckt; nur nordöstlich, bei dem grofsen Kloster, treten kahle, hohe, klippige Kalkberge auf, und östlich von der Stadt sind lauter ziemlich steile, mit einigem Gesträuch spärlich überzogene Felsberge, aus Thonschiefer bestehend und mit Kalk bedeckt. Das Grundgebirge ist Glimmer- und Thonschiefer, welche im östlichen Theile der Insel ein mächtiges Lager weifsen Urkalks einschliefsen. Das Schiefergebirge ist mit Übergangskalk bedeckt; der Thonschiefer ist schwärzlich grau.

Skopelo. Das herrschende Gestein ist Thonschiefer, mit Übergangskalk bedeckt, auf welchem an mehreren Stellen jüngerer Kalkstein gelagert ist. Der Thonschiefer geht an ein Paar Stellen der Westküste, südlich von Glossa, unten in Glimmerschiefer über. In der Nähe der Stadt tritt Serpentin hervor. Die Klippen an der Westküste, bei dem dortigen Hafen, bestehen aus graulich-weifsem dichtem Kalkstein; über demselben liegt rauchgrauer, dichter, jüngerer Kalkstein: weiterhin erhebt sich aber statt des erstern krystallinisch-körniger Kalk, der auf Thonschiefer ruht. An der Westküste, nördlich hinauf, findet man grobkörnigen Sandstein, Glimmerschiefer, Grünsteinschiefer und über diesem Thonschiefer, der mit dichterem, graulich-weifsem Kalk zum Theil mächtig überlagert ist. Die Berge an der Nordostküste der Insel, bei der Stadt und östlich von derselben, sind steil abgerissen und bestehen aus dunkelgrünem Thonschiefer. In einem Theile der Insel, bei der Stadt, steht Serpentin zu Tage und tritt wie ein mächtiges Lager hervor, ist nordwestlich mit Thonschiefer und dieser mit Übergangskalk bedeckt.

St. George. Zwei Felsen-Inseln zwischen Skopelo und Chiliodromia. Sie bestehen aus dunkelgrauem Thonschiefer und sind mit dichtem weifsem Kalk bedeckt; auf der einen finden sich grau-schwarze Streifen Thonschiefer, zu Wetzsteinen tauglich.

Chiliodromia. Zu unterst am Strande zeigt sich gelblich grauer, glimmeriger, kalkiger Sandstein, meist zuweilen mit kleinen Quarz-Adern durchsetzt und dick geschichtet; über ihm liegt mächtig Thonschiefer und oben weifser krystallinisch-feinkörniger Kalkstein. Von dem Orte aus östlich kommt man gegen Nord-Ost zuerst über Thonschiefer und dann folgt eine kleine Kalkmergel-Auflagerung, welche mit dichtem Kalk bedeckt ist. Es findet sich dort ein starkes Braunkohlenflöz im Kalkmergel, der an der Westseite der Mergelformation in mächtigen Bänken zu Tage steht. Die Insel enthält Eisenerze.

Beim Bohren Artesischer Brunnen, deren man im Pyräus und in Athen mehrere angefangen, aber keinen vollendet hat, haben sich über die geognostische Beschaffenheit des Griechischen Bodens folgende Resultate ergeben.

Fast in allen, mit Geröllen und Erde aufgefüllten Ebenen und Bassins ist quellendes Wasser zu hoffen, wenn man bis zur Grenze der Ausfüllung des unterliegenden Gebirges bohrt. Meist wird man schon eher, sobald man auf thonige Lagen kommt, seinen Zweck erreichen.

In dichtem Kalk ist auf Wasser nicht eher Hoffnung, als bis wo derselbe nicht mehr massig gelagert und senkrecht gespalten, sondern durch mehr oder weniger geneigte Klüfte durchschnitten wird, die sich an einigen Orten zu 15 bis 20 Lachter finden, oder bis er tiefer in Bänken gelagert ist. Ein allgemeines Verhältnifs hinsichtlich der Tiefe ist noch nicht bekannt. Findet sich in dichtem Kalk kein Wasser, so bleibt nichts übrig, als seine Lagerung durchzubohren, bis zu dem darunter liegenden kalkigen Thonschiefer, der aber wenig Wasser zu führen scheint. Auch das unter dem dichten Kalk liegende rothe, kieselige oder kieselig-thonige Lager bietet wenig Wasser dar. Die Stellen, welche die meiste Hoffnung für das Brunnenbohren geben, sind besonders Attika, der Peloponnes und Akarnanien; welche Provinzen aber des Wassers auch am meisten bedürfen.

Auf den Inseln, die einen ganz andern geognostischen Bau haben, wird man wohl in Glimmerschiefer mit Erfolg zu bohren versuchen können; denn dies Gestein ist reichlich mit Wasser-Adern durchzogen. Das beste, kühlste Wasser kommt bis jetzt aus den Quellen im Kalk und im Schiefergebirge; das wärmere aus Granit und Serpentin.

Die Königlich-Griechische Regierung hatte im Pyräus eine Brunnenbohrung begonnen; leider wurde sie nicht vollendet, da ein Hindernifs in den Weg trat, welches man nicht augenblicklich beseitigen konnte, und da dem Referenten im Ministerio des Innern, so wie überhaupt allen Griechen, es lächerlich vorkam, das lebendige Wasser in so bedeutender Tiefe suchen zu wollen. So unterblieb die Bohrung; so wie auch die, welche zwei Privatleute später unternommen hatten. Ein Werk, wäre es auch von den bedeutendsten, segensreichsten Folgen, dessen Ausführung mit Besiegung von Schwierigkeiten verknüpft ist, wird in Griechenland nie erstehen.

Der Ort im Pyräus, wo man bohrte, war unweit des Hafens daselbst. Es ergab sich:

Damm-Erde	1,25	Meter.
Gerölle mit Sand	2,50	-
Kalkstein, mit Mergel und mit einer Quelle . . .	1,75	-
Reiner Hippuritenkalk	3,40	-
Desgleichen, mit schiefrigen Mergeln	0,75	-
Mergel	1,00	-
Schiefer, wechselnd mit gewöhnlichem Mergel, . .	0,85	-
Bis hieher	11,50	Meter.

	Bis hieher	11,50	Meter.
Reiner Hippuritenkalk		5,95	-
Desgleichen, mit kieseligen Stücken		0,60	-
Desgleichen rein, mit zwei Quellen mit Hochdruck .		20,38	-
Desgleichen, mit mergeligen Straten		1,91	-
Desgleichen, und mit Feuerstein		0,40	-
Desgleichen, mit einer Lage Salzthon . . .		0,37	-
Feuerstein		0,24	-
Lehm		1,20	-
Hippuritenkalk, mit Mergel		3,34	-
Mergel		0,30	-
Kohlenschiefer, wechselnd mit Kalk und kiesig, . .		1,70	-
Schwarzer Thon, Kohlenlehm mit Schwarzkohle . .		0,92	-
Gelber Thon		0,63	-
Desgleichen, wechselnd mit Kalkstein, ...		0,81	-
Desgleichen, mit Quarz-Findlingen		0,44	-
Eisenschüssiges quarziges Gestein		1,43	-
Desgleichen gemengt		0,15	-
	Zusammen	52,37	Meter tief.

Von den Gebirgsarten insbesondere, und insofern sie als Baumaterial dienen.

Von den Stein-Arten der Urgebirge.

1. *Granit, Gneis, Syenit* tritt auf den Kykladen und auf dem Festlande nur an einer Stelle im Lauriongebirge, der Südspitze von Attika, auf. Auf den Inseln sind Naxos, Tinos, Delos und Rhenée die Centralpuncte seiner Erhebung.

Ferner auf dem *Lauriongebirge*, auf der südlichsten Spitze von Attika, auf dem wohl 1 Stunde langen Kalkberge Theriko stin Blaka, südlich vom Dorfe Keratia. Die 7 Granitsäulen, mit dem darüber liegenden Architrav am Tempel der Athene Chalinitis zu Korinth, der zu den ältesten Gebäuden der Griechen gehört, scheinen aus diesem Granit zu sein. In *Stuarts* „Alterthümern von Athen" wird das Material dieser Säulen Tuffstein, der mit Stuck überzogen sei, genannt!

Der Granit ist gleichförmig gemengt und graulichweifs; der Feldspath desselben ist weifs und halb zersetzt, die Quarzkörner sind graulich weifs, oft gelblich und eisenokrig; der schwärzlich-braune Glimmer ist fein eingemengt, zuweilen in $\frac{1}{8}$ Zoll breiten sechsseitigen Tafeln.

Auf der Insel *Tinos* bildet der ganze östliche Theil des südöstlichen Vorgebirges, wo sich die wahren Grotten des Aeolus befinden, bis zum Flusse Pirastra, und von den Bergen Bourgo und Sikino bis zu der schroffen Küste von Koelina, eine grofse, sehr hochgehobene Granitmasse, welche besonders bemerkenswerth ist durch ihre beinahe gänzliche Unfruchtbarkeit und die nackten und wilden, schwer zugänglichen Höhen, welche von einem finstern, oft schreckhaften Anblick sind. Diese ungeheure Steinmasse besteht aus einem schön gleichförmigen, graulich-weifsen, kleinkörnigen Granit, mit schwarzem Glimmer. Der Albit zeigt sich hin und wieder in gröfsern Krystallen, die, oft ziemlich ausgebildet, eingewachsen sind; der Quarz ist grau. An dort vorhandenen Granitblöcken ist keine durch Verwitterung entstandene schalige Absonderung bemerkbar. Dieser Granit ist merkwürdig durch seine Ablösung in grofsen Kugeln und Ellipsen. Von den Alten wurde er viel benutzt und man findet in Sparta, Megalopolis und an andern Orten aus gleicher Zeit, Säulen und andere Bruchstücke von ihm. Da Tinos der einzige Ort ist, wo man eine so gewaltige Masse dieses Gesteins findet, so ist es ohne Zweifel, dafs die Alten ihn häufig verwendeten und ihn nur von da holten; was um so glaubwürdiger scheint, da sie zur Schmückung ihrer Tempel und öffentlichen Gebäude kein fremdes Material, sondern nur das ihres Landes nahmen, wie es ihnen die Natur so reichlich lieferte. Sie hatten nicht nöthig, wie man es häufig glaubt, einen grofsen Theil des Baumaterials von den Küsten Klein-Asiens zu holen.

Der Granit von *Mykone* ist porphyrartig, grau mit schwarzem Glimmer, und mit breiten, oft $1\frac{1}{2}$ Zoll langen und $\frac{3}{4}$ Zoll dicken weifsen Krystallen von glasigem Feldspath durchzogen, wie bei einigen Trachyten; unter andern denen von Samothraki. Er hat, gleich vielen andern, Theile von feinerem Korn und, wo der Glimmer einigemal vorherrschend wird, bildet er wirkliche Nester; wie es sich besonders in der Nähe der Stadt zeigt. An einigen Stellen ist dieses Gestein, welches im Ganzen einen rothbräunlichen Anflug hat, beinahe zerreiblich und zeigt ein Bestreben, sich kugelschaalartig zu gestalten, ganz verschieden von dem Granit der Insel Tinos, der zwar auch kugelförmig sich zeigt, aber gleichwohl viel härter ist. In der Mitte der Insel wird er an mehreren Stellen schiefrig und geht zuletzt in feinkörnigen gemengten Gneis über. Am südwestlichsten Theile der Insel steht weifser, feinkörniger Granit.

Naxos. Der ganze südwestliche Theil der Insel, von der Stadt gleiches Namens bis in die Gegend des Hafens Hagios Janis, ist granitisch, und das Gestein tritt zwischen Trimalia und der Stadt kahl und massig auf.

Bei der Rhede von Triangata findet sich Granit, mit grünlich schwarzem Glimmer von mittlerem Korn, an einigen Stellen beinahe ganz ohne Feldspath, dagegen an andern Stellen in breiten Krystallen, welche der Masse ein porphyrartiges Ansehen geben. An einigen Orten schliefst dieser Granit Kerne von feinerem ein; wo dann der Glimmer vorherrschend ist. Häufig enthält er auch gelbe, oft ¼ Zoll lange, flache Sphenkrystalle. Weifslich grauer Granit, viel Feldspath enthaltend, mit eingewachsenen Krystallen von Andular, und hin und wieder mit einigen Zoll starken Quarzlagern, tritt bei Engāres im Süden der Insel auf.

Delos. Man findet hier Granitporphyr, der mit andern Granitarten die conische Spitze des 87 Meter hohen Kynthos bildet. Er ist röthlich oder gelblich grau, weil der Quarz Eisenoxyd enthält, schliefst mit schwarzer Hornblende auch schwarzen Glimmer ein; an einigen Stellen ist die Hornblende gänzlich vorherrschend und enthält dann grofse Feldspath-Krystalle mit Quarz, und öfters Sphenkrystalle.

An dem Fufse des Kynthos, wo noch alte Steinbrüche sind, begegnet man einem rosenrothen Syenit; dann syenitischem Granit und grauem kleinkörnigem Granit, zum Gneis übergehend. Unter diesen letztern ist eine rosenrothe Art bemerkenswerth, wegen der grofsen, wie Stahl glänzenden Glimmerschuppen, die eine sehr schöne Wirkung machen. Der Granit auf Delos steht in mächtigen Bänken; in den Brüchen liegen noch viele Säulen aus diesem Material. Auf dem Gipfel des Kynthos, wo sich die Brüche befinden, sieht man noch die Fundamente und Überreste eines grofsen Gebäudes jonischer Ordnung; Capitäler, Gesimse und andere Bruchstücke von Marmor sind noch vorhanden; der Unterbau ist von Granit.

Rhenée, die Gräberstadt der Delier, hat grauen Granit, oft mit feinkörnigen, schiefrigen, glimmerreichen, dunkelgrauen Theilen verwachsen.

Syra hat röthlich-weifsen Gneis, der am südlichen Ende der Insel zu Tage steht. Auf

Nio, zwischen dem Hafen und der Stadt, werden schöne Gneisplatten gebrochen.

Anaphé hat feinkörnigen Granit, mit halbzersetztem röthlich-weifsem Feldspath, mit hin und wieder eingewachsenen wenigen Quarzkörnern. Dunkelbrauner Glimmer ist, fein vertheilt, durch die Masse gewachsen, so dafs er die Feldspath- und Quarzkörner rings umgiebt. Auch Syenit kommt auf dieser Insel vor, der aber meist stark verwittert ist und dessen Schuttes sich die Einwohner zu einem vorzüglichen Gemengtheile des Mörtels bedienen.

Auf *Serpho*, im südlichsten Theile der Insel, bildet Granit die gröfsten Felsen. Er ist feinkörnig, besteht aus einem ziemlich gleichförmigem Gemenge von Quarz, röthlich weifsem Feldspath, etwas weifsem Albit und grünlich schwarzem Glimmer. Der letztere ist hin und wieder auch in gröfsern Stücken und in unvollkommen sechsseitigen Tafeln, mit zwei gegenüber liegenden längeren Seiten, eingewachsen; auch der röthliche Feldspath kommt in einzelnen stärkern Theilen vor. Die Absonderungen dieses Granits sind zart mit lauchgrünem Talk überzogen. Er kommt in grofsen, gesunden Massen vor, ist sehr fest im Gefüge, nimmt eine sehr schöne Politur an und eignet sich zu Säulen, Piedestalen, Caminen, Vasen etc.

Auch als Mühlstein wird er sehr gut zu gebrauchen sein, wenn die griechischen Mühlen in ihrem Mechanismus erst vervollkommnet sein werden; er würde, wie jetzt so häufig in Griechenland, dem Mehle keinen Sand mittheilen.

Eine Viertelstunde von der Stadt findet sich feinkörniger weifser Granit, mit einem schwachen Ton ins Röthliche; Quarz und Feldspath kommen in gleichförmigem Gemenge vor; auch der bräunlich schwarze Glimmer, der sich oft in sechsseitigen Tafeln von $\frac{3}{16}$ Zoll Durchmesser eingewachsen zeigt. Dieser Granit ist wohl 1 Stunde weit in 1 bis 2 Fufs starken Bänken gelagert.

Quarz. Im Glimmerschiefer finden sich überall gröfsere oder kleinere Parthieen Quarz, als Lager oder lagerartige Putzen. Rein und ohne von Eisenoxyd durchzogen zu sein, oder doch nur unbedeutend, findet er sich in gröfserer Menge nur an den nachstehenden Orten, und kann zu Glas etc. benutzt werden. Zuerst auf Syphno, in der Nähe des Porto Faro; dann eine Viertelstunde davon entfernt, nördlich am Wege nach Stravi, zeigen sich am obern Abhange bis zu 2 Meter mächtige, schöne reine Quarznieren. Auf Nio liegt eine bedeutend grofse Putze Quarz; auf Syra an der Südwestküste; auf Milo zu Is tin Ferlinga finden sich reine Quarzgerölle.

Kieselschiefer, jaspisartiger. Es findet sich bei Diwri in Elis ein Lydit, der in kleinen Parthieen als Probirstein sehr gut ist. Er bricht in regelmäfsigen $2\frac{1}{2}$ Zoll dicken Lagen.

Feuerstein findet sich bei Dragomestre in Akarnanien in grofser Menge, als Kugelnieren, in dichtem Kreidekalk; ferner auf Skyros, an der Ostküste bei Kukowaïa und zu Platanos in Achaïa.

2. ***Glimmerschiefer.***

Er findet sich in viel gröfserer Ausdehnung als der Granit. Er ist das herrschende Grundgebirge auf den Kykladen, auf Euböa, Skiathos und in Attika, und steht zu Tage auf Skyros. Er ist wieder Grundgebirge in der Monomerasischen Kette, kommt zu Tage in der Nähe des Styx bei Mesorughi und bei Zarfukla im Kyllene-Gebirge, zeigt sich zu Tage in der Taygetuskette, aber nur in den tiefsten Schluchten, und am mächtigsten am Porto Quaglio. Er ist in der Regel mit krystallinisch-körnigem Kalke bedeckt; auch steht zweimal Gips auf ihm: im Thale der Kelephina bei Sparta, und bei Zarukla; er ist am höchsten gehoben bei Karysto auf Euböa.

Auf dem ***Hymettos*** bricht Glimmerschiefer in Tafeln, die in Athen zu Gewölben, Fufsbodenpflastern etc. verwendet werden. Er ist graulichweifs, läfst sich dünn und regelmäfsig spalten, hat aber keine grofse Festigkeit.

Auf einer kleinen Felsen-Insel zwischen Andros und Tinos werden vorzügliche schwärzlichgraue Tafeln in grofser Menge gebrochen, die man überall in Griechenland, besonders aber in Syra und Athen, zu Fufsbodenpflastern etc. verwendet. Zwischen dem Glimmer der Tafeln findet man häufig Schwefelkies, zart verwachsen.

Auf Andros werden viele gute Tafeln gebrochen; die schönsten bei Palaeopolis, wo die Alten deren viele gewannen. Sie sind schön graulichgrün und wurden häufig benutzt, um Inschriften darauf einzuhauen; der Schiefer ist aber nicht feuerbeständig, indem der Glimmer in strengem Feuer schmilzt.

Auf Siphno, südlich von den drei daselbst neben einander gebauten Dörfern, ist ein Steinbruch, der ebenfalls grofse und schöne, feste Schiefertafeln zu Gesimsen, Heerdplatten, Fufsböden etc. liefert.

Auf der Insel Nio, am Hafen Hagios Nikolas, steht gleichförmiger, quarzreicher Glimmer in starken gesunden Schichten, welcher herrliche Tafeln und Quadern liefert.

Auf der Insel ***Zea,*** an einem Abhange, eine Viertelstunde südlich von der Stadt, ist der Löwe von Julis aus einem Block Glimmerschiefer gehauen, aus welchem auch die ganze Thalschlucht besteht, in welcher er liegt. Dieser Löwe ist ohne die Krümmungen 20 Fufs lang; der Kopf ist 5 Fufs dick und im schönsten Ebenmaafs ausgehauen.

Die Insel ***Polykandros*** hat blafsgrünen Glimmerschiefer, der unter dem Kalkstein liegt und den Einwohnern Tafeln zur Bedeckung der Häuser liefert; seine dünnen Schichten trennen sich leicht, indem die dazwischen befindlichen dünnen Lagen sandigen Quarzes sehr wenig Zusammenhalt haben.

Auf *Serpho* findet sich durch Epidot grüngefärbter Schiefer, der zu Tafeln verwendet wird; er besteht aus feinem grünlichgrauem Glimmerschiefer.

Der Quadratmeter Fufsboden von Schiefertafeln kostet in Athen, fertig gelegt, im Durchschnitt 2 bis 2½ Drachmen, je nachdem die Concurrenz ist [1½ bis 2 Sgr. der Quadratfufs].

Auf der ganzen westlichen Seite der Monemerasischen Gebirgskette auf Morea, von dem Dorfe Werwehna, nahe der Hoch-Ebene von Tripolitza, wo ihre dunkle Farbe mit der blendenden Weifse des Marmors contrastirt, aus welchem die dortigen Häuser erbaut sind, bis zum Dorfe Wathika, in der Nähe des Vorgebirges Malea, findet man dicke Schiefertafeln, die von dem Hafen Lenidi nach Nauplia u. s. w. ausgeführt werden, um dort zu Fufsbodentafeln zu dienen. Eine andere Art, von feiner Textur, weniger krystallinisch und gleichartiger, bricht bei dem Dorfe Weria.

Auf dem ganzen Taygetus, von dem Gebirge oberhalb des Cap Matapan und von Porto Quaglio bis zur Umgegend von Leondari, findet sich derselbe Schiefer, der in sehr starken Tafeln bricht; weshalb man ihn seit undenklichen Zeiten am Cap Tänaron zum Bauen verwendete. Mehrere Berge dort bestehen ganz aus solchem Schiefer und ihre schwarze Farbe zeichnet sie schon von weitem zwischen den weifsen und dürren Marmorkämmen aus, welche sie umgeben.

3. *Thonschiefer und Talkschiefer.*

Er liegt auf Glimmerschiefer an mehreren Orten von Euböa, am östlichsten Ende des Delacha-Gebirges, auf den Sporaden, am Kythäron bei Athen, im Lauriongebirge, am Cap Sunium, bei Poros, bis zum Cap Skylleon, auf Amorgos, Anaphé u. s. w.

Der auf der Insel Amorgos, nahe bei dem Orte zu Tage stehende Thonschiefer liefert nicht nur Schreibtafeln, sondern auch grofse Tafeln zu Kochheerden u. s. w. Er ist graulichschwarz; seine Schichten sind oft mehrere Zoll dick, können aber leicht zu grofsen Tafeln von mehreren Quadratfufsen und über ½ Zoll dick gespalten werden. Dem gewöhnlichen Feuer ausgesetzt, verändern sich auch die gröfsten Tafeln nicht. Obgleich dieser Schiefer die nothwendige Festigkeit hat, kann man ihn doch mit dem Messer schneiden, um runde Öffnungen für Kochgeschirre etc. mit Leichtigkeit auszudrehen; dabei ist seine Masse sehr gleichförmig.

Auf Euböa, zu Metochia, werden Thonschiefertafeln zu Dachdecken gewonnen; auf der Insel Poros bricht man grünlichgraue Tafeln.

Bei Gawrio, unweit Gardické im Delachagebirge, an der türkischen Grenze, findet man trefflichen Thonschiefer, zu Wetzsteinen. Am Abhange des Gebirges, etwa 10 Minuten weit, steht graulichgelber Wetzschiefer als Gebirgsmasse zu Tage; er ist feinsplittrig im Bruch, läfst sich mit dem Messer schneiden und giebt, besonders mit Oel getränkt, was er gut annimmt, Wetzsteine, die zu den feinsten Schneidewerkzeugen vorzüglich tauglich sind. Die ersten Proben ergaben schon Wetzsteine von 8 Zoll lang, 2½ Zoll breit und 1¾ Zoll dick.

Am Taygetus in Lakonien, auf der Insel Amorgo und auf der kleinen Insel bei Cheliodromia (Sporaden) findet man ebenfalls Wetzschiefer.

Talkschiefer. Auf der Insel Syra, auf dem halben Wege von Porto della Grazia nach der Stadt, bricht grünlichweifser Talkschiefer, der hin und wieder mit zarten schwarzen Hornblendekrystallen verwachsen ist und einem blafsgrünen Thonschiefer ähnlich sieht.

Grofse Brüche von grünlichgrauem Thonschiefer sind auf der Insel Poros.

4. *Serpentin.*

Er durchbricht das Grundgebirge in einigen Kuppen auf den Sporaden und den Kykladen, wo er auf Tinos am höchsten gehoben ist, im Peloponnes, in Argolis, an dem Gebirge zu Methana und an der Südküste von Poros. Im Delachagebirge, an der türkischen Grenze, und bei Koreskates am Berge Welukki des Pindus zeigen sich ebenfalls durchgebrochene Serpentinkuppen. Auf Euböa bildet er in dem die Insel durchstreichenden Gebirge eine fortlaufende Reihe von Kuppen.

Auf der Insel *Tinos* findet sich der Serpentin, der bei den Alten unter dem Namen Ophites bekannt war. Wenn man sich von der Stadt S. Nicolo nach dem 2300 Meter nördlich gelegenen Hafen Stavro begiebt, sieht man über dem Talkschiefer ein Gestein von graulichem Feldspathschiefer, ohne deutlich wahrnehmbare Schichtung, und von brüchigem Bau, in der Oberfläche weifslich, matt und mannichfach von Graumanganerz gefärbt. Auf dieses, kleine Berge bildende Gestein folgt Serpentin in allen Schattirungen und allen Arten, von dem gemeinen weichen an, bis zu dem harten. Sie sind folgende:

1. Serpentin mit schwärzlichgrüner Grundmasse, welche mit mannigfaltig gewundenen apfelgrünen Adern durchwachsen ist und grofse Ähnlichkeit

mit der marmorirten Haut der Netzschlange hat, auch mehr oder minder Chromeisen einschliefst, oft so viel, dafs der Stein dadurch ein beträchtliches Gewicht bekommt; er ist von kleinen Asbest-Adern durchzogen.

2. Schwärzlicher Serpentin, mit schönen hellgrünen verschlungenen Theilen und kleinen Talk- oder Asbestlagern in den Spalten. Diese Steinart hat das Ansehen von gewissen Schlangenhäuten und hat derselben bei den alten Griechen die Benennung Ophites gegeben.

3. Grünlicher, gelblicher oder schwärzlicher, weicherer Serpentin, gemengt mit schwärzern Serpentinstücken von gröfserer Härte, die wie hineingeknetet scheinen.

4. Sehr harter Serpentin. Er ist schiefrig, schwärzlich oder bleigrau, und sehr klebrig, enthält mehr oder weniger Feldspath, mit blättriger weifslicher Diallage. Er giebt Feuer am Stahl, bildet einen grofsen Theil der Berge der Insel und ist überall sehr verbreitet. Die Einwohner nennen ihn Sidero Petra (Eisenstein); er spaltet in unregelmäfsigen Stücken und ist ungemein zerklüftet.

Der Serpentin No. 1. 2. 3. ist leicht zu bearbeiten und läfst sich mit dem Messer schneiden. Er ist trefflich brauchbar zu Vasen, kleinen Säulen und andern zierlichen Gegenständen; es lassen sich ganz gesunde Stücke von mehr als einem Fufs im Durchmesser gewinnen; und versteht man die vielfach vorkommenden Klüfte einzulassen, so können auch grofse Stücke zu Säulen, Vasen, Caminen u. s. w. ausgehauen werden.

Auch auf der Insel Gura, gegenüber von Andros, bricht man von den Sorten Ophiolit, welche so eben beschrieben sind. Er wird dort *μαρμαρον πρασινον*, grüner Marmor, genannt. In neuern Zeiten hat man schöne Tafeln von ihm erhalten, die zur Ausschmückung des Sanctuariums der berühmten Panagia (unserer Frauen) -Kirche verwendet worden sind.

Auf der Insel *Euböa*, unweit der Stadt Chalkis, bricht Serpentin, der nur zu kleinen Gegenständen brauchbar ist. Östlich, unweit dieser Stadt, tritt eine bedeutende Kuppe Serpentin zu Tage und erstreckt sich nördlich bis an das Meer, wo der Stein ein steiles felsiges Ufer bildet. Der Luft ausgesetzt, ist er olivengrün; frische Stücke sind aber dunkel olivengrün; die Diallage ist von gleicher Farbe, enthält schwärzlich gefärbte Stellen und findet sich auch braun. Er ist, wie überall in Griechenland, sehr zerklüftet, und da er so weich ist, dafs er sich drehen und schneiden läfst, so wurden zur Zeit der Türken derbe Stücke zu kleinen Gegenständen verarbeitet.

Bei ***Kumi,*** auf Euböa, findet sich edler, lauchgrüner Serpentin, der aber wegen seiner Härte nur mit äufserster Mühe sich verarbeiten läfst; er ist nicht schönfarbig und giebt auch nur kleine Stücke.

Ein und eine halbe Stunde von ***Karysto,*** auf derselben Insel, tritt am untern Abhange des Schiefergebirges an zwei Stellen Serpentin hervor. Er zeigt sich nach der Mitte zu in graulichschwarzen Kugeln, welche aus kleinen Körnchen lauchgrünen edlen Serpentins, dicht nebeneinander in einer schwarzgrünen Masse verwachsen, zusammengesetzt sind.

Andros hat zwei Serpentinkuppen: die eine im nördlichen Theile, die andere mehr inmitten der Insel.

Auf ***Anaphé,*** östlich von der Stadt, findet sich edler Serpentin, der olivengrün und mit vielen schwärzlichgrün gefärbten Stellen durchwachsen ist. Er wird von einer Menge zarter, nur wie glänzende Linien aussehender Schnürchen Asbest durchsetzt; diese laufen zum Theil parallel, zum Theil kreuzen sie sich rechtwinklig. Auf den häufigen Ablösungen ist dieser Serpentin reichlich mit blafsgrünem Talk überzogen. Auch er ist sehr zerklüftet; es finden sich jedoch auch oft grofse gesunde Stücke, die mannichfach verarbeitet werden können. Er ist weich, läfst sich leicht schneiden und drehen, und ist polirt von schönem Aussehen.

Dreiviertelstunden von ***Kallisto,*** bei dem Platze Wunia, wird ebenfalls Serpentin gewonnen, der dort ein kleines vorspringendes Cap bildet, auf welchem sich eine grofse Menge Asbest findet.

Auf ***Skopelo,*** in der Nähe der Stadt, steht Serpentin zu Tage; er tritt als ein mächtiges Lager hervor, ist schwarzgrün, enthält viele Parthieen edlen Serpentins und ist auf den Ablösungsflächen mit grünlichweifsem Talk überzogen.

Am ***Hymettus*** bricht edler Serpentin, als schöner Ophites; ferner gewinnt man ihn bei dem Dorfe Magula-Kondura unweit Eleusis, bei dem Kloster Sotiris Metamorphos unweit Theben, bei Karpenitza in Aëtolien und zwischen Patradzik und Lamia in Dorien. Drei Stunden von letzterm Ort bricht dunkellauchgrüner Serpentin; er enthält stellenweise viel dunkelgrüne Diallage.

Zwischen ***Lamia*** und ***Cardaki*** findet sich schwarzgrüner Serpentin, mit viel Diallage, in der Nähe des Hafenplatzes Hagia-Marina.

Bei ***Cardaki,*** am Abhange eines sich nördlich darüber erhebenden Berges, auf dessen Höhe die Ruinen des alten Larissa-Krémasto sich befinden, findet sich zu unterst dunkellauchgrüner Serpentin mit Diallage, weiter oben hellgrüner Serpentin, der eine mächtige Kuppe bildet.

Nahe bei Argos findet man einen Steinbruch der Alten auf Serpentin der ***schönsten*** Art und der viel eher den Namen des Ophites der Alten verdiente, als der unter demselben Namen bekannte der Insel Tinos. Seine Grundmasse ist violet, besäet mit weifsen, dicht zusammengewachsenen Flecken, und durchschnitten von kleinen rothen Adern. Keine andere Art dieses Gesteins sieht der Haut einer Schlange ähnlicher.

Bei ***Piada,*** zwischen Corinth und Epidaurus und nahe dem letztern Orte, dann zwischen Trochia und Potamia, ebenfalls bei Epidaurus, bei dem Gebirge zu Methana auf Poros, bei Troïzene und bei Kastri findet man brauchbaren Serpentin. Der letztere Ort liegt nahe bei der Stadt Hermione; der Tempel des Poseïdon stand auf der äufsersten Spitze der Uferhöhe. Auf dem Wege vom Meere einwärts nach der Höhe trifft man einen Tempel der Athene und daneben die Grundmauern einer Rennbahn an; ferner einen kleineren Tempel der Athene, einen des Helios, dann des Serapis und endlich der Isis. Die letztern zwei, wie die Ringmauern, sind kyklopische Mauern. Ganz Hermione umgiebt eine Mauer; es war dort ein Tempel der Aphrodite Portia oder auch Limenia (der Hafengöttin). Dies neuere Hermione lag auf der Stelle des jetzigen Ortes Kastri, gegenüber von Hydra.

Andere Fundorte des Serpentins sind noch Xerochori auf Euböa, Skyros, Thermia und Andros.

(Die Fortsetzung folgt.)

6.

Historisch-hydrographische Nachrichten von den Häfen und andern Schiffahrts-Anstalten Ostfrieslands bei der Stadt Emden und in den Emsmündungen;

nebst

practischen Vorschlägen zur Verbesserung des Fahrwassers, zur völligen Sicherung der Stadt und Umgegend gegen Zerstörung durch hohe Sturmfluthen, und zur Vermehrung der innern Entwässerungs-Anlagen des Binnenlandes zum Besten der Landwirthschaft.

(Von *D. Reinhold*, Königl. Hannöverschem Wasserbau-Inspector.)

(Schlufs der Abhandlung No. 1. im ersten, No. 8. im zweiten, No. 16. im vierten Hefte 21ten, No. 14. im dritten Hefte 22ten und No. 4. im ersten Hefte 23ten Bandes.)

X.

Die Tiefen der Ems, von der Ausmündung des Emdener Fahrwassers in die Ems, stromaufwärts bis Halte und bis zu dem gegenüberliegenden Drosten-Syhle bei Papenburg, sind auf keiner nautischen Stromcarte angegeben, weil weder eine nautische, noch eine hydrotechnisch-hydrographische Carte von diesem Theile der Ober-Ems von der Art gemessen ist, wie es auf der Strecke von Halte bis zur Preufsischen Grenze in den Jahren 1817 und 1818 der Schiffbarmachung der Ems wegen geschah. Sowohl zur richtigen Beurtheilung des Stroms, der Ufer, Deichbaue und Entwässerungen, als zur Sicherheit der Schiffahrt wäre aber eine solche Carte von grofsem Nutzen und ein wahres Bedürfnifs; auch sind dazu Vorschläge gemacht worden, die hoffentlich einmal werden ausgeführt werden. Wenn fremde, des Fahrwassers unkundige Schiffer die Ems bis Leer, Papenburg und Halte auf- oder absegeln, so bedürfen sie eines Lootsen, der willkürlich mit den Schiffern dingt, ohne einer vorgesetzten Behörde verantwortlich zu sein. Mehr als 10 Fufs tief gehende Schiffe können nur mit der täglichen Seefluth, bei dem Hochwasser, beladen die Ems bis Leer herauf- und herunterkommen, ungeachtet in der Leda bei Leer mehr Tiefe vorhanden ist, als unterwärts bei Jemgum. Denn die Stromstrecke bis Jemgum, zwischen der dortigen Insel und dem linken oder westlichen Ufer, hat bei Hochwasser etwa 10 Fufs Wassertiefe. Schiffe also, die hier nicht passiren können, können auch nicht weiter heraufkommen. Weiter stromaufwarts, oberhalb der Einmündung der Leda in die Ems, bei Coldam und Weener, Halte und Papenburg, sind Untiefen, welche Schiffe, die 6 bis 7 Fufs tief gehen, mit der täglichen Fluth nur bei Hochwasser beladen auf- und abpassiren können. Es kommt daher häufig vor, dafs beladene Schiffe, welche tiefer gehen, als das dortige Fahrwasser ist, und nach Papenburg und Halte wollen, gelichtet werden müssen. Die gar zu grofse Breite des Stroms an diesen Stellen ist hieran Schuld, weil die Geschwindigkeit des Ebbewassers nicht stark genug ist, um den aus dem Münsterschen mit der täglichen Ebbe herunterkommenden Sand und andere rollende Sinkstoffe, so wie den von der Fluth heraufgetriebenen klaihaltigen Schlick u. s. w. wegzuspühlen; wozu wenigstens 2 bis 3 Fufs Geschwindigkeit in der Secunde gehören. Nur Stromprofile, welche diese oder eine gröfsere Geschwindigkeit haben, sind für grofse Schiffe fahrbar. Es wird daher mit der Zeit nöthig sein, jene Strecken durch Einschränkung mittels Einbaue, Weiden-Anpflanzungen und andere hydrotechnische Mittel zu verbessern, wenn erst der ganze Strom, von Halte bis Emden, hydrometisch-nivellitisch untersucht und ein Plan zu seiner Correction entworfen sein wird.

XI.

Ehe wir die an der Ems, zwischen Emden und Leer etc. oberhalb der Einmündung des Emder Fahrwassers und der Leda befindlichen Syhle und Stromhäfen betrachten, wollen wir einen Blick auf die Stadt Leer werfen, weil diese Handelsstadt, zugleich mit und neben Emden, einen gleichen Schiffs- und Handelsverkehr treibt, mithin für Ostfriesland von grofser Bedeutung ist.

Die Stadt Leer liegt tiefer im Lande, etwa eine Viertelstunde oberhalb d erMündung der Leda in die Ems, am rechten Ufer der Ems; gegenüber ist die Insel Nesserland, welche die grofse Stromkrümme bildet, an welcher die Stadt liegt und welcher also Leer seine Schiffahrt verdankt Die Stadt ist, nächst Emden, unstreitig der bedeutendste Handelsort in Ostfriesland; besonders für den Handel nach dem Innern von Norddeutschland. Die Kaufmannschaft dieser, mit etwa 6000 Einwohnern bevölkerten Stadt treibt directen Handel zur See, nach England, Frankreich, Norwegen, Schweden, Rufsland und den Ostseehäfen, Portugal, Spanien, America und andern überseeischen Ländern. Sie hat Rhederei, Schiffswerfte, Assecuranz-Compagnieen und einen bedeutenden Speditionshandel ins Innere von Deutschland, besonders nach Münster, Osnabrück und andern Westphälischen und Rheinischen Provinzen, mittels der Ems, der Leda, Jümme und Sater-Ems; ins Oldenburgsche über Stickhausen bis Hingstforde, und über Potshausen bis Ellerbrock; endlich seewärts nach allen Küsten des Europäischen Festlandes, so wie nach allen überseeischen Ländern und Welttheilen. Ihre äufserst günstige Lage, an zwei schiffbaren Strömen, deren Verzweigungen sich in die benachbarten Staaten erstrecken, so wie eine hinreichende Wassertiefe von 12 bis 14 und mehreren Fufsen, für Schiffe von etwa 100 Lasten, und die Vereinigung der Hauptpoststrafsen Ostfrieslands nach ganz Deutschland, begünstigen die Stadt Leer aufserordentlich. Die Ausfuhr besteht vorzüglich in Landesproducten, als: Käse, Butter, Rappsaat, Korn aller Art, Hülsenfrüchte etc., und in eignen Fabricaten als: Öl, Seife, Leder, Leinwand, Genever etc. Die Einfuhr besteht in überseeischen und europäischen Colonialwaaren aller Art, Weinen, Hanf, Talg, Leinsamen und Holz, welches aus Norwegen und den Ostseehäfen bezogen wird, und in Roheisen, Eisenwaren, Manufacten und Producten aller Art, die theils in Ostfriesland verbraucht, theils wieder ausgeführt werden. Im Jahre 1843 liefen 794 seefähige Schiffe mit 13 762 Lasten von 4000 Pfd. ein und 903 Schiffe mit 15 361 Lasten aus. Dagegen liefen 1843 in Emden 745 Schiffe mit 13 177 Lasten ein und 523 Schiffe mit 10 803 Lasten aus; also im Jahre 1843 zu Emden weniger Schiffe ein und aus, und mit weniger Ladung, als zu Leer; was auch gewöhnlich der Fall ist.

Leer hat also in allen Handels-Artikeln mehr Verkehr als die übrigen Ostfriesischen Handels-Örter: im Durchschnitt eben so viel und oft mehr als Emden, und kann nach den Conjuncturen und Bedürfnissen seinen Handel noch beliebig vergröfsern. Wenn einst die Ems an der Hannöverisch-Preufsischen Grenze, unterhalb der Stadt Rheina, bis zum Dorfe Greven, 2 Meilen von Münster, schiffbar gemacht sein wird, wie es zufolge des am 13ten März 1843 zwischen den Kronen Hannover und Preufsen abgeschlossenen Staatsvertrages in den nächsten 5 Jahren geschehen soll: wenn dann von Greven über Münster bis Hamm an der Lippe und bis zur Cöln-Mindenschen Eisenbahn eine Zweigbahn gebaut sein wird, wie öffentliche Blätter es melden, und wenn ferner Ostfriesland durch eine Eisenbahn von Hannover über Nienburg an der Weser und Oldenburg an der Hunte bis Emden und Leer an der Ems mit dem grofsen Eisenbahnnetze Deutschlands und mit dessen Hauptströmen verbunden sein wird, wie es zu erwarten steht: so wird nicht allein für Ostfriesland, sondern für ganz Norddeutschland ein grofser nützlicher Erfolg aus diesen Verbindungen zu Lande und zu Wasser entstehen; wie solches ein blofser Blick auf die Carte von Deutschland zeigt.

Der oben erwähnte Staatsvertrag zwischen den Kronen Hannover und

Preufsen über die Erweiterung der Emsschiffahrt und die auf der Ems zu erhebenden Schiffahrts-Abgaben findet sich als Anhang in folgender Schrift: „Ideen über die im Entstehen begriffene Dampfschiffahrt auf dem Emsstrome „in Ostfriesland, und Vorschläge zu deren Beförderung und Fortsetzung bis „in die Lippe und den Rhein vermittels eines Verbindungscanals zwischen „der Ems und der Lippe, von der Stadt Rheina über Münster nach Hamm „und von da die Lippe herabwärts bis Wesel am Rhein. Entworfen von „*Carl Reinhold*, Königl. Hannöverschem Geometer. Leer und Aurich 1843, „bei Prätorius und Seyde."

Es ist zwar kein besonderer, vom Strome abgeschlossener Binnenhafen bei der Stadt Leer vorhanden: die Schiffe liegen aber im Winter, an starken Pfählen (Duc d'Albes) befestigt, an dem Ufer der Stadt Leer entlang; wo sie hinreichend sicher sind. Nimmt die Schiffahrt zu, so darf man nur an den übrigen gelegenen Stellen, am Strom-Ufer der Stadt, mehrere und so viele Pfähle schlagen, als nöthig sein werden. Dann ist für Leer hinreichender Hafenraum vorhanden. Die Stadt kann sich in dieser Hinsicht und wegen der sehr geringen, dazu erforderlichen Kosten glücklich schätzen. Im Jahre 1830 wurden die vorhandenen Dücd'Alben um 4 neue, welche jede etwa 300 Thlr. und im Ganzen etwa 1300 Thlr. kosteten, unter meiner Leitung an den zweckmäfsigsten Stellen der Leda vermehrt. Seitdem können in der Regel einige und 40 Schiffe verschiedener Gröfse auf dem Strome überwintern, ohne durch Eisgang oder Sturmfluthen wesentlich beschädigt zu werden; wie es die Erfahrung jährlich beweiset. Eine Local-Untersuchung durch mich hat ergeben, dafs man, wenn noch mehr Dücd'Alben in der Nähe des westlichen oder linken Ufers neben den hinter den Bürgerhäusern befindlichen Gärten geschlagen werden, einen Hafenraum für 70 bis 80 Schiffe erlangen kann, wenn je 4 bis 5 Schiffe neben einander liegend an den Dücd'Alben befestigt werden.

In den Jahren 1842 und 1843 wurde auf höhern Befehl, nach vorheriger Local-Untersuchung, ein Plan zu einer Chaussée von Leer bis Papenburg, so wie zu einem daneben zu grabenden Entwässerungscanal und zu mehreren Strombrücken über die Leda von mir entworfen; wobei auch zugleich die Anlage eines sicher eingedeichten Hafens an der von der Stadt Leer durch den Ledastrom getrennten Insel Nesse vorgeschlagen wurde. Sollte dieses grofsartige Project, dessen Ausführung nach den Umständen 200 000 bis 400 000 Thlr. kosten kann, ganz oder theilweise bald ausgeführt werden, so würde der Handelsverkehr zu Lande und zu Wasser zwischen Ostfriesland und dem nordwestlichen Deutschland bedeutend gewinnen und für diese Gegenden grofse und vortheilhafte Folgen haben.

XII.

Wir wollen nun erst noch die kurze Beschreibung der zwischen Emden und Leer *an der Ems* liegenden Syhle und Buchten, an welchen Schiffsverkehr Statt findet, geben, und dann auch die Beschreibung derjenigen nachfolgen lassen, welche sich oberhalb der Einmündung der Leda in die Ems von Leer bis Halte und Papenburg befinden, wo die Seeschiffahrt aufhört und die kleine Stromschiffahrt auf der obern Ems anfängt und über Meppen, Lingen, Rheina bis zum Dorfe Greven 2 Meilen von Münster forgeht, insofern die Ems Fahrwasser genug hat.

Zunächst oberhalb Emden, am linken Ufer der Ems, beim Flecken Ditzum, mündet ein Entwässerungscanal, das sogenannte ***Ditzumer Syhl,*** tief durch den Ditzumer Syhl in die Ems ein. Dieser Syhl ist aus Steinen erbaut, überwölbt und 20 Fufs im Lichten weit, so dafs nur kleine Stromschiffe ihn passiren können, welche die Masten niederlegen; aber keine gröfsern Seeschiffe. Der Ort selbst hat keinen bedeutenden Handel, aufser mit Holz aus Norwegen und Danzig, und hauptsächlich mit eignen Landesproducten, Korn u. s. w. Die Einwohner leben grofsentheils vom Ackerbau und von der Viehzucht. Es sind jedoch daselbst einige Schiffer, deren Fahrzeuge, aus Mangel eines im Winter sichern Hafens, in Emden oder in andern Häfen überwintern. Diesem Übel könnte sehr wohl abgeholfen und ein umdeichter, sicherer Winterhafen am linken Ufer der sogenannten Ditzumer Muhde aufserhalb des Syhles eingerichtet werden; wozu auch in den Jahren 1842 und 1843 auf höhern Befehl ein Plan gemacht wurde, dessen Ausführung etwa 4000 Thlr. kosten würde. Mit dem Hafen könnte auch ein Schiffswerft verbunden, Schiffsbau hier getrieben und nicht allein für den Ort mehr Nahrung, sondern auch für die Schiffahrt auf der Ems im Allgemeinen ein eben so guter Nothhafen für Stürme und Eisgänge erlangt werden, als er bei der Holländischen Festung Delfzyhl, etwa 1½ Meilen unterhalb Ditzum an der Ems, vorhanden ist. Allein das Project ist bis jetzt noch nicht ausgeführt und bleibt der Zukunft überlassen. Im Jahre 1843 liefen zu Ditzum 33 Schiffe von 812 Lasten ein, und 61 Schiffe mit 1444 Lasten aus.

XIII.

Ditzum gerade gegenüber liegt am rechten Ufer der Ems, die hier etwa 500 Ruthen breit ist, der Flecken ***Pelkum,*** dessen steinerner überwölbter Syhl aber nur 10 Fufs weit im Lichten, mithin für See- und Stromschiffe nicht practicabel ist, welche also alle aufserhalb desselben laden und löschen müssen.

Der Schiffsverkehr ist hier unbedeutend; aufser mit Landesproducten. Im Jahre 1853 liefen 2 Schiffe mit 45 Lasten ein und 4 Schiffe mit 81 Lasten aus.

XIV.

An demselben rechten Ufer der Ems, weiter oberhalb, liegt der Flecken *Oldersum*, mit einem 18 Fufs weiten überwölbten steinernen Syhle, der also, wie der Ditzumer und Petkumer Syhl, für Schiffe mit stehenden Masten nicht fahrbar ist. Der Nahrungszweig der Einwohner ist hier, wie zu Ditzum und Petkum, Landwirthschaft, Viehzucht, Ziegelfabrication etc. Das Aufsentief, oder die Mude aufserhalb des Syhles, ist lang und geräumig, und dient auch bei Stürmen zum Nothhafen. Im Jahre 1843 liefen hier 164 Schiffe mit 2719 Lasten ein und 294 Schiffe mit 4316 Lasten aus.

XV.

Am linken Ufer der Ems, stromauf, oberhalb Ditzum, liegt das Dorf *Hatzum*, neben welchem am Emsdeiche ein Königliches Zollhaus erbaut wurde, als in den Jahren 1815 und 1816 der Emszoll wieder eingeführt wurde. Neben diesem Zollhause liegt gewöhnlich die Zolljagd auf der Ems, bei welcher die ein- und auslaufenden Schiffe anhalten und sich legitimiren müssen. Die Bucht des linken Ems-Ufers bei Hatzum hat für alle Schiffe bei Stürmen und hohen Fluthen als Rhede eine günstige Lage; weshalb denn viele Schiffe dort Tage und Wochen lang sicher vor Anker gehen, aber nicht überwintern können. Im Jahre 1843 liefen bei Hatzum 176 Schiffe mit 2752 Lasten ein und 137 Schiffe mit 2508 Lasten aus.

XVI.

Der *Jemgumer* und *Grofs-Sottborgmer Syhl*, oberhalb Hatzum, am linken Ufer der Ems, ist dem Ditzumer und dem Oldersumer gleich, und die Handelsgegenstände sind dieselben wie dort. Aufser mit kleinen Stromschiffen und solchen, die Ziegelsteine und Dachpfannen nebst Korn ausführen, ist der Schiffsverkehr hier von keinem grofsen Belang für den Seehandel, auch öffentlich darüber nichts officiell bekannt gemacht.

XVII.

Oberhalb des Grofs-Sottborgmer Syhls liegt am rechten Ufer der Ems, nahe bei der Ausmündung der von Leer herabkommenden Leda, die ehemalige Festung *Leerorth:* berühmt in der Ostfriesischen Geschichte, aber jetzt nur noch eine malerische Ruine; mit einer sehr schönen Aussicht von den alten Festungswällen auf drei Strom-Arme.

Bei Leerort ist eine herrschaftliche Fähre in der Hauptpost- und Handelsstrafse von Ostfriesland nach dem Innern von Deutschland, Holland, Belgien und Frankreich. Wagen, Pferde, Menschen und Vieh passiren hier jährlich zu vielen Tausenden über die Ems. Für den Schiffsverkehr ist hier nichts anderes zu finden, als dafs ledig in die See gehende Schiffe gewöhnlich Ballast hier einnehmen und hier ziemlich sicher ankern, still liegen, stromauf- und abfahren, laden und löschen können. Der Wasserspiegel der Ems ist hier bei der gewöhnlichen täglichen Fluth etwa 180 Faden oder 90 Ruthen rheinl. breit. Die tägliche Fluth steigt über die Ebbe im Durchschnitt 7 Fufs hoch; beim Neu- und Vollmonde tritt die Springfluth um 9 Uhr, das Hochwasser um 2 Uhr und die niedrigste Ebbe kurz vor dem Eintritt der Fluth ein. Die Fluthzeit dauert gewöhnlich nur 5, die Ebbezeit 7 Stunden.

XVIII.

Der Flecken *Weener,* am linken Ufer der Ober-Ems, treibt ebenfalls Schiffahrt, Schiffbau und Handel mit Landesproducten und auswärtigen Waaren; besonders mit schönen Pferden und mit Rindvieh. Er hat einen Stromhafen, der ohne Schleuse offen in die Ems einmündet, aber in der obern Hälfte gewöhnlich sehr verschlammt ist. Seine hölzernen Kaiwände waren noch vor einigen Jahren gänzlich verfallen, sind aber wieder erneuert worden. Der untere Theil des Hafens, etwa auf Dreiviertheile seiner Länge, wird durch das Wasser einigermaafsen offen gehalten, was aus dem in der südlichen Deichlinie seitwärts liegenden 10 Fufs weiten Syhle täglich abfliefst, der den Weener Süderhamrich entwässert. Der oberhalb des Syhls liegende Theil des Hafens, von etwa Einviertel der ganzen Länge, kann aus Mangel an hinreichend hohem Binnenwasser nicht wohl durch Spühlen offen gehalten werden. Eine neue Ausgrabung und Verkleinerung, so wie eine von Zeit zu Zeit zu wiederholende Reinigung desselben vom Schlick, scheint hier das einzige Abhülfsmittel zu sein, wenn man nicht verhältnifsmäfsig grofse Kosten zu innern Spühlwerken anwenden will, die den Nutzen davon zu sehr übersteigen würden.

Auf höhere Veranlassung habe ich diesen Stromhafen im Jahre 1816 untersucht und die Mittel zu dessen Verbesserung vorgeschlagen, die etwa 5000 Thlr. kosten könnten. Mehrere Jahre nachher hat der Flecken Weener auf seine Kosten eine neue hölzerne Kaiwand um den obern Theil des Hafens gebaut (doch nicht ganz so, wie sie sein sollte) und den Hafen reinigen lassen, der aber seitdem, in mehr als 20 Jahren, nach und nach wieder zuschlammte und jetzt wieder der Reinigung bedarf.

Der Flecken Weener ist ein wohlhabender Ort, von etwa 2400 Einwohnern, welche vom Handel, theils mit Landesproducten, besonders aber mit Pferden und fettem Vieh, und dann grofsentheils auch vom Ackerbau leben. Wegen seines Pferdehandels mit Luxuspferden ist Weener, wie Wittmund, berühmt. Es werden von hieraus die schönsten Pferde nach Italien, Frankreich, Holland, Belgien und ins Innere von Deutschland in die fürstlichen Marställe versendet. Seitdem Emden das Stapelrecht verloren hat, wurde auch hier, so wie zu Leer, die Schiffahrt und der Handel lebhafter. Im Jahre 1843 liefen hier 46 Schiffe mit 1298 Lasten ein und 66 Schiffe mit 1040 Lasten aus.

Im Jahre 1696 beabsichtigte der Ostfriesische Fürst Christian Eberhard einen schiffbaren Canal von Weener über Bunde nach der Holländischen Grenzfestung Neuschanz graben zu lassen; was aber unterblieb. In den Jahren 1801 bis 1806 kam dieser Plan wieder zur Sprache. Nach der im Jahre 1805 geschehenen Untersuchung und Projectirung sollte der neue Canal von Weener südseits um Bunde herum nach Neuschanz gehen, von wo aus ein Treckfahrts-Canal über Winschoten nach Gröningen und weiter durch Holland führt, auf welchem Canal täglich mehrmals Treckschuiten mit Passagieren und Postgütern, so wie Schiffe mittler Gröfse fahren; jedoch letztere nur, wenn hinreichendes Fahrwasser vorhanden ist; was im Sommer oft fehlt. Die Kosten dieses Canals wurden damals auf 79000 bis 100000 Thlr. angeschlagen und dazu 576 Actien zu 100 Thlr Gold gezeichnet. Die Verweigerung eines Beitrags von Seiten der Ostfriesischen Provinzialstände, so wie die Protestation der Stadt Emden gegen den Canal, von welchem sie Eintrag in ihre damaligen Stapelrechte und Interessen befürchtete, verzögerten die Ausführung bis 1806, wo die politischen Ereignisse dem Vorhaben vollends ein Ende machten. Im Jahre 1835 ist das Project jedoch wieder zur Sprache und zur Local-Untersuchung gekommen, und die Ziehung des Canals nebst Zubehör auf etwa 130000 Thlr. angeschlagen worden. Die kurz darauf angefangene Ausführung von Chausséen in Ostfriesland, und namentlich zwischen Weener und Leer, so wie die Voraussicht, dafs diese Poststrafse von Weener bald bis zur Holländischen Grenze bei Neuschanz werde fortgesetzt werden, hat das theure Canalproject einstweilen beseitigt; besonders da die Ausführung der neuen Chaussee von Weener bis Neuschanz etwa nur die Hälfte kosten, als Landpassage denselben Zweck erreichen und zur Winterszeit, wenn Canäle und Ströme zugefroren sind, weit nützlicher und also nöthiger als ein Canal sein würde. Demnach wird denn dieser Canal wohl niemals ausgeführt werden.

XIX.

Etwa $1\frac{1}{2}$ Stunde weiter stromaufwärts, oberhalb Weener, liegt am westlichen Ufer der Ems der Speditionsort ***Halte.*** Bis hieher geht die Schiffahrt mit Seeschiffen von 60 bis 70 Lasten bei Hochwasser. Hier werden die Waaren, welche nach der obern Ems ins Münstersche, Westphälische etc. verschifft werden sollen, in die plattbodigen Münsterschen Pünten umgeladen, die wir früher näher beschrieben haben. Weiter hinaufwärts ist die Ems für Seeschiffe nicht mehr fahrbar, weil ihre Tiefe oberhalb Halte schnell abnimmt und die gewöhnliche Ebbe und Fluth nur noch 2 Stunden weiter bis Rheda reicht, wo der Höhen-Unterschied zwischen Ebbe und Fluth im Sommer $1\frac{1}{2}$ bis 2 Fufs beträgt. Ein besonderer Stromhafen von Bedeutung ist für Seeschiffe zu Halte nicht vorhanden, wohl aber ein kleiner Hafen für mehrere Münstersche Pünten, die auch in den Buchten am Ufer sicher liegen, so wie in der Syhlmude des Halter Syhls. Die Seeschiffe bleiben auf dem Strome liegen, wo sie löschen und laden. Es wird zu Halte Schiffbau auf dem dortigen Schiffzimmerwerfte, so wie auch Handelsverkehr mit eichenem Schiffbauholze aus Westphalen und mit Ostseeischem und Norwegischem Holze getrieben. Die Spedition zwischen Ostfriesland und dem nordwestlichen Deutschland zwischen der Weser und dem Rhein ist hier bedeutend und beträgt in manchen Jahren an Landesproducten und auswärtigen Manufactur- und Colonialwaaren 5 bis 6000 Lasten. Die Spediteurs zu Leer und Halte besorgen sie. Es besteht hier eine lebhafte Transit- und Speditionshandelspassage zwischen Ostfriesland und den Westphälischen Provinzen, so dafs unter andern hier im Jahre 1821 gerade aus der See 98 Schiffe ankamen, von welchen ein Theil für Papenburg, die mehrsten aber für die obere Ems bestimmt waren. Dagegen gingen im genannten Jahre blofs 10 Schiffe mit Gütern ab. Der Transport geschieht Ems-aufwärts, von Halte nach Meppen, Lingen, Rheine bis Greven, durch die sogenannten Münsterschen Pünten, deren im Dorfe Haaren unweit Meppen einige 30 vorhanden sind. Sie laden 8 bis 15 Lasten, segeln und werden abwechselnd von Pferden gezogen. Ohne Noth überwintern sie nicht zu Halte, oder an einem fremden Orte, sondern bleiben den Winter über heim. Auch überwintern zu Halte selten Seeschiffe, wenn sie nicht reparirt werden. Die Lage des Stroms und die Buchten in den Ufern geben hinreichende Mittel zum Laden und zum Löschen der Schiffe. Eines besondern Hafens bedarf Halte daher nicht, wenn die Schiffe dort nicht sicher überwintern sollen. Sollte aber dies künftig der Fall sein, so bietet die Örtlichkeit dazu eine günstige Gelegenheit dar.

Eine Schiffbauerei, eine Sägemühle, so wie die tägliche Passage der Post u. s. w. machen diesen kleinen Ort sehr lebhaft.

XX.

Dem Speditions-Orte Halte gerade gegenüber mündet der *Papenburger Canal* mittels des 21 F. rheinl. im Laufe weiten sogenannten *Drostensyhles* in die Ems ein. Der Syhl hat keine Kammer- oder eigentliche Schiffahrtschleuse, sondern nur eine Entwässerungschleuse, durch welche aber, wenn die Ebbe in der Ems niedriger steht als im Binnencanale und sich die Fluththüren des Syhls geöffnet haben, Schiffe von etwa 5 Fufs tief gehend mit stehenden Masten durchgelassen werden können, da der Syhl keine feste Decke, sondern eine doppelte Klappbrücke hat, welche aufgezogen wird. Der Syhl gehört dem Eigenthümer der Herrlichkeit Papenburg, dem Drosten von Landsberg-Veelen. Auf dem Schlagbalken dieses Syhles darf nur ein Sommerwasserstand von 5 Fufs gehalten werden, weil sonst die Wasserwälle zu beiden Seiten des Canals überströmt und die niedrigen Gegenden überschwemmt werden würden, was nicht sein darf; wie ich es bei der Untersuchung der Papenburger Entwässerung im Jahre 1821 gefunden habe. Da auch der Boden des Canals nach der Lage dieses Schlagbalkens gegraben und durch Verschlammung streckenweise 1 bis 2 Fufs höher geworden ist, so können, wenn auch die Canalsohle bis 1 Fufs unter den Schlagbalken und also wasserpafs mit dem Fluthbette gegraben wird, keine Schiffe von bedeutend gröfserer Tiefe als 5 bis 6 Fufs den Schlagbalken passiren: es sei denn im Spätherbst oder Frühling, wenn die Gegend von Papenburg, wie gewöhnlich, überschwemmt ist. Grofse Seeschiffe, die beladen tiefer gehen als 5 bis 6 Fufs und breiter sind als der Syhl von 21 Fufs im Lichten, können also nicht in den Canal und in Papenburg einlaufen, sondern müssen, zum Theil oder ganz, ledig den Syhl passiren und auf der Ems laden und löschen. Da Papenburg bedeutende Schiff-Rhederei und Schiffbauerei treibt, nemlich im Jahre 1840 33 Schiffe gröfserer oder kleinerer Art auf den 18 Schiffwerften zugleich im Bau lagen und für die Stadt allein 74 Seepässe ausgefertigt wurden, so ist die Lage und geringe Weite des Drosten-Syhles für den dortigen Schiffbau sehr nachtheilig. Es können gar keine tiefer gehende Schiffe den Syhl passiren, als sie die Ems bis Halte heraufkommen können, was sich bei günstigem Wasserstande auf etwa 8 Fufs beschränkt, als so tief Kuffen von etwa 75 Lasten beladen gehen, die 19 bis 20 Fufs breit sind: aber die zu geringe Weite des

Drostensyhls von 21 Fufs Rheinl. macht es unmöglich, Schiffe von der gröfsten Art, die beladen 12 bis 14 Fufs und ledig 6 bis 7 Fufs tief gehen, 150 Lasten tragen, und 22 bis 25 Fufs und darüber weit im Rumpfe sind, durchzulassen, weil diese Art von Schiffen einige Fufs breiter sind, also den Syhl nicht passiren können. Dergleichen grofse Schiffe können also auch, wegen des Syhles, in Papenburg nicht *gebaut* werden, wenn sie auch übrigens ledig den Canal und die Ems stromaufwärts mit ihrer Tiefe passiren könnten. Die Schiffe zur Erreichung der Lastenzahl über das gewöhnliche Verhältnifs *länger* und *schmaler* zu bauen, wie es wohl geschehen ist, ist aber der Sicherheit der Fahrt auf dem Meere, namentlich bei Stürmen und sehr hohlem Wasser, so wie der Festigkeit der Fahrzeuge nachtheilig. Sollten daher einst Schiffe von der oben benannten, hier üblichen gröfsten Art, von 150 bis 200 Lasten, gebaut werden, so wird es nöthig sein, den Drostensyhl neu zu bauen, und um etwa 7 bis 8 Fufs zu erweitern. Der Schlagbalken würde dann um einige Fufse zu senken, der Canalboden darnach zu vertiefen und der Canal selbst, vom Drostensyhle an bis zur untersten Schleuse oder dem Verlaate in Papenburg, an beiden Ufern mit Dämmen einzufassen sein, deren Kappe zum Leinenpfade dienen würde. Der neben dem Drostensyhle in der Nähe liegende 9 Fufs weite Bockeler Syhl würde ebenfalls bis auf 20 Fufs zu erweitern sein. Bei der jetzigen Einrichtung des Syhles bliebe dann doch aber noch immer die Beschränkung für die Schiffahrt, dafs zum Durchlassen der Schiffe jedesmal ein solcher Stand der Ebbe in der Ems abgewartet werden müfste, dafs die Fluththüren sich von selbst öffnen. Wollte man künftig bei jedem äufsern Wasserstande in der Ems in den Papenburger Canal ein- oder auslaufen, so müfste nothwendig eine Schiffahrt- oder Kammerschleuse gebaut werden, so eingerichtet, dafs Schiffe bei jedem innern und äufsern Wasserstande und bei jedem beliebigen Unterschiede derselben durchgeschleuset werden könnten; jedoch auch so, dafs sie zugleich als Entwässerungsschleuse diente. Eine steinerne Schiffahrtschleuse würde zwar für die Dauer besser, aber vielleicht zu kostspielig sein. Eine hölzerne Schleuse wäre vielleicht angemessener; und da eine solche, wie die Erfahrung am hölzernen Staatensyhle bei Neuschanz gelehrt hat, der 1709 erbaut und erst 1819 (ganz wieder von Holz) erneuert werden mufste, also 110 Jahre ausgehalten hat, über 100 Jahre bei guter Reparatur dauern kann, und Papenburg das Eichenholz aus dem Münsterlande wohlfeiler bezieht, als es solches verkauft, so würde, bei mehrerer Concurrenz zu den Kosten, der Zweck wohl mit 50000 Thlr. zu erreichen sein. Durch eine solche verbesserte

Anlage würde Papenburg im Stande sein, weit gröfsere Schiffe als jetzt von seinen Schiffszimmerwerften durch den Canal in die Ems und umgekehrt ins Land zu senden. Im Fall nun der Nutzen der Schleuse die dafür nöthige Ausgabe mit der Zeit aufwiegen sollte, was für Papenburgs betriebsame und industrieuse, Schiffahrt und Handel treibende Bewohner sehr gut sein würde, ist zu wünschen, dafs, wenn einmal der alte abgängige Drostensyhl neu gebaut werden soll und mufs, derselbe auch eine für die Schiffahrt und Entwässerung angemessenere Weite bekomme.

Papenburg ist der Hauptort der im Kreise Meppen liegenden Herrlichkeit gleiches Namens, dem Drosten von Landesberg-Veelen etc. als Obereigenthümer gehörig, und zählt etwa 3600 Einwohner. Seit hundert und einigen Jahren aus einer unbedeutenden Vehn-Colonie so emporgekommen, wurde Papenburg in den letzten Jahrzehnten, besonders während der Englischen Blocade der Elbe, der Weser und der Niederländischen Häfen, und während der Continentalsperre von 1806 bis 1813, zu einem nicht unwichtigen See-, Handels- und Speditions-Orte. Die damals neutrale Flagge von Papenburg erregte eine Zeitlang Aufsehen zur See, und ihretwegen wurde mancher Auswärtige daselbst Bürger. Vehncultur, Schiffbauerei, Rhederei, Handel, Ackerbau und Viehzucht ernährt auch noch jetzt seine fleifsigen Einwohner, ungeachtet die damaligen Conjucturen vorüber sind. Aufser dem Handel mit Torf, welcher selbst seewärts stark ausgeführt wird, so wie aufser dem Speditions- und Waarenhandel, treibt Papenburg auch einen bedeutenden Handel mit Eichenholz für den Wasser- und Schiffbau, von welchem es selbst zu seinem Schiffbau eine bedeutende Menge verbraucht. Die durch Papenburg gehende Hauptpoststrafse von Ostfriesland über Lingen nach Osnabrück, Hannover, Münster etc., macht diesen Ort oft sehr lebhaft. Die Verbesserung der Hauptpost- und Handelsstrafsen, welche durch diese Gegend führen, ist, als ein wichtiges Bedürfnifs für den innern Verkehr, seit einigen Jahren mit mehreren andern Strafsen beabsichtigt und streckenweise begonnen worden, im ganzen aber von Leer über Papenburg, Meppen bis Lingen gröfstentheils noch unvollendet. Von Lingen bis Nordhorn an der Holländischen Grenze, und bis Osnabrück, ist die Strafse gebaut.

Die hydrographische Lage von Papenburg ist hinsichtlich der Entwässerung leider nicht sehr günstig. Jemehr die Hochmoore durch Canäle für die Vehncultur durchschnitten werden, um desto mehr fliefst das Wasser in die niedrige Gegend von Papenburg, welcher auch aufserdem noch durch die Dever und andere Bäche und Niederungen das Wasser von vielen Quadratmeilen höher liegenden Landes des Kreises Meppen, und namentlich vom sogenannten Hümling zugeleitet wird; welches Wasser alles um so weniger durch den 20 Fufs weiten Drostensyhl und den noch viel engern, nur etwa 9 Fufs weiten Bokeler Syhl abziehen kann, da die jetzt zu entwässernde Fläche von mehreren Quadratmeilen schon bei weitem zu grofs für die geringe Gröfse der beiden Syhle von etwa 29 Fufs Gesammtweite ist und das hohe Oberwasser der Ems im Herbst und Frühlinge oft Tage und Wochen lang beide Syhle verschlossen hält, so dafs das niedrigere Binnenwasser alsdann die Fluththüren nicht öffnen, mithin nicht abfliefsen kann. Dadurch wird Papenburg und die Umgegend oft bis in die Häuser hinein überschwemmt und leidet vielen Schaden; auch hemmt dann die Überströmung der Landstrafsen den Postenlauf und den innern Verkehr zwischen Aschendorf, Papenburg und Ostfriesland.

Im Jahre 1821 habe ich zufolge Auftrages diese Gegend untersucht und Vorschläge zur Verminderung jener Übel gemacht, welche hinsichtlich der Kosten nicht drückend sein würden. Durch Ausführung dieser Vorschläge würde eine bedeutende Wassermasse von Papenburg abgeschnitten und oberhalb Aschendorf mittels eines Canals und Wehrdeiches in die Ems geleitet werden, so dafs durch eine bedeutende Verminderung des Zuflusses und durch Beförderung des Abflusses, vermittels Erweiterung des Drosten- und Bokeler Syhles von 29 auf 40 Fufs Gesammtweite, die Schiffahrt und Entwässerung bedeutend begünstigt und das Übel möglichst vermindert werden würde.

XXI.

Zur Übersicht des im Jahre 1843 in den Ostfriesischen Häfen und Syhlen Statt gehabten Schiffsverkehr führe ich hier aus der in No. 34. des Ostfriesischen Amtsblattes vom 26ten April 1844 von der Behörde officiell veröffentlichen Bekanntmachung Folgendes auszugsweise an.

In sämmtlichen Häfen und Syhlen der Provinz waren

Eingelaufen im Jahre 1843:

	2181	Hannöversche Schiffe mit	39 522	Lasten.
	296	Holländische - - -	4 079	-
	96	Oldenburgische - - -	1 461	-
	—	Stadt Bremensche - -	—	-
	9	Dänische - - - -	82	-
	—	Preufsische - - - -	—	-
Bis hieher	2582	Schiffe mit	45 144	Lasten.

Bis hieher	2582	Schiffe mit	45 144 Lasten.
	—	Amerikanische Schiffe mit . . .	— -
	16	Englische - - - . .	456 -
	7	Hamburgsche - - - . .	76 -
Also überhaupt	2578	Schiffe mit	45 676 Lasten.
Im Jahre 1842	2177	- - - . . .	42 031 -
- - 1841	1844	- - -	36 685 -
- - 1840	1639	- - -	31 183 -
Vierjähriger Durchschnitt.	2060	Schiffe mit	38 893¾ Lasten.

Ausgelaufen im Jahre 1843:

2311	Hannöversche Schiffe mit . . .	41 935 Lasten.
239	Holländische - - -	3 969 -
123	Oldenburgsche - - - . . .	1 866 -
—	Stadt Bremensche - - . . .	— -
8	Stadt Hamburgsche - - . .	99 -
8	Dänische - - - . . .	73 -
—	Preufsische - - - . . .	— -
—	Amerikanische - - - . . .	— -
15	Englische - - - . . .	424 -

Überhaupt	2704	Schiffe mit	48 366 Lasten.
Im Jahre 1842	2242	- - - . . .	43 919 -
- - 1841	2131	- - -	40 953 -
- - 1840	2109	- - -	39 931 -
Vierjähriger Durchschnitt .	2297	Schiffe mit	43 292¼ Lasten.

Die Herkunft der eingelaufenen, so wie der Bestimmungsort der ausgelaufenen Schiffe ist in einem besondern Verzeichnisse angegeben, welches ich der Kürze wegen übergehe. Dagegen theile ich aus obigen officiellen Blättern den Umfang des Ostfriesischen und Papenburger Rhedereibetriebes am Schlusse des Jahres 1843 mit, weil dieser Gegenstand wichtiger für Schiffahrt und Handel ist, als obiges Namenregister.

„Der Umfang des Ostfriesischen und Papenburger Rhedereibetriebes am „Schlusse des Jahres 1843 war folgender. An eigentlichen Seeschiffen besitzen „Ostfriesland und Papenburg jetzt gegen 530; worunter allein von Papenburg

„etwa 170 sind. Am Schlusse des Jahres 1843 waren 550 Schiffe mit See-„pässen und Flaggennummern registrirt; hierunter befinden sich jedoch diejeni-„gen, wahrscheinlich verunglückten Schiffe, deren Nummern zur Zeit noch nicht „gelöscht und noch nicht wieder ausgegeben werden konnten. Die gesammte Trag-„fähigkeit der Ostfriesischen und Papenburger Seeschiffe ist zu etwa 18000 Rog-„genlasten (von 4000 Pfunden) anzunehmen, worin nach einem ungefähren Über-„schlage (die Last zu 120 Thlr. gerechnet) ein Anlagecapital von etwa 2 Millionen „Thalern steckt. Aufserdem sind jetzt gegen 800 Canal-, Flufs- und Watten-„schiffe in Thätigkeit, deren Anlagecapital (nicht wohl mit einiger Sicherheit „in Zahlen auszudrücken) ebenfalls sehr bedeutend ist. Die drei Herings-„fischerei-Gesellschaften in Emden besitzen zu ihrem Betriebe, dessen Fort-„bestehen für die Beschäftigung und Versorgung der dürftigeren Classe dieser „Stadt eine so erwünschte Beihülfe gewährt, jetzt noch 12 Buisen und ein „Jägerschiff. Die Besatzung der sämmtlichen Ostfriesischen und Papenburger „Schiffe kann gegenwärtig zu 3400 Mann angenommen werden."

„In einer Anlage findet sich der letztjährige Verlust auf 31 Schiffe „und 26 Mann angegeben; er war also an Mannschaft etwas geringer, als ihn „der Durchschnitt nach der beigefügten Zusammenstellung von 1834 bis 1843 „ergiebt: denn in diesen 10 Jahren haben Ostfriesland und Papenburg durch „Verunglücken auf dem Meere leider nicht weniger als 264 Schiffe und 353 „Seeleute eingebüfst."

„Die Zahl der im Jahre 1843 ausgegebenen Seepässe betrug 302. „Darunter waren an mittelländischen Seepässen keine; wie denn überhaupt „deren Zahl aus bekannten Gründen neuerlich sehr abgenommen hat. Die „Heimaths-Orte der Schiffe, für welche die 302 Seepässe ausgegeben wurden, „waren: Emden mit 35 Schiffen, Leer mit 12, Norden mit 10, Grofsefehn mit 22, „Jehringsfehn mit 20, Bockzetlerfehn mit 13, Stickelkamperfehn mit 3, Neue-„fehn mit 15, Lübbersfehn mit 1, Timmel mit 2, Bangstede mit 1, Carolinen-„syhl mit 8, Insel Langeoog mit 3, Neuharlingersyhl mit 2, Bensersyhl mit 5, „Westeraccumersyhl mit 8, Nefsmersyhl mit 4, Warsingsfehn mit 10, Weener „mit 8, Rhauderfehn mit 25, Georgsfehn mit 1, Friedrichschleuse mit 2, Petkum „mit 1, Spiekeroog mit 7, Dornumersyl mit 6, Ditzum mit 4, Greetsyhl mit 3, „Oldersum mit 4, Insel Juist mit 2, Esens mit 1, Loga mit 1, Halte mit 1, „Papenburg mit 62. Von diesen Schiffen, welche im letzten Jahre Seepässe „erhielten, fuhren für Rechnung von Rhedern 147 und als alleiniges Eigen-„thum der Schiffer 155. Es wurden auf ein Jahr 185, auf zwei Jahre 77

„und auf drei Jahre 40 Pässe ertheilt. Die Zahl der Pässe trifft bis auf ein „Geringes mit der von 1842 überein. Im Jahre 1843 wurden auf den 51 Schiffs- „werften von Ostfriesland und Papenburg im Bau vollendet:

		Werften		Seeschiffe		Fluſs- und Wattschiff
„In Emden	auf	2 Werften		5 Seeschiffe,		1 Flufs- und Wattschiff,
- Leer	-	2	- -	2	- -	— - - - -
- Norden	-	1	- -	1	- -	— - - - -
- Grofsefehn	-	5	- -	2	- -	— - - - -
- Neuefehn	-	3	- -	—	- -	3 - - - -
- Jahringsfehn . . .	-	2	- -	—	- -	— - - - -
- Spetzerfehn	-	2	- -	—	- -	3 - - - -
- Lübbersfehn . . .	-	1	- -	—	- -	— - - - -
- Ihlowerfehn	-	4	- -	—	- -	— - - - -
- Esens	-	3	- -	—	- -	1 - - - -
- Greetsyhl	-	1	- -	—	- -	— - - - -
„Im Amte Leer	-	4	- -	—	- -	3 - - - -
„In Rhauderfehn . . .	-	4	- -	—	- -	4 - - - -
- Weener	-	2	- -	3	- -	— - - - -
- Wittmund	-	2	- -	1	- -	— - - - -
- Dornum	-	1	- -	—	- -	— - - - -
- Papenburg	-	12	- -	9	- -	2 - - - -

„Überhaupt auf 51 Werften 23 Seeschiffe, 17 Flufs- und Wattschiffe."

„Aufserdem blieben am Schlusse des Jahres 12 Seeschiffe und 5 Flufs- und „Wattschiffe im Bau begriffen."

„See-Assecuranz-Compagnieen, aufser den zahlreichen Schiffercompacten „der Provinz, befinden sich zu Emden, Leer und Papenburg. Die Assecuranz- „Compagnie in Emden hatte im Jahre 1843 auf 646 Policen die Summe von „1 796 691 Gulden Holländisch gezeichnet und es wurden an Policengelder „927½ Gulden Holländisch unter die Armen-Institute vertheilt. Die See-Asse- „curanz-Compagnie in Leer zeichnete im Jahre 1842 auf Schiffe und Güter „die Summe von 1 050 087½ Gulden Holl. In Papenburg waren im Jahre 1843 „(aufser dem grofsen und dem kleinen Schiffer-Compacte) bei der ersten Asse- „curanz-Compagnie 554 647 Gulden Holl. versichert, worauf an Seeschäden „12 900 Gulden Holl. zu vergüten waren; die zweite Assecuranz-Compagnie hatte „Versicherungen zur Summe von 528 100 Gulden Holl. angenommen und an „Seeschäden 27 900 Gulden Holl. zu vergüten. Die für das hiesige König- „reich concessionirte Niederrheinische Güter-Assecuranz-Gesellschaft in Wesel

„versicherte in Ostfriesland während des Jahres 1843 für 90 018 Gulden Holl. „auf Schiffe und für 48 910 Gulden Holl. auf Waaren gegen Seegefahr. Die „im Jahre 1839 in Papenburg gebildete Lebensversicherungs-Anstalt für See„fahrer, zum Besten ihrer Wittwen und Waisen, zählte im letzten Jahre 192 Mit„glieder und besafs schon einen Capitalfonds von 10 700 Gulden Holl. Die „Navigations-Lehr-Anstalt zu Emden wurde im Laufe des Jahres 1843 von „52 Schülern besucht. Unter denselben waren 36 aus der Stadt Emden und „16 aus andern Orten der hiesigen Provinz. Zehn junge Seeleute legten das „Steuermanns-Examen ab. Auch in Papenburg wurde im Jahre 1840 eine „Navigationschule gegründet, welche im Wintersemester 1843 12 Schüler zählte. „Von den Schülern des vorigen Winters bestanden 5 ein gutes Steuermanns„Examen."

XXII.

Aus diesen authentischen Nachrichten geht der Umfang der Schiffahrt und des Seehandels der Provinz Ostfriesland für den genannten Zeitraum hervor; woraus man einen Schlufs für andere gewöhnliche Zeitperioden machen kann; mit Ausnahme derjenigen, wo Schiffahrt und Handel entweder durch aufserordentlich günstige Ereignisse besonders blühen, oder durch ungünstige Umstände darniederliegen.

Zufolge einer in *Maltens* Bibliothek der neusten Weltkunde, Jahrgang 1841, 3ter Band 1ter Theil S. 157 No. 38. enthaltenen Angabe der Zahl *Preufsischer* Handelsschiffe an der Ostseeküste bestand diese Handelsmarine am 1ten Januar 1841 aus 749 Schiffen, zusammen von einer Tragfähigkeit von 98 763 Lasten. Davon besafsen: Stettin 200, die Städte des Oder- und Peene-Reviers 79, Memel 74, Königsberg 26, Pillau 5, Braunsberg 4, Elbing 5, Danzig 71, Colberg, Rügenwalde und Stolpe 50, Swinemünde 14, Wolgast 27, Greifswald 55, Stralsund 87 und Barth [?] 52 Seeschiffe. Rechnet man, dafs die Handelsmarine an der Ost- und Nordseeküste, von Mecklenburg, den Dänischen Küstenländern nebst Lübeck, Hamburg, Bremen und Oldenburg im Durchschnitt eine gleiche Anzahl Seeschiffe mit gleicher Tragfähigkeit wie die Preufsische Handelsmarine hat, so kommen zu der letzteren noch 794 Seeschiffe mit 98 763 Lasten Tragfähigkeit hinzu, was zusammen 2028 Schiffe und 197 526 Lasten giebt. Nimmt man dann zu dieser Anzahl die Ostfriesische Handelsmarine vom Jahre 1843 mit 550 Schiffen und 18 000 Roggenlasten von 4000 Pfd., so ergiebt sich eine Gesammtzahl der Deutschen Handelsmarine an der Nord- und Ostseeküste, von der Stadt Emden bis Memel, von 2578 Seeschiffen und 215 526 Lasten, zu 4000 Pfd.

Es zeigt sich hieraus, dafs Ostfrieslands Handelsmarine den bei weitem gröfsten Theil der Hannöverschen, nach Schiffszahl etwa den 4ten und nach Lastenzahl etwa den 12ten, also einen sehr bedeutenden Theil der Handelsmarinen der Deutschen Küstenstaaten an der Nord- und Ostsee von der Holländischen bis zur Russischen Grenze bildet.

Sollte das nördliche Deutschland dereinst eine *vereinigte Handelsflotte* an den Küsten der Nord- und Ostsee haben, so kann Ostfriesland, einschliefslich Papenburg, etwa 550 seefähige Schiffe von etwa 18 000 Lasten, und nöthigenfalls noch mehr stellen, die Strom- und Wattenfahrer ausgenommen, welche aus einigen Hundert bestehen, so dafs nach diesem Verhältnisse die Deutschen Küstenstaaten an der Nord- und Ostsee von Emden bis Memel etwa 2600 seefähige Schiffe unter Seegel stellen werden, die, im Durchschnitt gerechnet, zusammen eine Tragfähigkeit von 215 526 Lasten oder 8 Millionen Centner haben. Ein gutes Fundament zur Hauptsache ist also schon vorhanden. Die Flagge für die Handelsflotte Deutschlands ist bereits ihrer Farbe nach beschlossen, die, da sie grün ist, als Symbol der Hoffnung guten Erfolg verspricht. Möge die Göttin *Concordia*, als Sinnbild der Stärke und Einigkeit der Deutschen Flagge, ihr stets ein Schutz und eine Zierde sein!

Anmerkung. In Beziehung auf die allgemeine Schiffahrts-Angelegenheit Deutschlands erwähne ich noch einer kürzlich im Druck erschienenen kleinen Flugschrift, die, als besonderer Abdruck aus einem Journale, im Buchhandel ist und folgenden Titel führt: „Ostfrieslands Zukunft und Glück: Beweis, „dafs Deutschland nur durch Ostfriesland zu Macht und Stärke gelangen kann. „Auszug aus den Ideen über Ostfrieslands Handel und Schiffahrt (Bran Minerva). „Bremen bei Wilhelm Kaiser 1844." Wir lassen es dahingestellt, ob der Beweis in dieser Flugschrift richtig sei, oder nicht, und ob die darin enthaltenen Hypothesen und guten Wünsche ausführbar sind, glauben aber durch die vorliegende und die frühern Abhandlungen authentische Beweise geliefert zu haben, dafs Ostfriesland einen höchst wichtigen Antheil an der Schifffahrt und dem Handel Deutschlands habe und daher alle mögliche Rücksicht verdiene, selbst in dem Falle, wenn man die in der Flugschrift aufgestellte Behauptung umkehren und sagen müfste: „dafs Ostfriesland nur durch Deutsch„land zu Macht und Stärke gelangen könne." Letzteres wird von selbst geschehen, sobald eine vereinigte Deutsche Handelsmarine, mit einer zum Schutze derselben nöthigen *Kriegsflotte*, ins Leben tritt. Ganz Deutschland wird dadurch an Macht und Stärke gewinnen und dann Ostfriesland, als Deutsche Provinz von etwa 160 000 Einwohnern, seinen verhältnifsmäfsigen Antheil daran haben, womit es sich begnügen kann. Die nächste Zukunft wird hierüber den besten Aufschlufs geben.

Beilage *A.*

Plan der kaufmännischen Deputation zu Emden zur Bildung, Einrichtung und Stationirung eines Lootsen-Corps auf der Ems.

1. Pilotage-Commission zu Emden.

Die Ober-Aufsicht über dieses für die Ems zu bildende Lootsenwesen würde zunächst einer Pilotage-Commission in Emden zu übertragen sein, welche aus

Einem Mitgliede des Magistrats,
Einem Mitgliede der kaufmännischen Deputation,
Einem alten, erfahrenen See-Capitain,
Einem Secretair und
Dem zu ernennenden Lootsen-Commandeur

zusammengesetzt sein müfste, und deren Dienstverrichtungen darin beständen, darüber zu wachen:

a) Dafs zu dem vorhabenden Zweck überall tüchtige, geschickte und nüchterne Leute angestellt werden;

b) Dafs die anzuschaffenden Schiffe nicht allein preiswürdig sind, sondern auch dem Zwecke ganz, oder doch so viel als möglich entsprechen; ferner,

c) Die anzustellenden Personen, unter Zuziehung des Capitains, des Tonnenbojers und allenfalls noch einiger anderer sachkundiger Männer, über ihre Kenntnifs des Seewesens im Allgemeinen und der beiden Einmündungen des Hommegats und der Küsten und Gründe insbesondere, genau zu prüfen, darnach die tauglichsten Subjecte anzustellen und sie der vorgesetzten Behörde zur Bestätigung vorzuschlagen. Sodann darauf zu sehen, dafs:

d) Sämmtliche Personen ihre Dienstpflichten getreu erfüllen und nach den zu leistenden Eiden die Verordnungen und die ihnen zu gebenden Instructionen genau befolgen.

Endlich müfste derselben obliegen:

e) Vorkommende Streitsachen zwischen Officianten unter sich, oder zwischen diesen und Schiffern zu beseitigen, oder, salva appellatione an die vorgesetzte Behörde, zu entscheiden;

f) Die Bestrafung oder Suspension der Lootsen zu verordnen, auch event. deren Cassation zu bewirken;

g) Die vom Lootsencommandeur zu führenden Rechnungen alle drei Monate zu revidiren und

h) Jährlich einen detaillirten Bericht über das Institut an die vorgesetzte Behörde einzureichen und die etwa abgegangenen Subjecte zu ersetzen.

2. Lootsen-Commandeur.

Dem Lootsen-Commandeur wäre Folgendes zur Pflicht zu machen:

a) Die Rechnung über Einnahme und Ausgabe deutlich und richtig zu führen und selbige alle drei Monate der Pilotage-Commission vorzulegen;

b) Ein genaues Verzeichnifs nebst Conduitenliste von den Oberlootsen, Lootsen und Schiffsjungen zu halten und solches der Pilotage-Commission auf deren Verlangen vorzulegen;

c) Die Lootsengelder von ein- und ausgehenden Schiffen gegen Quittung zu empfangen, oder dieselben von Schiffen, welche hier nicht zur Rhede kommen, von den betreffenden Lootsen sich einzahlen zu lassen;

d) Die durch die Oberlootsen zu haltenden Journale und Verzeichnisse der eingekommenen und ausgegangenen Schiffe, so wie die Verzeichnisse der Lootsen mit ihren Anzeichnungen genau zu vergleichen und darüber an die Pilotage-Commission zu referiren;

e) Ein Journal zu führen und darin täglich Wind und Wetter, besondere Vorfälle, abgehende und einkommende Schiffe, so wie auch alle ihm zur Kenntnifs gekommenen, das Seewesen betreffende Dinge genau zu verzeichnen;

f) Über die Lootsenschiffe, Galoupe- und Pilotagesachen gute Aufsicht zu halten, und zu sorgen, dafs Alles in gehöriger Ordnung bleibe;

g) Über die gehörige Bebaakung des Fahrwassers mit zu wachen, und in dieser Hinsicht, so wie auch auf der Ems, von Zeit zu Zeit Untersuchungen anzustellen und von den bemerkten Veränderungen und Mängeln der Commission Anzeige zu machen;

h) Wo es Noth thut, einem Schiffe und Menschen zu Hülfe zu eilen, die Lootsen nicht allein anzumuthigen, sondern selbst mit in die Galoupe oder in ein Fahrzeug zu gehen, um die Rettungsmittel persönlich zu leiten und den Muth der Mannschaft zu beleben;

i) Sich bei den Schiffscapitains nach dem Betragen der Oberlootsen und Lootsen genau zu erkundigen und jede Klage schriftlich aufzunehmen;

k) Falls im Fahrwasser, oder in der Ems, Schiffs-Anker stehen geblieben sind, solche baldigst wieder auffischen und gegen einen von der Pilotage-Commission zu bestimmenden Bergelohn dem Eigenthümer wieder abliefern zu lassen:

l) Genau darauf zu achten, dafs die Lootsengelder von den hier nicht zur Rhede kommenden Schiffen gehörig empfangen und überantwortet werden; in welcher Hinsicht ihm die Journale der Oberlootsen zur Controlle dienen. Sodann:

m) Hat er die monatlichen Gagen der sämmtlichen Mannschaft aus den empfangenen Lootsengeldern zu berichtigen und, im Fall er eines Zuschusses bedarf, die nöthigen Gelder, da, wo ihm solche angewiesen werden, gegen Empfangschein zu erheben und als Einnahme zu berechnen;

n) Darf er ohne Vorwissen der Commission oder deren Vorsitzers nicht verreisen und, im Fall die Geschäfte des Seewesens seine Abwesenheit aus der Stadt erfordern sollten, hat er zu sorgen, dafs während derselben ein Anderer ihn in seinen Obliegenheiten vertrete, für Den er jedoch verantwortlich bleibt;

o) Ist er verpflichtet, seine Wohnung, insoweit es die Umstände gestatten und die Commission damit einverstanden ist, nahe am Hafen zu nehmen, damit er für die Seefahrer und seine übrigen Obliegenheiten nahe bei der Hand sei.

p) Mufs er sich der gröfsten Unpartheilichkeit bei der Anstellung der Lootsen auf den Schiffen und bei der Bestimmung des Verbleibens anderer am Lande befleifsigen.

3. Oberlootsen und Lootsen.

Die Oberlootsen und Lootsen, welche in Folge bestandener Examen und erwiesener Kenntnifs des Seewesens im Allgemeinen, so wie der Emsmündungen, des Hommegats und der sonstigen Ausmündungen unserer Küsten und der verschiedenen Sandbänke und Gründe angestellt werden, stehen

a) Im Allgemeinen unter der Ober-Aufsicht und Direction der Pilotage-Commission, so wie unter der speciellen Anordnung des Lootsen-Commandeurs, dessen Befehlen sie ohne den mindesten Widerspruch Folge leisten müssen; so wie weiter

b) Die Lootsen den Befehlen des Oberlootsen zu gehorsamen und immediat Folge zu leisten haben.

c) Oberlootsen und Lootsen erhalten eine Anstellungs-Acte nebst einem Exemplar der Lootsen-Verordnung, welche sie verpflichtet sind in einer ihnen zu diesem Zweck einzuhändigenden blechernen Kapsel beständig bei sich zu führen.

d) Die Abwechselung unter den Lootsen, die entweder zu Schiffe gehen, oder am Lande bleiben müssen, nach der Reihenfolge anzuordnen, bleibt dem Lootsen-Commandeur gänzlich überlassen, und es müssen dessen Anordnungen unweigerlich befolgt werden.

e) Die am Lande sich befindenden Lootsen sind verbunden, den ihnen von dem Lootsen-Commandeur angewiesenen Arbeiten bei den Seetonnen und Baaken, so wie bei andern, dem Seewesen Nutzen schaffenden Geschäften sich zu unterziehen und solche willig zu verrichten.

f) Damit die zum Lootsenwesen gehörenden Officianten kennbar seien, erhalten sie Abzeichen an ihrer Bekleidung, nemlich: ***Erstens***, einen schwarzen glänzenden runden Hut mit der Landescocarde, die allenfalls bei den Ober-Officianten mit einem rothen Bande oder mit einer goldnen Tresse, als Agraffe, könnte ausgezeichnet werden, und ***Zweitens:*** auf der Brust oder im Knopfloche einen metallenen Anker mit umschlungenem Ankerseil von gleicher Masse.

g) In Fällen, wo zwischen Oberlootsen und Lootsen, oder auch unter den Lootsen selbst, Uneinigkeiten entstehen, entscheidet der Lootsen-Commandeur. Sind die entzweiten Theile mit diesem Ausspruch nicht zufrieden, so können sie sich an die Pilotage-Commission wenden; so auch in Fällen, wo sie Beschwerden über den Lootsencommandeur haben sollten.

h) Sollte sich Jemand unterfangen, seinem Vorgesetzten nicht mit der ihm gebührenden Achtung zu begegnen, oder sich weigern, die ihm gegebenen Befehle auf der Stelle zu befolgen, so soll er nach Beschaffenheit der Umstände mit Dienst-Entlassung, Arrest, Suspension vom Dienste und Zurückhaltung des Soldes für eine gewisse Zeit, oder auch mit einer Geldbufse zum Besten der Armen bestraft werden.

i) Muthwille, Trunkenheit und jedes andere Versehen, durch welches die Ordnung gestört wird, werden wie oben (*h*) bestraft, und es ist der Lootsen-Commandeur befugt, nöthigenfalls direct eine Arrestnehmung zu verfügen und nächstdem, wenn das Vergehen es erfordert, davon an die Pilotage-Commission zu berichten, um die Strafe näher zu bestimmen.

k) Die Oberlootsen sind gehalten, ein genaues Journal zu führen, in welchem Wind und Wetter, die besondern Ereignisse des Tages, der Ort, wo sie sich befanden, welche Schiffe sie gesehen und an welche Schiffe Lootsen übergeben oder von welchen solche abgeholt worden sind, ferner die Tiefe der ein- und ausgehenden Schiffe, deren Ladung und Bestimmung, falls sie Lootsen haben, kurz alles Bemerkenswerthe genau verzeichnet werden muſs.

l) Von diesem Journale wird monatlich eine Copie an den Lootsen-Commandeur zur Vergleichung übergeben oder gesendet.

m) Die Lootsen müssen von denjenigen Schiffen, welche nicht von hiesiger Rhede ab- oder nicht dahinfahren, das Lootsengeld tarifmäſsig gegen Quittung empfangen und es des baldigsten dem Lootsen-Commandeur, unter genauer Angabe der Tiefe und Beschaffenheit des Schiffs, so wie dessen Ladung und dessen Bestimmungs-Orts, einhändigen.

n) Die Oberlootsen sind verpflichtet, genaue Verzeichnisse der dienstthuenden Lootsen zu halten und dafür zu sorgen, daſs Alle so viel wie möglich nach der Reihe den Dienst verrichten und abwechselnd auf ein- und ausgehenden Schiffen den Lootsendienst wahrnehmen, damit keiner dabei bevortheilt werde.

o) Sämmtliche Oberlootsen und Lootsen sollen sich befleiſsigen, die Emsen- und sonstigen Seelöcher, Gründe und Untiefen, so wie die guten Ankerplätze genau zu untersuchen; vorzüglich nach Stürmen. Auch sollen sie von Zeit zu Zeit Pegelungen vornehmen; wobei genau zu untersuchen ist, ob diese oder jene Sandbank eine andere Lage bekommen habe, oder ob die Strömungen eine andere Richtung genommen haben.

p) Sie sind sämmtlich verbunden, darauf zu sehen, ob die Seetonnen und Baaken sich auf den rechten Stellen befinden, und ob nach Stürmen deren fehlen oder weggetrieben sind.

q) Fälle, wie sie bei (*o*) und (*p*) angedeutet sind, müssen die Oberlootsen sogleich dem Lootsen-Commandeur und dem Tonnenberger anzeigen.

r) Sie sind weiter verpflichtet, darauf zu achten, daſs der Tonnenberger und der Baakenstecher ihre Pflicht erfüllen, und wenn sie dabei Mängel gewahren, davon sofort Anzeige an den Commandeur zu machen.

s) Es ist darauf zu achten, daſs die Schiffsjungen gehörige Kenntniſs des Lootsenwesens erlangen, und es müssen die Oberlootsen ihnen dazu Anleitung geben und sich bemühen, aus ihnen tüchtige Lootsen zu bilden.

t) Im Fall von Vergehen, wo die oben in (*h*) benannten Strafen eintreten, werden die Lootsen-Abzeichen so lange dem Oberlootsen überliefert. Ein gleiches geschieht bei Sterbefällen oder bei sonstigem Abgang eines Lootsen.

u) Die Oberlootsen müssen nicht allein von ihren Mannschaften, sondern auch von sämmtlichen Lootsen und Jungen alljährlich, oder zu jeder Zeit, wenn es verlangt wird, eine Conduitenliste einliefern, damit diejenigen Personen, welche sich durch Ordnung und Fleifs auszeichnen, bei eintretenden Vacanzen, oder bei Erweiterung des Lootsenwesens, befördert werden mögen.

v) Alle besondern Vorfälle oder See- und Schiffs-Nachrichten müssen dem Lootsen-Commandeur sogleich angezeigt werden.

4. Stationirung der anzuschaffenden Lootsenschiffe, und die anzustellenden 3 Oberlootsen, 14 Lootsen und 3 Jungen betreffend.

a. Zum Betriebe des Lootsenwesens auf der Ems würden *vorerst* anzuschaffen sein:

1. Zwei gleichartige Fahrzeuge, die in offener See aushalten können und wozu die sogenannten Holländischen Bottaiken der gröfsten Art, oder sonstige verdeckte Fischerfahrzeuge (Schuiten), der Kosten-Ersparung wegen jedoch ohne sogenannte Bünnen, zu empfehlen sein würden;
2. Ein kleines Schuitschiff, wie man sich deren in der neusten Zeit zum Fischen in der See bedient;
3. Eine tüchtige grofse Chaloupe, auf welcher man nöthigenfalls auch in See gehen kann, um Lootsen von den Schiffen abzuholen.

b. Die beiden erstgenannten Schiffe werden vorerst jedes mit einem Oberlootsen, der das Commando führt, vier Lootsen und einem Jungen, also in allem mit 6 Personen jedes besetzt; das kleinere Schuitschiff mit einem Oberlootsen, der ebenfalls das Commando führt, nebst zwei Lootsen und einem Jungen, in allem mit 4 Personen. Die Chaloupe bleibt unter der Aufsicht eines Lootsen und eines Jungen zur Disposition des Lootsen-Commandeurs hier am Lande.

c. Sämmtliche Fahrzeuge führen am grofsen Mast eine Hannöversche Lootsenflagge, woran sie als Lootsenschuiten zu erkennen sind.

d. Die beiden grofsen Fahrzeuge müssen immer in der See, ein bis zwei Meilen vom Lande kreuzen; und zwar in Richtungen, dafs das eine sein Augenmerk auf die Schiffe richtet, welche aus dem Osten und Norden kommen, das andere auf die westwärts herkommenden Schiffe.

Sollten die Fahrzeuge durch stürmische Witterung oder sonst genöthigt sein, die See zu verlassen; so mufs das erste seine feste Station in der sogenannten Evermansbalge beim Hogehorn, ostseits Borkum in der Oster-Ems nehmen; das zweite in der sogenannten Visbalge, im Südwesten der genannten Insel, also in der West-Ems. Beide Schiffe haben hier bei jedem Winde und Sturm die beste Rhede, wo sie ohne augenscheinliche Gefahr vor Anker liegen können und einen sichern Stationspunct finden. Auch sind sie da bei der Hand, um bald wieder in die offene See gelangen zu können, indem man die See, über die Ebbe, bei fahrbarem Wetter und je nachdem der Wind ist, immer in einer bis drei Stunden wieder gewinnen kann.

Von diesen Stationspuncten können die Lootsenschiffe auch bei Stürmen den in Noth sich befindenden Schiffen, welche von hier aus sehr gut entdeckt werden können, am besten zu Hülfe eilen.

e. Das kleinere Schuitschiff mufs dazu dienen, in den beiden Emsen auf- und abzufahren und die Lootsen von den auslaufenden Schiffen aus der See wieder abzuholen, ingleichem die Lootsen von den heraufgekommenen Schiffen wieder an die Stations-Lootsenschiffe zu bringen, auch nöthigenfalls die an Bord sich befindenden beiden Lootsen an dieselben abzugeben, oder, wenn es sich trifft, an einkommende Schiffe abzusetzen, die noch keine Lootsen haben; wo es sich dann wieder mit den Lootsen aufgegangener Schiffe completiren kann.

Der eigentliche Stationsplatz dieser Schuite mufs die Emder Rhede und daselbst hinter der sogenannten Hoek van Logen sein, wo sie aber im Larrelter Fahrwasser immer flott liegen mufs, damit sie jeden Augenblick zur Disposition und zum Absegeln fertig sei.

f. Die Chaloupe wird im Emder Hafen stationirt, und steht zur Disposition der Pilotage-Commission und unter der Direction des Lootsen-Commandeurs. Sie wird zu Untersuchungen von Schiffen auf hiesiger Rhede, zu anzustellenden Beobachtungen und zum Pegeln des Reviers und des Fahrwassers gebraucht; wie auch, um, in Abwesenheit der kleinen Lootsenschuite, Lootsen aus der See abzuholen, oder die aufgekommenen wieder nach den Lootsenschiffen zu bringen.

g. Zur Disposition des Lootsen-Commandeurs, um Schiffe von hiesiger Rhede in die See zu führen, müfsten aufser den beiden Lootsen, die sich zur Rhede auf der kleinen Schuite befinden, noch vier Lootsen hier in der Stadt stationirt werden, deren einem die Aufsicht und Führung der Chaloupe anvertraut wird.

Entwurf zur Lootsenverordnung.

1. Jeder Oberlootse und Lootse ist nach empfangener Anstellung und Beeidigung verbunden, die ihm bekannt gemachten Vorgesetzten zu respectiren und deren Befehlen zu gehorchen.

2. Es soll sich bei schwerer Ahndung kein Anderer unterfangen, Schiffe von hiesiger Rhede nach der See, oder von da bis hieher oder aus und nach einem Hafen an der Ems, unterhalb der Emder Rhede gelegen, auf- und abzulootsen, als die durch ihre Anstellung dazu qualificirten Personen.

3. Im Fall ein Schiff durch fremde Lootsen eingebracht wird, soll es demungeachtet verbunden sein, das volle Lootsengeld nach dem Tarif zu bezahlen; es sei denn erwiesen, dafs es keinen Emslootsen habe bekommen können. Sollte aber auf dem Revier der Emslootse an Bord kommen, so übernimmt er das fernere Lootsen und es wird dafür das Lootsengeld nach (§. 9.) entrichtet.

4. Alle mit Kaufmannsgütern beladenen Schiffe, es sei zur Fracht, oder für eigene Rechnung, mit Ausnahme jedoch aller beladenen Schiffe, welche über die Watten fahren und aller derjenigen von 20 bis incl. 25 Lasten Gröfse, selbst wenn sie seewärts ein- oder dahin ausgehen und insofern sie sich keines Lootsen bedienen wollen, sind verbunden, einen Lootsen zu nehmen und das nach dem Tarif bestimmte Lootsengeld zu bezahlen, von welchem das Schiff jedesmal Eindrittheil und die Ladung Zweidrittheil trägt und es soll, falls die Ladung aus verschiedenen Theilen besteht, Zweidrittheile über der bedungenen Fracht nach den Connoissementen vertheilt werden.

5. Die mit Ballast ein- oder ausfahrenden Schiffe, die Heringsbuisen, nebst Jägerschiffen, so wie auch die §. 4. ausnahmsweise bemerkten und die Schill-, Stein- und Torfschiffe, sind frei vom Lootsengelde, insofern sie keinen Lootsen gebrauchen.

6. Die mit Stückgütern beladenen Schiffe, mit Ausnahme derer in §. 4. als vom Lootsengelde unter dem Beding befreit, dafs sie sich keines Lootsen bedienen, bezahlen ein Viertheil mehr, als das beim Tarif bestimmte Lootsengeld.

7. Alle diejenigen Schiffe, welche in die beiden Emsmündungen einlaufen, sie mögen nach einem hiesigen oder nach einem fremden Hafen bestimmt sein, auch wenn das Einlaufen aus Noth oder andern Ursachen geschieht, sind zur Annahme eines Lootsen und zur Bezahlung des Lootsengeldes verbunden, wenn sie beladen sind, oder nicht zu den in §§. 4. 5. und 6. befreiten Schiffen gehören.

8. Wenn ein einkommendes Schiff auf der See oder in den Emsen kein Lootsenboot antrifft und daher keine Lootsen erhalten kann, ist es frei von Bezahlung des Lootsengeldes; es sei denn, dafs es sich eines fremden Lootsen bedient hätte, welcher vom Capitain des Schiffs zu bezahlen ist.

9. In dem Fall, dafs die einkommenden Schiffe den Lootsen nicht aufserhalb der letzten Tonne in der See an Bord bekommen, sondern erst innerhalb der Tonnen, haben sie nur das halbe Lootsengeld zu entrichten. Und sollte der Lootse erst bei der Emshorn Tonne, wo die beiden Emsen einen Winkel bilden, angetroffen werden, so wird nur ein Viertel des bestimmten Lootsengeldes bezahlt.

10. Treffen die in §. 8. und 9. erwähnten Fälle ein, so sind die Oberlootsen zur Verantwortung zu ziehen und werden nach Befinden mit Geld oder sonstiger Bufse bestraft; welche die Pilotage-Commission bestimmt.

11. Die ausgehenden Schiffe melden sich eines Lootsen wegen bei dem Lootsen-Commandeur, welcher ihnen den Lootsen, so wie die Folgereihe ihn bestimmt, zutheilt.

12. Bei der Bestellung des Lootsen mufs der Capitain die Tiefe seines Schiffes angeben und das Lootsengeld sogleich entrichten; zufolge des ihm vorzulegenden Tarifs, wogegen er Quittung erhält.

13. Die hier zur Rhede kommenden Schiffe können das Lootsengeld an ihre Lootsen, oder auch an den Lootsen-Commandeur selbst entrichten; gegen gewöhnliche Quittung.

14. Schiffe, welche nicht hieher kommen, sondern nach einem andern Hafen an der Ems bestimmt sind, zahlen das Lootsengeld an den Lootsen, sobald das Schiff aus dem Hafen, oder vor Anker gebracht worden ist.

15. Die Lootsen sind verpflichtet, wenn Sturm und Eisgang das Ein- und Auslaufen nicht verhindern, mit ihren Lootsenschiffen, an deren grofsen Mast sie immer die Hannöversche Lootsenflagge wehen lassen müssen, beständig in der See zu sein, um auf die ankommenden Schiffe mit aller Aufmerksamkeit zu kreuzen; und zwar in der Art, dafs das Lootsenschiff, welchem seine Station auf der Evermannsbalge in der Oster-Ems angewiesen ist, auf die von Osten und Norden kommenden, und das andere in der Visbalge zu stationirende Lootsenschiff in gleichem Falle auf diejenigen Schiffe kreuzen mufs, die westwärts herankommen.

16. Sobald der Lootse an Bord eines Schiffes kommt, soll er bei dem Capitain desselben die Tiefe des Schiffs nach Englischem Fufsmaafse, und die

Beschaffenheit desselben genau erfragen, um hiernach seine Maafsregeln zu nehmen.

17. Ist die Tiefe des Schiffes unrichtig angegeben worden, so wird zur Strafe das doppelte Lootsengeld nach der eigentlichen Tiefe bezahlt; und ist in diesem Fall, und daraus, dafs der Capitain einen etwaigen Fehler des Schiffes, z. B. dafs es nicht wenden oder drehen will, oder einen sonstigen Fehler dem Lootsen verschwiegen hat, ein Unglück entstanden, so hat der Capitain sich solches beizumessen und der Lootse ist von aller Verantwortlichkeit frei.

18. Die Tiefe der Schiffe wird nach Englischem Fufsmaafse, und wo das Wasser unter einem halben Fufs am Merk steht, nur der unterliegende Fufs gerechnet; liegt das Merk des halben Fufses am Wasser, so wird die Differenz zwischen dem letzten Fufs unter und dem ersten über Wasser nach dem Tarif ausgemittelt und darnach bezahlt; ist das Merk des halben Fufses über 2 Zoll unter Wasser, so wird nach dem ersten Fufs über Wasser gerechnet und darnach das Lootsengeld erhoben.

19. Es soll kein Unterschied unter den aufkommenden Schiffen, sie seien klein oder grofs, gemacht werden, sondern auf das zuerst segelnde Schiff wird zuerst derjenige Lootse gebracht, an welchem die Reihe ist; es sei denn, dafs es an Lootsen mangelte; in welchem Falle die gröfsern Schiffe den Vorzug haben.

20. Wenn es an Lootsen fehlt, so ist der Oberlootse verbunden, denjenigen Schiffen, welchen er keine Lootsen geben kann, vorzusegeln, und es wird dafür nichts mehr als das gewöhnliche Lootsengeld bezahlt.

21. Wenn ein Capitain zwei Lootsen verlangt, so sind ihm dieselben zu geben; er hat aber dann das doppelte Lootsengeld zu bezahlen. Sollte ein Capitain, mit einem oder mehr Lootsen an Bord, auch noch das Vorsegeln des Lootsenschiffes verlangen, so bezahlt er dafür, nach den Umständen, das drei- bis fünffache Lootsengeld.

22. Wenn ein Schiff durch Unachtsamkeit oder Unkunde des Lootsen auf den Grund kommt, oder sonst Schaden leidet, so soll der Lootse mit Arrest, Verlust seiner zugutehabenden Forderung, Suspension vom Dienste, Absetzung oder Gefängnifs bestraft werden.

23. Jeder Lootse ist gehalten, dem Capitain eines zu lootsenden Schiffes auf Verlangen seine Anstellungs-Acte, so wie gegenwärtige Verordnung, nebst dem Tarif des Lootsengeldes vorzuzeigen und lesen zu lassen.

24. Wenn ein Capitain, aufser dem Lootsen, Mannschaften zum Beistande verlangt, so werden ihm diejenigen, welche entbehrlich sind, gegeben, und der Oberlootse ist verbunden, mit dem Lootsenschiff bei einem solchen Schiffe, wenn es der Capitain verlangen sollte, zu bleiben und es möglichst zu unterstützen.

25. Falls die Lootsen ein Schiff ohne Masten, Ruder, Anker und Taue, oder unter sonstiger schwerer Haverei hereinbringen, oder mit Gefahr ihres Lebens aus den Gründen oder gefährlichen Stellen holen, so soll dafür eine, nach Recht und Billigkeit und nach der Gefahr und den geleisteten Diensten abgemessene Belohnung durch die Pilotage-Commission, oder durch unpartheiische Sachverständige bestimmt werden, und es sollen dabei die Verklarungen der Schiffmannschaften und der Lootsen zur Richtschnur dienen.

26. Alle Extra-Verdienste werden, eben wie das Lootsengeld, an den Lootsen-Commandeur bezahlt, und es bekommt die Casse der Lootsen-Anstalt davon den vierten Theil, der betheiligte Oberlootse den sechsten Theil, die übrigen Mannschaften den Rest, zu gleichen Theilen. Falls sie mehreren Schiffen beigestanden haben, bekommen die Oberlootsen zusammen den sechsten Theil und die Mannschaften den Rest.

27. Jeder Lootse soll sowohl aufser, als im Dienst, stets einen nüchternen Lebenswandel führen, auch den Capitains, ihren Mannschaften, und überhaupt Jedermann höflich und bescheiden begegnen, auch keine ungebührliche Forderungen machen.

28. Der Lootse, welcher sich am Bord eines seiner Führung anvertrauten Schiffes Unanständigkeiten zu Schulden kommen läfst und Muthwillen übt, oder welcher sich dem Trunke ergiebt, soll durch Arrest, Suspension vom Dienste auf eine bestimmte Zeit, oder gar mit Absetzung bestraft werden.

29. Falls der Lootse gegen einen Capitain oder dessen Mannschaft Klage zu führen hat, mufs er solche dem Lootsen-Commandeur bescheiden vortragen, welcher dann den Fall untersuchen und ihm gebührendes Recht verschaffen wird.

30. Der an Bord eines Schiffes gesetzte Lootse darf ohne ausdrückliche Erlaubnifs des Capitains es nicht eher wieder verlassen, als bis es in die See oder an den angegebenen Ort auf der Rhede vor Anker gebracht ist.

31. Sollte der Capitain es verlangen, oder sollten die Umstände es nöthig machen, dafs der Lootse noch einige Zeit weiter an Bord bleibe, so ist er verpflichtet es zu thun und erhält dann für jede 24 Stunden 2 Gulden Holl.

Courant, welche an den Lootsen-Commandeur zu zahlen sind. Ein solcher aufsergewöhnlicher Aufenthalt darf aber nicht länger als 6 Tage dauern; ein angefangener Tag gilt für volle 24 Stunden.

32. Dem Lootsen gebührt am Bord des Schiffes die nöthige Beköstigung und eine seinem Range angemessene Behandlung.

33. Die ausgehenden Schiffe müssen durch die Lootsen bis aufserhalb der letzten Tonne gebracht werden und die Lootsen dürfen ohne Einwilligung des Capitains nicht früher das Schiff verlassen.

34. Wenn die Witterung es unmöglich macht, dafs ein am Bord befindlicher Lootse wieder abgeholt werde, und der Capitain sonst keine Gelegenheit hat, ihn zurückzuschicken, sondern seine Reise fortsetzen mufs, so ist er verbunden, den Lootsen möglichst bald, entweder an das Land zu setzen, da wo es angeht, oder ihn einem andern nach hiesiger Gegend bestimmten Schiffe zu übergeben. Der Lootse erhält dann, aufser der Kost, für die Zeit, welche er am Bord zubrachte, von dem Tage an, wo das Schiff in die See ging, die Bezahlung des ersten Steuermanns am Bord des Schiffs, auch aufserdem noch ein billiges Rückreisegeld, oder freie Passage hierher. Hat der Capitain nicht das Geld am Bord, um den Lootsen zu befriedigen, so giebt er ihm eine Anweisung auf seinen Rheder, oder auf einen hiesigen Correspondenten, falls er ein Fremder ist. Dieses Geld wird dem Lootsen-Commandeur eingehändigt.

35. Wenn ein ausgehendes Schiff während des Aussegelns Gegenwind bekäme und genöthigt würde, ehe der Lootse es verlassen hat, zurückzukehren, so ist dieser verbunden, so lange am Bord zu bleiben, bis das Schiff in die See gebracht werden kann.

36. Zur Deckung geringerer Schäden oder Strafen bleibt ein Monatssold, sowohl des Oberlootsen als der Lootsen, bis zum Schlufs des Jahres in den Händen des Lootsen-Commandeurs und wird dann an Diejenigen voll ausgezahlt, welche sich nichts haben zu Schulden kommen lassen.

37. Die Lootsen sind nicht befugt, aufser dem Lootsengelde noch etwas für sich zu verlangen. Es bleibt dem Capitain überlassen, ob er dem Lootsen seine Zufriedenheit durch Zulegung eines Trinkgeldes (Fooy) zu erkennen geben will, oder nicht.

38. Von Anfang October bis Ende März wird das Lootsengeld um die Hälfte der Tarifsätze erhöht.

Entwurf des Tarifs, nach welchem das Lootsengeld vom 1ten April bis zum 30ten September zu bezahlen ist. Vom 1ten October bis 31ten März wird es um die Hälfte erhöhet.

Ein mit Waaren beladenes Schiff bezahlt, je nach seiner Tiefe, folgendes Lootsengeld für den Fufs Englisches Maafs:

Von	5	Fufs bis					
zu	8	Fufs	Tiefe	2½	Holl.	Gulden	Cour.
Von	9	-	-	3	-	-	-
-	10	-	-	3½	-	-	-
-	11	-	-	4	-	-	-
-	12	-	-	4¾	-	-	-
-	13	-	-	5¾	-	-	-
-	14	-	-	7	-	-	-
-	15	-	-	8½	-	-	-
-	16	-	-	10½	-	-	-
-	17	-	-	13	-	-	-
-	18	-	-	16	-	-	-
-	19	-	-	20	-	-	-
-	20	-	-	25	-	-	-

Tiefer gehende Schiffe zahlen für den Fufs 8 bis 15 Gulden Holl. Cour. mehr.

Bezahlung der Beamten.

1. Die Pilotage-Commission erhält kein Gehalt. Von 10 Procent der Lootsen- und sonst verdienten Gelder werden die Bureaukosten bestritten.
2. Dem Secretair wäre ein Jahrgehalt zu bestimmen von 150 Holl. Guld. C.
3. Dem Lootsen-Commandeur 45 Gulden monatlich, also jährlich . . . . 540 - - -
4. Den 3 Oberlootsen, jedem monatlich 35 G., also jährlich 1260 - - -
5. Den 14 Lootsen, jedem monatlich 28 G., also jährlich 4704 - - -
6. Den 4 Jungen, jedem monatlich 18 G., also jährlich 864 - - -

Zusammen 7518 Holl. Guld. C.

Vermuthliche jährliche Ausgaben.

a. Für Erhaltung der Lootsschiffe und der Chaloupe 1100 G.
b. Für Feuerung und Licht auf diesen Schiffen, zu 50 G., ... 150 -
c. Kleine unbestimmte Ausgaben . . . . . . 232 -

Zusammen . . . 1482 - - -

Der ganze Betrag der Ausgaben wäre also . . 9000 Holl. Guld. C. oder etwa 5000 Thlr. Conv. Münze.

Anzulegender Fonds.

1. Zwei Lootsen-Schuiten, welche tauglich sind, See zu halten, werden jede etwa 4000 G. kosten, thut . . . . 8000 H. G.
2. Eine kleinere . . . . 2000 - -
3. Eine tüchtige grofse Chaloupe, mit Segel u. s. w., . . 400 - -

Zusammen 10 400 H. G.
oder circa 5800 Thlr. Conv. Münze.

Schätzung der vermuthlichen Einnahme an Lootsengebühren, nach einem Durchschnitt von 10 Jahren; gezogen aus den Stadt-Emdischen Zollregistern von 1770 bis 1780.

1. Zu Emden sind in jenen Jahren beim Zollcomptoir einclarirt:
   780 Emder und Ostfriesische Schiffe,
   239 fremde, meistens kleine Schiffe,
   1019 Schiffe zusammen, welche an Lootsengeld einbringen würden etwa . . . . 13 435 G.
2. Als ausgehend sind clarirt:
   974 Emder und Ostfriesische Schiffe,
   274 fremde, meistens kleine Schiffe,
   1248 Schiffe zusammen, welche einbringen würden etwa . . . . 14 405 - 15 St.

Zusammen 27 840 G. 15 St.
oder in Conv. Münze 15 000 Thlr.
Durchschnitt von 10 Jahren 1500 Thlr. C. M.

3. Das gleiche Verhältnifs der Schiffahrt auf und von Delfzyhl und andern Niederländischen Häfen an dem Emsstrom, so wie auf und von Norden, Leer, Weener und Halte, angenommen zu . . . . 1500 - - -

Giebt an Einnahme 3000 Thlr. C. M.

Die jährliche Ausgabe betrug nach der obigen Rechnung zusammen . . . . 5000 - - -

Mithin fehlen 2000 Thlr. C. M.

aufser den Fonds zur Anschaffung der Lootsenschiffe von 5800 Thlr. C. M.

Emden, im August 1823.

Die kaufmännische Deputation.
Claus Tholen u. s. w.

Beilage *B.*

Entwurf zur verbesserten Einrichtung der Navigationsschule in Emden und zu dem am Gymnasio daselbst vom Lehrer der Navigationsschule zu ertheilenden Unterricht in der Mathematik.

Nachdem vom Königlichen Cabinets-Ministerio eine verbesserte Einrichtung der bisherigen Navigationsschule zu Emden verfügt worden ist, wird deshalb Folgendes zur allgemeinen Kenntnifs gebracht.

§. 1.

Der Zweck dieser, unter unmittelbarer Aufsicht der Königlichen Landdrostei zu Aurich stehenden gemeinnützigen Anstalt ist, junge Leute, insbesondere angehende Seeleute, in den Anfangsgründen der Mathematik und Steuermannskunst theoretisch und practisch zu unterrichten und sie zu guten und brauchbaren Steuerleuten auf Kauffahrteischiffen wissenschaftlich zu bilden, so dafs sie im Stande sind, ein Kauffahrteischiff sicher und schnell über See von einem Hafen zum andern zu führen, dessen geographische Länge und Breite bekannt ist.

§. 2.

Die in dieser Anstalt aufzunehmenden Lehrlinge müssen wenigstens 15 Jahr alt, wo möglich schon confirmirt sein und gute Zeugnisse ihrer Prediger, Lehrer, Vorgesetzten oder Obrigkeiten haben, eine gute Hand schreiben und im Rechnen so weit geübt sein, dafs sie die vier Species und die Regel-de-Tri in ganzen und gebrochenen Zahlen vollkommen kennen.

§. 3.

Diejenigen Zoglinge, welche Theil an dem Unterricht in der Navigationsschule zu nehmen wünschen, melden sich beim zeitigen Lehrer derselben, vor oder beim Anfang des halbjährigen Lehrcursus, zeigen ihre Zeugnisse vor und lassen sich von ihm im Schreiben und Rechnen, oder in den weiter erworbenen Kenntnissen prüfen. Diejenigen, welche diese Prüfung bestehen, werden angenommen, Die aber, welche im Schreiben und Rechnen gänzlich unwissend sind, werden, bis sie es erlernt haben, und wenigstens bis zum nächsten halben Jahre, auch von der zweiten Classe zurückgewiesen.

§. 4.

Dem Lehrer steht zwar keine disciplinarische Aufsicht aufserhalb der Lehrstunden über die Lehrlinge zu: er ist aber berechtigt, wenn sie in den Unterrichtsstunden sich nicht ruhig, still, anständig und folgsam betragen, sie durch Warnungen und Verweise und die nicht zu bessernden durch Entfernung aus den Lehrstunden zu bestrafen.

§. 5.

Da die meisten hiesigen angehenden Seeleute den Sommer über zur See gehen und fast nur die jüngern Zöglinge hier anwesend sind, so wird der Lehrcursus so geordnet, dafs im Sommer hauptsächlich nur für die zweite oder untere Classe der Unterricht in den Anfangsgründen und nothwendigen Vorkenntnissen, im Winter aber ein vollständiger Lehrcursus, in den Anfangsgründen und in der Steuermannskunst selbst, für beide Classen ertheilt wird.

§. 6.

Der Unterricht wird daher in zwei Classen vertheilt: in den für die zweite oder untere Classe, und in den für die erste oder obere Classe. In der Regel sind die Schüler verbunden, dem Lehrcursus eines ganzen Jahres beizuwohnen und den Anfang damit in der zweiten oder untern Classe zu machen.

Damit ihnen aber eine nützliche Wiederholung des bereits Vorgetragenen zu Theil werde und Diejenigen, welche im Sommer zur See abwesend waren, den Unterricht in den Anfangsgründen und Vorkenntnissen ebenfalls erhalten, wird im Winterhalbenjahre ein vollständiger Cursus der reinen Mathematik, einschliefslich der Steuermannskunst, Statt finden. Damit ferner die im Sommer etwa anwesenden, bereits erfahreneren und unterrichteteren Steuerleute, oder die Zöglinge der ersten Classe, ebenfalls eine nützliche Wiederholung ihres bisherigen Unterrichts haben, wird wöchentlich in zwei dazu zu bestimmenden Nachmittagsstunden eine gedrängte Übersicht der für die erste Classe nothwendigsten Kenntnisse aus der Steuermannskunst öffentlich und unentgeltlich gegeben werden.

Es finden täglich vier Unterrichtsstunden Statt: drei für die Navigationsschule, und eine für das Gymnasium, und zwar in den Morgenstunden von 9 bis 11, und in den Nachmittagsstunden von 2 bis 4 Uhr, was vom Lehrer zu Anfange jedes halben Jahres in öffentlichen Blättern bekannt gemacht werden soll. Auch wird wöchentlich des Abends bei heiterem Himmel einige Stunden Unterricht in der practischen Sternkunde gegeben.

Der Lehrcursus für die auf zwei Classen zu vertheilenden Zöglinge wird also folgendermaafsen eingetheilt.

I. Im Sommerhalbjahre, vom 1ten Mai bis zum 1ten October, wird, mit Ausnahme der Sonn- und Festtage, so wie der Nachmittage der Sonnabende und der üblichen Ferien, der Unterricht folgende Gegenstände befassen:

1. Reine Mathematik, nämlich:

a) Arithmetik; besonders die vier Rechnungs-Arten, die Lehre von den positiven und negativen Zahlen, von den Proportionen, von der Regel-de-Tri, von der Decimal- und der Quadratwurzelrechnung, von den Progressionen, Potenzen und Logarithmen und von der Algebra, bis zu den Gleichungen vom zweiten Grade;

b) Geometrie und Stereometrie;

c) Ebene- und

d) Sphärische Trigonometrie.

Bei der Lehre von den Winkeln in der Geometrie und Trigonometrie werden die Schüler mit dem Messen und Auftragen der Winkel auf dem Felde und auf dem Papiere, so wie mit dem Gebrauche der Winkel-Instrumente, nemlich des Transporteurs, des Octanten, der Boussole und des Compasses im Freien practisch bekannt gemacht und geübt.

2. Mathematische Geographie, nemlich die Kenntnifs der Erd- und Himmelskugel, und die Anfangsgründe der Astronomie, oder die Kenntnifs des gestirnten Himmels, für welche wöchentlich, in dazu geeigneten sternenhellen Abendstunden, Beobachtungen am Himmel und Erklärungen der Sternbilder gegeben werden; und endlich

3. Anfangsgründe der Geographie der überseeischen Länder und Welttheile, verbunden mit einer kurzen Productenkunde, vorzüglich insofern die Kenntnifs der Küstenländer aller Welttheile dem Schiffer zu wissen nöthig ist.

4. Um die Zöglinge der zweiten oder untern Classe mit der Terminologie der Schiffersprache, den Schiffstheilen, dem Mannöver der Schiffe und dem Gebrauche der dem Schiffer unentbehrlichen Geräthe und Instrumente vorzüglich practisch bekannt zu machen, wird der Lehrer mit ihnen im Sommer bei günstigem Wetter einige Fahrten zu Wasser an den hiesigen Küsten und Inseln, so wie auf der Ems machen und ihnen den Gebrauch des Loths, des Logges, des Minutenglases, der verschiedenen Compasse, des Octanten

und der Seecarten practisch zeigen, ihnen die Betonnung und Bebaakung der Ems und die Einrichtung und den Zweck des Leuchtthurms erklären und auf diesen Ausflügen zur See, so wie auf andern zu Lande, trigonometrische Aufnahmen der Ems und der Seeküsten machen, um daraus eine richtige und graduirte Seecarte von den Mündungen der Ems und von den hiesigen Seeküsten zu formiren und solche zum Nutzen der Seefahrer mit der Zeit herauszugeben.

5. Für die erste oder obere Classe wird im Sommer der vollständige Winterlehrcursus wegen Abwesenheit der meisten Schüler nicht gegeben: für die etwa anwesenden aber, oder für Steuerleute, welche periodenweise zurückkommen und eine Zeitlang sich am Wall aufhalten, so wie für Diejenigen, welche bereits einen vollständigen jährlichen Cursus durchgemacht haben, wird wöchentlich, in zwei näher zu bestimmenden Nachmittagsstunden, eine gedrängte Übersicht der für die erste Classe nothwendigsten Kenntnisse aus der Steuermannskunst als Wiederholung vorgetragen werden. Auch werden die Schüler der ersten Classe die Ausflüge zu Lande und zu Wasser mitmachen.

Der Lehrer wird auch mit seinen Schülern monatlich eine genaue Beobachtung der Abweichungen der Magnetnadel unternehmen und das Resultat davon am Ende jedes Monats zum Gebrauche der Schiffer, denen die Abweichung des Compasses auf ihren Seereisen zu wissen nöthig ist, in der Emdener Zeitung bekannt machen.

II. Im Winterhalbenjahre, vom 1. November bis zum 1. April, wo sämmtliche Zöglinge der ersten und zweiten Classe gegenwärtig sein werden, findet der Hauptlehrcursus Statt. Er umfafst Folgendes:

1. Reine Mathematik, wie im Sommer; mit etwas mehr Anwendung auf die Schiffahrtskunde; besonders in der sphärischen Trigonometrie.

Die Schüler müssen nicht blofs in den Stunden den Vortrag anhören, sondern abwechselnd, besonders jeden Sonnabend Morgen, der dazu ausdrücklich bestimmt wird, durch Auflösung von Aufgaben zeigen, dafs sie das Vorgetragene richtig verstanden haben und anzuwenden wissen.

2. Mathematische Geographie und Astronomie.

3. Geographie und Productenkunde; wie im Sommer.

4. Nautische Kenntnisse, die dem Steuermann unentbehrlich sind, nemlich Kenntnifs und Gebrauch

a) Des Loths;

b) Des Loggs und des Minutenglases;

c) Des Steuer-Azimuths und Peil-Compasses, und der Abweichung der Magnetnadel; deren Beobachtung und Berechnung und darauf gegründete Berichtigung der erstern;

d) Der Seecarten, sowohl der platten als runden, und der Bestimmung des Weges und Orts des Schiffes, sowohl durch Besteck auf denselben, als durch Rechnung;

e) Des Octanten und Sextanten, und sonstiger Spiegelwerkzeuge, nebst der Berechnung der Längen und Breiten.

f) Der See-Uhren und

g) Der Journalführung.

h) Die Berechnung der Fluth- und Ebbezeiten und die geographische Darstellung der beständigen Meeresströme und regelmäfsigen Winde in den verschiedenen Erdzonen;

i) Die Stauung des Ballastes und der Güter, die Ausmessung und Aichung der Schiffe (ihrer Befrachtung wegen), die Ausmessung der Fässer, Collis etc. und die Ausmittelung des Raumes dazu etc.;

k) Verhaltungsregeln, um bei stürmischer Witterung oder sonstigen Vorfällen Strandung oder Schiffbruch zu vermeiden;

l) Kenntnifs der Untiefen, Baaken und Riffe in den Nord-, Ost- und andern Meeren;

m) Verhaltungsregeln beim Laden und Löschen der Schiffe;

n) Nothwendige Gesundheitsregeln für Seefahrer, besonders bei ansteckenden Krankheiten;

o) Die Kenntnifs der Rechte und Pflichten der Schiffer, insbesondere für Ostfriesland, wie sie in dem hiesigen Landrechte Th. II. Tit. 8. §. 1446. bis 2451. enthalten, und die auch dem *Steuermann* beim etwaigen Ableben oder in Abwesenheit des Schiffscapitains zu wissen nöthig sind.

Diesen, einem guten Steuermann nöthigen und nützlichen Kenntnissen noch das ihm Nöthigscheinende hinzuzufügen, bleibt dem Lehrer überlassen.

§. 7.

Ein Zögling der ersten Classe, welcher zur Anstellung als Steuermann geprüft werden will, mufs ein ganzes Jahr ununterbrochen, oder wenigstens zwei Winterhalbejahre hindurch dem Unterrichte in beiden Classen fleifsig beigewohnt haben, es sei denn, dafs er schon vorher gute und hinreichende Kenntnisse besessen habe, in welchem Falle (jedoch als Ausnahme von der Regel) ein halbjähriger Unterricht in der ersten Classe hinreichen mag.

Es sollen am Ende jedes Sommerhalbjahres die Zöglinge der zweiten oder untern Classe geprüft werden, ob sie fähig sind, an dem Unterrichte der ersten Classe Theil zu nehmen, und sie sollen nach Befinden ihrer Kenntnisse zu dieser übertreten, oder nicht.

Am Ende jedes Winterhalbjahres soll eine öffentliche Hauptprüfung mit den Zöglingen beider Classen gehalten und solche vorher in öffentlichen Blättern angekündigt werden. Drei der Geschicktesten und Fleifsigsten beider Classen sollen an diesem öffentlichen Prüfungstage durch Prämien, bestehend aus guten Werken über die Schiffahrtskunde, öffentlich ausgezeichnet und belohnt, auch ihre Namen, so wie die Namen der ihnen an Geschicklichkeit und Fleifs Zunächstkommenden (welche zu bezeichnen der gewissenhaften Überzeugung des Lehrers überlassen bleibt) in öffentlichen Blättern durch den Lehrer bekannt gemacht werden.

Über den Fleifs, die Geschicklichkeit und das gute Betragen der Schüler wird vom Lehrer ein Conduitenbuch geführt und der Landesbehörde jährlich eine Liste daraus überreicht.

§. 8.

Wenn Zöglinge der Navigationsschule, oder bereits gediente Matrosen Steuerleute werden wollen, so müssen sie zuvor geprüft werden und es mufs ihre Prüfung, aufser fertiges Rechnen und Schreiben, vorzüglich folgende Gegenstände betreffen, denen der Lehrer noch beliebige Examinations-Aufgaben beifügen kann. (Dies wird im voraus zur öffentlichen Kenntnifs gebracht, damit die Aspiranten sich nicht mit Unkenntnifs des zu Verlangenden entschuldigen können.)

1) Die Berechnung neuer und voller Monden;
2) Die Aufsuchung des Mond-Alters und die darauf gegründete Berechnung des hohen und niedrigen Wassers, für jeden Ort beim Einsegeln in den Hafen.
3) Die Messung der Polhöhe, um das Besteck in der Carte zu verbessern;
4) Die Angabe des Verfahrens, die Abweichung des Compasses durch zwei Peilungen an der Sonne zu erfahren; so wie, selbige auf dem festen Lande zu beobachten; und zwar geometrisch, mittels concentrischer Kreise, so wie durch Beobachtung der Sonne.
5) Die Berechnung der Polhöhe und der Declination, wie weit die Sonne vom wahren Osten auf- und vom wahren Westen untergeht; nebst Peilungen an der Sonne, um die Abweichung des Compasses zu erforschen.

6) Angabe, wie abweichende Compasse in rechtweisende zu verändern sind, um die Course in der Seecarte darnach zu stellen.

7) Berechnung eines aufgegebenen Courses in der sogenannten platten Carte etc. und Bestimmung des Weges und Orts des Schiffes durchs Besteck.

8) Angabe, wie in der runden Carte mit dem Besteck durch Berechnung auf die vorgeschriebene Länge und Breite zu kommen sei.

9) Messung und Berechnung der Fahrt des Schiffes: wieviel Meilen es in einem Quartier oder in 4 Stunden durchläuft.

10) Angabe der Untiefen in der Ost- und Nordsee und andern Meeren; so wie auch des Bodens über den Baaken und Riffen.

11) Angabe, wie ein Steuermann sich beim Laden und Löschen eines Schiffs zu verhalten habe, und wie ein richtiges Reise-Journal geführt werde.

12) Der Examinandus mufs zeigen, dafs er practisch verstehe, ein Schiff in allen Gewässern über die See zu bringen.

13) Er mufs von allen Instrumenten und Geräthschaften eines Schiffes und von den Schiffen selbst, so wie von der verschiedenen Bauart der Schiffe, genaue Kenntnifs besitzen, auch alles nach dem Gebrauch zu dirigiren verstehen.

14) Angabe der Verhaltungsregeln, um bei stürmischer Witterung oder sonstigen Vorfällen Strandung und Schiffbruch zu vermeiden.

15) Kenntnifs von den Pflichten und Rechten eines Schiffers und Steuermanns etc., nach dem hiesigen Landrechte, Theil II. Tit. 8. §. 1446. bis 2451. u. s. w.

§. 9.

Die Prüfung der zur Anstellung als Steuerleute sich Meldenden geschieht vom Lehrer der Navigationsschule öffentlich und in Gegenwart des Magistrats der Stadt Emden, mit Zuziehung von zwei bis drei der erfahrensten Schiffscapitaine. Den Aspiranten, welche hinreichende Kenntnisse zeigen, soll ein vom Magistrate der Stadt Emden und dem Lehrer der Navigationsschule formell ausgestelltes Zeugnifs ertheilt und dasselbe durch die öffentlichen Blätter bekannt gemacht werden.

§. 10.

In- und ausländische Zöglinge, welche die Holländische, Englische, Französische und Lateinische Sprache, das Buchhalten, so wie das Zeichnen und

Malen zu erlernen wünschen, finden gegen besondere Vergütigung Gelegenheit dazu bei den betreffenden Privatlehrern in Emden, so wie im Gymnasio.

Schüler und Steuerleute, die sich in der höhern Mathematik, so wie in den Kenntnissen der höhern Seemannswissenschaft, die den Capitainen bedeutenderer Schiffe zu wissen nöthig sind, nach absolvirtem einjährigen Lehrcursus unterrichten lassen wollen, können diesen Unterricht in Privatstunden gegen besondere Vergütigung bei dem Lehrer der Navigationsschule erhalten; so dafs es den Zöglingen, die sich weiter als zum Steuermann wissenschaftlich ausbilden wollen, in Emden nicht an Gelegenheit dazu fehlen wird; so wie denn auch die Zöglinge zum häuslichen Unterkommen dort Gelegenheit finden werden.

§. 11.

Das Honorar, welches jeder Zögling halbjährig dem Navigationslehrer beim Anfange der Lehrstunden vorausbezahlen mufs, beträgt, wie bisher üblich war, auch künftig nur 15 Gulden Holländisch, und für den vollständigen einjährigen Lehrcursus 30 Gulden Holl., welche halbjährig vorausbezahlt werden. Die Schüler müssen die ihnen nöthigen Lehrbücher, Schreib- und Zeichen-Materialien, Reifszeuge und Instrumente, jeder für sich mitbringen. Ganz unvermögende Schüler sollen freien Unterricht und einige Instrumente und Bücher auf öffentliche Kosten während der Unterrichtzeit erhalten, nach deren Beendigung sie solche an den Lehrer wieder abgeben; sie müssen aber ihr Unvermögen nachweisen und vom Magistrat der Stadt Emden ein Zeugnifs darüber dem Lehrer der Navigationsschule einliefern.

Aufserdem steht der im Sommer des Nachmittags zweimal in der Woche in der Steuermannskunst zu gebende Unterricht nicht allein den Zöglingen der Navigationsschule, sondern einem jeden anständigen Zuhörer unentgeltlich frei und offen. Auch können diejenigen Steuerleute, welche bereits einen einjährigen Cursus beendigt und die Prüfung gut bestanden haben, zur Wiederholung und fernern Erweiterung ihrer Kenntnisse dem Unterrichte im Sommer und Winter unentgeltlich beiwohnen.

§. 12.

Der Lehrer der Navigationsschule wird des Morgens wöchentlich 5 Stunden, mit Ausnahme des Sonnabends, auf dem Gymnasio der Stadt Emden Unterricht in der Mathematik ertheilen. Die Bestimmung der Stunden soll nach Verabredung zwischen den verschiedenen Lehrern näher bekannt gemacht werden. Und zwar wird

1. Im Sommerhalbjahre in der reinen Mathematik unterrichtet, nämlich in der Arithmetik, Algebra, Geometrie und Stereometrie, bis zur ebenen und sphärischen Trigonometrie und einschliefslich derselben, mit besonderer Anwendung auf das bürgerliche Leben. In dazu geeigneten Stunden werden die Zöglinge mit dem Gebrauche der zum Messen nöthigen Instrumente auf dem Felde practisch bekannt gemacht und im Aufnehmen und Cartiren unterrichtet und geübt werden.

2. Im Winterhalbjahre werden in denselben wöchentlichen 5 Stunden, statt der reinen Mathematik, die Anfangsgründe der angewandten Mathematik, so wie der mathematischen Geographie, insbesondere die Kenntnifs der Erd- und Himmelskugel und des gestirnten Himmels vorgetragen und es werden in dazu passenden Abendstunden Beobachtungen am Himmel gemacht werden. Dieser Unterricht in der reinen und angewandten Mathematik wird stets halbjährig abwechseln; wie oben bestimmt.

Bei dem gewöhnlichen Examen sollen die Schüler des Gymnasii auch in den mathematischen Wissenschaften geprüft und Diejenigen, welche sich durch Fleifs und Kenntnisse darin auszeichnen, öffentlich belobt werden.

Jeder Schüler, der diesem Unterrichte beiwohnt, zahlt halbjährig dafür an den Navigationslehrer auch künftig nur das früher bestimmte Honorar von 2 Thlr. Erweislich Unvermögende, die den übrigen Unterricht auf dem Gymnasio frei haben, sind auch hier frei.

Wenn die Schüler des Gymnasii aufserdem dem Unterrichte der Zöglinge der Navigationsschule beiwohnen wollen, sind sie denselben Bestimmungen hinsichtlich der Zeit und Bezahlung etc. unterworfen, wie jene.

Aurich, den 30. December 1823.

Königl. Grofsbritannisch-Hannöversche
Landdrostei von Ostfriesland.
v. Wangerow.

7.

Die Girardsche Schiffschleuse mit Schwimmer.

(Fortsetzuug der Abhandlung No. 1. im vorigen Heft.)

Berechnung der Wirkungen des Girardschen Schleusenschwimmers.

(Von Herrn *Poncelet*.)

Wir wollen zunächst den frühern Vorschlag untersuchen, welchen Herr *Girard* im Februar 1842 der Akademie vorlegte. Obgleich dieses erste System bei weitem weniger vortheilhaft ist, als das neuere des Erfinders, so hat es doch Vorzüge vor den ältern und verdient also immer schon Beachtung. Wir wollen indessen von dem frühern Girardschen System blofs eine allgemeine Übersicht geben, die dann zugleich die Beurtheilung des neuen Systems erleichtern wird.

Einstöckige Schwimmer.

1. Aus dem Bericht des Herrn *Coriolis* hat man gesehen, dafs nach dem ältern Girardschen System das Wasser in der Schleusenkammer vermittels eines Schwimmers gehoben und gesenkt wird, welcher aus zwei über einander gestellten prismatischen Kasten besteht. Der oberste Kasten ist oben offen und steht mit den Schleusenbecken durch wechselseitig wirkende Heber in Verbindung; er kann der *eigentliche Schwimmer* heifsen. Der untere Kasten ist an allen Seiten verschlossen, leer, und taucht in das Wasser eines Behälters zur Seite unter, welcher Behälter mit der Schleusenkammer in keiner Verbindung steht, also ganz eigentlich ein Brunnen ist. Der zweite Kasten kann der *Taucher* heifsen. Auch hat man gesehen, dafs die Aufgabe darin besteht, die Maafse der verschiedenen Theile dieser Vorrichtung so zu bestimmen, dafs der obere Kasten nach Belieben mittels der Heber und unter dem Druck eines während des ganzen Auf- und Absteigens des Schwimmers unveränderlich bleibenden Unterschiedes der Wasserstände gefüllt und geleert werden könne, also während zugleich die Schleusenkammer gegentheils mittels der nemlichen Heber gefüllt oder geleert wird.

Wir wollen zuerst annehmen, die Schleusenkammer sei voll, der Schwimmer sei ganz, oder doch beinahe leer, und das Wasser stehe in der Schleusenkammer um etwas höher als im Schwimmer, nach Herrn *Girard* um 2 Zoll [5 Centimeter]. Das Wasser kann also nun durch die Heber aus der Schleusenkammer in den Schwimmer fliefsen. Demnach wird der Wasserspiegel in der Schleusenkammer sich senken, der Wasserspiegel im Schwimmer aber würde steigen, wenn nicht das hineingeströmte Wasser ihn schwerer machte und also ihn, sammt dem Taucher, in das Wasser des Brunnens hineindrückte; was in dem Maafse geschehen mufs, dafs der Unterschied der Wasserstände in der Schleusenkammer und im Schwimmer während der ganzen Bewegung desselben *stets derselbe bleibe.* [Damit der Zuflufs des Wassers in den Schwimmer fortdauern möge. D. H.]

Da bei der entgegengesetzten Bewegung des Schwimmers Alles dasselbe ist, nur mit dem Unterschiede, dafs jetzt umgekehrt das Wasser im Schwimmer höher stehen mufs als in der Schleusenkammer, so werden die gleichen Rechnungen auch für den umgekehrten Fall passen, wenn man blofs die Zeichen $+$ und $-$ verwechselt.

2. Es bezeichne

A den Spielraum zwischen dem Taucher und den Wänden des Brunnens;

B den horizontalen Qnerschnitt des prismatischen Tauchers, so dafs

$A+B$ der horizontale Querschnitt des Brunnens ist.

A' sei der horizontale Querschnitt der prismatischen Schleusenkammer;

B' der horizontale Querschnitt des prismatischen Schwimmers.

u sei die Höhe, um welche sich das Wasser in der Schleusenkammer unter seinen anfänglichen Stand in irgend einem Augenblick während der Bewegung gesenkt hat;

x sei die Höhe, um welche in demselben Augenblick das Wasser im Schwimmer über seinen anfänglichen Stand gestiegen ist;

y sei die absolute Höhe, um welche das ganze System unter seinen anfänglichen Stand durch die in den Schwimmer hineingeflossene Wasserschicht von der Höhe x hinabgedrückt worden ist;

z sei die Höhe, um welche, ebenfalls in diesem Augenblick, das Wasser im Brunnen über seinen anfänglichen Stand gestiegen ist;

h sei die Höhe, um welche der veränderliche Wasserstand in der Schleusenkammer höher steht, als der in dem Schwimmer, so dafs also h die Druckhöhe ist, unter welcher das Wasser aus der Schleusenkammer durch die Heber in den Schwimmer fliefst;

h_0 sei das für h willkürlich bestimmte Maafs;

P_0 sei das Gewicht des Schwimmers und Tauchers, mit Ausschlufs des Gewichts der Wasserschicht in dem Schwimmer von der *veränderlichen* Höhe x.

y_0 sei die Höhe, um welche der leere Taucher in das Wasser des Brunnens hineingedrückt wird;

ε sei das Gewicht einer Cubik-Einheit Wasser, so dafs also

$$1.\quad y_0 = \frac{P_0}{\varepsilon B} \text{ ist.}$$

3. Zufolge des hydrostatischen Gleichgewichts mufs, wenn nun zu dem Gewicht $P_0 = \varepsilon B y_0$ (1.) des Schwimmers und Tauchers das Gewicht $\varepsilon B' x$ des in den Schwimmer hineingeflossenen Wassers hinzukommt, die Summe dieser Gewichte stets dem Gewicht $\varepsilon B(y_0 + y + z)$ des von dem Schwimmer hinweggedrückten Wassers gleich sein. Es mufs also

$$2.\quad \varepsilon B y_0 + \varepsilon B' x = \varepsilon B(y_0 + y + z)$$

sein, woraus

$$3.\quad B' x = B(y + z) \text{ folgt.}$$

Da der Boden des Tauchers sich um die absolute Höhe y gesenkt hat, so hat er die Wassermasse By hinweggedrückt, und diese hat gedient, das Wasser im Brunnen *um den Taucher herum* auf die Höhe z zu erheben, also mufs auch

$$4.\quad By = Az \text{ sein.}$$

Endlich mufs das in den Schwimmer hineingeflossene Wasser $B'x$ dem der Schleusenkammer entzogenen Wasser $A'u$ gleich, also

$$5.\quad B'x = A'u \text{ sein.}$$

Daraus folgt:

$$6.\quad x = \frac{A'}{B'} u \ (5.),$$

$$7.\quad y = \frac{B' A}{B(B+A)} x = \frac{AA'}{B(B+A)} u \ (6.),$$

$$8.\quad z = \frac{B'}{B+A} x = \frac{A'}{B+A} u \ (6.).$$

[Nemlich (3.) giebt $z = \frac{B'}{B} x - y$ und (4.) giebt $y = \frac{A}{B} z$, also ist $z = \frac{B'}{B} x - \frac{A}{B} z$, woraus $z\left(1 + \frac{A}{B}\right) = \frac{B'}{B} x$ und $z = \frac{B'}{B+A} x$ folgt, welches der Ausdruck (8.) ist, und dieser giebt weiter vermöge $y = \frac{A}{B} z$ (4.) den Ausdruck (7.). D. H.]

4. Während sich der Schwimmer, sammt Taucher, um y gesenkt hat, ist das Wasser im Schwimmer um x gestiegen: also ist die Oberfläche des Wassers im Schwimmer um

$$9.\quad y - x = \frac{AA'}{B(B+A)} u - \frac{A'}{B} u \ (7. \text{ und } 6.)$$

gesunken. Sie steht also nun [nicht mehr um h oder h_0, sondern] um h_0+y-x *unter* der Oberfläche des Wassers in der *Schleusenkammer*. Aber diese Wasserfläche hat sich ihrerseits um u gesenkt, also steht die Wasserfläche im Schwimmer nur um $h_0+y-x-u$ unter der Wasserfläche in der Schleusenkammer. Diese Höhe wurde durch h bezeichnet, also ist

10. $$h = h_0+y-x-u = h_0+\left(\frac{AA'}{B(B+A)}-\frac{A'}{B}-1\right)u \quad (9.),$$

und das ist die Druckhöhe, unter welcher das Wasser aus der Schleusenkammer in den Schwimmer fliefst.

Diese Druckhöhe wird, wie es verlangt wird, *unveränderlich* und ihrem bestimmten Maafse h_0 *gleich* sein, wenn für (10.)

11. $$\frac{AA'}{B(B+A)}-\frac{A'}{B'}-1 = 0$$

ist. Diese Bedingung für die Gröfsen A, A', B, B' läfst sich durch dieselben nach Belieben erfüllen.

5. Setzt man z. B., es seien A, B und A' im voraus bestimmt, so giebt (11.) $\left[\text{vermöge } \frac{AA'-B(B+A)}{B(B+A)} = \frac{A'}{B'}\right]$ für den horizontalen Querschnitt des Schwimmers

12. $$B' = \frac{A'B(B+A)}{AA'-B(B+A)}.$$

Aber A, B und A' sind nicht ganz willkürlich, sondern müssen sich nach den örtlichen Umständen und nach den Bedingungen der Kostenverminderung richten.

6. Die vorzüglichsten dieser Bedingungen sind, dafs die Grundfläche und Höhe des Tauchers und des Schwimmers *möglichst klein* sein mufs.

Bezeichnet man durch

13. u_1 die Höhe, um welche sich das Wasser in der Schleusenkammer am Ende der Bewegung des Schwimmers gesenkt hat

und welche zufolge der Aufgabe, die sich Herr *Girard* stellte, nur um die geringe Höhe $2h_0$ kleiner sein soll als

14. Das gesammte Schleusengefälle H,

welche geringe Höhe $2h_0$ wir hier aufser Acht lassen, so findet sich, wenn man ferner durch

15. x_1, y_1 und z_1 die der ganzen Höhe u_1 entsprechenden Werthe von x, y und z bezeichnet:

Erstlich für die möglich-geringste Höhe des ***Tauchers***

16. $y_0+y_1+z_1=\frac{P_0}{\varepsilon B}+\frac{AA'}{B(B+A)}u_1+\frac{A'}{B+A}u$ (1. 7. und 8.) $=\frac{P_0}{\varepsilon B}+\frac{A'}{B}u_1$.

Zweitens für die möglich-geringste *gesammte* Höhe des ***Schwimmers und Tauchers***, da der Schwimmer wenigstens die Höhe x_1 haben mufs,

17. $y_0+y_1+z_1+x_1=\frac{P_0}{\varepsilon B}+\left(\frac{A_1}{B}+\frac{A_1}{B_1}\right)u_1$ (16. und 6.).

Drittens für die möglich-geringste Tiefe des ***Brunnens*** unter dem obern Wasser der Schleuse

$$y_0+y_1+z_1+x_1+u_1=\frac{P_0}{\varepsilon B}+\left(\frac{A_1}{B}+\frac{A_1}{B_1}\right)u_1+u_1 \quad (17.),$$

welches, da vermöge (11.) $\frac{A_1}{B'}=\frac{AA'}{B(B+A)}-1$ ist,

18. $y_0+y_1+z_1+x_1+u_1=\frac{P_0}{\varepsilon B}+\left(\frac{A_1}{B}+\frac{AA'}{B(B+A)}\right)u_1$

$$=\frac{P_0}{\varepsilon B}+\frac{A'(B+2A)}{B(B+A)}u_1$$

giebt, indem am Ende der Bewegung der Wasserspiegel in dem alsdann gefüllten Schwimmer B' ungefähr um u_1 tiefer steht, als Anfangs.

7. Man sieht aus diesen Ausdrücken [16. 17. und 18.], dafs das Mittel, die Höhe des Schwimmers und Tauchers und die Tiefe des Brunnens zu vermindern, im allgemeinen darin besteht, die Querschnitte B und B' des Tauchers und des Schwimmers zu vergröfsern und den Spielraum A um den Taucher im Brunnen zu verkleinern. Aber man darf nicht übersehen, dafs A, B, A' und B' durch die Gleichung (12.) von einander abhängig sind und dafs sie gewisse Grenzen haben. Eine nähere Untersuchung ergiebt, dafs im günstigsten Falle die Tiefe des Brunnens nicht viel geringer als $4u$, oder etwa das *vierfache Schleusengefälle* $4H$ sein kann. Dieses nimmt auch Herr ***Girard*** in dem Beispiel an, welches er giebt. Er setzt

19. $A'=\frac{4}{5}B'=\frac{12}{5}B=\frac{4}{5}A$ und $B+A=\frac{5}{3}A'$.

Diese Werthe thun der Gleichung (12.) genug und geben für die geringste Tiefe des Brunnens $\frac{1}{5}(12+4+5)u_1=\frac{22}{5}u_1$; welches noch etwas mehr als $4H$ ist.

8. Dieses Resultat, verbunden mit den andern, in dem Bericht des Herrn *Coriolis* bezeichneten Übelständen, waren ganz geeignet, die Ingenieure von der Annahme des ältern Vorschlages des Herrn ***Girard*** abzuhalten. Der bedeutende Einwurf, dafs der Brunnen ganz abgesondert sein und das Wasser darin verderben, auch seine Höhe sich ändern werde, brachte nun Herrn ***Girard***

auf den glücklichen Gedanken, den Brunnen mit der Schleusenkammer durch einen Canal am Boden in Verbindung zu setzen, wie bei der *Betancourt*schen Schleuse: aber, nicht wie dort den Schwimmer durch ungeheure Gegengewichte heben und handhaben zu lassen, sondern dazu ein oberes Becken anzuwenden, welches sein Wasser nicht mehr aus der Schleusenkammer, sondern aus dem obern Canalwasser nehme, und so, dafs die Hebung und Senkung des Wassers im Brunnen unmittelbar auf die in der Schleusenkammer wirke.

9. Es ist in der That leicht zu sehen, dafs sich auch auf diese Weise den Bedingungen des Gleichgewichts genügen lasse und dafs man noch den Vortheil erlange, die Höhe der beweglichen Vorrichtungen und folglich die Tiefe des Brunnens beträchtlich vermindern zu können, wenn man dem Taucher und dem Schwimmer dazu dienende Querschnitte B und B' giebt. Herr *Girard* gab anfangs dem Taucher einen Querschnitt B, so grofs als sein Spielraum A im Brunnen, und dem Schwimmer einen Querschnitt B', doppelt so grofs, also $= 2B = 2A$. Aber er erwog später, dafs es, da das Wasser in der obern Canalstrecke als unbegrenzt und seine Höhe als unveränderlich betrachtet werden kann, auch hinreiche, wenn man den Schwimmer blofs so hoch annehme, als das Schleusengefälle, den Taucher aber doppelt so hoch mache, um die Hebung und Senkung des Wassers in der Schleusenkammer hervorzubringen, ohne die Druckhöhe h für die Strömung des Wassers durch die Heber zu verändern. Die Zahl der Heber beschränkte Herr *Girard* jetzt auf drei, und machte sie so weit, als nöthig, um das Wasser mit geringen Geschwindigkeiten leiten zu können.

Diese Resultate lassen sich auch aus den Gleichungen (6. 7. 8. und 12.) abnehmen, wenn man darin $A' = \infty$, und $u = 0$, $B = A$ setzt und erwägt, dafs nun z_1 die ganze Höhe der Senkung oder Hebung des Wassers in der Schleusenkammer bezeichnet, deren Querschnitt, um den Spielraum im Brunnen vergröfsert, selbst durch A ausgedrückt wird. Man erhält dann die einfachen Ausdrücke

20. $\quad x = y = z \quad$ und $\quad B' = 2B = 2A.$

[Nemlich $B = A$ giebt $y = z$ vermöge (4.), und $B' = 2B = 2A$ giebt vermöge (3.) $2Bx = B \cdot 2y$, also $x = y$. D. H.] Daraus folgt weiter unmittelbar für die kleinste Höhe des Tauchers, des Schwimmers und des Brunnens, sämmtlich unter der Fläche des obern Wassers:

21. $y_0 + y_1 + z_1 = \frac{P_0}{\varepsilon B} + 2 z_1$ (1. und 20.),

22. $x_1 = z_1$ (20.),

23. $y_0 + y_1 + z_1 + x_1 = \frac{P_0}{\varepsilon B} + 3 z_1$ (1. und 20.),

wo z_1 wenig von dem Schleusengefälle H verschieden ist.

10. Dieses System war schon viel besser als das *Betancourt*sche; aber es hatte noch den Übelstand, dafs der Brunnen sehr tief und der Schwimmer sehr grofs sein mufste und wenig stabil war. Schliefslich wurde Herr *Girard* darauf geführt, dem Schwimmer zwei Theile über einander zu geben, so wie er oben beschrieben ist, und ihn das Wasser aus der obern und aus der untern Canalstrecke schöpfen zu lassen, die als unbegrenzt und das Wasser auf eine unveränderliche Höhe haltend angesehen werden konnten. Es wäre unnütz, bei den sehr einfachen Gleichungen zu verweilen, die sich auf diese besondere Voraussetzung beziehen, und wir verschieben die Anwendung der ersten Idee auf die Fälle, wo die Wasserstände im Canal veränderlich sind, oder wo mehrere Schleusenkammern hinter einander, oder auch wo Sparbecken vorhanden sind.

Zweistöckige Schwimmer für eine oder mehrere Schleusenkammern.

11. Der prismatische bewegliche Schwimmer, welcher in das Wasser eines Brunnen zur Seite der Schleusenkammer eintaucht, ist durch einen Zwischenboden der Höhe nach in zwei ungleiche Theile getheilt. Der obere Theil steht durch nach unten gebogene Heber mit dem obern, der untere Theil mit dem untern Wasser des Canals in Verbindung. Die Heber haben an ihrer Mündung Klappen, nahe am Schwimmer. Die Mündung mufs, wenigstens auf eine gewisse Ausdehnung, frei sein, damit sich so Behälter oder Wasserbecken bilden. Diese Becken, die, wenn es nöthig, lothrecht eingefafst werden, so hoch als es die Veränderlichkeit der Wasserhöhe erfordert, müssen Maafse haben, welche zu dem Hauptbecken in gehörigem Verhältnifs stehen, so dafs die Veränderung der Wasserstände selbst der in dem Hauptbecken und der Höhe der Senkung angemessen ist. [Unter dem Wasserbecken an den Mündungen wird blofs das obere und untere Wasser und unter dem Hauptbecken die Schleusenkammer verstanden. D. H.]

Andrerseits wird, um einen bestimmten Ausgangspunct zu haben, vorausgesetzt, der Schwimmer, anfangs leer, oder fast leer, schwimme frei auf dem

Wasser im Brunnen, welches mit dem in der Schleusenkammer gleich hoch steht. Die Thore der Schleusenkammer sind, nachdem ein Schiff von unten eingefahren ist, verschlossen worden. Das untere Wasser, wie das obere, hat seine volle Höhe. Es kommt nun darauf an, die Maafse der Heber und des Schwimmers in gehörigem Verhältnifs zu denen der verschiedenen Wasserbecken zu bestimmen, und zwar so, dafs, sehr bald nachdem die Klappen der Heber geöffnet sind, die Druckhöhen, welche das obere und das untere Wasser in den Schwimmer treiben sollen, constant werden und dafs also dann eine *gleichförmige* Bewegung entstehe; wovon die Möglichkeit als erfahrungsmäfsig vorausgesetzt wird, da sich die Veränderlichkeit der Bewegung nach Öffnung der Klappen nicht wohl hydrodynamisch berechnen läfst.

12. Die Zeit nach Öffnung der Klappen, in welcher die Bewegung gleichförmig wird, dürfte 20 bis 30 Secunden betragen, wenn die Leitungen des Wassers gegen ihre Länge nicht zu enge sind; unter welcher Bedingung auch die Veränderung der Gefälle aufser Acht gelassen und die Oberfläche des Wassers als stets horizontal angenommen werden kann. In den Gleichungen, die den Wasser-Ergufs unter veränderlichen Wasserständen ausdrücken, können die Glieder weggelassen werden, welche sich auf die Veränderung der Geschwindigkeit in den verschiedenen Höhen des Behälters beziehen, sobald der Behälter gegen die Leitröhren und die Ausflufs-Öffnungen, *wie hier,* sehr grofs ist. Endlich wird es hier unnütz sein, auf den Einflufs der bewegenden Kräfte des Schwimmers, mit dem darin befindlichen Wasser, so wie auf die verschiedenen Widerstände und Reibungen Rücksicht zu nehmen, da die Bewegung nur ungemein langsam ist. Weiter unten werden wir auf Einiges davon zurückkommen, um die gegenwärtigen Voraussetzungen zu rechtfertigen, oder auch um die Resultate zu verallgemeinern. Wir setzen übrigens bei allem Folgenden voraus, dafs der Leser sich aus den Zeichnungen hinreichend über die Einrichtung der Anordnung unterrichtet habe. Da Alles für das Aufsteigen und Absteigen des Schwimmers das Nemliche bleibt, so nehmen wir an, der Schwimmer solle *hinabsteigen.*

Bedingungen der Gleichförmigkeit der Bewegung.

13. Es bezeichne

B den *äufsern* horizontalen Querschnitt des Schwimmers, nach Abzug dessen, was davon am Boden die Heber oder die Röhren wegnehmen;

B' und B'' die *innern* horizontalen Querschnitte des obern Theils des Schwimmers, nach gleichem Abzug, so wie nach Abzug des Querschnitts der Unterstützungen des Zwischenbodens;

A' und A'' die Flächen des untern und des obern Wasserbeckens, mit Einschlufs der Zuleitungsgräben nach den Hebern hin. [Diese Becken sind für eine einzelne Schleusenkammer die Canalstrecken ober- und unterhalb der Kammer, für mehrere Schleusenkammern, wie z. B. in Fig. 9., sind es die obern und die untern Kammern. D. H.]

A die Grundfläche der Schleusenkammer, welche mit dem Brunnen des Schwimmers durch einen weiten unterirdischen Canal in Verbindung steht, dessen Länge hier nicht in Betracht kommt: anders wie der Spielraum im Brunnen;

$\mathrm{A} = A - \delta B$ die Grundfläche der Schleusenkammer selbst, wo δ ein nur kleiner Bruch ist, der auf weniger als 0,06 gebracht werden kann, wenn B über 2000 Q. F. grofs ist, und bis auf 0,1, wenn B weniger als 1000 Q. F. ist. [Also A bezeichnet die Grundfläche der Schleusenkammer mit Einschlufs des Spielraums δB zwischen dem Schwimmer und den Brunnenwänden. D. H.]

x' und x'' seien die relativen Höhen, um welche die Wasser-Oberflächen in dem obern und dem untern Theile des Schwimmers bis zu einem gewissen Zeitpunct gestiegen sind;

z' und z'' diejenigen Höhen, um welche sich das obere und das untere Wasser bis eben dahin gesenkt hat.

z sei die Höhe, um welche das in der Schleusenkammer und im Brunnen gleich hoch stehende Wasser gestiegen ist.

u', u und u'' seien die Abstände dieser nemlichen Wasserspiegel von ihren höchsten oder tiefsten Ständen, welche sie nach Öffnung der untern Thore von A' und A'' annehmen, nach deren Öffnung ein neues Schiff nach A' gelangen kann, so wie dasjenige, welches sich in A befindet, nach A''.

$\mathrm{H}' = z' + u'$, $\mathrm{H} = z + u$ und $\mathrm{H}'' = z'' + u''$ sind dann die partiellen oder relativen Gefälle der Becken A', A und A'', das heifst, die gröfsten Veränderungen der Wasserhöhen vom Augenblick der Öffnung der Heberklappen an bis zum Schlufs der Schleusenthore;

H sei das ganze Gefälle zwischen den äufsersten obern und untern Wasserhöhen.

y sei die absolute Senkung des Schwimmers unter seiner Belastung mit den

Wasserschichten x' und x'', in Verbindung mit dem Steigen des Wassers um z aufserhalb;

h', h'' seien im allgemeinen die Druckhöhen, unter welchen in einem bestimmten Augenblick das obere und das untere Wasser durch die Heber und die Zuleitungscanäle in die beiden Theile B' und B'' des Schwimmers fliefst;

h'_1 und h''_1 seien die constanten Grenzen, welche h' und h'' erreichen, nachdem die Bewegung gleichförmig geworden ist.

v_1 endlich sei die Geschwindigkeit der gleichförmig gewordenen Bewegung des Schwimmers.

Ähnlicherweise sei für den *Anfang* der Senkung des Schwimmers:

y_0 die Tiefe, bis auf welche er unter den Wasserstand im Brunnen oder in der Schleusenkammer hinabsteigt.

$P_0 = \varepsilon B y_0$ sei das gesammte Gewicht des Schwimmers, mit Inbegriff dessen der Wasserschichten, die sich darin schon vor dem Anfange der Bewegung befanden;

h'_0 und h''_0 seien die Werthe von h' und h'' im *Anfange* der Bewegung.

Um die Werthe von y, x', x'', z', z, z'', u', u und u'' für den Augenblick des Schlusses der Heberklappen, oder wenn der Schwimmer auf seinen tiefsten Punct angelangt ist, zu bezeichnen, werden wir davor unten einen Strich ($_1$) setzen.

14. Für einen beliebigen Zeitpunct der Bewegung ist nach den obigen Voraussetzungen:

Erstlich, weil die in die beiden Theile des Schwimmers eingeströmte Masse Wasser stets der aus den beiden Wasserbecken genommenen gleich ist:

$$24. \quad B'x' = A'z' \quad \text{und} \quad B''x'' = A''z''.$$

Zweitens. Nach den Bedingungen des hydrostatischen Gleichgewichts des Schwimmers, wenn man die lebendigen Kräfte, die Reibungen und Widerstände aller Art bei Seite setzt, ist

$$25. \quad P_0 + \varepsilon(B'x' + B''x'') = \varepsilon B(y_0 + y + z);$$

welche Gleichung sich, da $P_0 = \varepsilon B y_0$ ist, auf

$$26. \quad B'x' + B''x'' = B(y + z)$$

reducirt.

Drittens. Da das in die Schleusenkammer eingetretene Wasser vom Schwimmer durch sein Hinabsinken aus dem Brunnen zurückgedrückt wird, so ist

$$27. \quad By = Az.$$

Viertens. Endlich ist für die Wasserhöhe, unter deren Druck das Wasser durch die Heber in den Schwimmer getrieben wird:

$$28.\quad h' = h'_0 + y - x' - z' \quad \text{und} \quad h'' = h''_0 + y - x'' - z''.$$

15. Setzt man in (28.) aus (24.) die Werthe $\left[\frac{B'x'}{A'} \text{ und } \frac{B''x''}{A''}\right]$ von z' und z'', so erhält man $\Big[$z. B. $h' = h'_0 + y - x - \frac{B'x'}{A'} = h'_0 + y - x'\frac{A'+B'}{A'}$ und Ähnliches für die andere Gleichung, also$\Big]$

$$29.\quad x' = \frac{A'}{A'+B'}(y + h'_0 - h') \quad \text{und} \quad x'' = \frac{A''}{A''+B''}(y + h''_0 - h'').$$

Setzt man darauf diese Werthe von x' und x'', so wie aus (27.) den Werth von $z = \frac{B}{A}y$, in (26.), so ergiebt sich

$$\left[\frac{A'B'}{A'+B'}(y + h'_0 - h') + \frac{A''B''}{A''+B''}(y + h''_0 - h'') = By + \frac{B^2}{A}y \quad \text{oder}\right]$$

$$30.\quad \frac{A'B'}{A'+B'}(h'_0 - h') + \frac{A''B''}{A''+B''}(h''_0 - h'') = \left(\frac{B(B+A)}{A} - \frac{A'B'}{A'+B'} - \frac{A''B''}{A''+B''}\right)y.$$

Da die Bewegung nach einem kurzen Zeitraum gleichförmig werden mufs, so mufs das erste Glied der Gleichung constant werden. Dieses ist aber nicht anders möglich, als wenn das andere Glied Null ist, indem es sonst mit y zugleich immerfort wachsen würde. Also mufs der Multiplicator von y rechts in (30.) Null sein; was die Gleichung

$$31.\quad \frac{B(B+A)}{A} = \frac{A'B'}{A'+B'} + \frac{A''B''}{A''+B''}$$

giebt, die nun zur Bestimmung der Querschnitte B des Schwimmers durch die Fläche der verschiedenen Wasserbecken A dient.

Vermöge (31.) geht (30.) in

$$32.\quad \frac{A'B'}{A'+B'}(h'_0 - h') + \frac{A''B''}{A''+B''}(h''_0 - h'') = 0$$

über, welches für die constant gewordenen Druckhöhen h' und h'', die alsdann wie oben bemerkt durch h'_1 und h''_1 ausgedrückt werden, die Gleichung

$$33.\quad \frac{A'B'}{A'+B'}(h'_0 - h'_1) + \frac{A''B''}{A''+B''}(h''_0 - h''_1) = 0$$

$\left[\text{oder } h'_1 - h'_0 + \frac{A''B''(A'+B')}{A'B'(A''+B'')}(h''_1 - h''_0) = 0\right]$, also, wenn man die constante Gröfse

$$34.\quad \frac{A''B''(A'+B')}{A'B'(A''+B'')} = k$$

setzt, die Gleichung

$$35. \quad h_1' - h_0' + k(h_1'' - h_0'') = 0$$

giebt.

16. Aber die Erfüllung dieser verschiedenen Bedingungen ist nicht hinreichend, um versichert zu sein, dafs die Bewegung *gleichförmig* werde. Es ist auch noch nöthig, dafs die Querschnitte der Heber und der Zuleitungs-Canäle, so wie die Ergüsse unter den Druckhöhen h' und h'', zu der Gröfse der Wasserbecken und des Schwimmers in dem gehörigen Verhältnifs stehen.

Um auch diese Bedingungen noch in Rechnung zu bringen, bezeichne

L' und L'' die Längen, D' und D'' die Durchmesser und S' und S'' die Querschnitte des einen und des andern Hebers;

u' und u'' die Geschwindigkeiten, welche die Druckhöhen h' und h'' hervorbringen, also u_1' und u_1'' diejenigen, welche den Druckhöhen h_1' und h_1'' am *Ende* der Bewegung entsprechen;

L′ und L″ die Längen, S′ und S″ die Querschnitte, P′ und P″ die Umfänge, so weit sie vom Wasser bedeckt sind und $\mathrm{D}' = \frac{4\,\mathrm{S}'}{\mathrm{P}'}$ und $\mathrm{D}'' = \frac{4\,\mathrm{S}''}{\mathrm{P}''}$ die *mittlern* Durchmesser der *Zuleitungscanäle* zu den Hebern; welche Canäle offen, oder auch bedeckt sein und Schützen haben können, um sie vom obern und untern Wasser abzusondern. [Der Herr Verfasser setzt also den Querschnitt der Zuleitungscanäle kreisförmig, oder auch quadratisch, denn nur dann ist der vierfache Querschnitt 4S gleich dem Product DP des Durchmessers in den Umfang. D. H.]

$Q_1' = S'u_1'$ und $Q_1'' = S''u_1''$ ist dann der Wasser-Ergufs durch die Heber in der Secunde, unter den Geschwindigkeiten u_1' und u_1'' am Ende der Bewegung.

μ' und μ'' seien die Zusammenziehungs-Coëfficienten für die Einmündung der Heber, welche bis auf $\frac{1}{2}$ hinabsinken könnten, wenn man die Einmündungen nicht gehörig abrundete.

m' und m'' seien die Zusammenziehungs-Coëfficienten für die Zuleitungs-Canäle zu den Hebern.

$\alpha = 0{,}00017$ und $\beta = 0{,}00342$ seien die Coëfficienten für den Widerstand der Heberwände gegen das Wasser. Dieselben sind nach *Prony* in Röhren und offenen Canälen ungefähr dieselben.

r' und r'' seien die Krümmungshalbmesser der Biegung der Heber;

$c' = \pi r'$ und $c'' = \pi r''$ endlich seien die Längen der Biegung der Heber, so dafs dann (nach *Dubuat*)

36. $(0{,}0039+0{,}0186r')\frac{c'v_1'^2}{v'^2}$ und $(0{,}0039+0{,}0186)\frac{c''v_1''^2}{r''^2}$

den Verlust an bewegender Kraft in den Biegungen der Heber für die Einheit der Masse ausdrückt. (S. ***Navier,*** Applicat. de la mécanique etc.) [Die Zahlen in diesen Formeln beziehen sich auf ***Französisches*** Maafs. Da es nur mehr auf ***Vergleichungen*** ankommt, so reduciren wir sie nicht auf Preufsisches, sondern werden nur die Endresultate in Zahlen in Preufsischem Maafs ausdrücken. D. H.]

17. Dann ist der Wasser-Ergufs durch die Heber und die Zuleitungs-Canäle nach den beiden Stockwerken des Schwimmers hin, in einem beliebigen Augenblick der Bewegung, $= S'u'\partial t$, und $= S''u''\partial t$ während des Zeit-Elements ∂t; und da diese Ergüsse den Zunahmen $B'\partial x'$ und $B''\partial x''$ der Wassermasse in den beiden Theilen des Hebers gleich sind, so ist

$$37.\quad S'u' = B'\frac{\partial x'}{\partial t} \quad \text{und} \quad S''u'' = B''\frac{\partial x''}{\partial t}.$$

Die Ausdrücke von h' und h'' (28.), nach t differentiirt, geben $\Big[$da z. B. $z' = \frac{B'}{A'}x'$ (24.) und also $x'+z' = \left(1+\frac{B'}{A'}\right)x' = \frac{A'+B'}{A'}x$ ist,$\Big]$

$$38.\quad \frac{\partial h'}{\partial t} = \frac{\partial y}{\partial t} - \frac{A'+B'}{A'}\cdot\frac{\partial x'}{\partial t} = 0 \quad \text{und} \quad \frac{\partial h''}{\partial t} = \frac{\partial y}{\partial t} - \frac{A''+B''}{A''}\cdot\frac{\partial x''}{\partial t} = 0;$$

und zwar müssen $\frac{\partial h'}{\partial t}$ und $\frac{\partial h''}{\partial t}$ ***gleich Null*** sein, weil die Bewegung ***gleichförmig*** werden soll.

Nun ist $\frac{\partial y}{\partial t}$ nichts anders als die Endgeschwindigkeit v_1, welche der Schwimmer schon bald nach dem Anfange der Bewegung erreichen soll (§. 13.), also giebt (38.)

$$39.\quad \frac{\partial x'}{\partial t} = \frac{A'}{A'+B'}\cdot\frac{\partial y}{\partial t} = \frac{A'v_1}{A'+B'} \quad \text{und} \quad \frac{\partial x''}{\partial t} = \frac{A''}{A''+B''}\cdot\frac{\partial y}{\partial t} = \frac{A''v_1}{A''+B''},$$

und dies, in (37.) gesetzt, giebt

$$40.\quad S'u_1' = \frac{B'A'}{A'+B'}v_1 = Q_1' \quad \text{und} \quad S''u_1'' = \frac{B''A''}{A''+B''}v_1 = Q_1''$$

[weil nemlich $S'u_1'$ und $S''u_1''$ durch Q_1' und Q_1'' bezeichnet wurden (§. 16.)]; was den Ergufs durch die Heber giebt, wenn man die Endgeschwindigkeit v_1 des Schwimmers im Voraus bestimmt.

18. Andrerseits ist nach den Gesetzen der Hydraulik für die Bedingung der Gleichförmigkeit der Bewegung in den Hebern und Zuleitungs-Canälen,

mit Rücksicht auf die Verluste der bewegenden Kraft und auf die verschiedenen Widerstände:

$$41.\quad \begin{cases} 2gh_1' = \frac{8L'}{D'}(\alpha u_1' + \beta u_1'^2) + \frac{8L'}{D'}\left(\alpha \frac{S'}{S'} u_1' + \beta \frac{S'^2}{S'^2} u_1'^2\right) + (0{,}0039 + 0{,}0186 r')\frac{c'}{r'^2} u_1'^2 \\ \qquad + \left[1 + \left(\frac{1}{\mu'} - 1\right)^2 + \left(\frac{1}{m'} - 1\right)^2 \frac{S'^2}{S'^2}\right] u_1'^2, \\ 2gh_1'' = \frac{8L''}{D''}(\alpha u_1'' + \beta u_1''^2) + \frac{8L''}{D''}\left(\alpha \frac{S''}{S''} u_1'' + \beta \frac{S''^2}{S''^2} u_1''^2\right) + (0{,}0039 + 0{,}0186 r'')\frac{c''}{r''^2} u_1''^2 \\ \qquad + \left[1 + \left(\frac{1}{\mu''} - 1\right)^2 + \left(\frac{1}{m''} - 1\right)^2 \frac{S''^2}{S''^2}\right] u_1''^2, \end{cases}$$

wenn man die bewegenden Kräfte der Wassermassen in den Becken A' und A'' und in den Schwimmertheilen B' und B'' aufser Acht läfst, die, weil ihr Querschnitt wenigstens zehnmal so grofs ist, als der S' und S'' der Heber, keine merkliche Veränderung der Druckhöhen h_1' und h_1'' hervorbringen können. [Diese Formeln sind nach der *Dubuat*schen Theorie aufgestellt und also auf Versuche gegründet. g bedeutet hier die *doppelte* freie Fallhöhe in der ersten Secunde, also ist $2gh$ das Quadrat der Geschwindigkeit, welche von der Druckhöhe h hervorgebracht wird, und dieses Quadrat wird durch die Summe der verschiedenen Glieder rechts ausgedrückt. D. H.]

19. Wir haben in den Gleichungen (41.) die Glieder mit μ und m beibehalten, weil sie bedeutend sein könnten, wenn man nicht etwa der Zusammenziehung des Strals an den Mündungen der Heber und der Zuleitungscanäle gehörig vorgebeugt hätte. Giebt man diesen Mündungen, wie weiter unten zu erörtern, die gehörige Krümmung, so wird der Verlust an Druckhöhe hier beinahe gehoben werden. Die Mündungen der offenen Canäle aber werden, selbst wenn man den Boden und die Seitenwände an den Becken gehörig abgerundet hat, eine bedeutende Zusammenziehung veranlassen, deren Coëfficienten m jedoch nicht gröfser als 0,67 sein werden; auch wird ein kleines Gefälle der Oberfläche entstehen, welches nach *Dubuat* nothwendig ist, um dem Wasser an der Mündung der Zuleitungscanäle seine Geschwindigkeit beizubringen. Um diesen Verlust möglichst zu vermindern, so wie die Reibung längs der Wände, wird man die Zuleitungscanäle so *kurz* und so *weit* als möglich zu machen, auch ihnen eine Breite zu geben haben, welche wenigstens das doppelte der Tiefe ist, während die letztere wieder fast die des Canals selbst sein mufs.

Alles dieses ist hier nicht ohne Bedeutung, weil die Druckhöhen, die das Wasser in den Schwimmer treiben, nur gering sein sollen, und weil diese

Druckhöhen zugleich alle Widerstände der Bewegung zu überwinden haben, durch welche der Wasserzuflufs in den Schwimmer vermindert wird.

20. Setzt man jetzt in die Gleichungen (41.) die Werthe von u_1' und u_1'' aus (40.) $\left[\text{nemlich } u_1' = \frac{Q_1'}{S'} \text{ und } u_1'' = \frac{Q_1''}{S''}\right]$, so findet sich, da

$$42. \quad S' = \tfrac{1}{4}\pi D'^2 \quad \text{und} \quad S'' = \tfrac{1}{4}\pi D''^2$$

ist

$$43. \quad h_1' = \frac{4a'Q_1'}{\pi g D'^2} + \frac{8b'Q_1'^2}{\pi^2 g D'^4} \quad \text{und} \quad h_1'' = \frac{4a''Q_1''}{\pi g D''^2} + \frac{8b''Q_1''^2}{\pi^2 g D''^4};$$

wenn man zur Abkürzung

$$44. \begin{cases} 4\alpha\left(\frac{L'}{D'} + \frac{L'S'}{D'S'}\right) = a' \quad \text{und} \\ 8\beta\left(\frac{L'}{D'} + \frac{L'S'^2}{D'S'^2}\right) + 1 + \left(\frac{1}{\mu'} - 1\right)^2 + \left(\frac{1}{m'} - 1\right)^2 \frac{S'^2}{S'^2} + (0{,}0039 + 0{,}0186r')\frac{c'}{r'^2} = b' \\ \text{und} \\ 4\alpha\left(\frac{L''}{D''} + \frac{L''S''}{D''S''}\right) = a'' \quad \text{und} \\ 8\beta\left(\frac{L''}{D''} + \frac{L''S''^2}{D''S''^2}\right) + 1 + \left(\frac{1}{\mu''} - 1\right)^2 + \left(\frac{1}{m''} - 1\right)^2 \frac{S''^2}{S''^2} + (0{,}0039 + 0{,}0186r'')\frac{c''}{r''^2} = b'' \end{cases}$$

setzt. Die Ausdrücke (43.) geben die Druckhöhen h_1' und h_1'' durch eine leichte Rechnung, wenn die Vorrichtung ***vorhanden*** ist und man im Voraus die Geschwindigkeit v_1 des Schwimmers bestimmt, von welcher die Werthe von Q_1' und Q_1'' unmittelbar zufolge der Gleichungen (40.) abhangen.

21. Die Verbindung der Gleichungen (43.) mit denen (34. und 35.), welche ebenfalls auf der Bedingung der Gleichförmigkeit der Bewegung des Schwimmers beruhen, geben die constanten Druckhöhen h_1' und h_1'', wenn man nicht die Geschwindigkeit v_1 des Schwimmers, sondern vielmehr die ***anfänglichen*** Druckhöhen h_0' und h_0'' im voraus bestimmt; vorausgesetzt, dafs die Flächen B, B', B'' des Schwimmers so bestimmt worden sind, dafs der Gleichung (31.) ein Genüge geschieht.

Schafft man Q_1', Q_1'', v_1 und h_1' oder h_1'' zwischen den fünf Gleichungen (35., 40. und 43.) weg, so erhält man Gleichungen, welche unmittelbar h_1' oder h_1'' durch h_0' und h_0'' geben. Da aber diese Wegschaffung beschwerlich ist und sehr verwickelte Ausdrücke giebt, so wird es besser sein, wie folgt zu verfahren.

Man setze zunächst die Werthe von Q_1' und Q_1'' aus (40. und 43.). Dieses giebt

$$45.\quad \begin{cases} 1.\quad h_1' = \dfrac{4a'A'B'}{g\pi D'^2(A'+B')}v_1 + \dfrac{8b'A'^2B'^2}{g\pi^2 D'^4(A'+B')^2}v_1^2 \text{ und} \\ 2.\quad h_1'' = \dfrac{4a''A''B''}{g\pi D''^2(A''+B'')}v_1 + \dfrac{8b''A''^2B''^2}{g\pi^2 D''^2(A''+B'')^2}v_1^2. \end{cases}$$

Setzt man darauf diese Ausdrücke von h_1' und h_1'' in (35.), so ergiebt sich

$$46.\quad h_0'+kh_0'' = \frac{4}{g\pi}\Big[\frac{a'A'B'}{(A'+B')D'^2}+\frac{ka''A''B''}{(A''+B'')D''^2}\Big]v_1 + \frac{8}{g\pi^2}\Big[\frac{b'A'^2B'^2}{(A'+B')D'^4}+\frac{kb''A''^2B''^2}{(A''+B'')D''^2}\Big]v_1^2.$$

Diese Gleichung ist nur vom zweiten Grade nach v, und es läfst sich also durch dieselbe leicht v_1 aus h_0' und h_0'' finden. Ist v_1 berechnet, so geben die Gleichungen (45.) h_1' und h_1''. Es läfst sich also für eine *schon vorhandene* Vorrichtung aus den anfänglichen Druckhöhen h_0' und h_0'' Alles finden, was auf die gleichförmige Bewegung Bezug hat, die bald nach der Öffnung der Heberklappen eintreten wird. Aber nicht so verhält es sich, wenn die Druckhöhen h_1' und h_1'' gegeben sind; sie geben nicht die anfänglichen Druckhöhen h_0' und h_0'' einzeln, sondern blofs die Gröfse $h_0'+kh_0''$, die, wie man weiter unten sehen wird, dem Wasserverlust bei einer Durchschleusung proportional ist.

22. Ist die Vorrichtung *noch nicht vorhanden*, so können umgekehrt die Gleichungen (43.) zur Berechnung der Durchmesser D' und D'' der Heber angewendet werden, wenn man die Druckhöhen für den Anfang oder die für das Ende der Bewegung im Voraus bestimmt hat; wie sich dies weiter unten zeigen wird. Diese Gleichungen, welche nach D' und D'' vom 5ten Grade sind, lassen sich nach der Methode der wiederholten Substitutionen leicht wie Gleichungen blofs vom 2ten Grade auflösen. Betrachtet man nemlich zunächst die Gröfsen a', a'', b' und b'' (44.) als schon bekannt [obgleich sie die noch unbekannten D enthalten], so geben die Gleichungen (43.):

$$47.\quad \begin{cases} \tfrac{1}{2}D' = \sqrt{\left(\dfrac{Q_1'a'}{2\pi g h_1'}\right)}\sqrt{\left[1+\sqrt{\left(1+2gh_1'\dfrac{b'}{a'^2}\right)}\right]} \text{ und} \\ \tfrac{1}{2}D'' = \sqrt{\left(\dfrac{Q_1''a''}{2\pi g h_1''}\right)}\sqrt{\left[1+\sqrt{\left(1+2gh_1''\dfrac{b''}{a''^2}\right)}\right]}. \end{cases}$$

[Nemlich (mit einstweiliger Weglassung der Striche an den Buchstaben) geben die Gleichungen (43.) $\pi^2gD^4h = 4\pi aQD^2 + 8bQ^2$ oder $\frac{1}{4}D^4 - \frac{aQ\frac{1}{4}D^2}{\pi gh} - \frac{bQ^2}{2\pi^2gh} = 0$, woraus

$$48.\quad \tfrac{1}{4}D^2 = \frac{aQ}{2\pi gh} \pm \sqrt{\left(\frac{a^2Q^2}{4\pi^2g^2h^2}+\frac{bQ^2}{2\pi^2gh}\right)} = \frac{aQ}{2\pi gh}\left[1\pm\sqrt{\left(1+2gh\cdot\frac{b}{a^2}\right)}\right]$$

folgt und welches dann, wie leicht zu sehen, die Ausdrücke (47.) giebt. D. H.]
Nach den Ausdrücken (47.) rechne man, indem man zunächst in den a und b (44.) die Glieder *wegläfst*, welche α und β enthalten, welches $a' = 0$ und $a'' = 0$ und in (47.)

$$49. \quad \tfrac{1}{2}D' = \sqrt[4]{\left(\frac{Q_1'^2 b'}{2g h_1' \pi^2}\right)} \quad \text{und} \quad \tfrac{1}{2}D'' = \sqrt[4]{\left(\frac{Q_1''^2 b''}{2g h_1'' \pi^2}\right)}$$

giebt [wie aus (48.) zu sehen, wenn man daselbst $\alpha = 0$ setzt, D. H.]. Die Werthe der b sind hier zufolge (44.) blofs [weil α und β Null sein sollen,]

$$50. \quad \begin{cases} b' = 1 - \left(\frac{1}{\mu'} - 1\right)^2 + \left(\frac{1}{m'} - 1\right)^2 \frac{S'^2}{S'^2} + (0{,}0039 + 0{,}0186\, r')\frac{c'}{r'^2} \quad \text{und} \\ b'' = 1 - \left(\frac{1}{\mu''} - 1\right)^2 + \left(\frac{1}{m''} - 1\right)^2 \frac{S''^2}{S''^2} + (0{,}0039 + 0{,}0186\, r'')\frac{c''}{r''^2}. \end{cases}$$

Die durch (49.) gefundenen Werthe der D dienen nun weiter, um nach (44.) genauere Werthe der a und b, und dann wieder nach (47.) genauere Werthe der D zu finden; und so weiter. Meistens werden schon die Werthe der D, welche (49.) giebt, hinreichend genau sein, wenn man bei der zweiten Substitution den Coëfficienten β für die b berücksichtigt; welcher Coëfficient dann $= 0{,}0036$ gesetzt werden kann, um die kleine Ungenauigkeit, die aus $\alpha = 0$ entsteht, auszugleichen.

Bedingungen der Regelmäfsigkeit und Periodicität der Bewegung.

23. Die Druckhöhen h_1' und h_1'', welche nothwendig bekannt sein müssen, um die Durchmesser D' und D'' der Heber zu berechnen, wenn die Vorrichtung *erst gebaut* werden soll, sind, nebst den Höhen der gesammten Hebung oder Senkung des Wassers in den verschiedenen Wasserbecken, gewissen Bedingungen unterworfen, wenn die Bewegung regelmäfsig und periodisch erfolgen soll. Diese Bedingungen wollen wir jetzt untersuchen. Sie sind denen ähnlich, welche für das neuste System des Herrn ***Girard*** Statt finden, wenn nur eine einfache Durchschleusung gemacht wird und die Canalstrecken unbegrenzt sind.

Man betrachte was am Ende der Senkung des Schwimmers in dem Augenblick erfolgt, wo der Wasserspiegel in A und im Brunnen sich um die Höhe $z_1 = H - u_1'$ (§. 13.) erhoben hat und dagegen die Wasserspiegel in den obern und untern Wasserbecken A'' und A' um die Höhen $z_1'' = H'' - u_1''$ und $z_1' = H' - u_1'$ sich gesenkt haben und man nun die untern Thore dieser Becken öffnet, um den Wasserspiegel in A auf den in A'' und den in A' auf den in der untern Canalstrecke zu bringen.

Man erwäge ferner, dafs in diesem nemlichen Augenblick der Wasserspiegel in A, und folglich der Schwimmer, um u_1 steigt und dafs also A noch die Wassermasse $(B+A)u_1$ aufnimmt, die dem Becken A'' entzogen wird, welches die Wassermasse $A''u_1''$ verliert: dafs ferner, wegen der Gleichförmigkeit und Leichtigkeit der Handhabung der Vorrichtung, die eine und die andere dieser Wassermassen derjenigen gleich sein mufs, welche A'' nach oben gewinnt, oder A' nach unten verliert: endlich, dafs aus demselben Grunde die Steigung und Senkung des Schwimmers im entgegengesetzten Sinne *gleichmäfsig* vor sich gehen mufs, welches auch nothwendig geschieht, wenn die Anordnung so gemacht ist, dafs jedesmal am Ende einer Bewegung durch die Steigung oder Senkung u_1 des Schwimmers, welche von der Öffnung der Thore herrührt, die anfänglichen Druckhöhen h_0' und h_0'' ganz wieder von neuem erzeugt werden: so folgt, dafs die neuen Bedingungsgleichungen

$$51.\quad \begin{cases} 1.\quad A'u_1' = (B+A)u_1 = A''u_1'' \text{ und} \\ 2.\quad u_1+u_1' = h_1'+h_0' \quad\text{und}\quad u_1+u_1'' = h_1''+h_0'' \end{cases}$$

erfüllt werden müssen, aus welchen dann unmittelbar

$$52.\quad \begin{cases} 1.\quad u_1' = \dfrac{B+A}{B+A+A'}(h_1'+h_0'), \\ 2.\quad u_1 = \dfrac{A'(h_1'+h_0')}{B+A+A'} = \dfrac{A''(h_1''+h_0'')}{B+A+A''} \quad\text{und} \\ 3.\quad u_1'' = \dfrac{B+A}{B+A+A''}(h_1''+h_0'') \end{cases}$$

folgt. [Wenn man nemlich (51. 2.) mit $B+A$ multiplicirt, so erhält man $(B+A)u_1+(B+A)u_1' = (B+A)(h_1'+h_0')$. Zieht man dies von (51. 1.) ab, so ergiebt sich $A'u_1'-(B+A)(h_1'+h_0') = (B+A)u_1'$ oder $(B+A+A')u_1' = (B+A)(h_1'+h_0')$, und dies giebt (52. 1.). Ähnlich finden sich die andern Gleichungen (52.). D. H.] Aus (52.) folgt weiter $\left[\frac{u_1'}{u_1''} = \frac{B+A+A''}{B+A+A'}\cdot\frac{h_1'+h_0'}{h_1''+h_0''}\right.$ und da aus (51. 1.) $\frac{u_1'}{u_1''} = \frac{A''}{A'}$ ist, $\frac{A''}{A'} = \frac{B+A+A''}{B+A+A'}\cdot\frac{h_1'+h_0'}{h_1''+h_0''}$, also$\left.\right]$

$$53.\quad \frac{h_1'+h_0'}{h_1''+h_0''} = \frac{A''(B+A+A')}{A'(B+A+A'')} \text{ und dies } = k_1 \text{ gesetzt, giebt}$$

$$54.\quad h_1'+h_0' = k_1(h_1''+h_0'');$$

wo nun k_1 eine beständige Gröfse ist, die nur von den Flächen der verschiedenen Wasserbecken abhangt.

Die Gleichungen (54. und 35.) bestimmen die Bedingung zwischen den Druckhöhen h_1' und h_1'' am Ende und denen h_0' und h_0'' am Anfange der Bewegung, so, dafs, wenn die ersten bekannt sind, die andern daraus folgen, und umgekehrt. So z. B. findet sich

$$55.\quad h'_1 = \frac{2kk_1h''_0+(k_1-k)h'_0}{k_1+k} \quad \text{und} \quad h''_1 = \frac{2h'_0-(k_1-k)h''_0}{k_1+k}.$$

[Es giebt (35.), mit k_1 und (54.) mit k multiplicirt,

$$(h'_1-h'_0)k_1+kk_1(h''_1-h''_0)=0 \quad \text{und} \quad (h'_1+h'_0)k-kk_1(h''_1+h''_0)=0.$$

Diese beiden Gleichungen addirt, giebt $h'_1(k_1+k)-h'_0(k_1-k)-2kk_1h''_0=0$ und daraus folgt die erste der Gleichungen (55.) Ferner giebt (35.), von (54.) abgezogen,

$$h'_0-k_1(h''_1+h''_0)+h'_0-k(h''_1-h''_0)=0 \quad \text{oder} \quad 2h'_0-(k_1-k)h''_0-(k_1+k)h''_1=0$$

und daraus folgt die zweite Gleichung in (55.). D. H.] Um aus (55.) h'_0 und h''_0 durch h'_1 und h''_1 ausgedrückt zu finden, braucht man blofs die Buchstaben zu verwechseln.

24. Substituirt man insbesondere die Ausdrücke von h'_1 und h''_1, (55.) in diejenigen von u'_1, u_1 und u''_1 (52.), so ergiebt sich

$$56.\quad \begin{cases} 1.\quad u'_1 = 2i\cdot\frac{B+A}{A'}(h'_0+kh''_0), \\ 2.\quad u_1 = 2i(h'_0+kh''_0) \quad \text{und} \\ 3.\quad u''_1 = 2i\cdot\frac{B+A}{A''}(h'_0+hk''_0), \end{cases}$$

wenn man die ganz gegebene Gröfse

$$57.\quad \frac{A'k_1}{(B+A+A')(k_1+k)} \quad \text{oder} \quad \frac{A'B'(B''+A'')}{B'(B+A+A')(B''+A'')+B''(B+A+A'')(B'+A')} = i$$

setzt. Also ist der Wasserverlust für ein Ab- und ein Aufsteigen des Schwimmers:

$$58.\quad A'u'_1 = A''u''_1 = (B+A)u_1 \;(51.\,1.) = 2i(B+A)(h'_0+kh''_0) \;(56.\,1.).$$

Da zufolge (35.) $h'_0+kh''_0 = h'_1+kh''_1$ ist, so folgt, dafs, wenn die Vorrichtung *vorhanden* ist, der Wasserverlust sich nicht vermindern läfst, ohne zugleich die bewegenden Kräfte h'_0 und h''_0 oder h'_1 und h''_1 zu vermindern, welche zufolge (§. 21.) auf die Geschwindigkeit oder die Zeitdauer der Bewegung des Schwimmers unmittelbaren Einflufs haben. Ist dagegen die Vorrichtung *erst auszuführen*, so lassen sich immer die Durchmesser D' und D'' der Heber so annehmen, dafs der Wasserverlust so gering wird als möglich.

25. Es sei q der kleinste Betrag, welchen der Wasserverlust haben soll, so hat man die Bedingungsgleichung [$A'u'_1 = A''u''_1$ (51. 1.) $= q$, welche zufolge (51. 1. und 3.) giebt:]

$$59.\quad 2i(A+B)(h'_0+kh''_0) = 2i(A+B)(h'_1+kh'') = q, \text{ also}$$

$$60.\quad h'_1+kh''_1 = \frac{q}{2i(A+B)},$$

worin für h'_1 und h''_1 ihre Werthe in D', D'', Q'_1 und Q''_1 aus (43.) zu setzen sind, welches

$$61.\quad \frac{q}{2i(A+B)} = \frac{4}{\pi g}\left(a'\cdot\frac{Q'_1}{D'^2}+ka''\cdot\frac{Q''_1}{D''^2}\right)+\frac{8}{\pi^2 g}\left(b'\cdot\frac{Q'^2_1}{D'^4}+kb''\cdot\frac{Q''^2_1}{D''^4}\right)$$

[oder aus (45.)]

$$62.\quad \frac{q}{2i(A+B)} = \frac{4}{\pi g}\left[\frac{a'A'B'}{(A'+B')D'^2}+\frac{ka''A''B''}{(A''+B'')D''^2}\right]v_1$$
$$+\frac{8}{\pi^2 g}\left[\frac{b'A'^2B'^2}{(A'+B')D'^2}+\frac{kb''A''^2B''^2}{(A''+B'')D''^2}\right]v_1^2$$

giebt. Diese Ausdrücke zeigen, dafs der Wasserverlust nach Belieben durch Vergröfserung der Durchmesser D der Heber, oder durch Verminderung der Wasser-Ergüsse Q in der Einheit der Zeit, also die Geschwindigkeit v_1, verkleinert werden kann. Jedoch werden dadurch die Durchmesser D der Heber nicht völlig, sondern nur Grenzen dafür bestimmt.

26. Um diese Grenzen zu finden, wenn Q'_1, Q''_1 oder v_1 gegeben sind, erwäge man, dafs aus der Gleichung (59.) die Ungleichungen

$$63.\quad \begin{cases} 1.\ h'_1 \text{ oder } \dfrac{4a'Q'_1}{g\pi D'^2}+\dfrac{8b'Q'^2_1}{g\pi^2 D'^4}\ (43.) < \dfrac{q}{2i(A+B)} \text{ und} \\ 2.\ h''_1 \text{ oder } \dfrac{4a''Q'_1}{g\pi D''^2}+\dfrac{8b''Q''^2_1}{g\pi^2 D''^4}\ (43.) < \dfrac{q}{2ik(A+B)} \end{cases}$$

folgen [weil die aus (61.) hier weggelassenen Gröfsen immer *positiv* sind], woraus umsomehr, nemlich wenn man, wie in (§. 22.), die Glieder mit a' und a'', welche den auf den Widerstand der Wände sich beziehenden Factor α enthalten, wegläfst:

$$64.\quad \begin{cases} 1.\ \tfrac{1}{2}D' > \sqrt{\left[\dfrac{Q'_1}{\pi}\sqrt{\left(\dfrac{ib'(A+B)}{gq}\right)}\right]} \text{ und} \\ 2.\ \tfrac{1}{2}D'' > \sqrt{\left[\dfrac{Q''_1}{\pi}\sqrt{\left(\dfrac{ikb''(A+B)}{gq}\right)}\right]} \end{cases}$$

folgt. Es ist klar, dafs man über diese Grenzen hinaus die Durchmesser D willkürlich annehmen kann, wenn der Schwimmer keine andern als die obigen Bedingungen erfüllen soll; nach welchen dann die Wasserhöhen h'_1 und h''_1 direct berechnet werden könnten.

27. Ist der Wasserverlust q im Voraus gegeben, so läfst sich die Normalgeschwindigkeit v_1 des Schwimmers durch die Gleichung 2ten Grades (62.)

direct berechnen, welche Gleichung die Vorrichtung schon fertig oder sonst bestimmt voraussetzt und welche im Grunde auf die Gleichung (46.) zurückkommt, ausgenommen, dafs sie, statt die Druckhöhen am Anfange oder am Ende der Bewegung vorauszusetzen, im Gegentheil dient, dieselben nach den Gleichungen (45.) und nach denen (55.) oder auch nach den Gleichungen

$$65. \quad h'_0 = \frac{2kk_1h''_1+(k_1-k)h'}{k_1+k} \quad \text{und} \quad h''_0 = \frac{2h'_1-(k_1-k)h''_1}{k_1+k}$$

zu berechnen, welche letztern, wie wir sahen, auf die Gleichförmigkeit und Periodicität der Bewegung des Schwimmers sich beziehen.

28. Die Veränderungen u der Wasserstände in den verschiedenen Becken werden vermöge der Gleichungen (59.) unmittelbar durch die Gleichungen

$$66. \quad u_1 = \frac{q}{A+B}, \quad u'_1 = \frac{q}{A'} \quad \text{und} \quad u''_1 = \frac{q}{A''}$$

bestimmt [weil $q=(A+B)u_1=A'u'_1=A''u''_1$ ist (51. 1.)], in welchen der Voraussetzung nach Alles bekannt ist und welche, wenn es nöthig ist, dienen, die Handhabung der Heberklappen auf die oben in dem Bericht angegebene einfache Weise zu reguliren; ebenso wie die Gleichungen (61. 45. und 55.) dienen werden, auf ähnliche Weise die Öffnung eben dieser Klappen zu regeln, welche auch die absoluten Veränderungen der Wasserstände in den verschiedenen Becken sein mögen. Der Querschnitt dieser Canäle ist übrigens sehr grofs vorausgesetzt, gegen die Becken A' und A'', welche sie direct füllen und welche, sammt der Schleusenkammer A, das System ausmachen, für welches der Schwimmer bestimmt ist, die Schiffe über die auf einander folgenden Gefälle H', H und H'' hinwegzuschaffen; auf die Weise, dafs, besondere Fälle ausgenommen, die Veränderungen der Wasserstände nur erst nach mehreren Durchgängen durch die Schleuse merklich werden.

29. Diese Rechnungen zeigen übrigens deutlich die Verbindung der verschiedenen Gröfsen q, v_1, Q'_1, Q''_1, u, u'_1, u''_1, h'_1, h''_1, h'_0 und h''_0 unter einander, und wie, wenn die Vorrichtung gehörig angeordnet ist, der Schleusenwärter im Stande sein wird, nach Belieben die Geschwindigkeit der Bewegung des Schwimmers zu ändern, indem er den Wasserverlust für eine Durchschleusung zu- oder abnehmen läfst, und umgekehrt. Sie zeigen ferner, dafs, unabhängig von den Durchmessern D der Heber, nichts die absoluten Werthe der bewegenden Druckhöhen h'_1, h''_1, h'_0 und h''_0 bestimmt, von welchen wenigstens eine, z. B. h'_0, gänzlich willkürlich bleibt, selbst wenn man den Wasser-

verlust q oder die Geschwindigkeit der Bewegung v_1 des Schwimmers gegeben annimmt

In der That ergiebt sich durch Elimination zwischen den Gleichungen (34. 51. 53. 54. und 66.):

$$67. \quad h''_1 = \frac{(k-k_1)q}{2ik(k+k_1)(A+B)} + \frac{1}{k}\cdot h'_0 = \frac{(k-k_1)(B+A+A')}{2kk_1A'(B+A)}\cdot q + \frac{1}{k}\cdot h'_0,$$

$$68. \quad h'_1 = \frac{k_1 q}{(k+k_1)(B+A)} - h'_0 = \frac{B+A+A'}{A'(B+A)}\cdot q - h'_0,$$

$$69. \quad h''_0 = \frac{q}{2ik(B+A)} - \frac{1}{k}\cdot h'_0 = \frac{(k+k_1)(B+A+A')}{2kk_1A'(B+A)}\cdot q - \frac{1}{k}\cdot h'_0;$$

welche Ausdrücke h''_1, h'_1 und h'_0 durch q ohne die Durchmesser D der Heber bestimmen, und welche also blofs von q und h'_0 abhangen, und umgekehrt.

Ehe wir indessen diese Durchmesser suchen, ist es nöthig, uns zu versichern, dafs die Werthe von h'_1, q und v_1 wirklich willkürlich und constant sind, oder doch als beinahe unabhängig von dem Schleusengefälle betrachtet werden dürfen.

Bedingungen für die Veränderungen der äufsersten Wasserstände.

30. Um diese Bedingungen zu finden, bemerken wir, dafs es, wenn die bewegenden Kräfte h'_1, h''_1, h'_0 und h''_0 am Anfange und am Ende der Bewegung, so wie die Durchmesser der Heber, diesen Bedingungen gemäfs einmal bestimmt wären, leicht sein würde, daraus die Werthe der verschiedenen übrigen unveränderlichen und veränderlichen Gröfsen zu finden.

In der That: setzt man in den Gleichungen (24. und 25. etc.) statt der veränderlichen Gröfsen diejenigen, welche ihnen nach (§. 13.) für das Ende der Bewegung des Schwimmers entsprechen, so erhält man der Reihe nach:

$$70. \quad x'_1 = \frac{A'}{A'+B'}(y+h'_0-h'_1), \qquad x''_1 = \frac{A''}{A''+B''}(y_1+h''_0-h''_1),$$

$$71. \quad \begin{cases} z_1 = \frac{B}{A}y_1, \\ z'_1 = \frac{B'}{A'}x'_1 = \frac{B'}{A'+B'}(y_1+h'_0-h'_1), \\ z''_1 = \frac{B''}{A''}x''_1 = \frac{B''}{A''+B''}(y_1+h''_0-h''_1); \end{cases}$$

in welchen Ausdrücken, den Gleichungen (34. 35. 53. 54. und 55.) gemäfs, nach Belieben

$$72.\quad h_0''-h_1'' = -\frac{1}{k}(h_0'-h_1') = \frac{2(h_1'-k_1h_1'')}{k+k_1} = -\frac{2(h_0'-k_1h_0'')}{k+k_1}$$
$$= \frac{k_1}{ik(k+k_1)}\cdot\frac{q}{B+A} - \frac{2h_0'}{k}\ \text{etc.}$$

gesetzt werden kann und für welche dann die Werthe von y_1 im Voraus durch eine neue und letzte Bedingung bestimmt werden müssen, welche sich auf das Schleusengefälle $\boldsymbol{H}$ bezieht; welches $\boldsymbol{H}$ der Summe der partiellen Gefälle H, H′ und H″ gleich ist, die bis jetzt unbekannt waren und welche in der That, nebst den Flächen A, A' und A'' der verschiedenen Becken, die Hauptdata der Aufgabe sind.

Es wäre also, um y_1 zu berechnen, die Gleichung

$$73.\quad \boldsymbol{H} = \mathrm{H}+\mathrm{H}'+\mathrm{H}'' = z_1+z_1'+z_1''+u_1+u_1'+u_1''$$

gegeben, das heifst, wenn man aus (66. und 71.) die Werthe dieser Gröfsen setzt, die Gleichung

$$74.\quad \boldsymbol{H} = \left(\frac{A}{B}+\frac{B'}{A'+B'}+\frac{B''}{A''+B''}\right)y_1+\left(1+\frac{A+B}{A'}+\frac{A+B}{A''}\right)\cdot\frac{q}{A+B}$$
$$+\frac{B'}{A'+B'}(h_0'-h_1')+\frac{B''}{A''+B''}(h_0''-h_1'').$$

31. Da es auf den Coëfficienten von y_1 in dieser Gleichung insbesondere ankommt, so müssen wir, ehe wir weiter gehen, einen Augenblick verweilen, um zu beweisen, dafs dessen Werth in allen Fällen sehr nahe $=1$ ist, und sogar vermöge der Gleichung (31.) strenge $=1$ sein würde, wenn man den immer nur sehr kleinen Unterschied zwischen den innern Querschnitten B', B'' und dem äufsern gemeinschaftlichen Querschnitt B der beiden Stockwerke des Schwimmers aufser Acht liefse.

Es ist nemlich in (74.)

$$75.\quad \frac{B}{A}+\frac{B'}{A'+B'}+\frac{B''}{B''+A''}-1=\frac{BB'B''+AB'B''+A'BB''+A''BB'+A'A''B-AA'A''}{A(A'+B')(A''+B'')}.$$

Dagegen giebt die Gleichung (31.)

$$76.\quad \frac{BB'B''+AB'B''+A'BB''+A''BB'+A'A''B-AA'A''}{A(A'+B')(A''+B'')}$$
$$= -\frac{A'(A''+B'')(B-B')+A''(A'+B')(B-B'')}{B(A'+B')(A''+B'')},$$

also ist zufolge (75. und 76.)

$$77.\quad \frac{B}{A}+\frac{B'}{A'+B'}+\frac{B''}{A''+B''}=1-\frac{A'(A''+B'')(B-B')+A''(A'+B')(B-B'')}{B(A'+B')(A''+B'')}$$

und folglich $\frac{B}{A}+\frac{B'}{A'+B'}+\frac{B''}{A''+B''}$ sehr nahe $=1$ [weil in (77.) rechts im Zähler des Bruchs $B-B'$ und $B-B''$ sehr klein sind].

32. Da die andern Glieder in dem Ausdruck von H (74.) die immer sehr kleinen Gröfsen q, $h'_0-h'_1$ und $h''_0-h''_1$ zu Factoren haben, so folgt, dafs das gesammte Auf- und Absteigen des Schwimmers nur wenig von dem Schleusengefälle oder von der Summe der theilweisen Gefälle H, H′, H″ verschieden sein wird.

Setzt man der Kürze wegen

$$78. \quad \begin{cases} 1. \; \frac{B}{A}+\frac{B'}{B'+A'}+\frac{B''}{A''+B''}=\frac{1}{M} \quad \text{und} \\ 2. \; \left(1+\frac{A+B}{A'}+\frac{A+B}{A''}\right)\cdot\frac{q}{A+B}+\frac{B'}{A'+B'}(h'_0-h'_1)+\frac{B''}{A''+B''}(h''_0-h''_1)=N, \end{cases}$$

wo $\frac{1}{M}$ sehr wenig von 1 verschieden und N nur sehr klein ist, so giebt (74.) $\left[H=\frac{y_1}{M}+N, \text{ also}\right]$

$$79. \quad y_1 = M(H-N).$$

33. Dieser Ausdruck liefert zu (§. 28.) ein zweites Mittel, um die Bewegung des Schwimmers in der Voraussetzung zu regeln, dafs $\frac{q}{A+B}$, h'_0, h''_0, h'_1 und h''_1 constant bleiben sollen, wenn H sich verändert; denn er zeigt, dafs die Veränderungen der Senkung y_1 des Schwimmers jenen Gröfsen proportional sind, so dafs sich also im Voraus und für die verschiedenen Fallhöhen, welche durch Pegel angezeigt werden, die Lage bestimmen läfst, die den von Herrn *Girard* zuerst angenommenen Hebeln gegeben werden mufs, welche die Heberklappen am Ende der Bewegung des Schwimmers verschliefsen.

Da andrerseits das Glied MN in (79.) sehr klein und gegen das erste sehr unbeträchtlich ist, welches seinerseits mit dem Gefälle in geradem Verhältnifs wächst, so folgt, dafs das Gleiche auch beinahe für die Gröfsen z_1, x'_1, z''_1 und x''_1, die unmittelbar aus y_1 folgen, der Fall sein mufs, oder auch für die theilweisen Gefälle H, H′, H″, welche näher durch

$$80. \quad \begin{cases} 1. \; \mathrm{H} = z_1+u_1 = \frac{B}{A}\cdot y_1+\frac{q}{A+B}, \\ 2. \; \mathrm{H}' = z'_1+u'_1 = \frac{B'}{A'+B'}\cdot y_1+\frac{B'}{A'+B'}(h'_0-h'_1)+\frac{q}{A'}, \\ 3. \; \mathrm{H}'' = z''_1+u''_1 = \frac{B''}{A''+B''}\cdot y_1+\frac{B''}{A''+B''}(h''_0-h''_1)+\frac{q}{A''} \end{cases}$$

ausgedrückt werden.

34. Wenn die Schleuse ***schon vorhanden*** ist und folglich die Gefälle H, H′ und H″ im voraus gegeben sind, so mufs man den Gleichungen (80.) durch schickliche Werthe von y_1, ***B*** und ***A*** zu genügen suchen; von welchen Gröfsen die letztere ***A***, wie man sich erinnern wird (§. 13.), die Fläche des Spielraums zwischen dem Schwimmer und dem Brunnen in sich begreift; welcher Spielraum gänzlich willkürlich ist. Da indessen auch noch die Bedingungsgleichung (31.) Statt findet, so würden eigentlich 4 Gleichungen für 3 unbekannte Gröfsen vorhanden sein, welches die Bestimmung unmöglich machen würde; wenigstens für drei Gefälle; wenn nicht glücklicherweise bei den schon vorhandenen Schleusen gewöhnlich die theilweisen Gefälle beinahe einander gleich wären, eben wie ihre horizontalen Querschnitte. Vermöge dieser Gleichheit reducirt sich die Zahl der Gleichungen auf drei, und diese sind nicht mehr mit einander im Widerspruch.

35. Da das Gesammtgefälle ***H***, sowohl in den verschiedenen Jahreszeiten, als durch wiederholte Durchschleusung von Schiffen sich verändern kann, von welchem Gefälle dann alle übrigen Maafse der Vorrichtung abhangen, so scheint es beim ersten Anblick unmöglich, dafs einer und derselbe Schwimmer für alle Fälle, die bei einer Schleuse vorkommen, passend sein könne. Aber diese Schwierigkeit wird sehr einfach und leicht gehoben, wenn man die Höhe des Schwimmers und die Tiefe des für ihn bestimmten Brunnens nach dem ***gröfsten*** Werth von ***H*** einrichtet und die Anordnung so macht, dafs nöthigenfalls in die untere Hälfte des Schwimmers eine mit ***H*** veränderliche Wasserschicht eingelassen werden kann, welche dann gewissermafsen die vorgekommene Veränderung des Gesammtgefälles ausgleicht.

Um die Abhängigkeit der verschiedenen Gröfsen von dem Gefälle ***H*** klar darzustellen, seien

Die reducirten Höhen der anfänglichen Wasserschichten und des Bodens, der sie trägt, ... $= E'$ und e'.

Die Höhe des untern Theils des Schwimmers, zwischen der Oberfläche der beiden Böden gemessen, . . $= x'$.

Der Zwischenraum zwischen dem obern Boden dieses Schwimmertheils und der Oberfläche des darin befindlichen Wassers vor dem Anfange des Sinkens des Schwimmers. . . . . $= \nu'$.

Diese nemlichen Gröfsen seien für den obern Theil des Schwimmers . . . . $= E''$, e'', x'' und ν''.

Endlich seien wieder jene Gröfsen für den Fall, wo $\boldsymbol{H}$ seinen gröfsten Werth $\boldsymbol{H}_m$ erreicht hat, ... $\boldsymbol{E}'_m$, ν'_m, ν''_m.

36. Man betrachte insbesondere, was in dem Augenblick geschieht, wo der Schwimmer, auf den höchsten Punct seines Laufs angelangt, anfängt wieder hinabzusteigen, so finden sich leicht für ein *beliebiges* Gesammtgefälle $\boldsymbol{H}$ folgende Bedingungsgleichungen:

81. $\mathrm{x}' = \boldsymbol{E}' + x'_1 + \nu' + e''$,

82. $\mathrm{x}' = \boldsymbol{E}' - \boldsymbol{E}'' + \mathrm{H} + \mathrm{H}'' + h'_0 - h''_0 = \boldsymbol{E}' - \boldsymbol{E}'' + \boldsymbol{H} - \mathrm{H}' + h'_0 - h''_0$,

für den untern Theil des Schwimmers, und

83. $\mathrm{x}'' = \boldsymbol{E}'' + x''_1 + \nu''$,

84. $\mathrm{x}' = \boldsymbol{E}' - \boldsymbol{E}'' + \mathrm{H} + \mathrm{H}' + h''_0 - h'_0 + x'_1 - x''_1$
$= \boldsymbol{E}' - \boldsymbol{E}'' + \boldsymbol{H} - \mathrm{H}'' + h''_0 - h'_0 + x'_1 - x''_1$,

die erste für den obern, die andere für den untern Theil des wieder aufsteigenden Schwimmers.

Dieselben Gleichungen erhält man, wenn man den Augenblick unmittelbar vor der Öffnung der Heberklappen, oder denjenigen unmittelbar vor dem Verschlufs derselben in Erwägung zieht.

37. Die drei ersten der Gleichungen (81. 82. und 83.) geben, wenn man die unbekannten Werthe von ν', ν'', $\boldsymbol{E}''$ sucht, nachdem x', x'' und $\boldsymbol{E}''$ bestimmt worden sind, ein für allemal, zufolge Dessen, was für das Maximum des Gesammtgefälles $\boldsymbol{H}_m$ Statt findet, welchem offenbar auch die gröfsten Werthe von x' und x'' entsprechen:

$$85.\quad \begin{cases} 1.\ \nu' = \mathrm{x}' - \boldsymbol{E}' - x'_1 - e'', \\ 2.\ \nu'' = \mathrm{x}'' - \boldsymbol{E}'' - x''_1 \text{ und} \\ 3.\ \boldsymbol{E}' = \boldsymbol{E}'' + \mathrm{x}' - \boldsymbol{H} + \mathrm{H}' - h'_0 + h''_0. \end{cases}$$

Vergleicht man die vierte obige Gleichung (84.) mit der zweiten (82.), so zeigt sich, dafs beide, in Folge von (34. und 35., 53. und 54.) oder (67. bis 71.), eigentlich identisch die nemlichen sind; so dafs also (84.) eigentlich keine neue Bedingung für die Gröfsen h'_0, h'_1 und h''_0 etc. giebt.

38. Die ähnlichen, auf das Maximum $\boldsymbol{H}_m$ oder $\boldsymbol{H}$ sich beziehenden Gleichungen geben unmittelbar, immer vorausgesetzt, dafs die nemlichen Gröfsen mit $\boldsymbol{H}$ sich *nicht* verändern:

$$86.\quad \begin{cases} 1.\ \mathrm{x}' = \boldsymbol{E}'_m - x'_m + \nu'_m + e'', \\ 2.\ \mathrm{x}'' = \boldsymbol{E}'' + x''_m + \nu''_m, \\ 3.\ \mathrm{x}' = \boldsymbol{E}'_m - \boldsymbol{E}'' + \boldsymbol{H}_m - \mathrm{H}'_m + h'_0 - h''_0; \end{cases}$$

wo wieder die mit der zweiten gleichbedeutende vierte Gleichung aufser Acht gelassen und berücksichtigt ist, dafs die anfängliche Wasserschicht E'' in dem obern Theile des Schwimmers constant angenommen werden kann, insofern man ihr eine Gröfse beilegt, für welche weiter unten die Bedingungen sich finden werden.

Setzt man statt H'_m, x'_m und x''_m die Werthe, welche sich aus den Gleichungen (70. 71. 79. und 80.) ergeben, wenn man darin H'_m, H_m, x'_m, x''_m und y_m statt H'_1, H_1, x'_1, x''_1 und y_1 schreibt, so lassen sich x' und x'' bestimmen, wenn man auf die Bedingungsgleichung

$$87. \quad \nu'_m = H_m - E'' - e'' - \mathrm{H}'_m - x'_m + h'_0 - h''_0$$
$$= (1-M)H_m + MN - \frac{q}{A'} - E'' - e'' + h^1 - h''_0$$

Rücksicht nimmt, welche aus den vorigen Gleichungen folgt, sobald es darauf ankommt, das Maximum ν_m von ν zu bestimmen, welches, wie man sieht, von den übrigen Gröfsen nicht gänzlich unabhängig ist.

39. Setzt man nun in die Ausdrücke (85.) ihre obigen Werthe, so geben sie vermöge der Gleichungen (70. 71. 79. und 80.), diese auf das Maximum von H bezogen:

$$88. \quad \begin{cases} 1. \ \nu' = \nu'_m + (M-1)(H_m - H), \\ 2. \ \nu'' = \nu''_m + \frac{A''}{A''+B''} M(H_m - H), \\ 3. \ E' = E'_m + \left(1 - \frac{B'}{A'+B'}\right)(H_m - H). \end{cases}$$

Diese einfachen Ausdrücke, welche nur von den Veränderungen des Gesammtgefälles H abhangen, würden nöthigenfalls dienen, um die Handhabung der Vorrichtung zu regeln, wenn nicht die directe Beobachtung der Veränderungen von H in der Ausübung einige Schwierigkeiten hätte, die aber vermieden werden, wenn man, wie oben in dem Bericht beschrieben und wie in (§. 28. und 33.) erinnert, verfährt.

40. Ehe man die constanten Werthe von E'_m, E'' und ν''_m, welche die Höhen der Schwimmertheile geben, fest bestimmt, mufs der Bedingungsgleichung $P_0 = \varepsilon B y_0$ (§. 14.) genuggethan werden, welche sich auf das hydrostatische Gleichgewicht vor der Öffnung der Heberklappen bezieht, vermöge dessen die Bewegung des Schwimmers hervorgebracht wird. Da P das Gewicht des Schwimmers und darin befindlichen Wassers ist, so ist für den Zeitpunct, auf welchen es ankommt:

$$89.\quad \begin{cases} P_0 = P + \varepsilon B'E' + \varepsilon B''E'' \text{ und} \\ y_0 = h'_0 + E' + e', \end{cases}$$

folglich

$$90.\quad h'_0 = \frac{P}{\varepsilon B} + \frac{B''E''}{B} - e' - \frac{B-B'}{B}\cdot E'$$
$$= \frac{P}{\varepsilon B} + \frac{B''}{B}E'' - e' + \frac{B-B'}{B}\left(1 - \frac{B'}{A'+B'}M\right)(H_m - H);$$

wo statt E' der Werth aus (88.) gesetzt worden ist.

41. Diese Gleichung (90.) würde, unserer Voraussetzung entgegen, den Werth von h'_0 von der Veränderung $H_m - H$ des Gesammtgefälles abhängig machen, wenn P und E' völlig unveränderlich wären; indessen gewährt nicht allein die Anordnung von Gegengewichten, die dem Schwimmer statt des Ballastes dienen, viel Willkür in diesem Punct, sondern es läfst sich auch noch Das, was von der Veränderung von H abhangt, so weit als man will verkleinern, wenn man entweder, wie Herr ***Girard*** vorschlägt, den Schwimmer aus dünnem Blech macht, durch eiserne Träger verstärkt, welche hohl sind und an ihren Enden frei mit den beiden Theilen des Schwimmers in Verbindung stehen, oder wenn man in dem obern Theil des Schwimmers leere Röhren senkrecht aufstellt, welche, während sie die Verbindung der äufsern Luft mit dem untern Theil des Schwimmers herstellen, zugleich zur Ausgleichung des Raums dienen, welchen in diesem untern Theile die eisernen Träger und die Röhren einnehmen, durch welche die beiden Heber hindurchstreichen.

Bestimmt man übrigens die Constanten P und E'' in (90.) so, dafs für H sein *mittler* Werth gesetzt wird, so wird sich das Glied mit $H_m - H$, selbst für starke Wasserstandsänderungen und beträchtliche Differenzen $B - B'$, auf Theile von Linien reduciren; was denn ohne Bedenken aufser Acht gelassen werden kann.

42. Hieraus und aus dem Obigen folgt, dafs auch für veränderliche H die anfängliche Druckhöhe h'_0 beinahe willkürlich ist, und constant und so angenommen werden kann, dafs sie jeder andern Bedingung genügt, welche man etwa machen will. Also auch die Gröfsen q, v_1, h''_0, h'_1 und h''_1 (§. 21. und 29.) werden beinahe unabhängig von der Veränderung von H bleiben; wie wir es Anfangs voraussetzten.

Andrerseits werden die Werthe (67. 68. 69.) der drei zuletzt genannten Gröfsen, wenn man sie in die Gleichungen (86. 87. und 88.) setzt, die Werthe der andern Constanten x', x'', v'_m, E'' und P von dem vorausbestimmten

Werth von h'_0 abhängig machen; aber dies reicht nicht hin, sie völlig zu bestimmen; man wird noch den E'_m, E'' und ν_m beliebige Werthe geben können.

In der That würden diese Gröfsen geradezu $=0$ gesetzt werden können, um die Höhe der beiden Theile des Schwimmers so viel als möglich zu verkleinern: es wird aber besser sein, sie einige Linien grofs zu machen: sei es, um die nöthige Zeit zum Ein- und Ausflufs der letzten Wasserschichten unmittelbar vor der Öffnung oder Verschliefsung der Heberklappen beim höchsten Stande des Schwimmers abzukürzen, oder um zu verhindern, dafs das Wasser in dem obern Theile des Schwimmers überfliefse, oder auf den Zwischenboden stofse u. s. w., wenn etwa der Schwimmer schwankt. Nichts hindert z. B. $E''=E=2\frac{1}{4}$ Linien und $\nu''_m=1\frac{1}{3}$ Linien zu setzen, vorausgesetzt, dafs man ν'_m und P den Gleichungen (87. und 90.) gemäfs bestimmt hat.

(Die Fortsetzung folgt.)

Inhaltsverzeichnifs des zweiten Hefts drei und zwanzigsten Bandes.

Berlin, gedruckt bei G. Reimer.

Journal
für
die Baukunst.

In zwanglosen Heften.

Herausgegeben

von

Dr. A. L. Crelle,

Königlich-Preufsischem Geheimen-Ober-Baurathe, Mitgliede der Königlichen Akademie der Wissenschaften zu Berlin, Correspondenten der Kaiserlichen Akademie der Wissenschaften zu St. Petersburg und der Königlichen Akademieen der Wissenschaften zu Neapel und Brüssel, auswärtigem Mitgliede der Königlichen Akademie der Wissenschaften zu Stockholm, Ehrenmitgliede der Hamburger Gesellschaft zur Verbreitung der mathematischen Wissenschaften.

Drei und zwanzigster Band.

Drittes Heft.

Mit einer Figurentafel.

Berlin.

Bei G. Reimer.

1846.

8.

Des Grafen v. Pambour „Theorie der Dampfmaschinen."

(Nach der zweiten Auflage dieses Werkes von 1844; möglichst kurz, und mit einigen Anmerkungen des Herausgebers dieses Journals.)

Vorbemerkung des Herausgebers des Baujournals.

Der Herr Graf *von Pambour* ist der *Erfinder* der Theorie der Dampfmaschinen, das heifst, der Regeln, nach welchen sich mit zureichender Genauigkeit für die *Ausübung* die Wirkungen einer *vorhandenen* Dampfmaschine aus der Verdampfungskraft ihrer Esse und aus der Spannung des Dampfs im Kessel berechnen läfst, und umgekehrt dieses beides für die verlangte Wirkung, wenn die Maschine *erst gebaut* werden soll. Die ältere Theorie, oder die ältern Regeln zu diesen Berechnungen, waren unzureichend und in dem Maafse unsicher, dafs ihre Ergebnisse *sehr bedeutend* von der Wahrheit abweichen konnten; wie solches der erste Abschnitt der hier folgenden Schrift ausführlich und auf das überzeugendste nachweiset.

Die neue Theorie würde wenig Vertrauen verdienen, wenn sie von den Gesetzen der *Bewegung* des elastischen Dampfs, die noch nicht bekannt sind, also, wie wohl zuweilen in der Technik geschieht und auch wohl hie und da noch in Ermanglung anderer directen Mittel geschehen mufs, von *Hypothesen* ausginge und durch künstliche und schwierige Rechnungen zu den Resultaten zu gelangen suchte: dies würde nicht die Wirklichkeit erforschen, sondern bei einem so verwickelten Gegenstande Ergebnisse aus mehr oder weniger willkürlichen Voraussetzungen *ableiten* heifsen; welche Ergebnisse dann für die der Wirklichkeit genommen werden sollen. Die Theorie könnte so vielleicht durch ihre höchst schwierigen Rechnungen für die Analysis selbst Interesse haben, und sogar, wie es in ähnlichen Fällen wirklich geschehen ist, Entdeckungen für dieselbe anregen und zu dergleichen führen: allein ihre Ergebnisse würden für die Ausübung keine gröfsere Gewifsheit haben, als die willkürlichen Voraussetzungen selbst, von welchen sie anhob. Das aber thut die neue Theorie hier nicht. Sie geht von *keiner Hypothese* aus, sondern gründet sich nur auf physicalische Gesetze, die durch unmittelbare Messungen gefunden und folglich vollkommen bewährt sind, nemlich auf die Gesetze der Spannung und Ausdehnung des Dampfs, und gelangt von diesen durch geschickte und unzweifelhafte Schlüsse zu ihren Ergebnissen. So ist sie denn auch so überaus *einfach*, wie nur irgend zu hoffen sein konnte. In der That beruht die ganze Theorie auf der einfachen Erwägung, dafs *aller* Dampf, welcher im Kessel erzeugt wird, oder, falls etwas davon durch die Sicherheitsklappe entweicht, aller Dampf nach Abzug dieses Verlustes, nothwendig in den Dampfstiefel gelangen, dort auf den Kolben wirken und sich in dem Stiefel bis zu derjenigen Spannung ausdehnen mufs, dafs der Druck des Dampfs dem Widerstande des Kolbens *im Mittel gleich* ist; woraus denn unmittelbar die Kraft, so wie die Zahl der Kolbenschläge oder die Geschwindigkeit folgt, mit welcher die Kraft wirkt. Jene Thatsache ist unwidersprechlich, weil der Dampf, aufser der Sicherheitsklappe, keinen andern Ausweg aus dem Kessel *hat*, als durch den Dampfstiefel: die Erwägung aber ist so überaus einfach, dafs es wohl eben nur durch die grofse Einfachheit erklärlich ist, warum man nicht früher darauf fiel; denn häufig kommt man auf das Einfache zuletzt.

Im Jahre 1836 machte Herr *von Pambour* zuerst seine Ansichten bekannt; und zwar auf *Dampfwagen* angewendet. Er begründete seine Sätze durch zahlreiche, mühsame und wahrscheinlich auch wohl kostbare, mit diesen Maschinen in England auf der Eisenbahn zwischen Liverpool und Manchester angestellte Versuche. Seitdem hat er seine Arbeiten über den Gegenstand fortgesetzt und seine Theorie auch auf *feststehende* Dampfmaschinen aller Art angewendet.

Wir theilten im Jahre 1837 im 10ten und 11ten Bande dieses Journals eine Übersetzung der Englischen Ausgabe der *v. Pambour*schen Schrift über *Dampfwagen* auf Eisenbahnen mit. Da nun in der neusten Zeit kaum irgend eine andere Maschine so wichtig ist, als die *Dampfmaschine*, die, man könnte sagen, das Leben und Treiben auf der ganzen Erde, zu Meer und zu Lande, bis in die entlegensten Gegenden, in vermehrten Schwung setzt, so wird es nicht übel gethan sein, wenn wir auch die vervollständigten und jetzt gewissermafsen zu einem Abschlufs gelangten Arbeiten des Herrn *v. Pambour* hier ebenfalls mittheilen; in möglichst gedrängter Gestalt, aber ohne Weglassung von irgend etwas Wesentlichem, mithin auch ohne Weglassung irgend einer *Zeichnung*.

Die vorliegende Schrift ist eigentlich noch etwas mehr als eine blofse Theorie: sie leistet *mehr*, als ihr Titel verspricht: sie steht gleichsam in der Mitte zwischen einer blofsen Theorie und einer Anweisung, Dampfmaschinen nach den besten Mustern zu *bauen* und ihre Wirkungen nach richtigen Grundsätzen zu ordnen; denn die vortrefflichen und schönen Zeichnungen stellen, bis in die kleinsten Einzelnheiten, alle Arten von Dampfmaschinen, mit allen ihren neueren Vervollkommnungen, auf eine höchst anschauliche und deutliche Art dar, und die Schrift liefert dazu eben so genaue und deutliche Beschreibungen; so dafs sich daraus eine recht vollständige Kenntnifs des Dampfmaschinenwesens in seinem ganzen Umfange schöpfen läfst, und also der Inhalt für Alle, welche mit Dampfmaschinen auf irgend eine Weise zu thun haben, eben wie für die Erbauer von dergleichen Maschinen, belehrend und nützlich sein wird. Die Erbauer haben nur noch die Kunst der Ausübung hinzuzufügen.

Von der Anordnung und Eintheilung der Schrift giebt der Herr Verfasser in der Einleitung eine allgemeine Übersicht, und das Inhaltsverzeichnifs giebt die Übersicht näher. Die Anordnung und Eintheilung ist ungemein folgerichtig und angemessen. In dem ersten Abschnitt zeigt der Herr Verfasser, dafs und weshalb die bisherige Theorie unrichtig ist, und giebt einen Überblick der bessern und richtigern Ansichten. Im zweiten Abschnitt handelt er von den physicalischen Gesetzen der Wirkung des Dampfes. Der dritte Abschnitt giebt eine ungemein deutliche Beschreibung der *einzelnen Theile* der Dampfmaschinen: dieses ist sehr wohlgethan, weil wohl nur auf diese Weise, nemlich durch das Anheben von den *einzelnen Theilen,* ein deutlicher Begriff von so ungemein künstlichen und zusammengesetzten Maschinen, wie die Dampfmaschinen sind, sich geben läfst. Der vierte Abschnitt enthält die allgemeine Theorie der Dampfmaschinen. Die folgenden neun Abschnitte gehen die verschiedenen Arten von Dampfmaschinen einzeln durch. Überall findet sich die musterhafteste Klarheit und Einfachheit.

Wie immer in dem Baujournal, haben wir die fremden Maafse und Gewichte in Preufsische übertragen; jedoch nur da, wo die Zahlen *bestimmte* Gröfsen ausdrücken, nicht da, wo es auf blofse *Vergleichungen* von Gröfsen ankommt, weil da die Übertragung nicht allein ohne Zweck und Nutzen, sondern sogar nachtheilig gewesen sein würde, indem sie nur Brüche in die Rechnung gebracht hätte, welche die Übersicht erschweren. Es ist natürlich überall angemerkt worden, ob Preufsisches, oder welches fremde Maafs und Gewicht gemeint sei.

Sodann hat der Herausgeber dieses Journals möglichst auch für diejenigen Dinge *Deutsche* Worte gesetzt, welche man hie und da auch wohl durch fremde oder halbdeutsche Benennungen bezeichnet. Er hat sich indessen wohl gehütet, etwa neue Deutsche Wörter zu machen, oder Deutsche Wörter *willkürlich* anzuwenden. Er hat nur da die Deutschen Benennungen gesetzt, wo völlig unterscheidend bezeichnende Wörter für die Gegenstände vorhanden sind, und auch wohl ihr Gebrauch keinesweges ganz ungewöhnlich ist. So hat er z. B. ***Klappe*** statt ***Ventil***, ***Dampfstiefel*** statt ***Dampfcylinder***, ***Nutzwirkung*** statt ***Nutz-Effect*** u. s. w. geschrieben. Er ist überzeugt, man werde dies nicht tadeln: denn der Deutsche, der es thäte, würde nur seine eigene Sprache tadeln und gering achten. Was etwa in solchen Fällen für die Festhaltung des Fremden und Undeutschen vorgebracht wird, sind gewöhnlich nur Vorwände zur Beschönigung der Gewohnheit.

Einige Anmerkungen hat der Herausgeber dieses Journals an den Stellen beizufügen sich erlaubt, wo es ihm, entweder noch zur Erläuterung, oder zur Anregung fernerer Erwägungen dienlich schien. Man hat diese Anmerkungen durch „ " und am Schlusse durch D. H. bezeichnet, um sie vom Texte zu unterscheiden.

Noch aus einem besonderen Grunde hoffen wir, werde die Mittheilung der *v. **Pambour***schen Schrift, hier auf diesem Wege, durch das Baujournal, dem Deutschen Publico genehm sein. Das Französische Original kostet nemlich zur Stelle 50 Francs, also in Deutschland 16 bis 17 Thlr. Hier erhalten die Leser des Journals die Schrift durch das Journal ohne besondere neue Kosten, und die besondern Abdrücke, welche der Herr Verleger von der Schrift wird machen lassen, wird er, weil dazu kein wiederholter Satz und zu den Figuren kein wiederholtes Lithographiren nöthig ist, mit allen zahlreichen Figurentafeln, für etwa 6 Thlr. zu liefern im Stande sein; was sonst nicht möglich wäre. Wir glauben daher, durch die gegenwärtige Mittheilung etwas dem Publico in mehr als einer Rücksicht Nützliches und Gefälliges zu thun.

Berlin im April 1846.

Einleitung des Verfassers.

Wir haben in der Abhandlung über *Dampfwagen,* deren erste Französische Ausgabe 1835 erschien, die Grundzüge einer neuen Theorie der Dampfmaschinen aufgestellt. Wir wendeten diese Theorie damals nur auf fahrbare Dampfmaschinen oder Dampfwagen (locomotives) an, weil dies damals unsere Aufgabe war; aber wir erklärten dabei, dafs die nemlichen Grundsätze auch auf alle andern Arten von Dampfmaschinen anwendbar wären.

Bald nach dem Erscheinen der genannten Abhandlung fand sich unsere Theorie in mehrere andere Schriften angenommen. Der leider! zu früh verstorbene *Navier,* nachdem er 1835 in den „Annales des ponts et chaussées" eine Abhandlung über die Anwendung der Dampfwagen bekannt gemacht hatte, kam 1836 in der nemlichen Zeitschrift auf den Gegenstand zurück, erkannte nun die Richtigkeit unserer Grundsätze an, und verliefs die bisherigen. Der in den Wissenschaften wohl bekannte Professor *Whewell* in England nahm ebenfalls in der 5ten Ausgabe seiner Mechanik unsere Theorie an, und mehrere Ingenieurs berechneten danach die Dampfwagen für die von ihnen vorgeschlagenen Eisenbahnen. [„Auch der Herausgeber dieses Journals that es „für die damals von ihm entworfenen Eisenbahnen von Berlin nach Potsdam „und nach Schlesien." D. H.] Endlich nahm Herr *Wood* in der dritten Ausgabe seiner Schrift über die Eisenbahnen, London 1838, auf S. 555 bis 577 unsere Grundsätze an; anfangs ohne seine Quelle zu nennen; was er indessen nachholte.

Wir hatten indessen unsere Ansichten nur erst auf *Dampfwagen* angewendet, und Diejenigen, welche sie angenommen hatten, betrachteten sie als nur für diese Art von Dampfmaschinen passend. Es kam uns also noch darauf an, sie allgemein zu beweisen und auch auf alle andern Arten von Dampfmaschinen anzuwenden. In den Dampfwagen ist die Art der Wirkung des Dampfes sehr einfach, weil dort weder Absperrung (détente) noch Niederschlag der Dämpfe (condensation) vorkommt [„Absperrung *könnte* indessen „auch hier benutzt werden, und es wird auch wahrscheinlich in der Folge geschehen." D. H.], auch die Bewegung stetig ist [„jedoch durch Vermittlung von „Kurbeln" D. H.]: also blieb für die Anwendung der Sätze auf alle andern Arten von Maschinen noch Viel zu thun übrig. Dieses versuchten wir in einer Reihe von Abhandlungen, welche wir von Anfang 1837 an der Pariser Akademie der Wissenschaften vorlegten und welche die Akademie billigte, die Priorität der Theorie uns zuerkennend.

Die hier folgende Schrift enthält die Gesammtheit dieser Arbeiten, nachdem wir dieselben noch weiter entwickelt haben. Wir werden mit den Beweisen der Unrichtigkeit der bisherigen Theorie anfangen; darauf soll die Entwicklung der Gesetze folgen, nach welchen der Dampf wirkt; dann die Theorie der Dampfmaschinen im Allgemeinen; und endlich werden wir in einzelnen Abschnitten die Anwendung der Theorie auf die verschiedenen gebräuchlichen Arten von Maschinen zeigen. Dieser letzte Theil der Schrift wird die bisher noch nicht gegebene Auflösung verschiedener Aufgaben enthalten: z. B. die Berechnung der Reibung in Maschinen und der Geschwindigkeit des Kolbens unter einem gegebenen Widerstande, welche nach der gewöhnlichen Theorie zu finden unmöglich war; ferner die Auflösung der Aufgabe, den Widerstand und die Absperrung zu finden, welche einer Maschine für ihre *möglich-gröfste* Wirkung zukommen; die Berechnung des dieser *gröfsten* Wirkung in Maschinen von einfacher Wirkung und in atmosphärischen Maschinen entsprechenden Gegengewichts etc. Man wird bemerken, dafs, mit Ausnahme eines Theils des zweiten Abschnitts, der von den Eigenschaften des Dampfs handelt, alles Übrige lediglich aus unserer Theorie hervorgeht und also völlig neu ist.

Hätte die Schrift gänzlich für die Ausübung eingerichtet werden sollen, so wären noch eine Reihe von Versuchen aufzuzählen gewesen, welche die Reibung und die übrigen in den Buchstaben-Ausdrücken vorkommenden unveränderlichen Zahlen bestimmen. Wir glaubten indessen, für jetzt bei Dem stehen bleiben zu müssen, was die Theorie insbesondere betrifft; und danach ist der Titel der Schrift eingerichtet. Später gedenken wir, jene, allerdings noch wichtigen Ergänzungen zu liefern; aber man wird an den Beispielen, die sich hier schon für die verschiedenen Arten von Maschinen finden, sehen, dafs man durch die näherungsweisen Werthe, welche wir den unveränderlichen Zahlen geben, schon Ergebnisse erhält, die in der Ausübung für die gewöhnlichen Fälle hinreichend genau sind. Auch ist übrigens die Reibung in gut gebauten Maschinen so geringe, dafs eine noch genauere Ausmittlung ihres Betrages die Ergebnisse immer nur wenig ändern kann.

Die bisherige, gar zu ungenaue Berechnung der Dampfmaschinen scheint einer der Hauptgründe der vielen Täuschungen bei dem Gebrauche der Maschinen und der dann folgenden Streitigkeiten zwischen den Käufern und Verfertigern zu sein. Man glaubte zwar, im Voraus die Wirkungen einer zu erbauenden Maschine berechnen zu können, aber die Erfahrung zeigte, dafs man der verlangten Leistung immer nur dann gewifs sein konnte, wenn die Maschine eine reine Nachbildung einer schon vorhandenen war, und dafs die zu erwartende Wirkung durch jede Abweichung ungewifs wurde. [„Leider ist es „nicht viel anders noch in gar manchen andern technischen Dingen." D. H.] Wenn man nun eine Maschine, damit sie nicht zu schwach sei, für eine überschüssige Kraft einrichtete, so kam es wohl, dafs sie, weil sie nicht für ihre Bestimmung passend war, nicht mit der erwarteten Sparsamkeit der Kosten arbeitete: und machte man sie zu schwach, so leistete sie nicht, was verlangt wurde, und mufste verworfen werden; oder die Aufseher spannten auch wohl gar den Dampf im Kessel durch Beladen oder Sperren der Sicherheitsklappe zu stark an, und dann erfolgten die fürchterlichsten Zersprengungen. Das hat auf den Dampfschiffen, bei der Fahrt gegen Strömungen, gar vielen Menschen das Leben gekostet.

Andrerseits sind die Rechnungen, welche wir an die Stelle der bisherigen setzen, so einfach, dafs sie für die Ausübenden nicht die geringsten Schwierigkeiten haben können. Wir glauben daher, dafs die hier folgende Schrift ebensowohl den Ingenieurs als den Werkmeistern nützlich sein werde.

Die gegenwärtige Ausgabe der Schrift ist sehr vermehrt worden. Wir haben ihr noch Zeichnungen und nähere Beschreibungen der verschiedenen Arten der gebräuchlichen Dampfmaschinen, nach den besten Mustern der vorzüglichsten Englischen Maschinenbaumeister, hinzugefügt. Die wohlbekannten Namen der Herren ***W. Fairbairn*** in Manchester, ***Fawcett*** und ***Preston*** in Liverpool, ***B. Hick*** in Bolton, ***R. Stephenson*** in New-Castle, ***W. West*** in Cornwall etc. verbürgen, dafs die Zeichnungen und Beschreibungen nützlich sein werden. Einige derselben stellen Maschinen vor, die noch nicht bekannt gemacht worden sind, und wir erkennen die Uneigennützigkeit an, mit welcher man uns diese Mittheilungen gestattet hat. Wir hoffen auch, dafs die Leser das Talent des Künstlers anerkennen werden, der die Gegenstände in den Zeichnungen zu einer so klaren Anschauung gebracht hat. [„Man wird in der „That finden, dafs dies in hohem Grade der Fall ist, und es wird von Jedem „gewürdigt werden, welcher weifs, wie schwer es ist, von künstlichen und „verwickelten Maschinen durch Zeichnungen eine deutliche Vorstellung zu ge„ben." D. H.]

Erster Abschnitt.

Beweise der Unrichtigkeit der bisherigen Theorie.

I. Bisherige Rechnungs-Art; und Bemerkungen, welche sich sogleich dagegen ergeben.

1.

Es kommt auf Zweierlei bei einer Maschine an: auf den *Widerstand,* welcher sie in Bewegung setzt, und auf die *Geschwindigkeit,* mit welcher dies geschieht. Zunächst also ergeben sich folgende zwei Aufgaben.

Erstlich. Wenn für eine vorhandene Maschine die *Geschwindigkeit* bestimmt ist: den *Widerstand* zu finden, den sie mit dieser Geschwindigkeit fortzutreiben vermag.

Zweitens. Wenn für eine vorhandene Maschine der *Widerstand* gegeben ist: die *Geschwindigkeit* zu finden, mit welcher sie ihn in Bewegung setzen wird.

Aber es giebt noch eine *dritte* Aufgabe, die aus den beiden vorigen von selbst hervorgeht, nemlich:

Drittens. Wenn der *Widerstand* und die *Geschwindigkeit* gegeben sind: die Maafse der Maschine zu finden, welche im Stande sein wird, diesen Widerstand mit der gegebenen Geschwindigkeit zu überwinden. Bei den Dampfmaschinen ist, was hier gesucht wird, die Gröfse des Dampfkessels, oder, wenn man will, die der verlangten Wirkung gemäfse Verdampfungsfähigkeit. [„Auch „wohl die Maafse der Dampfstiefel und der andern Theile der Maschine." D. H.]

2.

Diese drei Aufgaben machen also die Grundlage der Berechnung aus, welche bei Dampfmaschinen vorkommen können; sie können sich auf verschiedene Art verändern (was weiter unten berücksichtigt werden wird): aber alle Aufgaben, welche vorkommen können, beziehen sich immer auf die drei obigen. Zum Beispiel: die Nutzwirkung einer Maschine suchen, deren Kolbenschläge man zählt, das heifst, deren Geschwindigkeit gegeben ist, ist nichts anderes, als den Widerstand berechnen, welchen die Maschine mit dieser Geschwindigkeit in Bewegung zu setzen vermag; denn der Widerstand, mit der Geschwindigkeit multiplicirt, ist die Nutzwirkung. Die Wirkung einer Maschine, in Pferdekräften ausgedrückt, und ihre Wirkung für eine gegebene Masse Brennstoff, sind ebenfalls die Nutzwirkung in Zahlen gewisser Einheiten, nemlich von Pferdekräften, oder von Einheiten des Brennstoffs, als bewegende Kraft betrachtet, und die Aufgabe kommt auf die vorige zurück. Alles dieses wird weiter unten deutlicher werden.

Alle Aufgaben bei Dampfmaschinen kommen also auf die obigen drei zurück: den *Widerstand,* die *Geschwindigkeit* und die *Verdampfungskraft* zu finden.

3.

Die bisherige Theorie nahm bei der Berechnung, sowohl der Kraft, als der Verdampfungsfähigkeit einer Maschine, *die Spannung des Dampfs im Kessel und im Dampfstiefel gleich stark an und veränderte dann das Ergebnifs durch einen unveränderlichen Coëfficienten.* Dieses Verfahren, welches wir die *Coëfficientenrechnung* nennen wollen, war für die ältere Theorie unvermeidlich, weil sie kein Mittel hatte, die Spannung des Dampfs im Dampfstiefel zu schätzen, also dieselbe nur der im Kessel *gleich* setzen konnte. Und da sich nun fand, dafs das *Rechnungs*-Ergebnifs stets viel gröfser war, als das der *Erfahrung,* so blieb nichts übrig, als jenes durch einen *Coëfficienten* zu verkleinern.

4.

Die Nothwendigkeit dieser Verminderung schrieb man zu: *Erstlich* der Reibung der Maschinentheile und dem Verlust an Dampf bei jedem Kolbenschlage durch Ausfüllung der leeren Räume, welche man Spielraum nennt: *Zweitens* den Hindernissen bei dem Durchgange des Dampfs durch die verengten Öffnungen und in den Biegungen der Röhren, dem Widerstande der Röhrenwände und dem Verlust durch theilweisen Niederschlag des Dampfs. Da diese Verluste gleichförmig sein zu müssen schienen, nicht allein in *einer und derselben Maschine,* wenn man die Durchgänge des Dampfs nicht änderte, sondern auch in *einerlei Art* von Maschinen, so glaubte man, dafs die Ergebnisse der Erfahrung und der Rechnung zu einander in einem *unveränderlichen* Verhältnifs stehen müfsten; und deshalb glaubte man, das wahre Ergebnifs aus dem der Rechnung finden zu können, wenn man letzteres mit einem *unveränderlichen* Coëfficienten multiplicirte. Aber für verschiedene *Arten* von Maschinen hielt man das Verhältnifs für verschieden, und setzte für jede *Art* einen *andern* Coëfficienten.

5.

Diese Art zu rechnen war allerdings die natürlichste; und selbst die allein mögliche, so lange es kein Mittel gab, die Spannung des Dampfs zu schätzen, mit welcher derselbe im Dampfstiefel unter bestimmten Umständen wirklich auf den Kolben drückt. Auch wollen wir, obgleich unsere Absicht ist, zu zeigen, dafs das Verfahren Unrichtiges giebt, und obgleich wir ein anderes Verfahren an seine Stelle zu setzen gedenken, keineswegs die Schriften angreifen, welche jenes lehren. Man wufste allerdings sehr wohl, dafs: mittels eines unveränderlichen Coëfficienten ein Ergebnifs ändern, welches niemals unmittelbar gemessen worden war, nur ein näherungsweises Verfahren sein könne; aber man *mufste* sich seiner bedienen, wie man sich eines unvollkommnen Werkzeuges so lange bedient, bis man ein besseres besitzt. Mehrere Schriften, welche das alte Verfahren lehren, gestehen offen, dafs eine genügende Theorie der Dampfmaschinen noch nicht vorhanden und noch erst zu suchen sei. Freilich verfahren ***nicht alle*** auf diese Weise; und was wir oben sagten, ist nicht auf alle anwendbar. Man wolle indessen versichert sein, dafs wir nur deshalb unser Verfahren, da, wo es nöthig sein wird, mit dem bisherigen vergleichen, um das unsrige zu begründen, nicht um andere zu tadeln.

6.

Das bisherige Verfahren setzte, wie gesagt, die Spannung des Dampfs im Stiefel der im Kessel gleich, multiplicirte diese Spannung, nach Abzug der Spannung des noch nicht niedergeschlagenen Dampfs auf der andern Seite des Kolbens, erst mit der Fläche des Kolbens, und dann mit der Geschwindigkeit desselben; und dies gab die *theoretische* Nutzwirkung der Maschine. Hierauf verglich man das Ergebnifs mit demjenigen einiger Versuche an Maschinen gleicher Art, und das Verhältnifs der beiden Ergebnisse lieferte dann einen ***Bruch-Coëfficienten,*** welchen man als das ***unveränderliche*** Verhältnifs ansah, zwischen den Beträgen der Wirkung nach der Rechnung und in der Wirklichkeit, bei allen Maschinen ***gleicher Gattung.***

Zum Beispiel, in einer Hochdruckmaschine ohne Absperrung sei a die Fläche des Kolbens, ω die Spannung des Dampfs im Kessel auf die Einheit der Fläche, v die Geschwindigkeit des Kolbens: so wäre $a\omega$ der Druck auf den Kolben und $a\omega v$ die Wirkung ***nach der Rechnung.*** Hatte nun die ***Erfahrung*** in gewissen Fällen für diese Wirkung nicht $a\omega v$, sondern nur den $k$ten Theil davon gegeben, so nahm man k als ***unveränderlich*** an und setzte die wirkliche Nutzwirkung einer Maschine ohne Absperrung gleich

$$1.\quad ka\omega v,$$

oder auch, wenn R den Widerstand des Kolbens auf die Einheit seiner Fläche bezeichnet, die Kraft der Maschine

$$2.\quad aR = ka\omega.$$

7.

Der Coëfficient *k* bezieht sich hier auf die Spannung des Dampfs im Kessel, nach Abzug der Spannung des noch nicht niedergeschlagenen Dampfs auf der andern Seite des Kolbens im Dampfstiefel. Einige Schriftsteller nehmen aber auch einen Coëfficienten an, der sich nur auf die Spannung des Dampfs im Kessel *ohne* allen Abzug bezieht. So z. B. *Tredgold.* Die Coëfficienten *Tredgolds* von *dieser* Art sind folgende: (Man sehe *Tredgold,* traité de la machine à vapeur art. 367. 372. 383. 396. 402. 408. 411. 416. 426. etc.)

Für Maschinen ohne Dampf-Niederschlag und *ohne* Absperrung . . 0,60.
Für Maschinen ohne Dampf-Niederschlag und *mit* Absperrung während der Zulassung des Dampfs in den Stiefel . . . . . . 0,60.
Für Maschinen ohne Dampf-Niederschlag und mit Absperrung in zwei verbundenen Stiefeln während der Zulassung des Dampfs in dieselben 0,47.
Für *Watt*sche Maschinen von einfacher Wirkung . . . . . . 0,60.
Für Maschinen von einfacher Wirkung und mit Absperrung während der Zulassung des Dampfs in den Stiefel . . . . 0,60.
Für *Watt*sche Umdrehungsmaschinen [„Maschinen, die durch Kurbeln eine drehende Bewegung hervorbringen," D. H.] mit doppelter Wirkung . . . . 0,63.
Für dergleichen Maschinen mit zwei verbundenen Stiefeln . . . 0,48.
Für Luftdruckmaschinen, wo der Coëfficient auf den Luftdruck zu beziehen ist, nach Abzug der Gegenspannung des noch nicht niederschlagenen Dampfs auf der andern Seite des Kolbens . . . . 0,51.
Für Luftdruckmaschinen mit besonderem Niederschlaggefäfs (condenseur), wo der Coëfficient eben so anzuwenden ist, ... 0,54.

8.

Da *Tredgold* ausdrücklich sagt, und es immerfort wiederholt, dafs die Nutzwirkung der Maschine *nach der Spannung des Dampfs im Kessel* zu berechnen sei, indem man aus dieser Spannung mittels des Coëfficienten die Spannung im Stiefel finde: so ist nicht wohl einzusehen, wie *Woolhouse* in der zweiten Ausgabe der *Tredgold*schen Schrift von 1838, S. 186 des Anhangs, hat behaupten mögen, *Tredgold* berechne die Nutzwirkung der Maschinen aus der *Verdampfung* im Kessel. Er findet solches darin, dafs in dem Product der Kolbenfläche in die Dampfspannung und in die Geschwindigkeit des Kolbens, welches Product nach der alten Theorie die Nutzwirkung giebt, das Product der Kolbenfläche in die Geschwindigkeit des Kolbens vorkomme, welches Product dasjenige des Inhalts des Stiefels in die Zahl der Kolbenschläge sei und also den Verbrauch von Dampf durch den Stiefelraum ausdrücke. Aber es ist nicht zu verkennen, dafs, als *Tredgold* auf diese Weise die Verdampfung in Rechnung brachte, er es nur that, ohne es zu wissen und zu wollen; denn, weit entfernt, zu sagen, man solle die Verdampfung *beobachten* und von dieser ausgehen, spricht er gegentheils immer nur von der Dampfspannung und von dem unveränderlichen Coëfficienten. Gewifs hat *Tredgold* nicht die sinnreiche Art geahndet, wie *Woolhouse* seine Formel *zerlegt;* dieser aber ist darauf wohl erst nur durch Bemerkungen in andern Schriften gekommen.

9.

Die obigen Coëfficienten in (§. 7.) nun, die beiden letzten ausgenommen, sollten auf die gesammte Spannung des Dampfs im Kessel bezogen werden, ohne vorher den Luftdruck, oder sonst den Gegendruck des noch nicht niedergeschlagenen Dampfs an der andern Seite des Kolbens davon abzuziehen. Die Coëfficienten sollten unmittelbar aus der *berechneten* Wirkung den *wirklichen* Druck des Dampfs auf den Kolben geben. War dieser gefunden, so sollte noch, um die Nutzwirkung der Maschine zu haben, der Luftdruck oder der Gegendruck aus dem Niederschlaggefäfs abgezogen werden.

Dieses Verfahren weicht demnach in Etwas von dem weiter oben beschriebenen ab; aber das Ergebnifs konnte, blofs durch Veränderung der Coëfficienten, zu dem nemlichen gemacht werden. Für eine Hochdruckmaschine ohne Niederschlag z. B. und mit 65 Pfd. Dampfspannung auf den Quadratzoll, also mit 50 Pfd. *wirksamer* Spannung [„nach Abzug von 15 Pfd. Gegenspannung des Luftdrucks" D. H.], giebt der Coëfficient 0,50 für die *gesammte* Spannung ungefähr Dasselbe, wie der Coëfficient 0,60 für die *wirksame* Spannung, nemlich Ersteres $0{,}50 \cdot 50 = 25$ Pfd. und Letzteres $0{,}60 \cdot 65 - 15 = 24$ Pfd.

Es waren beide Verfahren gebräuchlich, und wir mufsten also beider gedenken. Zu bemerken ist, um Verwechselungen zu vermeiden, dafs man des zweiten Verfahrens sich bediente, um das Verhältnifs der gesammten Spannungen im Kessel und im Stiefel auszudrücken: des ersten, um das Verhältnifs der berechneten und der wirklichen Nutzwirkung der Maschine zu finden.

10.

So verhält es sich mit der Auflösung der *ersten der drei obigen Aufgaben.* Die *zweite* Aufgabe: die *Geschwindigkeit* der Bewegung für einen bestimmten Widerstand zu finden, ist bei dem bisherigen Verfahren nie berücksichtigt worden. Die *dritte* Aufgabe: die zu einer verlangten Wirkung nöthige *Verdampfung* zu finden, lösete man auf eine ähnliche Art, wie die erste. Man berechnete den vom Kolben durchlaufenen Raum, nahm an, dieser Raum müsse von Dampf von der nemlichen Spannung, wie die im Kessel, ausgefüllt werden, und bediente sich dann des unveränderlichen Coëfficienten. Gewöhnlich nahm man denselben Coëfficienten wie oben an, führte ihn aber hier als *Divisor* ein, um die Verdampfung, wegen der Verluste, die der Coëfficient in Rechnung bringen sollte, zu *vergröſsern.* Nach der obigen Bezeichnung ist av der vom Kolben in der Einheit der Zeit durchlaufene Raum. Ist nun der Raum-Inhalt des Dampfs, von der Spannung dessen im Kessel, $q$mal der Raum-Inhalt des *Wassers,* aus welchem der Dampf erzeugt wurde, so ist der Raum-Inhalt des nöthigen *Wassers*

$$3. \quad = \frac{av}{q};$$

und da nun der Verlust durch den Coëfficienten k ausgedrückt werden soll, so ist der Raum des wirklich nöthigen Wassers

$$4. \quad S = \frac{av}{qk}.$$

Dies war die gewöhnliche Rechnung, durch welche man die beiden ersten der obigen drei Aufgaben auflösete. Weiter unten werden wir auf die Ermittlung der Geschwindigkeit unter einem gegebenen Widerstande kommen.

11.

Ferner stellte man sich vor, die bestimmte und *feste* Spannung des Dampfs im Kessel könne, um eine verlangte Wirkung auf den Kolben im Dampfstiefel hervorzubringen, nach Belieben *durch Verengung der Durchgangs-Öffnungen vermindert werden,* und nahm an, wenn die Durchgangs-Öffnung, der man bei stehenden Maschinen gewöhnlich den 25ten Theil des Querschnitts des Stiefels zur Fläche giebt, ganz offen sei, so weiche die Spannung des Dampfs im Stiefel nur noch wenig von der im Kessel ab.

Nachdem indessen der *Watt*sche Spannungsmesser (indicateur), an die Stiefel mehrerer Maschinen angebracht, eine gewisse Verminderung der Dampfspannung im Stiefel gegen die im Kessel nachgewiesen hatte, betrachteten Diejenigen, welche auf diese Thatsache Rücksicht nahmen, aber nicht ihre wahre Ursach sahen, dieselbe als Etwas, welches sich ebenfalls durch einen unveränderlichen Coëfficienten ausdrücken lasse, und sie war ihnen eine der Gröſsen, durch welche sie ihren Haupt-Coëfficienten bestimmten. Also wurde nun für *alle* Fälle die Spannung des Dampfs im Stiefel der im Kessel, entweder gleich, oder mit ihr im Verhältnifs angesehen: folglich als unveränderlich, so lange die Spannung im Kessel sich nicht änderte; keineswegs als abhängig von dem *Widerstande* des Kolbens, und veränderlich mit ihm; was sie gleichwohl, wie sich zeigen wird, wirklich ist.

12.

Die Einwendungen, welche sich gegen diese Betrachtungsweise zunächst ergeben, sind folgende.

Erstlich. Der für stehende Hochdruckmaschinen, ohne Niederschlag, angenommene Coëfficient ist 0,50: also soll hier *die Hälfte* der Wirkung durch die Reibung und andere Hindernisse verloren gehen. Man hatte diesen Verlust nicht etwa *gemessen* und ihn so stark *gefunden*, sondern die Rechnung wollte mit der Erfahrung nicht stimmen, und deshalb *schätzte* man ihn so stark.

Aber, um zu sehen, dafs eine solche Schätzung auf keinem festen Grunde ruht, darf man nur die Erklärung näher betrachten, welche *Tredgold*, der ebenfalls so verfährt, davon zu geben sucht. Er sagt, man müsse von der *gesammten* Dampfspannung (also den Luftdruck nicht abgezogen) 4 Zehntheile abziehen; was, wie sich oben zeigte, das Nemliche ist, als wenn man 5 Zehntheile von der Spannung abzieht, die nach Zurückrechnung des Luftdrucks übrig bleibt. Jene 4 Zehntheile vertheilt er wie folgt (Man sehe *Tredgold*, traité des machines à vapeur art. 367. S. 304 der Französischen Übersetzung):

Nöthige Kraft, um den Dampf in den Dampfstiefel zu treiben, . .	0,007.
Nöthige Kraft, um den Dampf in die äufsere Luft zu treiben, . . .	0,007.
Verlust durch Abkühlung des Dampfs im Stiefel und in den Röhren	0,016.
Reibung des Kolbens und Verlust von Dampf	0,200.
Nöthige Kraft, um die Klappen zu öffnen und die Reibung der Maschinentheile zu überwinden, ...	0,062.
Verlust dadurch, dafs die Zuströmung des Dampfs abgeschnitten wird, ehe der Kolben seinen Lauf vollendet hat, ...	0,100.
Zusammen	0,392.

Erwägt man, dafs diese Zahlen Bruchtheile von der *gesammten Kraft* der Maschine sind, so wird leicht zu erkennen sein, dafs sie unmöglich richtig sein können. Hätte z. B. die Maschine eine *Nutzwirkung* von 120 Pferdekräften, welches dem Coëfficienten zufolge, eine Gesammtkraft von 200 Pferden voraussetzt, so müfsten $0{,}2 \cdot 200 = 40$ Pferde nöthig sein, *blofs um den Kolben hin und her zu ziehen,* also ein Drittheil der gesammten Kraft der

Maschine; und 52 Pferde, *um die Reibung zu überwinden.* Die Übertreibung springt in die Augen.

Auf einen Dampf*wagen* angewendet, der ebenfalls eine Hochdruckmaschine ist, und angenommen, dafs die Maschine mit 60 Pfd. (Engl.) wirksamer, also 75 Pfd. gesammter Dampfspannung auf den Quadratzoll arbeite, würde sich finden, dafs in dem Stiefel von 12 Zoll (E.) Durchmesser, also an 226 Q. Z. Querschnitt, die Reibung des Kolbens $226 \cdot 75 \cdot 0{,}2 = 3390$ Pfd. betrage. Nach unsern Versuchen mit dem Dampfwagen *Atlas* aber beträgt die Kraft, welche, wenn die Maschine nicht beladen ist, nicht blofs die Reibung der beiden Kolben, sondern auch noch die der übrigen Maschinentheile überwindet, inbegriffen die Dampfverluste, falls dergleichen noch in einer gut gebauten Maschine Statt finden, nur 59 Pfd. am Triebrade und $59 \cdot 5{,}9 = 348$ Pfd. am Kolben (Traité des machines locomotives 2e édit. chap. VIII. p. 249).

Es ist also unmöglich, dafs die obigen übertriebenen Schätzungen richtig sind.

Zweitens. Die berechnete Wirkung einer Maschine hängt von drei Dingen ab: von der Fläche des Kolbens, von der Dampfspannung, und von der Geschwindigkeit der Bewegung. Die sieben Umstände, aus welchen man die Verminderung der berechneten Wirkung erklärt, sind folgende: Zunächst die Reibung der Maschinentheile; dann der Spielraum in dem Dampfstiefel, die Verengung der Durchgänge, die Biegung der Röhren, die Reibung des Dampfs an den Röhrenwänden, der Verlust an Dampf, und der theilweise Niederschlag desselben.

Von den letzten sechs Ursachen können offenbar der Spielraum in dem Stiefel und der Verlust an Dampf auf keine Weise die *Spannung* desselben während seiner Wirkung vermindern: sie können die *Masse* des Dampfs, und dadurch die Geschwindigkeit der Bewegung verringern, aber gewifs nicht die Dampfspannung. Die Verengung der Durchgänge, die Biegung der Röhren und der Widerstand ihrer Wände setzen allerdings der Wirkung der Dampfspannung ein Hindernifs entgegen: aber auch dieses Hindernifs wird immer nur die *Geschwindigkeit* vermindern, nicht die *Spannung des Dampfs.* Es bleibt also von den sechs Ursachen nur der *Niederschlag* des Dampfs für Das übrig, was seine *Spannung* wirksam vermindern kann. Dieser Niederschlag wird aber durch die dagegen gebräuchlichen und vorhandenen Vorkehrungen fast ganz gehoben. Alles übrige kann von der berechneten Wirkung nur die *Geschwindigkeit* vermindern, nicht die *Kraft des Dampfs.*

Wenn man nun aber nach dem gewöhnlichen Verfahren die Wirkung berechnet, multiplicirt man erst die Fläche des Kolbens mit der Spannung des Dampfs im Kessel; was die vorausgesetzte *Kraft* giebt; diese dann multiplicirt man noch mit der vorausgesetzten Geschwindigkeit, die aber, da sie unbekannt ist, erst aus der *beobachteten* Geschwindigkeit gefunden wird. Also wird eigentlich die Verminderung der vorausgesetzten Geschwindigkeit *schon dadurch* in Rechnung gebracht, und kann nicht zum zweitenmal angeschlagen werden. Nun aber ist man, ungeachtet die *wirkliche* Geschwindigkeit schon berücksichtigt ist, doch noch gezwungen, Zweidrittel bis Dreiviertel des Ergebnisses von demselben abzuziehen; wie wir dies an Beispielen sehen werden: also müfste dieser grofse Abzug blofs der *Reibung* wegen nothwendig sein; was offenbar unmöglich ist.

Drittens. Wie wir sahen, mufs man bei Hochdruckmaschinen ohne Niederschlag, um die wahre aus der berechneten Wirkung zu finden, die letztere mit dem Coëfficienten 0,50 multipliciren; und in vielen Fällen ist auch diese bedeutende Verminderung, *bis auf die Hälfte,* noch nicht hinreichend. Unsern Versuchen mit Dampfwagen zufolge erforderte der *Star* zuweilen den Coëfficienten 0,38, die *Vesta* 0,45, der *Leeds* 0,43, die *Fury* 0,27. Der *Star* zog 59,84 Tonnen (E.) einen Abhang von 1 auf 849 hinab, die *Vesta* 33,15 Tonnen einen Abhang von 1 auf 4257 hinab, der *Leeds* 35,15 Tonnen einen Abhang von 1 auf 1094 hinauf, die *Fury* 48,80 Tonnen einen Abhang von 1 auf 1300 hinab (S. S. 439 bis 444 des oben erwähnten „Traité des locom. 2te Aufl.”). Hier waren Fälle, wo die wahre Wirkung fast nur *Einviertel* der berechneten betrug. Gleichwohl haben bei den Dampfwagen die Durchgänge für den Dampf nicht blofs den 25ten, sondern den 12ten Theil der Kolbenfläche zum Querschnitt; sie befinden sich in dem Dampf des Kessels selbst, so dafs Verlust von Dampf unmöglich ist; auch sind die Dampfstiefel mit der Flamme des Heerdes in Berührung, so dafs auch kein Niederschlag Statt finden kann. Folglich bleibt nur die Reibung und der Spielraum in den Stiefeln übrig, um den ungeheuren Verlust von 0,73 der Wirkung zu erklären. Die Reibung beträgt, unmittelbar von uns gemessen, selbst unter der stärksten Ladung, nicht mehr als 0,15 oder 0,18 der berechneten Wirkung, wie es sich weiter unten zeigen wird, und der Spielraum in den Stiefeln nimmt nicht mehr als 0,05 von der Dampfmasse oder von der Gesammtkraft hinweg.

Viertens. Wie wir so eben sahen, war der Coëfficient bei den Dampfwagen zuweilen 0,27. Aber es gab auch wiederum Fälle, wo er für die nemliche Maschine = 0,80 gesetzt werden mufste; wie man dies in der oben genannten Schrift über Dampfwagen in den Fällen starker Ladungen sehen kann. So z. B. war der Coëfficient bei dem *Star,* als er mit 120,27 Tonnen Ladung einen Abhang von 1 auf 1300 hinauffuhr, = 0,79; bei der *Vesta,* als sie 33,15 Tonnen einen Abhang von 1 auf 89 hinaufzog, = 0,79; bei dem *Leeds,* als er 35,15 Tonnen einen Abhang von 1 auf 89 hinaufzog, = 0,88; bei der *Fury,* als sie 56,16 Tonnen einen Abhang von 1 auf 96 hinaufzog, = 0,89 (S. S. 439 — 444 des T. d. L.). Folglich verschwand hier auf einmal der so mühsam erklärte Verlust; und dies geschah gerade dann, als die Ladungen, und folglich die Reibung, *sehr stark* waren.

Es ist also wohl klar, dafs die grofsen Abweichungen der berechneten von den wirklichen Ergebnissen nur von einem Fehler *in der Theorie selbst* herrühren können, und dafs die bisherige Rechnungsart kaum näherungsweise Richtiges giebt und keineswegs geeignet ist, die Wirkungen und die nöthigen Maafse der Dampfmaschinen mit einiger Sicherheit zu finden.

II. Andere, von einigen Schriftstellern vorgeschlagene Arten, die Geschwindigkeit der Kolben für eine bestimmte Ladung zu finden; und Beweise ihrer Unangemessenheit.

13.

Wir haben oben gesagt, dafs man nach der bisherigen Rechnungs-Art die *Geschwindigkeit* des Kolbens unter einer bestimmten Ladung zu finden, nie versucht habe. *Einige* Versuche damit sind zwar gemacht worden; aber auf einem andern Wege. Man hat versucht, die Geschwindigkeit des Kolbens aus derjenigen zu berechnen, mit welcher ein Gas, von der Spannung des Dampfs im Kessel, in ein anderes Gas von der Spannung des Widerstandes des Kolbens, hineinströmen würde. Die darauf sich beziehenden Ausdrücke, welche wir weiter unten angeben werden, und die von ihren Verfassern ohne weitere Rechtfertigung aufgestellt wurden, sind offenbar auf die eben genannte Art gefunden worden; wie es ihre Ähnlichkeit mit den Formeln für die Ausströmung der Gase zu erkennen giebt.

Dies Verfahren kann aber unmöglich Richtiges geben; denn man findet durch dasselbe blofs die *gröfste* Geschwindigkeit, welche das Gas, mit seiner gröfsten Spannung in das andere hineinströmend, erlangt; wogegen in der Wirklichkeit die Geschwindigkeit durch die Gasmasse beschränkt wird, welche der Kessel in einer bestimmten Zeit liefert. Wenn z. B. im Kessel so viel

Gas erzeugt wird, als 200 oder 300mal in der Minute den Dampfstiefel füllt, so wird der Kolben 200 oder 300 Schläge in der Minute machen müssen, und nur erst dann, wenn so viel Gas erzeugt wird, als für die *gröfste* Geschwindigkeit der Ausströmung des Gases nöthig ist, wird diese gröfste Geschwindigkeit Statt finden; aber nicht eher. Die auf solche Weise aufgestellten Formeln werden also die möglich-*gröfste,* nicht die *wirkliche* Geschwindigkeit geben. Wäre es anders, so würde es gleich sein, ob eine Maschine einen grofsen oder einen kleinen Kessel hätte, und ob viel oder wenig Dampf erzeugt würde; die Geschwindigkeit würde immer die nemliche sein. Auch bestätigte keine Erfahrung die Ergebnisse solcher Formeln.

14.

Aufserdem scheint es uns zweifelhaft, dafs man überhaupt zu etwas Richtigem gelangen könne, wenn man diesen Weg einschlägt. Denn die Theorie der Bewegung der Flüssigkeiten setzt den Parallelismus der Schichten voraus; um sie zu vereinfachen, nimmt man gewöhnlich die Ausströmungs-Öffnung unendlich klein an; der Berichtigungs-Coëfficient, welchen man zu Hülfe nimmt, ist derjenige, welchen Versuche mit Flüssigkeiten, oder für geringe Unterschiede der Spannungen von Gasen ergeben haben; weder auf Verengung der Öffnungen, noch auf Biegungen der Röhren, wie in den Dampfmaschinen, kann man mit einiger Sicherheit Rücksicht nehmen, noch läfst sich die Reibung in engen langen Röhren und für grofse Geschwindigkeiten mit Sicherheit schätzen. Auch rechnet man meistens nur für Flüssigkeiten, deren Dichtigkeit, wie beim Wasser, *dieselbe* bleibt, während in den Dampfröhren die Dichtigkeit des Dampfs, also seine Spannung bedeutend sich *ändert,* da sie von dem einen Ende der Röhre bis zum andern von der Spannung im Kessel bis zu der im Dampfstiefel abnehmen mufs. Diese Art zu rechnen mufs also zu völlig unauflöslichen Verwicklungen führen, während sie auch noch voraussetzt, der Dampf im Kessel sei *unerschöpflich;* was allein schon die Ergebnisse unrichtig macht. [„In der That würden Formeln, welche man auf solche Weise erlangte, nur „ein Luftgebäude aus auf einander gehäuften willkürlichen Voraussetzungen „sein, welches nicht die geringste Gewifsheit hätte. Schon die Formeln für „den Ausflufs des *Wassers* beruhen auf solchen Voraussetzungen, und bewahren nur einige Geltung, wenn sie sich bei jedem Schritt durch Berichtigungs-„Coëfficienten an die Erfahrung, die aber nur zu oft blofs in Versuchen im Kleinen „besteht, anklammern. Um wie viel übler würde es sein mit Formeln für die „Bewegung *elastischer Flüssigkeiten,* von deren Gesetzen man noch viel we-

„niger als von den Gesetzen der Bewegung des Wassers weifs, und die sich „auch nicht einmal gut durch die Erfahrung gegen Verirrungen sicher stellen „lassen, da hier Versuche bei weitem schwieriger, wenn nicht zum Theil un-„möglich sind. Wer sich an solchen Formeln versucht, wird vielleicht äufserst „schwierige Rechnungen aufstellen, die eine treffliche mathematische Übung „sein und zu neuen Kunstgriffen und Entdeckungen in der Rechenkunst Anlafs „geben können: aber auf *diesem* Wege zu suchen, was in Dampfmaschinen vor-„geht, wäre nicht viel Anderes, als wenn man z. B. auszu*rechnen* unternähme, „ob es — am nächsten Tage regnen werde, oder nicht." D. H.]

15.

Das was man auf dem bezeichneten Wege aufgestellt hat, besteht etwa in Folgendem.

Erstlich: Tredgold, in seiner Schrift über Eisenbahnen (S. 83 der Englischen Ausgabe), schlägt eine Formel vor, die er aber weder durch Betrachtungen, noch durch Thatsachen begründet; nemlich folgende:

$$5. \quad V = 240\sqrt{\left(l \cdot \frac{P}{W}\right)},$$

wo V die Geschwindigkeit des Kolbens in Fufsen auf die Minute, l die Länge des Kolbenlaufs, P die wirksame Spannung des Dampfs im Kessel und W den Widerstand der Ladung bezeichnet. Aber da der Ausdruck nicht die geringste Rücksicht auf die während einer Minute erzeugte Dampfmasse nimmt, so kann er offenbar die gesuchte Geschwindigkeit *nicht* geben; denn sonst wäre die Heitzfläche und die Verdampfungskraft des Kessels völlig gleichgültig, und die Maschine würde nicht geschwinder sich bewegen, es möge 1 oder $\frac{1}{4}$ oder $\frac{1}{20}$ Cub. F. Wasser in der Minute verdampft werden. Diese Formel ist daher völlig unbegründet.

Zweitens: Wood, in seiner Schrift über Eisenbahnen (S. 351 der zweiten Englischen Ausgabe), schlägt, ebenfalls ohne Begründung, die Formel

$$6. \quad V = 4\sqrt{\left(l \cdot \frac{P}{W}\right)}$$

vor, wo V, l und W die nemliche Bedeutung haben, wie in (5.), P aber den Überschufs der Dampfspannung im Kessel über den Widerstand bezeichnet. Da diese Formel wieder nicht die Verdampfungskraft des Kessels berücksichtigt, so ist sie eben so wenig richtig, wie die vorige.

Wir führen diese Formeln nicht etwa an, um die Verdienste der genannten Schriftsteller zu schmälern, sondern nur um den Zustand der bisherigen Theorie darzulegen.

Andere Versuche zur Lösung der Aufgabe sind uns nicht bekannt.

Die bisherige Theorie löset also von den vorkommenden drei Aufgaben nur zwei, und diese unrichtig auf; die dritte gar nicht.

III. Grundzüge der Theorie, welche wir vorschlagen.

16.

Wir wollen von unserer Theorie zuerst für den einfachsten Fall eine *Übersicht* geben; nemlich voraussetzend, dafs das Wärmemaafs des Dampfs unveränderlich sei, dafs die Maschine eine drehende Bewegung hervorbringe und dafs keine Absperrung des Dampfs im Stiefel Statt finde. Wir setzen auch die *Gleichförmigkeit* der Bewegung voraus, welche sehr bald nach dem Anfange eintritt. Weiterhin werden wir eine Menge von theoretischen und practischen Gründen beibringen, um die Richtigkeit unserer Ansichten zu beweisen. Dann werden wir in einem folgenden Abschnitt unsere Theorie verallgemeinern und sie dann weiter auf die verschiedenen Arten von Dampfmaschinen anwenden; wobei denn auch noch Das, was hier einstweilen bei Seite gesetzt wird, berücksichtigt werden soll.

17.

Wie bekannt, erzeugt die bewegende Kraft in einer Maschine, sobald sie gröfser wird als der Widerstand, erst eine geringe Geschwindigkeit, welche eine kurze Zeitlang zunimmt, bis sie eine gewisse Grenze erreicht hat, welche sie nicht weiter übersteigt, weil die bewegende Kraft dann keinen gröfsern Widerstand zu überwinden vermag. Von da an bleibt die Bewegung *gleichförmig*. Nur diese gleichförmige Bewegung ist der Gegenstand der Berechnung, und man setzt immer die wenigen Minuten vor dem Eintritt derselben bei Seite. [„***Wirklich*** gleichförmig, dafs heifst so, dafs in gleichen Zeittheilen gleiche „Räume durchlaufen werden, bewegt sich bei einer Maschine, die eine drehende „Bewegung vermittels Kurbeln hervorbringt, nur die ***Kurbel,*** wenigstens nahe „bei; und dieses wird nur durch das Schwungrad, oder, bei Dampfwagen, durch „die grofse Masse der fortgezogenen Wagen hervorgebracht: die ***Kolben*** in „den Dampfstiefeln bewegen sich ***sehr*** ungleichförmig. Setzt eine Dampfmaschine „etwa Pumpen in Bewegung, so wird die Gleichförmigkeit der Bewegung, ver„möge welcher die Kolben der Maschine und der Pumpen in gleichen Zeiten

„gleichviel Schläge machen, auch nur durch ein Schwungrad hervorgebracht „und nur dieses, nebst seiner Kurbel, durchläuft in gleichen Zeiten beinahe „gleiche Winkel." D. H.]

18.

In jeder Maschine, deren Bewegung zur Gleichförmigkeit gelangt ist, ist aber die Kraft genau dem Widerstande *gleich:* denn wäre sie gröfser, oder kleiner, so würde die Bewegung beschleunigt oder verzögert werden. In einer Dampfmaschine ist der Druck der Dampfspannung auf den Kolben die bewegende Kraft: also ist dieser Druck genau dem Widerstande des Kolbens *gleich.* [„Dieses ist offenbar wieder nur wie folgt zu verstehen. Wenn die „Maschine eine Kurbel hat, wie es sein mufs, wenn die hin- und hergehende „Bewegung des Dampfkolbens in eine drehende verwandelt werden soll, so ist der „Widerstand der *Kurbel selbst,* oder die Kraft der Bläuelstange, welche nöthig „ist, sie umzudrehen, *sehr* verschieden; sie ist am *kleinsten,* wenn der Kurbel-„arm auf der Richtung der Kraft senkrecht steht; und *unendlich grofs,* wenn „der Kurbelarm die Richtung der Kraft selbst hat. *So sehr* kann sich nun „die Spannung des Dampfs, welche auf den Kolben wirkt, nicht ändern; wenig-„stens kann sie nicht unendlich grofs werden: also ist keineswegs die Dampf-„spannung *selbst,* in jedem Augenblick dem Widerstande des Kolbens *gleich;* „sie wird abwechselnd gröfser und kleiner sein: sie wird unzureichend sein, „wenn der Kolben vermöge der Kurbel der Spannung einen unendlich grofsen „Widerstand entgegensetzt, und sie wird überschüssig sein, wenn die Kurbel mit „der Richtung der Kraft einen rechten Winkel macht. Dafs demungeachtet die „Spannung weder im ersten Fall unzulänglich, noch im zweiten überschüssig sei, „und dafs *im Ganzen* die Bewegung *nicht* beschleunigt oder verzögert wird, auf „die Weise, dafs die Zahl der Umläufe der Kurbel in gleichen auf einander folgen-„den Zeit-Abschnitten zunähme oder abnähme, bewirkt das *Schwungrad,* oder „die sonst in Bewegung gesetzte Masse; sie ist es, die vermöge des Beharrungs-„vermögens der Masse die Kurbel *fortreifst,* wenn die Dampfspannung *nicht* hin-„reicht, um den Kolben fortzutreiben; und das was die Masse dadurch an forttrei-„bender Kraft verliert, *ersetzt* ihr wieder die Dampfspannung, wenn sie in „den entsprechenden Lagen des Kurbelarms *stärker* ist, als der Widerstand. „Erfolgt nun diese Ausgleichung *genau,* so ist die Bewegung *gleichförmig;* „nemlich in dem Sinne, dafs in gleichen, auf einander folgenden Zeit-Abschnitten, „die Kurbel gleichviele Umläufe macht. Strenge gleichförmig, auf die Weise, „dafs in gleichen Zeittheilen gleiche *Räume* durchlaufen werden, bewegt sich

„auch selbst die Kurbel nicht: eine kleine *Verzögerung* entsteht immer, sobald der Widerstand der Kurbel gröfser wird, als die Dampfspannung, und „eine kleine *Beschleunigung*, wenn die Dampfspannung gröfser wird, als der „Widerstand; aber die Verschiedenheit der Geschwindigkeit ist unmerklich, wenn „das Schwungrad schwer genug, oder die sonst in Bewegung zu setzende Masse „sehr grofs ist. Nicht die Dampfspannung *selbst* ist also in jedem Augenblick „dem Widerstande gleich, sondern die Summe der *Momente* der Dampfspannung ist der Summe der *Momente* des Widerstandes, das heifst der Summe „der Producte der Kraft in die durchlaufenen Räume, gleich. Wenn man diese „Summen der Momente durch den ganzen durchlaufenen Raum dividirt, so ergeben sich *mittlere Kräfte*, sowohl des Widerstandes, als der bewegenden Kraft, und diese *mittleren* Kräfte müssen für den *Beharrungsstand* der „Bewegung gleich sein; *sie* sind es also, von welchen der Herr Verfasser „sagt, die Dampfspannung müsse dem Widerstande gleich sein." D. H.]

Folglich, so wie der Dampf aus dem Kessel in den Dampfstiefel tritt, ändert er seine Spannung und nimmt diejenige an, welche dem Widerstande des Kolbens gleich ist [„nemlich der *mittlere* Betrag der Dampfspannung im „*Stiefel* mufs dem *mittleren* Betrage des Widerstandes des Kolbens gleich „werden." D. H.] Dieser Umstand allein giebt der Theorie der Dampfmaschinen ihre Begründung und erklärt alles Nöthige.

19.

Es ist leicht, sich eine Vorstellung von Dem zu machen, was in einer Dampfmaschine vorgeht, wenn man sie in Bewegung setzt. Zuerst stürzt sich der im Kessel bis auf eine gewisse Spannung zusammengeprefste Dampf, sobald man den Hahn öffnet, in die Dampfröhre, und durch diese hindurch in den Dampfstiefel. Hier angelangt, dehnt er sich Anfangs aus, weil der Querschnitt des Stiefels viel gröfser ist, als der der Dampfröhre, und verliert dadurch verhältnifsmäfsig an Spannung; aber da der Kolben jetzt noch unbeweglich bleibt und der Dampf einzuströmen fortfährt, so wird bald das Gleichgewicht der Spannungen des Dampfs im Kessel und im Stiefel hergestellt, und der Kolben, nun von der vollen Kraft des Dampfs getrieben, kommt in eine langsame Bewegung. [„Auch wohl schon eher, wenn Anfangs der Arm der Kurbel mit der „Bläuelstange einen rechten Winkel machte." D. H.] Das Schwungrad und alle Maschinentheile fangen also nun an, mit einer sehr kleinen Geschwindigkeit sich zu bewegen; welche aber allmälig zunimmt. Wenn man am Ende eines Kolbenlaufs die Zuströmung des Dampfs plötzlich abschnitte, so würde der Kolben deswegen nicht plötzlich stillstehen; er würde noch einige Zeit, vermöge der der Masse schon mitgetheilten Geschwindigkeit, sich fortbewegen. Bei dem zweiten Kolbenlauf trifft der Dampf den Kolben schon in Bewegung an und giebt ihm von Neuem Bewegung, die sich wieder der Masse mittheilt. So erhält der Kolben bei jedem Lauf einen neuen Antrieb; bis die Geschwindigkeit erlangt ist, welchen die bewegende Kraft hervorzubringen vermag.

Während dem wird im Kessel in gleichförmigem Maafse immer neuer Dampf erzeugt, der in den Dampfstiefel tritt. Aber so wie die Geschwindigkeit des Kolbens zunimmt, öffnet sich dem Dampf ein zunehmend gröfserer Raum: der Dampf mufs sich also ausdehnen, und folglich mufs seine Spannung abnehmen. Und wenn nun endlich der Kolben eine solche Geschwindigkeit erlangt hat, dafs *aller* im Kessel erzeugte Dampf für jene, verhältnifsmäfsig verminderte Spannung verzehrt werden oder durch den Dampfstiefel ausströmen kann, so hat der Dampf im Stiefel diejenige [mittlere] Spannung erlangt, welche dem [mittleren] Widerstande des Kolbens gleich ist, und die Bewegung ist zur *Gleichförmigkeit* gelangt.

20.

Wir finden auf diese Weise den Druck, welchen der Dampf wirklich auf den Kolben ausübt. Bezeichnet $P_{\prime}$ diesen Druck auf die Einheit der Fläche, und R ebenso den Widerstand der Ladung gegen den Kolben, mit Einschlufs der Reibungen, so ist für die gleichförmige Bewegung:

$$7. \quad P_{\prime} = R.$$

Diese Gleichung drückt die bewegende Kraft aus. Wäre von der *ruhenden* Maschine die Rede, so wäre die Gleichung hinreichend; aber für die *bewegte* Maschine kommt es nicht blofs auf die *Stärke* der Kraft an, sondern auch noch auf die *Geschwindigkeit,* mit welcher sie wirkt. In dem gegenwärtigen Fall hängt diese Geschwindigkeit offenbar von dem Maafse der *Erzeugung des Dampfs im Kessel* ab. Diese bestimmt, wie schnell der wirkende Dampf erneuert wird. Von *daher* also mufs man einen zweiten Ausdruck nehmen, welcher die *Geschwindigkeit* enthält.

21.

Dieser Ausdruck wird sich aus dem Umstande ergeben, *dafs nothwendig die erzeugte Dampfmasse der verbrauchten gleich sein mufs.* Bezeichnen wir also wieder, wie oben, den Raum, welchen die im Kessel in der Einheit der Zeit verdampfte Wassermasse einnahm, durch S (von welcher Masse nun aller Dampf in den Stiefel gelangt) und dann durch q die Zahl, mit welcher S multiplicirt werden mufs, um den Raum zu finden, welchen der aus dem Wasser S in dem Kessel erzeugte Dampf von der Spannung P ausfüllt, so ist

$$8. \quad qS$$

der ***Raum,*** welchen der mit der Spannung P in der Einheit der Zeit im Kessel erzeugte Dampf einnimmt.

Diese Dampfmasse tritt in den Stiefel und nimmt dort die Spannung $P_{\prime}$ an. Setzt man nun, dafs der Dampf vom Kessel bis zum Stiefel seinen ***Wärmegrad*** nicht ändert, was bei den Maschinen, welche wir hier in Betracht ziehen, der Wahrheit sehr nahe kommt, so steht der Raum, welchen der Dampf im ***Dampfstiefel*** mit der neuen Spannung $P_{\prime}$ einnimmt, zu dem Raume qS (8.), welchen er im ***Kessel*** mit der Spannung P einnahm, in umgekehrtem Verhältnifs der beiden Spannungen und ist also

$$9. \quad = qS \cdot \frac{P}{P_{\prime}}.$$

Dies ist die Dampfmasse, welche in der Einheit der Zeit ***durch den Dampfstiefel geht.***

Andrerseits wird dieser Dampf, welcher in der Zeit-Einheit durch den Stiefel geht, auch durch av ausgedrückt, indem a den Querschnitt des Stiefels und v die Geschwindigkeit des Kolbens bezeichnet: also ist vermöge (9.)

$$10. \quad av = qS \cdot \frac{P}{P_{\prime}};$$

und dies ist die gesuchte zweite Gleichung, in welcher die Geschwindigkeit v vorkommt.

22.

Setzt man nun hierin den Werth von $P_{\prime}$ aus (7.), so ergiebt sich die Gleichung

$$11. \quad av = qS \cdot \frac{P}{R};$$

und diese sehr einfache Gleichung drückt vollständig die wechselseitige Abhängigkeit der sämmtlichen verschiedenen Gröfsen der Aufgabe von einander aus. Sie giebt für die Lösung der verschiedenen Aufgaben:

12. $v = \frac{qSP}{aR}$, wenn die ***Geschwindigkeit*** v gesucht wird;

13. $R = \frac{qSP}{av}$, wenn der ***Widerstand*** R des Kolbens oder die Kraft der Maschine gesucht wird, und

14. $S = \frac{avR}{qP}$, wenn die zu *verdampfende Wassermasse* S oder die bewegende Kraft gesucht wird.

23.

Wir begnügen uns für jetzt mit dieser allgemeinen Entwicklung, weil die oben bezeichneten *drei* verschiedenen Aufgaben, die durch die Ausdrücke (12. 13. und 14.) gelöset werden, die wesentlichen Aufgaben sind, welche bei Dampfmaschinen vorkommen, und weil die hier gefundenen allgemeinen Auflösungen derselben hinreichend sind, um unsere Theorie mit der bisherigen zu *vergleichen.* Weiter unten werden wir die Auflösungen weiter entwickeln, indem wir noch alle übrigen *Nebenbestimmungen,* welche vorkommen können, berücksichtigen.

24.

Wie man sieht, ist unsere ganze Betrachtungsweise darauf gegründet, dafs, *Erstlich,* sobald eine Maschine zur Gleichförmigkeit oder zum Beharrungsstande der Bewegung gelangt ist, die bewegende Kraft dem Widerstande *gleich* sein mufs; was *offenbar* ist und durch die erste Grundgleichung $P_{\prime} = R$ (7.) ausgedrückt wird; und dann, *Zweitens,* dafs *aller* im Kessel erzeugte Dampf durch den Dampfstiefel gehen mufs; was ebenfalls klar ist und durch die zweite Grundgleichung (10.) ausgedrückt wird. Aus diesen beiden Gleichungen folgen unmittelbar die Ergebnisse (12. 13. und 14.).

[„Es ist zu bemerken, dafs auch hier wieder die sämmtlichen Gröfsen „v, q, S, P und R, da keine derselben, sobald eine Kurbel vorhanden ist, „um die hin- und hergehende Bewegung des Kolbens in eine drehende zu „verwandeln, einen *unveränderlichen* Werth hat, diejenigen *Mittel-* oder „*Durchschnittswerthe* bezeichnen, welche dem *Beharrungsstande* der Be„wegung gemäfs sind. Einzig und allein die Gröfse a des Querschnitts des „Dampfstiefels ist *unveränderlich.* Der Widerstand R des Kolbens ist *sehr* „veränderlich: von Unendlichgrofs an, bis zu seinem kleinsten Werth, welcher „Statt findet, wenn der Kurbel-Arm auf der Richtung der bewegenden Kraft „senkrecht steht. Die Spannung P des Dampfs, welcher im Kessel in der „Zeit-Einheit aus der Wassermasse S erzeugt wird, kann ebenfalls nicht ganz „unveränderlich sein; wie dies weiter unten näher zu erörtern ist. Die Zahl q, „mit welcher S multiplicirt werden mufs, um den Raum zu finden, welchen „der im Kessel erzeugte Dampf von der Spannung P ausfüllt, ist ebenfalls „nicht ganz unveränderlich, und die Geschwindigkeit v des Kolbens ist *sehr*

„verschieden: von Null an bis zu ihrem gröfsten Betrage, welcher für das „kleinste ***R*** Statt findet. Man darf sich aber nur v und ***aR*** nicht auf den „Kolben, sondern auf die Kurbel oder auf die bewegte Masse bezogen vor- „stellen, oder darauf bringen, so bekommen diese Gröfsen, eben wie q und ***S***, „schon sehr nahe unveränderliche Werthe." D. H.]

IV. Fernere Beweise der Richtigkeit der neuen und der Unrichtigkeit der bisherigen Theorie.

25.

Da wir Das, was über den Vergleich der beiden Theorieen zu sagen ist, insbesondere von den ***Dampfwagen*** oder ***fahrenden*** Dampfmaschinen entnehmen werden, so ist zunächst zu bemerken, dafs ***diese*** Art von Dampfmaschinen in der That am geeignetsten sein dürften, um zu richtigen Ansichten der Wirkung des Dampfs auf Maschinen zu gelangen. Denn ***Erstlich*** sind jene Maschinen besonders einfach. ***Zweitens*** läfst sich der Widerstand, welchen sie in Bewegung zu setzen haben, viel leichter und genauer messen, als bei stehenden Maschinen; denn man darf nur den Wagenzug wägen, welchen sie fortziehen, während bei stehenden Maschinen öfters die Berechnung des Widerstandes verwickelte und unsichere Rechnungen erfordert. ***Drittens*** ist die Reibung der Dampfwagen bei unsern Versuchen unmittelbar gemessen worden; und dies mit grofser Genauigkeit und Sicherheit, denn es ist durch Versuche geschehen, die einer den andern berichtigen. ***Viertens*** läfst sich für Dampfwagen der Widerstand nach Belieben und sehr bedeutend ***verändern,*** was bei stehenden Maschinen weniger und zuweilen gar nicht angeht, so dafs man bei letztern die Wirkung des Dampfs nur auf eine einzelne, bestimmte Weise beobachten kann. Dann aber mufs eine richtige Theorie nothwendig auch ***allgemein*** passend sein. Wäre sie also auf Dampfwagen ***nicht*** anwendbar, so wäre sie schon deshalb ***nicht*** richtig. [„Freilich hangt von dem richtigen Satze, dafs, „was für ***alle*** Fälle gilt, nicht für einen einzelnen Fall unrichtig sein kann, „noch nicht der umgekehrte Satz ab, dafs, was für einen einzelnen Fall gilt, „nicht für andere unrichtig sein könne; doch hat es hier mit der Unsicherheit „keine Gefahr." D. H.]

26.

Unsere Theorie beruht insbesondere darauf, dafs die Spannung ***P*** des Dampfs im Kessel, wenn dieser Dampf in den Dampfstiefel gelangt, in die Spannung $P_{,}$ übergehen könne, welche dem Widerstande des Kolbens ***R*** entspricht; so dafs keinesweges immer $P_{,}$ *gleich* P oder ein *unveränderlicher* Theil von P ist, wie man es annimmt, sondern vielmehr sehr verschieden von beiden sein kann. Setzt man nach der gewöhnlichen Art, die Spannung des Dampfs im Stiefel sei der des Dampfs im Kessel *gleich,* so bringt man schon dadurch einen entschiedenen Fehler in die Rechnung, der von allen den Kraftverlusten bei der Maschine unabhängig ist, weil man dann auf diese Weise eine Kraft voraussetzt, die drei- bis viermal gröfser sein kann, als die, welche wirklich Statt findet. Daher ist es denn auch nicht zu verwundern, dafs man gezwungen wird, Berichtigungs-Coëfficienten wie $\frac{1}{3}$ oder $\frac{1}{4}$ anzunehmen, wovon man die Ursach auf Kraftverluste wie die Reibung etc. schiebt, während sie der Wahrheit nach in einem Irrthum der Rechnung selbst liegt.

27.

Wir haben schon die Art der Wirkung des Dampfs in dem Dampfstiefel für die *gleichförmige* Bewegung betrachtet. Sehen wir jetzt näher, was sich in der Maschine begiebt, so werden wir zu fernern Aufklärungen gelangen.

Erstlich. Nachdem der von einer gewissen Spannung im Kessel erzeugte Dampf durch die Dampfröhre in den Dampfstiefel gelangt ist, dehnt er sich darin, wie schon bemerkt, plötzlich aus, weil der Querschnitt des Stiefels 10 bis 25mal so grofs ist, als der der Dampfröhre. Er würde aber auch im Stiefel schnell wieder zu der Spannung gelangen, welche er im Kessel hat, wenn der Kolben *unbeweglich* wäre. Aber der Kolben widersteht nur mit einer gewissen Kraft, die von dem Widerstande abhangt, welchen die Maschine in Bewegung zu setzen hat, z. B. mit 40 Pfd. auf den Quadratzoll [„nemlich „*mittlerem* Widerstande; oder *im Durchschnitt.*" D. H.]: also wird er weichen, sobald der Dampf im Dampfstiefel diese Spannung übersteigt. Ein Kolben, der mit 40 Pfd. Kraft auf den Quadratzoll widersteht [im Durchschnitt], ist nichts anders, als eine mit 40 Pfd. auf den Quadrtzoll beladene *Klappe.* Wäre der Weg von dem Kessel nach dem Dampfstiefel ganz frei, nemlich gar nicht durch die Dampfröhre *verengt,* so dafs Kessel und Stiefel nur Eins wären, so würde der Kolben eine wahre *Kesselklappe* sein, und diese Klappe würde nachgeben, wenn die *Sicherheitsklappe* des Kessels *stärker,* z. B. mit 50 Pfd. auf den Quadratzoll beladen wäre. Da aber der Weg von dem Kessel nach dem Dampfstiefel in der Dampfröhre verengt ist, so ist der Kolben zwar keine *Kesselklappe,* wohl aber immer eine *Stiefelklappe.* Die Spannung des Dampfs im Stiefel kann daher auch nie *stärker* werden, als die des Dampfs im Kessel.

Zweitens. Auf folgende Art erhellet, dafs die Spannung des Dampfs im Dampfstiefel nicht von der *Dampfspannung im Kessel*, sondern von dem *Widerstande des Kolbens* geregelt wird. Wäre es nemlich wahr, dafs der Dampf durch den Stiefel entweder mit der nemlichen Spannung ginge, die er im Kessel hat, oder mit einer andern Spannung, die nicht vom Widerstande des Kolbens abhängt und die also für jede Gröfse dieses Widerstandes dieselbe ist, so würde, weil dann immer eine gleiche Zahl von Stiefelräumen mit Dampf gefüllt würden, so lange die Spannung des Dampfs im Kessel und der Querschnitt der Dampfröhre dieselben blieben, der Kolben immer *dieselbe* Geschwindigkeit annehmen, welches auch der Widerstand sein möge, den er dem Dampf entgegensetzt, oder die Ladung, welche die Maschine fortzieht. In der Wirklichkeit ergiebt es sich aber anders. Je kleiner die Ladung ist: je gröfser ist die Geschwindigkeit der Bewegung.

Drittens. Wäre es wahr, dafs die Dampfspannung im Stiefel immer dieselbe bliebe, so lange die Dampfspannung im Kessel und der Querschnitt der Dampfröhre sich nicht änderten, so würde die bewegende Kraft, welche der Dampf auf den Kolben ausübt, für jede Geschwindigkeit der Bewegung die nemliche bleiben, und die Maschine würde also eine bestimmte Last mit *jeder beliebigen* Geschwindigkeit fortzuziehen vermögen. Dies ist wieder der Erfahrung entgegen. Die Spannung des Dampfs im Stiefel nimmt mit der Ladung ab, und die Ladung nimmt ab, so wie die Geschwindigkeit zunimmt.

Viertens. Wäre es wahr, dafs die Dampfspannung im Stiefel ein unveränderlicher Theil der Dampfspannung im Kessel sei, oder ihr gleich, so würden Dampfwagen, weil, um eine bestimmte Strecke zu durchlaufen, immer dieselbe Zahl von Umläufen der Triebräder, also immer dieselbe Zahl von Kolbenschlägen in den Stiefeln nöthig ist, für jede Ladung dieselbe Dampfmasse und folglich dieselbe Masse verdampften Wassers nöthig haben. Der Erfahrung zufolge nimmt aber die Masse des zu verdampfenden Wassers mit der Ladung ab. Z. B. der *Atlas* verbrauchte 132 C. F. (E.) Wasser, um 195½ Tonnen fortzuziehen; und nur 95 C. F. für eine Ladung von 127,6 Tonnen (Traité des locom. 2ᵉ édit. p. 284 und 442). Da in den beiden Fällen *dieselbe* Zahl von Stiefelräumen voll Dampf aufging, so mufste nothwendig die Dichtigkeit oder die Spannung des Dampfs im ersten Fall gröfser sein, als im zweiten; und da nun gleichwohl die Spannung des Dampfs im *Kessel* und die Weite der *Ausströmungs-Öffnung* in beiden Fällen die nemliche war, so mufste die Dampfspannung in den *Stiefeln* im zweiten Fall geringer sein, als im ersten, und wurde folglich durch den Widerstand des Kolbens geregelt.

Fünftens. Da der aufgezehrte Brennstoff sich wie die Verdampfung verhält, so müfste nach der gewöhnlichen Theorie der für eine bestimmte Wegestrecke nöthige Brennstoff immer der nemliche sein, welche auch die Ladung sein möge. Der Erfahrung nach (Tr. d. locom. 2e édit. p. 350) nimmt aber der Brennstoff mit der Ladung ab; der Erklärung gemäfs, welche wir von der Wirkung des Dampfs in Maschinen gegeben haben.

Sechstens. Wäre es wahr, dafs die Spannung des Dampfs im Stiefel immer dieselbe sei, so lange die Dampfspannung im Kessel und die Ausströmungs-Öffnung es sind, so würde, wenn sich einmal gezeigt hat, dafs eine gewisse Dampfspannung im Kessel eine gewisse Ladung mit *gleichförmiger* Geschwindigkeit fortschafft, jede *geringere* Ladung von ihr mit immerfort *beschleunigter* Bewegung fortgezogen werden, weil dann die Kraft *gröfser* wäre, als der Widerstand. Aber auch dies ist der Erfahrung zuwider. Auch die geringere Ladung zieht der Dampfwagen mit *gleichförmiger* Geschwindigkeit fort; woraus folgt, dafs die Dampfspannung im Stiefel sich dem Widerstande des Kolbens angepafst haben und ihm *gleich* geworden sein mufs.

Siebentens endlich fand sich bei unsern Versuchen mit Dampfwagen, dafs öfters eine und dieselbe Maschine eine sehr kleine Ladung mit einer sehr starken Dampfspannung im Kessel, und dann wieder eine starke Ladung mit einer geringen Spannung fortzog. Unmöglich also konnte, der gewöhnlichen Theorie zufolge, ein *unveränderliches* Verhältnifs zwischen den Spannungen des Dampfs im Kessel und im Stiefel Statt finden. In beiden Fällen war blofs die Spannung des Dampfs im Kessel dem Widerstande des Kolbens gewachsen; und dies war hinreichend, um die Ladung fortzuschaffen; war dieselbe geringer, so nahm die Dampfspannung vom Kessel nach dem Stiefel hin ab.

28.

Übrigens ist es klar, dafs Alles, was von fahrenden Maschinen gilt, auch von stehenden Maschinen gelten mufs; denn der Dampf wirkt in beiden auf gleiche Weise, und es ist offenbar gleichgültig, ob die Maschine sich fortbewegt, oder ob sie stehen bleibt und noch die zu ihrer Fortbewegung nöthige Kraft zu dem Widerstande, welchen sie zu überwinden hat, hinzukommt, oder nicht.

29.

Was Einige glauben, dafs die starke Verengung der Dampfröhren in Dampfwagen und die grofse Geschwindigkeit der Bewegung der Kolben Veränderungen der Wirkung hervorbringen, die bei stehenden Maschinen nicht Statt finden, ist ein Irrthum. Bei Dampfwagen betragen die Durchgangs-Öffnungen für den Dampf, wie man aus (Tr. des locom. 2e édit. p. 502) sehen kann, im Durchschnitt den 12ten Theil des Stiefel-Querschnitts: bei stehenden Maschinen gewöhnlich nur den 25ten Theil, also bei ersteren sogar noch *mehr*. Die [mittlere] Geschwindigkeit der Kolben in Dampfwagen, welche 15 bis 20 Englische Meilen in der Stunde, also 22 bis 29⅓ F. Pr. in der Secunde durchlaufen, beträgt, da der Kolben nur den 6ten Theil der Geschwindigkeit des Triebrad-Umfanges hat, 3⅔ bis 5 F. in der Secunde: in stehenden Maschinen kommen, wie bekannt, ebenfalls Geschwindigkeiten des Kolbens von 2½ bis 5 F. in der Secunde vor. Die Dampfwagen sind also in beiden Puncten von stehenden Maschinen keineswegs in dem Maafse verschieden, dafs für sie eine andere Theorie gelten müfste.

V. *Versuche mit stehenden Maschinen, welche bestätigen, dafs für sie und für Dampfwagen die nemliche Theorie passend ist.*

30.

Die ersten dieser Versuche haben wir an der Hochdruckmaschine ohne Absperrung angestellt, welche zu *Brighton* die dortige Wasserkunst in Bewegung setzt. Der Durchmesser ihres Stiefels ist 16 Z. [alles Englisch Maafs und Gewicht], der Kolbenlauf 3 F. lang; die gewöhnliche Dampfspannung im Kessel beträgt 40 Pfd. auf den Quadratzoll, die gewöhnliche Geschwindigkeit des Kolbens 3 F. in der Secunde, der Durchmesser der Dampfröhre 4¼ Zoll. Die Maschine setzt bald 6, bald 3 Saugpumpen in Bewegung, und wir haben diesen Umstand benutzt, um ihre Wirkung für diese zwei *verschiedenen* Widerstände zu messen.

Erster Versuch. Die Maschine bewegte 6 Pumpen von 18 Zoll Kolbenlauf. Drei dieser Pumpen hatten 8 Zoll, die 3 andern 8½ Zoll im Durchmesser. Die Maschine arbeitete 6 Stunden und verdampfte 143,285 Cub. F. Wasser in der Minute. Diese Zeit über machte sie, sehr regelmäfsig, 56,11 Kolbenschläge in der Minute. Die *wirksame* Dampfspannung [nach Abzug des Luftgegendrucks] im Kessel, oder vielmehr in der Dampfröhre, nahe am Eingange des Stiefels, mit dem Quecksilber-Manometer gemessen, war *im Durchschnitt* 39,79 Pfd. auf den Quadratzoll, die stärkste Spannung 41, die kleinste 38,5 Pfd.

Zweiter Versuch. Die Maschine setzte 3 Pumpen von 8 Zoll im Durchmesser in Bewegung, arbeitete 4 St. 50 Min., verdampfte 89,052 Cub. F. Wasser in der Minute und machte 57,3 Kolbenschläge in der Minute. Die *wirksame* Dampfspannung im Kessel war 40,42 Pfd. auf den Quadratzoll, die gröfste 41,5, die kleinste 40 Pfd.

Dritter Versuch. Die Maschine setzte, wie vorhin, 3 Pumpen in Bewegung und man suchte die geringste Dampfspannung, welche dazu nöthig war. Dieselbe war 15,5 Pfd. auf den Quadratzoll und der Kolben machte 42 Schläge in der Minute.

Vierter Versuch. Die Maschine setzte gar keine Pumpen in Bewegung, sondern nur sich selbst. Die geringste, dazu nöthige Dampfspannung war 3,5 Pfd. auf den Quadratzoll und der Kolben machte 22 Schläge in der Minute.

Beim ersten Versuch arbeitete die Maschine ganz nach der Ordnung; die Schwungkugeln und die Kehlklappe waren wie gehörig und für 6 Pumpen geregelt. Ebenso bei dem zweiten Versuche, nach der Regel für 3 Pumpen. Es war nichts an dem gewöhnlichen Gange der Maschine geändert. Beim dritten und vierten Versuch blieb Alles, wie beim zweiten.

Aus dem vierten Versuch folgt, dafs $3\frac{1}{2}$ Pfd. wirksame Dampfspannung auf den Quadratzoll Fläche des *Kolbens* zur Überwindung der *Reibung* etc. der Maschinentheile nöthig waren; denn da die Bewegung sehr langsam war, so konnte das Gleichgewicht der Spannung des Dampfs im Kessel und im Stiefel sich gehörig herstellen.

Aus dem dritten Versuch folgt, dafs 12 Pfd. Dampfspannung auf den Quadratzoll Kolbenfläche für 3 Pumpen nöthig waren; denn von den $15\frac{1}{2}$ Pfd. geringster Dampfspannung gehen dem 4ten Versuche zufolge $3\frac{1}{2}$ Pfd. für die Reibung ab.

Da nun für die 3 Pumpen von 8 Zoll Durchmesser 12 Pfd. Spannung nöthig waren, so erforderten die 3 andern Pumpen, von $8\frac{1}{2}$ Zoll Durchmesser, verhältnifsmäfsig 13,55 Pfd. Spannung, und folglich waren für die 6 Pumpen und die Reibung zusammen $12+13{,}55+3{,}5=29{,}05$ Pfd. Druck auf den Quadratzoll Kolbenfläche nöthig. [„Die Reibung etc. ist freilich eine andere, „wenn die Maschine einen Widerstand zu überwinden hat, und wenn kei- „nen; aber der Unterschied dürfte wahrscheinlich nicht so grofs sein, dafs sich „dadurch die Resultate bedeutend änderten." D. H.] Das Resultat war also folgendes.

Beim *dritten* Versuch war die Spannung des Dampfs im Kessel und im Stiefel beinahe *gleich* und betrug 15,5 Pfd. auf den Quadratzoll Kolbenfläche.

Beim *zweiten* Versuch betrug die wirksame Dampfspannung im Kessel 40,42 Pfd. und im Stiefel 15,5 Pfd.: also letztere von ersterer nur 38 pro cent.

Beim *ersten* Versuch betrug die wirksame Dampfspannung im Kessel 39,79 und im Stiefel 29,05 Pfd.: also letztere von ersterer 73 pr. c.

31.

Die zweite Maschine, mit welcher wir Versuche angestellt haben, ist eine Hochdruckmaschine mit Absperrung, nach dem System von *Evans* gebaut, und der nemlichen Wasserkunst dienend; nur hat sie eine andere Steurung. Der Durchmesser ihres Stiefels beträgt 16,5 Zoll, der Kolbenlauf 3 F., der Theil desselben *vor* der Absperrung 0,517 des ganzen Laufs. Die gewöhnliche Dampfspannung im Kessel beträgt 40 Pfd. auf den Quadratzoll, die mittlere Geschwindigkeit des Kolbens 3 F. in der Secunde, der Durchmesser der Dampfröhre 4½ Zoll.

Erster Versuch. Die Maschine bewegte 6 Pumpen von 18 Zoll Hubhöhe. Drei Pumpen hatten 8 Zoll, die andern drei 8½ Zoll im Durchmesser. Die Maschine arbeitete 6 St. 14 Min. und machte regelmäfsig 62,31 Kolbenschläge in der Minute. Die wirksame Dampfspannung im Kessel war, beinahe ganz unveränderlich, 40 Pfd. auf den Quadratzoll.

Zweiter Versuch. Die Maschine bewegte 3 Pumpen von 18 Zoll Hubhöhe und 8 Zoll im Durchmesser während 4 St. 42 M. und machte 66,1 Kolbenschläge in der Minute. Die mittlere Dampfspannung im Kessel war 40,34 Pfd. auf den Quadratzoll, die gröfste 41,5, die kleinste 40 Pfd.

Dritter Versuch. Für die geringste Dampfspannung, um die nemlichen 3 Pumpen zu bewegen, fand man 16,5 Pfd., und die Maschine machte 40 Kolbenschläge in der Minute.

Vierter Versuch. Für die Dampfspannung, welche zur Überwindung der Reibung nöthig war, fand man, als man die Maschine leer gehen liefs, 5 Pfd. Dampfspannung, und sie machte 24 Kolbenschläge in der Minute.

Bei allen Versuchen blieben die Maschinentheile in ihrem gewöhnlichen Gange, ohne Zuthun des Maschinisten.

Dies giebt Folgendes:

Beim *dritten* Versuch war die Spannung des Dampfs im Kessel und im Stiefel *vor* der Absperrung beinahe *gleich* und betrug 16,5 Pfd. auf den Quadratzoll Kolbenfläche.

Beim *zweiten* Versuch betrug die wirksame Dampfspannung im Kessel 40,34 Pfd. und im Stiefel *vor* der Absperrung 16,50 Pfd., also diese von jener 41 pro cent.

Beim *ersten* Versuch betrug die wirksame Dampfspannung im Kessel 40 Pfd. und im Stiefel *vor* der Absperrung 29,48 Pfd., also diese von jener 74 pr. c.

32.

Diese Versuche zeigen schon zur Genüge, dafs jede Voraussetzung der Gleichheit oder eines *unveränderlichen* Verhältnisses der Spannung des Dampfs im Kessel und im Stiefel unrichtig ist. Aber um über diesen Punct keinen Zweifel zu lassen, wollen wir noch einige Ergebnisse anführen, die an Cornwallischen Maschinen durch den *Watt*schen *Spannungsmesser* gefunden worden sind. Bekanntlich besteht dieses von *Watt* erfundene *Werkzeug* aus einer Feder, auf welche der Dampf drückt, und die dann mit einem an ihrem Ende befestigten Bleistift auf einer beweglichen Tafel eine krumme Linie zieht, welche die Spannung des Dampfs im Dampfstiefel für jeden Augenblick des Kolbenlaufs vorstellig macht, so dafs sich die Spannung des Dampfs im Stiefel stets mit der im Kessel vergleichen läfst. [„Das *Watt*sche Werkzeug wird weiter unten „im zweiten Abschnitt 1te Abth. IV. näher beschrieben. Fig. 8. und 9. stellen „es vor." D. H.] Diese Ergebnisse weisen ebenfalls eine grofse Verschiedenheit der Dampfspannungen im Stiefel von denen im Kessel nach. Z. B. diejenigen, welche *Henwood* in den „Transactions of civil engineers" von 1841 vol. II. p. 59 et pl. IV. mitgetheilt hat, geben Folgendes.

Bezeichnung der Maschinen.	I. Absolute Dampfspannung im Kessel in (E.) Pfunden auf den Quadratzoll.	II. Absolute Dampfspannung im Stiefel in (E.) Pfunden auf den Quadratzoll.	II. ist von I.
Maschine von *Wilson* zu *Huel-Town* .	61,8	27	44 pr. cent.
Maschine von *Swan* zu *Binner-Downs*	74,78	26	35 – –
Die nemliche Maschine	58	25	43 – –
Maschine von *Burn* zu *Binner-Downs*	55	30,5	55 – –
Maschine von *Hudson* zu *East-Crinnis*	36,8	25	68 – –
Die nemliche Maschine	26,3	21	80 – –
Maschine von *Trelawny* zu *Huel-Vor* .	47	30,5	65 – –
Maschine von *Borlase* zu *Huel-Vor* . .	40	30,5	76 – –

33.

Diese Beobachtungen zeigen, dafs die Spannung des Dampfs im Dampfstiefel auch bei *stehenden* Maschinen sehr von der Dampfspannung im Kessel verschieden sein kann und eben so wenig in geradem Verhältnifs mit ihr steht, wie bei fahrenden Maschinen. Das Verhältnifs ändert sich in den obigen Beispielen von 35 bis auf 80 pr. c. Nähme man bei der Berechnung der Wirkung dieser Maschinen einen *unveränderlichen* Coëfficienten an, so würde das Ergebnifs um Einviertel bis zu Zweidrittheilen von dem richtigen abweichen können. Es *giebt* daher gar keinen *unveränderlichen* Multiplicator, durch welchen sich aus der Dampfspannung im Kessel die im Dampfstiefel und folglich die Nutzwirkung der Maschine finden liefse.

34.

Um übrigens das Befremdliche zu heben, welches die obigen Versuchs-Ergebnisse für Diejenigen haben könnten, welche der Meinung sind, die Dampfspannung im Stiefel könne nur sehr *wenig* von der im Kessel verschieden sein, wollen wir den Gegenstand noch näher zu erörtern suchen; wo sich dann zeigen wird, dafs eine *bedeutende* Verschiedenheit ganz natürlich ist und sich vorher sehen läfst.

Zu dem Ende müssen wir betrachten, was geschieht, wenn Dampf, der im Kessel erzeugt wurde, durch eine Öffnung ausströmt. Setzen wir, der Kessel sei schon mit Dampf von einer gewissen Spannung gefüllt und das Feuer werde auf der Esse gleichförmig erhalten, so wird fortwährend eine gewisse Wassermasse in der Minute verdampft werden. Nun werde eine Klappe am Kessel nach der Luft hinaus geöffnet; oder auch nach einem Gefäfs hin, in welchem sich Gas von einer gewissen Spannung befindet. Alsdann wird der Dampf durch die Öffnung auszuströmen beginnen, mit einer Geschwindigkeit, die, nach den bekannten theoretischen Sätzen, von der Spannung und Dichtigkeit des Dampfs im Kessel abhangt [„so wie von dem Gegendruck der Spannung der „Flüssigkeit, in welche der Dampf ausströmt" D. H.]. Die Masse des ausströmenden Dampfs wird von der Geschwindigkeit der Ausströmung, von der Dichtigkeit des Dampfs und von der Gröfse der Öffnung abhangen und nach diesen drei Dingen veränderlich sein.

Strömt nun auf diese Weise *weniger* Dampf aus, als im Kessel in der gleichen Zeit erzeugt wird, so wird sich der Dampf im Kessel *anhäufen*, folglich seine Dichtigkeit, mithin seine Spannung und dadurch auch wieder die Geschwindigkeit der Ausströmung *zunehmen*. Strömt *mehr* Dampf aus, so wird die Masse, folglich die Dichtigkeit und Spannung und mithin die Geschwindigkeit der Ausströmung ***abnehmen.*** Also wird die Dichtigkeit und Spannung des anfänglich im Kessel vorhandenen Dampfs, so wie die anfängliche Ausströmungs-Geschwindigkeit, nicht bleibend sein, und nicht eher bleibend werden, bis gerade ebenso viel Dampf ausströmt, als erzeugt wird; was dann den ***Beharrungsstand*** giebt.

35.

Es bezeichne P die absolute Spannung des Dampfs im Kessel, D seine Dichtigkeit [gegen die des Wassers] und V die Geschwindigkeit der Ausströmung durch die Öffnung von der Fläche A; endlich S die in einer Minute im Kessel verdampfte Wassermasse: so drückt

$$15.\quad S = AVD$$

die Bedingung für den Beharrungsstand aus.

Andrerseits weifs man, dafs die Dichtigkeit des unter einer bestimmten Spannung P in Berührung mit dem zu verdampfenden Wasser erzeugten Dampfs durch P ausgedrückt werden kann. Im zweiten Abschnitt wird sich ein solcher Ausdruck finden, in welchem die Temperatur ***nicht*** vorkommt Wir können also D als blofs von P abhängig setzen, z. B.

$$16.\quad D = f(P).$$

Auch die Geschwindigkeit der Ausströmung eines Gases, oder des Dampfs von der Spannung P und der Dichtigkeit D, in ein anderes Gas von unveränderlicher Spannung, die durch p bezeichnet werden soll, läfst sich mit hinreichender Genauigkeit näherungsweise durch die Spannungen P und p und die Dichtigkeit D ausdrücken, und folglich, da D selbst schon durch P gegeben ist (16.), durch P und p allein, so dafs sich setzen läfst:

$$17.\quad V = \varphi(P, p).$$

Demnach ist die obige Gleichung (15.) für den Beharrungsstand auch folgende:

$$18.\quad S = A \cdot f(P) \cdot \varphi(P, p).$$

Setzen wir nun, der Beharrungsstand habe sich für die Verdampfung S_1, für die Spannung P_1 und für die Öffnungsfläche A_1, indem der Dampf in ein Gas von der unveränderlichen Spannung p ausströmt, eingefunden, so ist für diesen Beharrungsstand, zufolge (18.),

$$19.\quad S_1 = A_1 \cdot f(P_1) \cdot \varphi(P_1, p).$$

Nun werde die Maschine angehalten, das Feuer werde verändert, so dafs S_1 in S_2 übergeht; zugleich gehe P_1 in P_2 über, wo blofs $P_2 > p$; auch statt der Öffnung A_1 sei jetzt die Öffnung A_2 vorhanden: so kann nunmehr wieder ein Beharrungsstand eintreten; oder auch nicht. Aber er wird eintreten, sobald

$$20.\quad S_2 = A_2 \cdot f(P_2) \cdot \varphi(P_2, p) \text{ ist.}$$

Setzen wir, um den Fall des Beharrungsstandes zu finden, es sei im zweiten Fall die Verdampfung *dieselbe*, wie im ersten, also

$$21.\quad S_2 = S_1;$$

dagegen P_2 sei von P_1 verschieden: so wird der Beharrungsstand Statt finden, wenn man [zufolge $A_1 \cdot f(P_1) \cdot \varphi(P_1, p) = A_2 \cdot f(P_2) \cdot \varphi(P_2, p)$ (21. 19. und 20.)]

$$22.\quad A_2 = A_1 \frac{f(P_1) \cdot \varphi(P_1, p)}{f(P_2) \cdot \varphi(P_2, p)}$$

annimmt. Es darf also nur die Öffnung die angemessene *andere* Fläche A_2 haben, um auch für die Spannung P_2 im Kessel und für die *nemliche* Spannung p des Dampfs im Stiefel, ebensowohl zu einem Beharrungsstande zu gelangen, als vorhin für die Spannung P_1 und die Öffnung A_1.

Ebenso läfst sich mit der nemlichen Öffnung $A_2 = A_1$ für eine veränderte Dampfspannung P_2 im Kessel der Beharrungsstand erlangen, wenn man die Verdampfung S ändert und $\Big[$aus $A_1 = A_2$, das heifst $\frac{S_1}{f(P_1) \cdot \varphi(P_1, p)} = \frac{S_2}{f(P_2) \cdot \varphi(P_2, p)}$ (19. und 20.)$\Big]$

$$23.\quad S_2 = S_1 \frac{f(P_2) \cdot \varphi(P_2, p)}{f(P_1) \cdot \varphi(P_1, p)} \text{ setzt.}$$

36.

Wäre also z. B. erst der Beharrungsstand für eine, wenig von der Spannung p im Stiefel verschiedene Dampfspannung P_1 im Kessel eingetreten, so läfst sich auch ebensowohl der Beharrungsstand für jede beliebige andere Dampfspannung P_2 im Kessel hervorbringen, wenn man nur nach Erfordern entweder die Gröfse der Ausströmungs-Öffnung, oder die Verdampfung, oder beide ändert.

Nun kann aber wirklich die Ausströmungs-Öffnung für den Dampf aus dem Kessel nach dem Stiefel hin nach Belieben verändert werden: fast von Null an, bis zum Querschnitt der Dampfröhre. Ebenso läfst sich die Verdampfung steigern: von sehr Wenigem an, bis zu einem gewissen gröfsten Maafs. Endlich sind bei verschiedenen Maschinen die Ausströmungs-Öffnung und die Verdampfung sehr verschieden. Also läfst sich auf keine Weise annehmen, dafs, weder in verschiedenen Maschinen, noch auch selbst in einer und derselben Maschine, wenn sie unter verschiedenen Umständen arbeitet, das Verhältnifs der Spannungen des Dampfs im Kessel und im Stiefel immer *dasselbe* sei. Es hangt von dem Maschinisten und von dem Erbauer der Maschine ab, dieses Verhältnifs, ohne dafs er vielleicht selbst es weifs, nach Belieben zu verändern.

Aus allen Diesem folgt, dafs die Spannung des Dampfs im Kessel zu der Dampfspannung im Stiefel durchaus nicht in einem *unveränderlichen* Verhältnifs stehen kann, sondern dafs dieses Verhältnifs vielmehr durch den Widerstand des Kolbens bestimmt wird, und dafs jede Theorie, welche ein *unveränderliches* Verhältnifs annimmt, nothwendig unrichtig sein mufs.

Übrigens ist zu erinnern, dafs wir keineswegs behaupten wollen, die Spannung des Dampfs im Stiefel sei von der Dampfspannung im Kessel *gänzlich unabhängig,* weil sie unabhängig davon bestimmt wird: im Gegentheil wird man sogleich im folgenden Paragraph, so wie in III. der 1ten Abtheilung des 4ten Abschnitts sehen, dafs, wenn einmal die Spannung des Dampfs im Stiefel durch den Widerstand des Kolbens geregelt ist, die Dampfspannung im Kessel allerdings von ihr abhangt: je nach Verhältnifs der Gröfse der Ausströmungs-Öffnung, der erzeugten Dampfmasse und des Gewichts der Sicherheitsklappe.

[„Der Umstand, dafs die Dampfspannung im Stiefel von der im Kessel „verschieden, und *sehr* verschieden sein kann, macht, wie man sieht, die Haupt-„Grundlage der Theorie des Herrn Verfassers aus; und dafs diese Verschie-„denheit nicht blofs möglich sei, sondern wirklich Statt findet, beweiset, ab-„gesehen von allen andern Betrachtungen und selbst von den auf Versuchen „gegründeten Schlüssen, die *unmittelbare Messung* mit dem *Watt*schen Span-„nungsmesser unwidersprechlich. Gleichwohl ist es nicht eben leicht, sich das „Vorhandensein dieser Verschiedenheit ohne unmittelbare Anschauung zu er-„klären. Denn da die Geschwindigkeit, mit welcher der Kolben im Stiefel „ausweicht, gegen die Geschwindigkeit, mit welcher der Dampf in den Stiefel „dringt, immer nur sehr gering sein zu müssen scheint, so ist in der That schwer „einzusehen, wie eine *grofse* Verschiedenheit der Dampfspannung im Kessel „und im Stiefel *bleibend* möglich sei. Gleichwohl *findet sie unwidersprechlich „Statt,* und es folgt *umgekehrt* aus dieser *Thatsache,* dafs die Geschwindig-„keit der Ausströmung keineswegs so ungeheuer grofs sein kann, wie es scheint. „Wahrscheinlich liegt ein Grund der Verschiedenheit auch darin, das *elastische* „Flüssigkeiten nach ganz andern Gesetzen sich bewegen, als unprefsbare, und dafs

„bei ihnen die *wellenförmige* Bewegung noch stärkere Veränderungen hervor„bringt, als bei jenen. Schwerlich wird eine sogenannte Theorie a priori, mit „allen ihren Hypothesen, diese Erscheinung hier zu erklären vermögen, und es „ist dieses Beispiel wieder ein Fall, an welchem zu sehen, wie wenig man die „Gesetze der Bewegung flüssiger Körper, zumal elastischer, mit der Rechnung „zu verfolgen vermag. Die Aufgabe, hier die Wirkung des Dampfs auf den „mit sehr ungleicher Geschwindigkeit ausweichenden und mit sehr ungleicher „Kraft widerstehenden Kolben im Stiefel zu berechnen, ist von der Art, dafs „wohl selbst der kühnste Rechner, und nähme er noch so viel Hypothesen zu „Hülfe, davor zurückschrecken würde." D. H.]

VI. Vergleichung der beiden Theorieen durch die Erfahrung.

37.

Die Richtigkeit der neuen und die Unrichtigkeit der alten Theorie wird durch das Bisherige zwar schon deutlich dargethan sein: wir wollen sie indessen noch ferner näher an die Erfahrung halten, um zu sehen, wie dieselbe dieser oder jener Theorie entspricht, oder davon abweicht.

Zu dem Ende kehren wir zu den beiden ersten der oben beschriebenen Versuche mit der Hochdruckmaschine ohne Absperrung zu *Brighton* zurück.

Der Durchmesser des Kolbens war 16 Zoll; also beträgt seine Fläche $\pi \cdot 8^2 = 201,143$ Q. Z. (Alles Engl. Maafs und Gewicht.)

Bei dem ersten Versuch war die *gesammte* Spannung des Dampfs im Kessel 54,5 Pfd. auf den Quadratzoll, nemlich 39,79 Pfd. *wirksame* Spannung (welches mit Zurechnung des Drucks der Luft von 14,71 Pfd., 54,5 Pfd. giebt). Nach der gewöhnlichen Theorie wäre also die den Kolben treibende Kraft $54,5 \cdot 201,143 = 10958$ Pfd. Die wirksame Spannung des Dampfs im Stiefel betrug aber zufolge (§. 30.) nur 29,05 Pfd. auf den Q. Z., und rechnet man dazu den Druck der Luft mit 14,71 Pfd., so erhält man 43,76 Pfd. Druck auf den Q. Z. Dieses giebt für die den Kolben treibende Kraft $43,76 \cdot 201,143 = 8799$ Pfd., *was nur 80 pr. c. der vorigen ist.*

Bei dem zweiten Versuch war die Spannung im Kessel 40,42 Pfd. (§. 30.) und mit Einschlufs von 14,71 Pfd. Luftdruck 55,13 Pfd. auf den Q. Z.: also wäre nach der gewöhnlichen Theorie der Druck auf den Kolben $55,13 \cdot 201,143 = 11085$ Pfd. Die wirkliche Dampfspannung im Stiefel betrug aber zufolge (§. 30.) nur 15,50 Pfd. und mit Einschlufs von 14,71 Pfd. Luftdruck 30,21 Pfd. auf den Quadratzoll. Dieses giebt für die den Kolben treibende Kraft 30,21·201,143 = 6074 Pfd., *also nur 55 pr. c. von der vorigen.*

Der mittlere Werth von 80 und 55 pr. c. giebt den Coëfficienten 0,67; und alle diese Coëfficienten sind wieder von denen, die wir oben in (§. 30.) fanden, verschieden, weil hier der Luftdruck hinzugerechnet ist; der gewöhnlichen Theorie gemäfs. Diese Hinzurechnung des Luftdrucks ist ein neuer Anlafs zur Verwirrung.

38.

Wir haben jetzt *drei verschiedene* Berichtigungs-Coëfficienten, wie die gewöhnliche Theorie sie verlangt; und alle drei verfehlen die Wahrheit; was allein schon beweiset, dafs es keinen unveränderlichen Coëfficienten geben kann. Rechnet man nach dem *mittlern* Coëfficienten 0,67, so ergiebt sich für den ersten Versuch 10958·0,67 = 7342 Pfd., also gegen die obigen 8799 Pfd. 1457 Pfd. *zu wenig,* und für den zweiten Versuch 11085·0,67 = 7427 Pfd., also gegen die obigen 6074 Pfd., 1353 Pfd. *zu viel;* im Durchschnitt ein Irrthum von 1405 Pfd.

Man bleibt also immer noch weit von der Wahrheit entfernt; auch wenn man nach dem mittlern Coëfficienten rechnet, obgleich derselbe an der Maschine selbst gefunden ist. Nicht anders ergeht es jedem andern Coëfficienten. Der Irrthum durch den Coëfficienten kann blofs dann geringer sein, wenn der Widerstand des Kolbens, und also die Geschwindigkeit weniger wechselt; und da man nun die Maschinen, eine der andern nachgebildet, mit wenig verschiedenen Geschwindigkeiten arbeiten zu lassen pflegt, so kann dies der Grund sein, dafs man den Irrthum durch die Coëfficienten weniger bemerkt hat.

Man kann auch die Ursach der geringen Abweichung *deshalb* auf die *Reibung* geschoben haben, weil man den Betrag der Reibung nicht unmittelbar gemessen hatte. Hier oben haben wir die Reibung mit zu dem Widerstande des Kolbens gezogen, so dafs hier die Abweichung nicht von der Reibung herkommen kann.

Vom *Entweichen von Dampf* war an der Maschine, mit welcher wir die Versuche anstellten, keine Spur; und der *Erkältung des Dampfs* war sehr wohl vorgebeugt; denn der Stiefel stand ganz in einer Hülse; auch wurde die Dampfspannung nicht im Kessel selbst, sondern in der Dampfröhre, nahe am Stiefel gemessen, so dafs dieselbe unmöglich auf der kurzen Strecke von da bis in den Stiefel noch so bedeutend, und besonders nicht so *ungleich,* nemlich von 40,42 bis auf 15,5 Pfd. im zweiten, und von 30,79 bis auf 29,05 Pfd.

im ersten Fall abnehmen konnte, während die Vorkehrungen gegen den Niederschlag des Dampfs in beiden Fällen die nemlichen waren. Also ist die Abweichung der Ergebnisse der bisherigen Theorie von der Wahrheit durch nichts anders als dadurch zu erklären, dafs die Theorie selbst falsch ist.

39.

Um die Formel *unserer* Theorie, nemlich

$$24. \quad aR = \frac{qSP}{v} \quad (13.)$$

auf die obigen Versuche anzuwenden, sind für die Buchstaben ihre Werthe zu setzen; alle auf die gleichen Einheiten bezogen. Zunächst ist $P = 54{,}50$ Pfd. im ersten und 55,13 Pfd. im zweiten Fall (§. 30.) für den Quadratzoll, und das 144fache davon für den Quadratfufs. q ist die Zahl, mit welcher die Wassermasse multiplicirt werden mufs, um den Raum-Inhalt des daraus erzeugten Dampfs von der bestimmten Spannung, hier von 54,5 und 55,13 Pfd., zu finden. Aus den Tafeln im folgenden Abschnitt wird man sehen, dafs für diese beiden Spannungen $q = 510$ und 506 ist. S bezeichnet das in einer Minute verdampfte Wasser. Hier wurden (§. 30.) im ersten Fall 143,285 Cub. F. Wasser in 6 Stunden, also 0,398 C. F. Wasser in der Minute, im andern Fall 89,052 C. F. Wasser in 4 St. 50 Min., also 0,307 C. F. in der Minute verdampft. Aber, wie man weiterhin sehen wird, mischt sich bei der Verdampfung etwas Wasser mit dem Dampf: bei stehenden Maschinen etwa 5 pr. c., bei fahrenden Maschinen mehr; also darf man nur 95 pr. c. der obigen Verdampfung und folglich S für den ersten Fall nur $= 0{,}378$, für den andern Fall nur $= 0{,}292$ setzen. Endlich machte die Maschine bei dem ersten Versuch 56,11 und beim zweiten 57,3 Kolbenschläge in der Minute (§. 30.), folglich war die [mittlere] Geschwindigkeit des Kolbens, da der Kolbenlauf 3 F. lang war (§. 30.), $3 \cdot 56{,}11 = 168{,}33$ F. im ersten und $3 \cdot 57{,}3 = 171{,}9$ F. in der Minute im zweiten Fall.

Dieses giebt nach der Formel (24.) für den Druck auf den Kolben, da die Einheiten Fufs, Pfunde und Minuten sind:

$$25. \begin{cases} 1. \quad aR = \dfrac{510 \cdot 0{,}378 \cdot 54{,}5 \cdot 144}{168{,}33} = 8990 \text{ Pfd. für den ersten Fall und} \\ 2. \quad aR = \dfrac{506 \cdot 0{,}292 \cdot 55{,}13 \cdot 144}{171{,}9} = 6818 \text{ Pfd. für den zweiten Fall.} \end{cases}$$

Nach (§. 37.) war der wirkliche Druck auf den Kolben im ersten Fall 8799, im andern Fall 6074 Pfd.; also beträgt die Abweichung unserer Theorie von der Erfahrung im ersten Fall 191 im andern 744, im Durchschnitt 467 Pfd.

Nach der alten Theorie beträgt die Abweichung im Durchschnitt 1405 Pfd. (§. 37.), und beim ersten Versuch etwa den *fünften*, beim zweiten Versuch etwa den *dritten* Theil der Nutzwirkung. Die Abweichung von 467 Pfd., nach der neuen Theorie, kommt zum Theil noch daher, dafs wir bis jetzt nur näherungsweise rechneten, um erst eine allgemeine Übersicht unserer Grundsätze zu geben. Das Genauere wird sich in der 3ten Abtheilung des 5ten Abschnitts finden, wenn die Formeln weiter entwickelt sein werden.

40.

Um die Vergleichung noch etwas weiter fortzusetzen, wollen wir das in den beiden obigen Fällen zu *verdampfende Wasser* berechnen. Nach der alten Theorie mufs man zu dem Ende den vom Kolben durchlaufenen Raum mit Dampf gefüllt annehmen, welcher die Spannung dessen im Kessel hat, und dann mit einem Berichtigungs-Coëfficienten multipliciren.

Für den ersten Versuch beträgt der vom Kolben durchlaufene Raum, da die Fläche desselben $=\frac{201,143}{144}=1,3963$ Q.F. ist, (§.37.), $av=1,3963\cdot168,33=235$ C.F. Um so viel Dampf von der Spannung von 54,5 Pfd. auf den Quadratzoll zu erzeugen, sind $\frac{205}{510}=0,461$ C.F. Wasser nöthig. Da aber wirklich nur 0,378 C.F. verdampft worden sind, so ist der nöthige Berichtigungs-Coëfficient $\frac{0,378}{0,461}=0,82$.

Für den zweiten Versuch findet sich $\frac{1,3963\cdot171,9}{506}=0,474$ C.F. zu verdampfendes Wasser und 0,62 für den Berichtigungs-Coëfficienten.

Also auch hier findet ein *unveränderlicher* Coëfficient nicht Statt.

Rechnet man nach dem mittlern Coëfficienten $\frac{1}{2}(0,82+0,62)=0,72$, so ergiebt sich für den ersten Versuch $0,461\cdot0,72=0,332$ C.F. zu verdampfendes Wasser, statt der wirklichen 0,378 C.F., mithin 0,046 zu wenig, und für den zweiten Versuch $0,474\cdot0,72=0,342$ C.F., statt der wirklichen 0,292 C.F.; also 0,050 zu viel: im Durchschnitt eine Abweichung von 0,048 oder etwa dem 6ten Theil des Ganzen. Die Abweichung kann, wenn nicht der *mittlere* Coëfficient genommen wird, wohl das Doppelte betragen.

So verhält es sich, wenn man für die Verdampfung *besonders* einen Coëfficienten sucht. Noch bedeutender wird die Abweichung, wenn man statt dessen, wie die meisten Schriftsteller thun, mit dem Coëfficienten, der bei der vorigen Aufgabe (§. 39.) gefunden wurde, als *Divisor* rechnet. Z. B. mit dem Coëfficienten 0,67 findet sich $\frac{1{,}3963\cdot 168{,}33}{510\cdot 0{,}67} = 0{,}688$ C. F. zu verdampfendes Wasser für den ersten Versuch, statt der wirklichen 0,378, also 0,310 C. F. zu viel, und $\frac{1{,}3963\cdot 171{,}9}{506\cdot 0{,}67} = 0{,}708$ C. F. für den zweiten Versuch, statt der wirklichen 0,292 C. F., also 0,416 C. F. zu viel.

Nach unserer Theorie ist das zu verdampfende Wasser

$$26.\qquad S = \frac{avR}{qP}\ (14.).$$

Dieses giebt

27. $\begin{cases} 1.\ S = \frac{8799\cdot 168{,}33}{510\cdot 54{,}50\cdot 144} = 0{,}370 \text{ C. F. für den ersten Versuch, statt der wirklichen } 0{,}378 \text{ C. F., und} \\ 2.\ S = \frac{6074\cdot 171{,}9}{506\cdot 55{,}13\cdot 144} = 0{,}260 \text{ C. F. für den zweiten Versuch, statt der wirklichen } 0{,}292 \text{ C. F.;} \end{cases}$

also nur Abweichungen von 0,008 und 0,032, im Durchschnitt von 0,02 C. F.

41.

Die [mittlere] *Geschwindigkeit des Kolbens* würde nach der alten Theorie, mit dem unveränderlichen Coëfficienten, eben so unrichtig gefunden werden, wie das Andere; aber wir können darüber hinweggehen, da die alte Theorie diese Aufgabe gar nicht lösete.

Nach der neuen Theorie ist

$$28.\qquad v = \frac{qSP}{aR}\ (12.).$$

Dieses giebt in den beiden obigen Fällen

29. $\begin{cases} 1.\ v = \frac{510\cdot 0{,}378\cdot 54{,}5\cdot 144}{8799} = 172{,}0 \text{ F., statt der wirklichen } 168{,}33 \text{ F. beim ersten Versuch, und} \\ 2.\ v = \frac{506\cdot 0{,}292\cdot 55{,}13\cdot 144}{6074} = 192{,}94 \text{ F., statt der wirklichen } 171{,}9 \text{ F. beim zweiten Versuch,} \end{cases}$

also nur Abweichungen von 3,67 und 21,04 F.

42.

Man sieht demnach, dafs die Ergebnisse der neuen Theorie bei allen drei Aufgaben der Wahrheit bei weitem näher kommen, als die der alten; welche zudem die *dritte* Aufgabe gar nicht löset. Auch ist noch zu bemerken, dafs man der alten Theorie *zu Gunsten* verfährt, wenn man, wie wir es thaten, die an der Maschine selbst gefundene *gesammte* Dampfspannung im Kessel, so wie die *Reibung*, in Rechnung bringt. Der Fehler wird noch gröfser, wenn man die *wirksame* Dampfspannung statt der *gesammten* setzt, und die Reibung *nicht* berücksichtigt. Er kann vollends *sehr* grofs werden, wenn man eines *allgemeinen* Berichtigungs-Coëfficienten sich bedient, da die Maschinen, selbst von einer und derselben Art, von einander sehr verschieden sein können.

43.

Das, was bei der gewöhnlichen Theorie die Abweichungen von der Wahrheit zur Folge hat, wird jetzt deutlicher geworden sein.

Das *Erste* ist, dafs nach der alten Theorie die Nutzwirkung der Maschine, statt mit der Geschwindigkeit der Bewegung sich zu verändern, von derselben gänzlich unabhängig sein soll, indem sie blofs die Kolbenfläche mit der Dampfspannung im Kessel und das Product mit einem unveränderlichen Coëfficienten multiplicirt; so dafs also die Maschine einen und denselben Widerstand mit jeder beliebigen Geschwindigkeit soll überwinden können.

Das *Zweite* ist, dafs bei der Berechnung der Nutzwirkung die Verdampfung gar nicht in Betracht kommt, so dafs die Maschine einen bestimmten Widerstand mit jeder beliebigen Geschwindigkeit und durch jede beliebige Verdampfung soll überwinden können; was offenbar ganz unmöglich ist.

Das *Dritte* ist, dafs, wenn man nach der alten Theorie die Verdampfung berechnet, wiederum der Widerstand gar nicht in Betracht gezogen wird; so dafs also die Verdampfung von dem Widerstande unabhängig wäre; was ebenfalls nicht möglich ist.

Daraus erklären sich die Abweichungen der Ergebnisse der alten Theorie von der Wirklichkeit, auch in den obigen Beispielen.

VII. Von der Gröfse der Ausströmungs-Öffnungen für den Dampf.

44.

Ein wesentlicher Punct, nemlich der Einflufs, welchen die Gröfse der Einströmungs-Öffnung für den Dampf in den Dampfstiefel, das heifst das mehr oder mindere Öffnen der Stellklappe, auf den Gang der Maschine hat, ist besonders zu untersuchen nöthig.

Die gewöhnliche Theorie schreibt der Gröfse dieser Öffnung einen sehr bedeutenden Einflufs zu, weil sie behauptet, dafs sich dadurch im Dampfstiefel jede beliebige Dampfspannung hervorbringen lasse; indessen zeigt sie nicht wie dieser Einflufs zu schätzen sei, wenn man nicht, nachdem schon ein Coëfficient für die Nutzwirkung jeder Art von Maschinen, so wie ein anderer für die Verdampfung und ein anderer für jede Geschwindigkeit bestimmt worden ist, auch noch die Coëfficienten für jede Gröfse der Einströmungs-Öffnung ändern will. Aber so verschiedene Coëfficienten hat die gewöhnliche Theorie nicht, sondern sie rechnet immer mit dem nemlichen Coëfficienten, welche auch die Einströmungs-Öffnung sein mag.

Nun wird aber bei stehenden Maschinen die Gröfse der Einströmungs-Öffnung, selbst ohne Zuthun und ohne Wissen des Maschinisten, fortwährend durch die *Maschine selbst* nemlich durch den Steller (gouverneur) verändert: also sind die Ergebnisse der Theorie *fortwährend* unrichtig, für jede Gröfse der Öffnung, für welche der Coëfficient nicht gerade pafst.

45.

Unsere Theorie dagegen bringt die Gröfse der Öffnung allerdings in Rechnung: zwar nicht sie selbst, aber ihre Wirkungen. Um dieses zu zeigen, müssen wir diese Wirkungen näher betrachten.

Wir werden zuerst zeigen, dafs die Gröfse der Öffnung der Kehlklappe keineswegs auf die Dampfspannung im *Stiefel* Einflufs hat, sondern dafs sie vielmehr auf die Spannung im *Kessel* zurückwirkt. Sodann werden wir zeigen, dafs die obigen Formeln wirklich auf die Gröfse der Öffnung Rücksicht nehmen; und endlich wollen wir untersuchen, welches die Wirkung der Veränderung der Gröfse der Öffnung auf die Leistungen der Maschine ist.

46.

Erstlich. Die gewöhnliche Theorie nimmt an, dafs sich, da die Dampfspannung im Kessel bestimmt und unveränderlich sei, durch mehr oder weniger Öffnen der Kehlklappe jede beliebige Spannung im Stiefel hervorbringen lasse. Aber wir haben gezeigt, dafs vielmehr die Spannung im Stiefel im Voraus *durch den Widerstand des Kolbens* fest bestimmt ist: also kann das mehr oder weniger Öffnen der Klappe keine Veränderung *dieser* Spannung hervorbringen. Und wie könnte auch die Erweiterung oder Verengung der Einströmungs-Öffnung die *Spannung* des einströmenden Dampfs ändern? sie kann die *Masse* des einströmenden Dampfs ändern, aber nicht die *Spannung*. So wie der Dampf in den Stiefel tritt, wird er die dem Widerstande des Kolbens gleiche Spannung annehmen, und der Kolben wird vor ihm schneller weichen, wenn die Spannung gröfser ist, als der Widerstand. Tritt der Dampf durch die erweiterte Einströmungs-Öffnung 10, 20, 30mal so geschwind in den

Stiefel, so wird der Kolben 10, 20, 30mal so geschwind ausweichen: aber nie kann die Dampfspannung im Stiefel *gröfser* bleiben, als der Widerstand des Kolbens: denn der Kolben ist nichts anders als eine *Klappe* auf den Stiefel, und die Spannung, hier, wie im Kessel, kann nicht stärker sein, als die Belastung der Klappe.

47.

Die Kehlklappe kann daher niemals die *Spannung* des Dampfs im Stiefel ändern; ihre Wirkung ist vielmehr folgende. Da sich die in ein bestimmtes Mittel hinein durch eine Öffnung von bestimmter Gröfse strömende Dampfmasse wie die Gröfse der Öffnung verhält: so wird die mit der Spannung im Kessel in den Stiefel strömende Dampfmasse abnehmen, wenn man die Öffnung verengt. Gleichwohl wird in gleichen Zeittheilen immer die nemliche Masse von Dampf im Kessel erzeugt: also wird sich in Folge der Verengung der Öffnung der Dampf im Kessel anhäufen, mithin dort seine Spannung so lange zunehmen, bis der Dampf irgendwo ausströmt; z. B. durch die Sicherheitsklappe in die freie Luft, wenn etwa die Spannung die Gröfse des Widerstandes dieser Klappe erlangt hat. Dann wird der überschüssige Dampf *dort* seinen Ausweg nehmen; der Rest aber wird durch die einmal bestimmte Öffnung in den Stiefel dringen und in ihm den Kolben forttreiben. So wird es bleiben: die Dampfspannung im Kessel wird fortwährend dem Widerstande der Sicherheitsklappe gleich bleiben und dieselbe offen erhalten.

Es folgt also, dafs die Erweiterung oder Verengung der Einströmungs-Öffnung die Dampfspannung im *Stiefel* nicht ändern kann, sondern vielmehr auf die Spannung des Dampfs im *Kessel* zurückwirkt.

48.

Zweitens. Wir sagten, dafs, so wie man die Ausströmungs-Öffnung verengt, die Spannung und Dichtigkeit des Dampfs im Kessel zunehmen wird; so lange, als der angehäufte Dampf keinen Ausgang findet; denn das Feuer und die Dampf-Erzeugung soll nach der Voraussetzung immer gleich stark bleiben. Nun hat der Dampf zwei Ausgänge aus dem Kessel: die Einströmungs-Öffnung in den Stiefel, auf welche er mit seiner *Dichtigkeit,* und die Sicherheitsklappe, auf welche er mit seiner *Spannung* wirkt. Es kommt also darauf an, welcher Widerstand in diesen beiden Öffnungen zuerst nachgiebt. Entweder wird der immer dichter werdende Dampf zuletzt so dicht werden, dafs seine Masse durch die Ausströmungs-Öffnung, ungeachtet ihrer Verengung ganz in den Stiefel hinein entweichen kann: oder der Dampf wird, wenn etwa die Sicherheitsklappe seiner Spannung weniger Widerstand leistet, durch diese Klappe entweichen. Im ersten Fall hängt im *Stiefel* der Erfolg von dem Widerstande des Kolbens, im *Kessel* von der Spannung ab, die nöthig ist, um allen Dampf durch die enge Öffnung in den Stiefel zu treiben. Im andern Fall hängt sie im *Stiefel* wieder, wie immer, von dem Widerstande des Kolbens, im *Kessel* von der Belastung der Sicherheitsklappe ab. Wir müssen jetzt diese beiden Fälle untersuchen.

49.

Setzen wir, die Sicherheitsklappe sei sehr stark belastet, die Öffnung nach dem Stiefel hin nur wenig verengt, und der Dampf habe durch Anhäufung im Kessel eine Spannung erlangt, welche ihn ganz in den Stiefel zu treiben vermag, die aber noch nicht stark genug ist, um die Sicherheitsklappe zu heben. Dann wird sich der Dampf, so wie er in den Stiefel gelangt, um so schneller ausdehnen müssen: immer bis zu der Spannung, welche dem Widerstande des Kolbens gleich ist; und wenn man die bis dahin ausgedehnte Dampfmasse durch den Querschnitt des Stiefels dividirt, wird man die Geschwindigkeit des Kolbens finden. Also wird Alles wie gewöhnlich vor sich gehen und die Wirkung wird durch die nemlichen Formeln ausgedrückt werden, wenn man nur für P die neue Spannung im Kessel und, wenn etwa die Verdampfung unter der neuen Spannung P sich verändert hat, für S die neue Verdampfung setzt.

50.

Setzen wir andrerseits, die Sicherheitsklappe sei nur schwach belastet, die Ausströmungs-Öffnung dagegen stark verengt worden, so dafs der Dampf die Sicherheitsklappe hebt, ehe er bis zu der Dichtigkeit gelangt ist, welche nöthig sein würde, damit seine ganze Masse in den Stiefel dringe. Dann wird ein Theil des Dampfs durch die Sicherheitsklappe in die freie Luft ausströmen, und die Wirkung des Dampfs auf die Maschine wird dann vermindert werden. Aber der Rest des Dampfs, der in den Stiefel gelangt, wird dort immer wieder die dem Widerstande des Kolbens gleiche Spannung annehmen und dort eben so wirken, wie vorhin die gesammte Masse des Dampfs. Die Veränderung wird nur darin bestehen, dafs jetzt statt der gesammten Masse des Dampfs nur ein Theil derselben wirksam ist.

Sobald nun unsere Formeln diese Veränderung berücksichtigen, passen sie auch auf den zweiten Fall. Und das thun sie in der That: denn S bezeichnet darin, wie wir schon bemerkten, diejenige Dampfmasse, welche wirklich in den Stiefel gelangt, oder, wenn man will, denjenigen Theil derselben, welcher *nicht* durch die Sicherheitsklappe entweicht. Setzt man also nur für S seinen richtigen Werth, so sind die Formeln *immer* passend.

51.

Da die Gesammtmasse des in einer bestimmten Zeit verdampften Wassers immer durch die Speisebehälter der Maschine gemessen wird, so kommt es nur darauf an, den Theil davon zu finden, der durch die Sicherheitsklappe verloren geht. Dieser kann leicht durch die Höhe gefunden werden, auf welche der Dampf die Sicherheitsklappe hebt; und diese Höhe wird durch die Klappenhebel und den eingetheilten Maafsstab an denselben bestimmt. Man schliefst zu dem Ende die Kehlklappe ganz, zwingt dadurch den Dampf, ganz durch die Sicherheitsklappe zu entweichen, und merkt die dabei Statt findende Erhebung der Klappe an. Darauf findet sich der Verlust an Dampf bei einer andern gelegentlichen Erhebung aus dem *Verhältnifs* der Höhen. [„Denn von „einer und derselben, durch die Belastung der Klappe bestimmten Spannung „hängt die Geschwindigkeit der Ausströmung ab." D. H.] So sind wir bei den Versuchen mit Dampfwagen verfahren. Scheint diese Messung etwa nicht genau genug, so darf man nur den ausgeströmten Dampf sich verdichten lassen und das daraus niedergeschlagene Wasser messen. Es läfst sich also immer diejenige Dampfmasse finden, welche wirklich in den Stiefel gelangt, und wenn man diese in die obigen Formeln setzt, so werden sie das Richtige geben.

52.

Wir haben in den beiden obigen Fällen vorausgesetzt, dafs, auch nach einer Verengung der Ausströmungs-Öffnung in den Stiefel, noch die nemliche Masse Dampf im Kessel erzeugt werde. Aber es ist noch ein dritter Fall möglich, nemlich, dafs der Maschinist, sobald die Sicherheitsklappe sich zu heben anfängt, den Dämpfer (modérateur) senkt, um das Feuer so weit zu mäfsigen, dafs das Belasten der Klappe aufhört. Dann wird die Masse des erzeugten Dampfs abnehmen; aber da die verminderte Masse, welche sie auch sein möge, immer wieder ebenso auf die Maschine wirkt, so geben auch dann die Formeln das Richtige, sobald man nur für S die verminderte Masse setzt.

53.

Drittens. Wir müssen nun noch sehen, wie sich die Wirkung auf die Maschine in den obigen drei Fällen ändern werde. Die Formeln geben immer, wie wir zeigten, das Richtige, sobald man nur den darin vorkommenden Gröfsen ihre rechten Werthe beilegt. Sehen wir daher, welche die Ergebnisse sein werden.

Im *ersten* Fall, nemlich wenn das Feuer ungeschwächt fortwirkt und die Ausströmungs-Öffnung nach dem Stiefel hin verengt wird, aber nicht so stark, dafs die Sicherheitsklappe sich hebt, wird die Dampfspannung P im Kessel stärker werden. Aber in den Formeln [12. 13. und 14.] kommt P nur mit der Ausdehnung q des Dampfs multiplicirt vor. Und da nun diese Ausdehnung sich umgekehrt wie die Dichtigkeit, und die Dichtigkeit wiederum sehr nahe wie die Spannung verhält, wenigstens für nicht gar zu grofse Spannungen, so ist das Product qP im allgemeinen *unveränderlich.* Nimmt man nun an, wie es im allgemeinen geschehen darf, dafs die Verdampfung für eine bestimmte Kesselfläche mit der Spannung des Dampfs sich *nicht* ändert, so ist auch S *unveränderlich.* In diesem Fall also ändern sich die Ergebnisse der Formeln nicht, die Ausströmungs-Öffnung nach dem Stiefel hin mag eng oder weit sein. [„Denn aufser q, P und S kommt in den Formeln 12. 13. und 14. nur noch „a und R vor; und a, der Querschnitt des Stiefels, und R, der Widerstand „des Kolbens, sind unveränderlich: also ändert sich z. B. in (12.) die Geschwin-„digkeit v nicht, die Ausströmungs-Öffnung nach dem Stiefel hin mag eng „oder weit sein." D. H.]

Im *zweiten* Fall, wenn in Folge der Verengung der Ausströmungs-Öffnung die Sicherheitsklappe sich hebt, wird die Spannung P im Kessel ebenfalls verstärkt; was aber, wie sich so eben zeigte, an dem Ergebnifs nichts ändert. Der Unterschied ist nur, dafs wegen des Verlusts an Dampf durch die Sicherheitsklappe, S kleiner wird. Also entsteht dann ein verhältnifsmäfsiger Verlust an der Wirkung, dessen Betrag sich wie oben beschrieben messen läfst.

Im *dritten* Fall endlich, wenn man das Feuer mäfsigt, sobald die Sicherheitsklappe zu blasen anfängt, wird weniger Dampf erzeugt. Ist die jetzt erzeugte und in den Stiefel gelangende Masse Dampfs geringer, als vor der Verengung der Ausströmungs-Öffnung, so wird auch dadurch die Wirkung verhältnifsmäfsig vermindert. Der dritte Fall ist also dem zweiten ähnlich.

Der *erste* Fall findet Statt bei nur *mäfsiger* Verengung der Ausströmungs-Öffnung. Der *zweite* Fall findet bei *Dampfwagen* fortwährend Statt, weil hier der Widerstand des Kolbens je nach den Abhängen der Eisenbahn sehr verschieden ist, und das Feuer immer stark genug sein mufs, um nöthigenfalls einen Überschufs von Kraft vorräthig zu haben. Der *dritte* Fall findet bei *stehenden* Maschinen Statt, sobald die Ausströmungs-Öffnung etwas beträchtlich verengt wird. Da dieses nur dann geschieht, wenn die Maschine weniger Widerstand zu überwinden bekommt, so benutzt man diesen Umstand, um das Feuer zu mäfsigen und nicht mehr Dampf zu erzeugen, als gerade nöthig ist.

Es können also die Fälle bei den verschiedenen Maschinen alle drei vorkommen; aber die Formeln bleiben immer passend.

54.

Übrigens werden diese Betrachtungen über die Wirkung der Gröfse der Durchgangs-Öffnung für den Dampf nach dem Stiefel hin durch die Entwicklungen weiter unten im 4ten Abschnitt, Abth. 1., III. eine fernere Bestätigung erlangen.

[„Die Spannung des Dampfs im Dampfstiefel kann nie anders als dem „Widerstande des Kolbens, und zwar dem *mittlern* Widerstande desselben „*gleich* sein, der Kolben möge sich langsam oder geschwind bewegen. Strömte, „wenn man die Durchgangs-Öffnung für den Dampf nach dem Stiefel hin verengt, eine geringere Masse Dampf in den Stiefel, so würde der Stiefel *weniger* „*oft* mit Dampf von der immer gleichen, nur allein durch den Widerstand des „Kolbens bestimmten Spannung, gefüllt und folglich die Bewegung der Maschine „verzögert werden. Aber es strömt durch die verengte Öffnung *nicht* eine „geringere Masse Dampf in den Stiefel, so lange fortwährend dieselbe Masse „Dampf *erzeugt* wird und nichts durch die Sicherheitsklappe verloren geht; „denn *aller* Dampf, welcher erzeugt wird, *mufs* dann in den Stiefel gelangen, „weil er keinen andern Ausgang hat, und folglich mufs dieselbe *Masse* Dampf „in den Stiefel treten und daher der Dampf dort dieselbe, dem Widerstande „des Kolbens gleiche Spannung annehmen: nach der Verengung, wie vor derselben; und mithin bleibt auch die Geschwindigkeit der Bewegung dieselbe. „Dafs durch die enge Öffnung noch eben dieselbe Masse Dampf strömt, wie „durch die weite, geschieht dadurch, dafs die Spannung des Dampfs im Kessel „zunimmt; welche Spannung eben die Kraft ist, die den Dampf durch die „Durchgangs-Öffnung treibt. Entweicht Dampf durch die Sicherheitsklappe, „weil eine stärkere Spannung als die Belastung der Klappe nöthig ist, um die „gleiche Masse Dampf durch die enge Öffnung in den Stiefel zu treiben, so „wirkt nur noch die *übrig bleibende* Dampfmasse und, wird das Feuer ermäfsigt, nur die *weniger erzeugte* Dampfmasse. Derjenige Dampf, welcher „in den Stiefel gelangt, hat aber immer und unter allen Umständen die nemliche *Spannung,* nemlich die, welche dem mittleren Widerstande des Kolbens „gleich ist, und ist immer der, welcher *erzeugt* wird, nach Abzug Dessen, „was etwa durch die Sicherheitsklappe verloren geht, die Einströmungs-Öffnung

„in dem Stiefel mag eng oder weit sein. Die Gröfse der Einströmungs-Öffnung „hat also keineswegs die Wirkung, die Geschwindigkeit der Bewegung zu ver-„gröfsern, oder zu vermindern, sondern nur die, die verschiedene Spannung „des Dampfs im Kessel (von ihrer obersten Grenze an, bis zur untersten) bis „zu derjenigen stets bestimmten Spannung im Stiefel, die dem mittlern Wider-„stande des Kolbens gleich ist, zu verändern. Die *oberste* Grenze der Dampf-„spannung im Kessel ist die der Belastung der Sicherheitsklappe, die *unterste* „die dem mittlern Widerstande des Kolbens *gleiche* Spannung des Dampfs im „Stiefel. Die Erweiterung oder Verengung der Ausströmungs-Öffnung ver-„ändert nicht die Dampfspannung im Stiefel und die *Geschwindigkeit* der Be-„wegung, sondern die *Dampfspannung* im Kessel, von ihrer einen Grenze „an, bis zur andern." D. H.]

VIII. Unterschiede zwischen der alten und der neuen Theorie.

55.

Erstlich. Die alte Theorie geht von dem berechneten zu dem wirklichen Betrage der Wirkung durch einen *unveränderlichen* Multiplicator über. Die neue Theorie verwirft diesen Multiplicator gänzlich, als etwas, was nur die Fehler der Theorie selbst zu verbessern bestimmt ist.

Zweitens. Die alte Theorie kennt gar nicht die Dampfspannung im Dampfstiefel, sondern sucht sie aus der im Kessel abzuleiten. Die neue Theorie findet sie, unabhängig von der Spannung im Kessel, und zwar dem [mittlern] Widerstande des Kolbens *gleich.*

Drittens. Die alte Theorie bestimmt die Kraft der Maschine ohne Rücksicht auf die Geschwindigkeit der Bewegung, so dafs also diese Kraft für jede beliebige Geschwindigkeit immer dieselbe sein müfste. Die neue Theorie beweiset, dafs die Geschwindigkeit gröfser wird, wenn die Kraft abnimmt, und umgekehrt.

Viertens. Die alte Theorie berechnet die Verdampfung, ohne auf den Widerstand des Kolbens Rücksicht zu nehmen, blofs aus der Geschwindigkeit. Die neue Theorie bringt beides in Rechnung: den Widerstand und die Geschwindigkeit.

Fünftens. Die alte Theorie hat kein Mittel, die Geschwindigkeit für einen bestimmten Widerstand des Kolbens zu finden. Die neue Theorie hat dieses Mittel.

Sechstens. Die alte Theorie betrachtet die Kehlklappe als die Dampfspannung im Stiefel bestimmend, ohne jedoch die Veränderungen dieser Spannung in Betracht zu ziehen. Der neuen Theorie zufolge bestimmt die Kehlklappe nicht die Dampfspannung im *Stiefel,* sondern die im *Kessel,* und bringt diese Wirkung in Rechnung.

Siebentens. Die alte Theorie giebt nur auf eine willkürliche Art näherungsweise Ergebnisse. Die neue Theorie gewährt, wie man bald näher sehen wird, eine nach allen Seiten hin vollständig entwickelte Auflösung der verschiedenen Aufgaben. Sie giebt nicht allein, wie schon oben bemerkt, die Geschwindigkeit der Bewegung einer Maschine für einen bestimmten Widerstand, sondern auch, wie sich zeigen wird, diejenige Geschwindigkeit und Kraft, welche der möglich-gröfsten Nutzwirkung gemäfs sind. Von den atmosphärischen Maschinen, auf welche nach *Watt* und *Robison* die Theorie keine Anwendung finden soll, lassen sich ebenfalls nach der neuen Theorie die Wirkungen berechnen. Ebenso von den Cornwallisschen Maschinen, denen die alte Theorie so wenig zusagte, dafs die meisten Ingenieurs die Maschinen selbst für unmöglich erklärten. Endlich läfst sich durch die neue Theorie das Gegengewicht bestimmen, welches bei Maschinen von einfacher Wirkung die möglich-gröfste Nutzwirkung hervorbringt; was nach der alten Theorie nicht zu finden war.

Die neue Theorie ist daher von der alten ganz wesentlich verschieden; und da nun, nicht blofs seit 1835, wo wir zuerst die Grundsätze unserer Theorie in der Schrift über Dampfwagen mittheilten, sondern selbst bis 1837, wo wir sie der Akademie der Wissenschaften vorlegten, Alle, welche sich mit dem Gegenstand beschäftigten, sowohl in ihren Schriften, als in ihren mündlichen Vorträgen, der unveränderlichen Coëfficienten sich bedient und dabei auch wohl behauptet haben, dafs unsere Theorie nur für Dampfwagen passend sei, keineswegs aber für stehende Maschinen: so wird man deutlich genug bemerken, dafs man den Gegenstand auf eine andere Weise behandelte, als wir.

Wir verlassen nun von hier an die alte Theorie gänzlich und gehen zur weitern und vollständigen Entwicklung derjenigen Sätze über, von welchen wir hier vorläufig eine allgemeine Übersicht gaben.

(Die Fortsetzung folgt.)

9.

Die Girardsche Schiffschleuse mit Schwimmer.

(Fortsetzung der Abhandlung No. 1. im 1ten und No. 7. im 2ten Heft dieses Bandes.)

Maafse und Verhältnisse der verschiedenen Theile der Vorrichtung.

43. Da wir jetzt versichert sind, dafs sich allen Forderungen der Aufgabe genügen läfst, welche auch die unveränderlichen Werthe von h'_1, q und v_1 sein mögen, so hindert uns nichts, die Durchmesser D' und D'' der Heber zu berechnen. Ehe wir aber dazu schreiten, wird es nöthig sein, im Voraus die Werthe der Querschnitte B, B' und B'' des Schwimmers zu bestimmen, die in fast allen Ausdrücken vorkommen; und zwar nach der Gleichung (31. §. 15.), welche allgemein gestellt worden ist, um nicht die Art der Construction des Schwimmers, aus Eisen, oder aus Holz, zu beschränken.

Man wird sich erinnern, dafs wegen des zwischen dem Schwimmer und den Brunnenwänden nöthigen Spielraums und wegen des Raums, den innerhalb die Heberröhren, die eisernen Träger und Wände einnehmen, A, B' und B'' von B abhangen. Dieserhalb mufs man die Gleichungen auf die bekannte Weise durch Vorausberechnen von Werthen der Unbekannten näherungsweise auflösen.

Da die innern Querschnitte B' und B'', selbst in den ungünstigsten Fällen, immer nur um einen kleinen Theil ihrer Werthe von B abweichen können, so läfst sich die Auflösung erleichtern, wenn man jene Abweichung sogleich aufser Acht läfst, also B näherungsweise aus der Gleichung

$$91.\quad \frac{A'}{A'+B}+\frac{A''}{A''+B}=\frac{A+B}{A}=\frac{\mathrm{A}+(1+\delta)B}{\mathrm{A}+\delta B}$$

sucht, in welcher δB nach (§. 13.) den Spielraum zwischen dem Schwimmer und den Brunnenwänden und A die Fläche der Schleusenkammer bezeichnet, mit welcher der Brunnen in freier Verbindung steht.

44. Die Gleichung (91.) ist im allgemeinen vom dritten Grade; aber meistens wird sie sich auf eine Gleichung vom zweiten Grade reduciren, weil

meistens entweder $A'' = A'$ ist, oder auch A' oder A'' gegen B und A ungemein grofs sind.

Dazu kommt, dafs die practischen Bedingungen der Aufgabe und die Form der Gleichung (90.) selbst es gestatten, gleich im Voraus ziemlich enge *Grenzen* für B zu bestimmen. Weifs man z. B., dafs im Allgemeinen, wo A' und A'' ungleich sind, $A' > A''$ ist, was, wie sich weiter unten zeigen wird, die Standfestigkeit des Schwimmers begünstigt, so ist

$$92.\quad \frac{A'}{A'+B'} < 1 \quad \text{und} \quad \frac{A'}{A'+B'} > \frac{A''}{A''+B'}$$

und folglich vermöge der Gleichung (91.)

$$93.\quad \frac{\mathrm{A}+(1+\delta)B}{\mathrm{A}+\delta B} < 1 + \frac{A''}{A''+B} > \frac{2A''}{A''+B},$$

woraus

$$94.\quad \begin{cases} 1.\ B < \tfrac{1}{2}(1-\delta)A''\left[-1+\sqrt{\left(1+\frac{4\mathrm{A}}{(1-\delta)^2 A''}\right)}\right] \quad \text{und} \\ 2.\ B > \frac{\mathrm{A}+(1-\delta)A''}{2(1+\delta)}\left[-1+\sqrt{\left(1+\frac{4(1+\delta)A''}{\mathrm{A}+((1-\delta)A'')^2}\right)}\right] \end{cases}$$

folgt und woraus durch Wiederholung der Rechnung, die aber selten nöthig sein wird, B gefunden werden kann.

Jedenfalls wird der erste, in der Voraussetzung $B' = B'' = B$ gefundene Werth von B dienen, die zugehörigen näherungsweisen Werthe von k, k_1, i, M und N (§. 15. 23. 24. und 32.) zu berechnen; welche nöthig sind, um weiter die Maafse des Schwimmers und seines Spielraums im Brunnen, so wie die Maafse der Heber und ihrer Zuleitungscanäle, das Druckwasser für eine bestimmte Geschwindigkeit der Bewegung u. s. w. zu finden.

45. Berücksichtigen wir zu dem Ende, dafs die Örtlichkeit und die Bedingungen der Aufgabe gestatten werden, gewisse Grenzen für v_1, h'_0 und q oder $\frac{q}{A}$ anzunehmen. Die Gröfse v_1, ein wenig grofs angenommen, wird durch die Gleichungen (40. §. 17.) Q'_1 und Q''_1 geben; dagegen, wenn man h'_0 und q möglichst gering annimmt, so werden sich h'_1 und h''_1 durch die Ausdrücke (67 — 69. §. 29.) finden lassen. Vermittels h'_1 und h''_1 finden sich dann weiter auf die in (§. 22.) angezeigte Weise die Durchmesser D' und D'' der Heber, wenn man den Zuleitungscanälen einen angemessenen Querschnitt giebt. Da aber die Durchmesser D selbst, in der Ausführung eine gewisse Grenze haben, so wird man meistens die für v_1, q und h'_0 im Voraus angenommenen

Werthe ändern müssen, um, wie es zu wünschen, möglichst *gleiche* Durchmesser zu finden.

Diese Gleichheit der Durchmesser kann man nach (§. 22. und 17.) im Voraus bedingen, wenn man h_1' und h_1'' der neuen Gleichung

$$95. \quad \frac{h'}{h_1''} = \frac{b' Q_1'^2}{b'' Q_1''^2} = \frac{b' A'^2 B'^2 (A'' + B'')^2}{b'' A''^2 B''^2 (A' + B')^2}$$

unterwirft, welche dann dient, vorläufig den willkürlichen Werth von h_0' zu bestimmen, wenn man sie mit den Gleichungen (67 — 69. §. 29.) verbindet; was

$$96. \quad h_0' = \left[b'' Q_1''^2 + \frac{k_1 - k}{2 k k_1} b' Q_1'^2\right] \cdot \frac{k(B + A + A')q}{(k b'' Q_1''^2 + b' Q_1'^2) A' (A + B)}$$

giebt.

Da D' und D'' nur *beinahe* gleich sein können, so kann man immer noch über ihre Werthe verfügen; was dann umgekehrt wieder h_1', h_1'', q oder v_1, h_0' und h_0'' bestimmt, welche durch die Gleichungen in (§. 20. 21. 25. 27. und 29.) gegeben sind.

Im Allgemeinen wird es am einfachsten sein, im Fall die Durchmesser D gleich grofs sein sollen, *im Voraus* sie anzunehmen, z. B. sie 38 bis 50 Zoll zu setzen; mit Vorbehalt der Änderung, wenn sich daraus für die übrigen Gröfsen keine angemessenen Werthe ergeben sollten.

46. Sind die Maafse der Heber und der Zuleitungscanäle, so wie die Fläche des Brunnens und des Schwimmers bestimmt, so wird sich nun fast schliefslich über die Construction des Schwimmers verfügen lassen; und zwar unter der Bedingung $B'' = B$ und $B - B' = Minimum$ (40.). Sind so die Verhältnisse zwischen B', B'' und B gefunden, so kann man zu einer strengeren Auflösung der Gleichung (31. §. 15.) schreiten und dadurch zu einer genaueren Bestimmung der übrigen Gröfsen; bei welcher Bestimmung die Gleichungen (87. und 90.) zu berücksichtigen sind.

Die Ausdrücke (86.) insbesondere geben die Höhen x' und x'' der beiden Stockwerke des Schwimmers, wenn man im Voraus das stärkste Gesammtgefälle H_m der Schleuse bestimmt hat, nebst dem entsprechenden geringsten Spielraum ν_m' und ν_m'' etc. (§. 42.). Die Gleichung (79.), wenn man darin die Werthe von H_m und H setzt, giebt die gröfste Höhe des Laufs des Schwimmers, welche offenbar auch von dem stärksten Gesammtgefälle abhängt. Endlich geben die Gleichungen (80.) die dem Gesammtgefälle H entsprechenden theilweisen Gefälle H, H' und H''. Aber diese letztern sind nicht mit denen zu verwechseln, welche die Lage der Drempel und der Boden der verschiedenen Schleusenbecken bestimmen; diese können sich mit dem Gesammtgefälle nicht ändern, sondern müssen, so wie die Tiefe des Brunnens, die Länge der lothrechten Heber-Arme u. s. w., nach den örtlichen Umständen bestimmt werden.

47. Wir bezeichnen

Den Raum, der zwischen dem Boden des Brunnens und der untern Fläche des Schwimmers noch bleiben mufs, wenn derselbe zu seinem tiefsten Stande gelangt ist, und zwar für den Zeitpunct, wo das Gesammtgefälle H der gekuppelten Schleuse Statt findet, durch . . . . ν;

Diesen Raum für das *gröfste* Gesammtgefälle H_m durch ν_m;

Die Tiefe des Brunnens unter dem Boden der Zuleitungs-Canäle, oder, was bestimmter ist, unter den Schleusendrempeln, durch . . . . Z' und Z'';

Den kleinsten Werth von H, während, wie immer, H_m der gröfste ist, durch . . . . H_i;

Die Tiefe $Z'-Z''$ des untern unter dem obern Drempel, welche das mittlere oder Normalgefälle der Schleuse giebt, durch . . . . $C=Z'-Z''$;

Die Tiefe des Wassers über den Drempeln durch . T' und T'';

Das *geringste* zuläfsliche Maafs dieser Tiefen durch . $T_i=T_i'=T_i''$;

Die *gröfsten* Werthe dieser Tiefen, welche durch die Normalhöhe der Kammer oder der Thore der Schleuse bestimmt werden, durch . . . . T_m' und T_m'';

so dafs für die Gesammtgefälle H, H_m und H_i,

$$97.\quad\begin{cases}1.\quad H = Z''-Z'+T''-T' = C+T''-T',\\ 2.\quad H_m = C+T_i''-T_i' \quad\text{und}\\ 3.\quad H_i = C+T_i''-T_m'\end{cases}$$

ist. Die Tiefen Z' und Z'' können nur durch Verschlammung der Canäle um etwa gleichviel zunehmen.

Diesemnach wird die Veränderung des Gesammtgefälles H, bis zu H_m, durch die Gleichung

$$98.\quad H_m-H = T_m''-T''+T'-T_i'$$

ausgedrückt; was für $T'=T_i'$ und $T''=T_m''$, $H=H_m$ giebt; wie gehörig.

Endlich bezeichnen wir für die verschiedenen Becken $\boldsymbol{A}'$, $\boldsymbol{A}$ und $\boldsymbol{A}''$:

Die festen theilweisen Gefälle und die Höhen der Gefällmauern, von den verschiedenen Drempeln aus gemessen, durch . . . . C', C, C'';

Die Höhe der Drempel oder Schleusenboden über dem Boden des Brunnens für den Schwimmer durch

$$Z' = \boldsymbol{Z}', \quad Z = Z' + C, \quad Z'' = Z + C, \quad \boldsymbol{Z}'' = Z'' + C'';$$

Die Tiefen des Wassers in den Becken, für ein beliebiges Gesammtgefälle $\boldsymbol{H}$, in dem Augenblick, wo der Schwimmer ganz unten angelangt ist und wo sie also am kleinsten geworden sind, durch . . . . . $T' = \boldsymbol{T}'$, T und T'';

was dann folgende Bedingungsgleichungen giebt:

$$99. \quad \begin{cases} 1. & \boldsymbol{T}'' + H' = C' + T, \\ 2. & T + H = C + T'', \\ 3. & T'' + H'' = C'' + \boldsymbol{T}'', \\ 4. & \boldsymbol{C} = C' + C + C'' = \boldsymbol{Z}'' - \boldsymbol{Z}'. \end{cases}$$

Endlich bezeichnen wir die Vorsprünge der Schleusenthore über den Drempeln, deren Lage durch Z', Z, Z'' und $\boldsymbol{Z}''$ bestimmt wird, durch

$$P' = T_m + C' \pm \varDelta, \quad P = T''_m + C \pm \varDelta, \quad P'' = \boldsymbol{T}''_m + C'' \pm \varDelta, \quad \boldsymbol{P}'' = \boldsymbol{T}''_m \pm \varDelta;$$

wo T_m und T''_m die gröfsten Werthe der Wassertiefen T und T'' sind und $\varDelta$ eine sehr kleine Gröfse ist, die durch den Normalgebrauch des Canals bestimmt wird, und die, wenn sie negativ ist, von dem Ausflufs durch die Thore abhangt.

48. Man wird nun zuerst die Gröfsen ν, $\boldsymbol{Z}'$ und $\boldsymbol{Z}''$, welche die Tiefe des Schwimmerbodens und des Brunnenbodens unter den Schleusendrempeln bezeichnen, zu bestimmen haben. Für den Fall, wo der Schwimmer ganz unten angelangt ist, ist, nach den Andeutungen und Bezeichnungen in (§. 13. 23. und 33.),

$$100. \quad \boldsymbol{Z}' + T' + u_1 = h'_1 + x'_1 + \boldsymbol{E}' + e' + \nu.$$

Daraus folgt für den geringsten veränderlichen Raum zwischen den Böden des Brunnens und des Schwimmers:

$$101. \quad \nu = \boldsymbol{Z}' + T' + u'_1 - h'_1 - x'_1 - \boldsymbol{E}' - e'.$$

Dieser Raum erreicht sein Minimum für $T' = \boldsymbol{T}_i$, $x'_1 = x'_m$ und $\boldsymbol{E}' = \boldsymbol{E}'_m$, da nach den Gleichungen (70. 71. 79. und 88.) das abzuziehende

$$102.\quad x'_1+E'=(M-1)H+\left(1-\frac{B'M}{A'+B'}\right)H_m-\frac{A'}{A'+B'}(MN-h'_1-h'_0)+E'_m$$

umgekehrt für $H=H_m$ am gröfsten und $M-1$ positiv (§. 32.), M sehr nahe $=1$ und $B'<A'+B'$ ist.

Es ist demnach

$$103.\quad \nu_m = T_i+Z'+u'_1-h'_1-x'_m-E'_m-e',$$

und folglich, nach (§. 30. 38. und 39.), da $T'=T'$ und das im Voraus zu bestimmende ν_m nicht unter 6 bis 8 Zoll angenommen werden kann, weil sich immer Schlamm auf den Boden des Brunnens ansetzen wird:

$$104.\quad \begin{cases} 1.\quad Z'=\nu_m+h'_1-u'_1+e'-T'+x'_m+E'_m \\ \qquad\;\; =\nu_m+h'_1-u'_1+e'-T_i+\frac{A'}{A'+B'}(MH_m-MN+h'_0-h'_1)+E'_m, \\ 2.\quad \nu=\nu_m+T'-T_1+(M-1)(H_m-H) \\ \qquad\;\; =\nu_m+M(T'-T_i)+(M-1)(T''_m-T''). \end{cases}$$

Der erste dieser beiden Ausdrücke giebt die Tiefe des Brunnenbodens unter dem Boden des obern Canals, der andere den kleinsten Raum zwischen den Böden des Brunnens und des Schwimmers für ein beliebiges Schleusengefälle H. Da M (§. 31.) sehr nahe $=1$ ist, so wird dieser Raum nur durch die Tiefe T'' des obern Wassers geringe Veränderungen erleiden.

Da übrigens die Differenz $Z''-Z'=C'$ das im Voraus gegebene Normalgefälle ist, so bestimmt Z' zugleich Z'' und, wie man sieht, die verschiedenen übrigen Tiefen C, C', C''; Z, Z', Z'' etc.

49. Die Bedingungsgleichungen (99.) geben, wenn man darin die Werthe von H, H' und H'' aus (80.) substituirt, nachdem man in selbige den allgemeinen Ausdruck von y_1 aus (79.) gesetzt hat:

$$105.\quad \begin{cases} 1.\quad \mathrm{T}=T'+\mathrm{H}'-\mathrm{C}'=T'+\frac{B'}{A'+B'}\left[M(H-N)+h'_0-h'_1\right]+\frac{q}{A'}-\mathrm{C}' \\ \quad\text{und} \\ 2.\quad \mathrm{T}''=T''-\mathrm{H}''+\mathrm{C}''=T''-\frac{B''}{A''+B''}\left[M(H-N)+h'_0-h''_1\right]-\frac{q}{A''}+\mathrm{C}''; \end{cases}$$

in welchen Formeln nach der Voraussetzung Alles constant ist, bis auf T', T'', und H; und der Werth $C+T''-T'$ von H giebt statt (105.):

$$106.\quad \begin{cases} 1.\quad \mathrm{T}=T'\left(1-\frac{B'M}{A'+B'}\right)-\frac{B'}{A'+B'}[M(C-N)+MT''+h'_0-h'_1]+\frac{q}{A'}-\mathrm{C}', \\ 2.\quad \mathrm{T}''=T''\left(1-\frac{B''M}{A''+B''}\right)-\frac{B''}{A''+B''}[M(C-N)-MT'+h'_0-h''_1]-\frac{q}{A''}+\mathrm{C}''. \end{cases}$$

Da die Factoren $\boldsymbol{T}'$ und $\boldsymbol{T}'''$ in diesen Ausdrücken natürlich positiv sind, weil $\boldsymbol{M}$ sehr nahe $=1$ ist, so folgt, dafs die kleinsten Werthe von T und T″ genau zu $\boldsymbol{T}'=\boldsymbol{T}_i$ und $\boldsymbol{T}'''=\boldsymbol{T}_i$ gehören; was aus der Betrachtung der gegebenen Gröfsen und aus dem Querschnitt der Schleuse auch vorherzusehen war.

Da die kleinsten Werthe von T und T″ nach (§. 47.) ebenfalls durch $\boldsymbol{T}_i$ ausgedrückt werden, so geben die Gleichungen (106.) für die partiellen bestimmten Gefälle C′, C″ und C, nach den nöthigen Reductionen und mit Rücksicht auf die Gleichungen (78. §. 32.):

$$107.\quad \begin{cases} 1.\quad \mathrm{C}' = \frac{B'}{A'+B'}[\boldsymbol{M}(\boldsymbol{C}-\boldsymbol{N})+h'_0-h'_1]+\frac{q}{A''}, \\ 2.\quad \mathrm{C}'' = \frac{B'}{A''+B''}[\boldsymbol{M}(\boldsymbol{C}-\boldsymbol{N})+h''_0-h''_1]+\frac{q}{A''}, \\ 3.\quad \mathrm{C} = \boldsymbol{C}-\mathrm{C}'-\mathrm{C}'' = \frac{B}{A}\boldsymbol{M}(\boldsymbol{C}-\boldsymbol{N})+\frac{q}{A+B}. \end{cases}$$

Diese Ausdrücke sind dieselben, welche die allgemeinen Formeln (80. §. 33.) geben würden, wenn man darin den Werth von y_1 aus (79.) und $\boldsymbol{C}$ statt $\boldsymbol{H}$ setzte. Diese Übereinstimmung war ebenfalls ohne Rechnung vorauszusehen und bestätigt die Ergebnisse. Die Ausdrücke (106.) von T und T″ durch $\boldsymbol{T}'$ und $\boldsymbol{T}'''$ geben übrigens auch die Werthe von T_m und T''_m, welche in P′, P und P″ (§. 47.) vorkommen; sie zeigen, dafs diese Maxima gerade den Zeitpuncten entsprechen, für welche zugleich $\boldsymbol{T}'=\boldsymbol{T}'_m$ und $\boldsymbol{T}'''=\boldsymbol{T}''_m$ ist.

50. Nach diesen Erwägungen werden sich nun im Voraus die Höhen der Schleusenthore und derjenigen lothrechten Arme der Heber bestimmen lassen, welche oben mit cylindrischen lothrechten Ventilen verschlossen werden müssen, die an ihren Enden offen sind und die, wenn sie am tiefsten stehen, um die Maxima $\boldsymbol{T}'_m$ und $\boldsymbol{T}''_m$ der Tiefen des obern und untern Wassers über den correspondirenden Wasserspiegeln sich befinden. Die andern lothrechten Arme der Heber, welche in den Schwimmer hineinreichen, erfordern noch eine besondere Erwägung, weil sie Schwierigkeiten haben, die allerdings bei der frühern Anordnung des Herrn *Girard* weniger und fast gar nicht Statt fanden.

51. Wir haben schon erinnert, wie nöthig es sei, die Ein- und Ausmündungen der Heber nach der Gestalt des Wasserstrals abzurunden, welche wenig von der Fläche verschieden ist, die durch Umdrehung einer logarithmischen Linie entsteht und eine Art von abgekürztem Conoïd bildet, dessen kleinster Durchmesser, also der des Hebers, nach den Beobachtungen verschiedener

Hydrauliker Vierfünftheile des gröfsten beträgt und um den halben kleinsten Durchmesser von diesem entfernt ist. Die Gleichung der Linie ist, wenn man die Umdrehungs-Axe oder die Axe des Strals zur Axe der x, einen der gröfsten Durchmesser zur Axe der y annimmt und den gröfsten Durchmesser durch δ bezeichnet:

$$108.\quad \begin{cases} 1.\ \frac{y}{\delta} = 0{,}114\cdot 220^{-\frac{x}{\delta}} + 0{,}386, \text{ oder auch} \\ 2.\ \frac{x}{\delta} = 0{,}878 - 427 \log \text{nat}\left(1000\frac{y}{\delta} - 386\right). \end{cases}$$

Diese Fläche geht aber nicht in die Ebene der äufsern Mündung der Heberröhre über, sondern macht mit ihr einen Winkel von etwa 60 Graden. Auch reicht, nach den sinnreichen Versuchen und Untersuchungen von ***Borda***, eine solche Abrundung noch nicht hin, die Zusammenziehung des Strals zu heben, sondern es mufs noch eine ringförmige ebene Wand, in Gestalt eines dünnen Vorsprungs, in der Richtung der Verlängerung der gröfsten Grundfläche des Conoïds hinzukommen, deren Vorsprung nach ***Bidone*** nicht unter 0,414 vom inneren Durchmesser der Röhre, oder 0,166 vom äufsern Durchmesser der Öffnung betragen darf, damit das Wasser ganz der Wand der Mündung folge, ehe es dieselbe erreicht.

52. Endlich wird der freie Eintritt des Wassers in die Heber unter den Druckhöhen h'_1 und h''_1 erst gesichert sein, wenn ihre Enden um

$$109.\quad \eta = \sqrt[3]{\left(\frac{3D^2 v^2}{16 g n^2}\right)}$$

in das Wasser eingetaucht sind. Diese Gröfse η ergiebt sich aus der näherungsweisen Formel

$$110.\quad Q = 0{,}41\pi(nD)\eta\sqrt{(2g\eta)} = \tfrac{1}{4}\pi D^2 v,$$

wo D den innern Durchmesser des Hebers, v die mittlere, gleichförmig gewordene Geschwindigkeit des Wassers in demselben bezeichnet, so, wie die Gleichungen in §. 18. oder 20. sie bestimmen, $g = 9{,}809$ Meter ($31\frac{1}{4}$ F.), n die Verhältnifszahl des gröfsten Durchmessers der Mündung zu D, und endlich Q der Wasser-Ergufs in einer Secunde ist. [Der Ausdruck bezieht sich auf Französisches Maafs.] Würden die Einmündungen der Heber nicht hienach eingerichtet, so würde nicht das verlangte Wasser einfliefsen, sondern eine Verzögerung der Bewegung, eine Senkung und ein Verlust an bewegender Kraft entstehen, die nicht gleichgültig sind, da beim Anfange und Ende der Bewegung des Schwimmers die Geschwindigkeit v natürlich sehr klein ist.

Setzen wir z. B., die Normalgeschwindigkeit v oder v_1' müsse nach der Anordnung der Vorrichtung 3 F. 2 Zoll in der Secunde betragen und D oder D' sei 6 F. 4 Zoll, so findet man (n ist $= 1{,}25$), den obigen Andeutungen zufolge, für die geringste Höhe der Wasserschicht, die für die gleichförmige Bewegung nöthig ist, $\eta = 14$ Zoll; wofür man der Sicherheit wegen den vierten Theil des Durchmessers des Hebers setzen kann. Dieses würde sich auch im allgemeinen finden, wenn man annähme, das Wasser müsse von der Seite über den ringförmigen Vorsprung $\pi n D \eta$ der Hebermündung mit der Geschwindigkeit v fliefsen, was die Gleichung

$$Q = \pi n D \eta v = \tfrac{1}{4}\pi D^2 v, \text{ also}$$

$$111. \quad \eta = \frac{D}{4n} = \tfrac{1}{5} D$$

giebt.

53. Man erwäge noch, dafs eine solche Wasserschicht über der Mündung der Heber dennoch nicht hinreichen würde, um jede Senkung der Oberfläche zu vermeiden; denn beide sind nöthig, um die Geschwindigkeit über den ringförmigen Vorsprung hervorzubringen. Man bezeichne jene Senkung durch ζ, so findet sich, nach den Gesetzen des Wasser-Ergusses auf unvollkommnen Wehren,

$$112. \quad Q = \pi n D(\eta - \zeta)\sqrt{(2g\zeta)} + 0{,}41\pi n D \zeta \sqrt{(2g\zeta)} = \tfrac{1}{4}\pi D^2 v,$$

woraus, da ζ gegen η sehr klein ist und also die dritte Potenz davon weggelassen werden kann, näherungsweise

$$113. \quad \zeta = 0{,}424\eta - \sqrt{\left(0{,}18\eta^2 - 0{,}053\frac{D^2 v^2}{2n^2 \eta g}\right)}$$

$$= 0{,}424\eta\left[1 - \sqrt{\left(1 - 0{,}295\frac{D^2 v^2}{2gn\eta^3}\right)}\right]$$

folgt. Danach läfst sich ζ berechnen, wenn η gegeben ist.

Ferner findet sich

$$114. \quad \begin{cases} Q = \pi n D[(\eta)\sqrt{(2g\zeta)} + 0{,}41\zeta\sqrt{(2g\zeta)}] = \tfrac{1}{4}\pi D^2 v \text{ und} \\ \zeta = 0{,}61\eta\left[-1 + \sqrt{\left(1 + 0{,}205\frac{D^2 v}{2gn\eta^3}\right)}\right]. \end{cases}$$

Die Senkung ζ, welche für ein sehr grofses η sehr nahe Null ist, veranlafst gleichwohl nicht einen wirklichen Verlust an bewegender Kraft, der von demjenigen, welchen die Geschwindigkeit v voraussetzt, unabhängig wäre; der Verlust ist von diesem nur ein Theil; der andere Theil ist nöthig, um den Wasserwirbel hervorzubringen, oder die verschiedenen Widerstände in den

Röhren zu überwinden. Es ist nöthig, alles anzuwenden, um den Flufs des Wassers in und nach den Hebern hin zu erleichtern; so wie auch im Schwimmer; weshalb denn auch die freien Räume um die Mündungen her möglichst vergröfsert und geebnet werden müssen.

54. Die obigen Bedingungen für die Beförderung des Einströmens des Wassers in die Heber aus den Zuleitungscanälen lassen sich, wie leicht zu sehen, ohne Schwierigkeit erfüllen.

Für die andern Mündungen im Schwimmer mufs man zunächst die für den untern Theil des Schwimmers von denen für den obern unterscheiden. Da die Ausdehnung y_m des Laufs des Schwimmers, und um so mehr die Höhe des Heberarms, für den untern Theil des Schwimmers im allgemeinen zufolge der Gleichungen (74. oder 79.) nur wenig von dem gröfsten Schleusengefälle $\boldsymbol{H}_m$ verschieden ist, während im Gegentheil die Höhe x' (§. 38.) des untern Theils des Schwimmers bedeutend geringer sein kann: so folgt, dafs es sich in gewissen Fällen, namentlich wenn $\boldsymbol{A}'$ gegen die Fläche des Schwimmers nicht sehr grofs ist, nicht vermeiden lassen wird, den Heber-Arm für den untern Theil des Schwimmers aus einem festen, ganz cylindrischen, und einem obern, beweglichen, oben gehörig abgerundeten Theile zusammenzusetzen; welcher letztere dann eine cylindrische Scheide oder Futter erhält, gegen deren Wände sich der verliederte feste Theil reibt, damit das Wasser nicht aus dem Brunnen in den Schwimmer dringe. Die Druckhöhe dieses Wassers ist in der That nach (§. 14. und 40.) gleich

$$115.\quad y_0+y+z-x'-\boldsymbol{E}'-e'=h_0'+\frac{B''}{B}x''-\frac{B-B'}{B}x';$$

sowohl beim Auf- als beim Absteigen des Schwimmers. Sie reducirt sich für den tiefsten Stand des Schwimmers auf h_0' und ist am gröfsten für dessen höchsten Stand, welchem $x'=x_1'$ oder x_m' und $x''=x_1''$ oder x_m'' entspricht. (§. 30.)

Das Gewicht der beweglichen Heberscheide, noch vergröfsert, wenn es nöthig ist durch einen bestimmten Überdruck, wird ihren obern Rand zwingen, sich stetig auf den Boden des Schwimmers anzulegen; ausgenommen in dem Augenblick, wo seine entgegengesetzte Grundfläche sich ihrerseits beim Herabsteigen des Schwimmers auf einen Vorsprung oder eine ringförmige Schwelle des Brunnenbodens stützt: alsdann wird der Rand sich erheben, in dem Schwimmer aufsteigen und, selbst auf seinem höchsten Stande, noch unter dem Wasser im Schwimmer tief genug bleiben; und zwar um eine Tiefe, die wie folgt im Voraus sich bestimmen läfst.

55. Wir behalten die Bezeichnungen (§. 35. und 47.) bei und nennen aufserdem für den Heber, nach dem untern Theile des Schwimmers hin:

Die feste Höhe des Heber-Arms über dem Boden des Brunnens . . . . $= l'$;

Die Höhe der beweglichen Scheide, welche ihn umgiebt, $= \lambda'$;

Die kleinste Höhe der gegenseitigen Bedeckung, die dem höchsten Stande des Schwimmers und dem Gefälle H entspricht $= i'$;

Die kleinste Entfernung des obern Randes der beweglichen Scheide vom Wasserspiegel im Schwimmer, welche für jedes H offenbar dem tiefsten Stande des Schwimmers entspricht, ... $= d'$;

Die Dicke des Randes oder seinen Vorsprung über den Boden des Schwimmers, in dem Augenblick, wo er sich auf denselben auflegt, ... $= \mathrm{e}'$;

Den Vorsprung über den correspondirenden Theil des Bodens gegen die Schwelle, auf welche sich das untere Ende der Scheide aufstützt; welcher Vorsprung 3 bis 4 Zoll wird betragen müssen und welchen es gut sein wird, rund um den Boden des Brunnens gehen zu lassen, damit er dem Laufe des Schwimmers zur Grenze diene . . . . $= s'$;

Den kleinsten Abstand des obern festen Endes des Hebers von dem Ende der auf die Schwelle aufstofsenden beweglichen Scheide . . . . $= \varrho'$;

Endlich die gröfsten Werthe von i' und d', welche, wie sich zeigen wird, zu dem gröfsten Gefälle H_m gehören, . . $= i'_m$ und d'_m.

56. Aus der Ansicht eines durch die lothrechte Axe des Hebers gehenden Querschnitts des Schwimmers ergiebt sich, wenn man sich erinnert, dafs der Schwimmer nach seinem Herabsteigen, zufolge (§. 23.), so wie die obern Thore des Beckens A' geöffnet worden sind, um u_1 sich erheben mufs, um seinen Rückweg antreten zu können:

116. $\begin{cases} 1. & l' - i' + \lambda' - e' - \mathrm{e}' = \nu + y_1 + u_1 \text{ für den } \textit{höchsten} \text{ und} \\ 2. & s' + \lambda' + d' = \nu + e' + E' + x'_1 \text{ und } l' + \varrho' = s' + \lambda' \text{ für den } \textit{tiefsten} \\ & \text{Stand des Schwimmers.} \end{cases}$

Aus der ersten dieser Gleichungen folgt für ein beliebiges H:

117. $i' = l' + \lambda' - \mathrm{e}' - e' - u_1 - \nu - y_1$.

Da hier $\nu+y_1$ der Voraussetzung nach allein mit H veränderlich ist, so folgt, dafs die Bedeckung der Heberröhren ihre geringste Gröfse bekommt, wenn umgekehrt $\nu+y_1$ am gröfsten ist.

Aber nach (79. 97. 98. und 104. §. 32. 47. und 48.) ist allgemein

$$118.\quad \nu+y_1 = \nu_m+M(C+T''_m-T'_i-N)+T''-T'_m$$
$$= \nu_m+M(H_m-N)+T''-T''_m,$$

und dies ist am gröfsten für $T''=T''_m$. Es ist alsdann

$$119.\quad \nu+y_1 = \nu_m+M(H_m-N) = \nu_m+y_m;$$

was sich voraussehen liefs, da der Schwimmer für das gröfste Gefälle H_m über den Boden des Brunnens am höchsten sich erhebt. Man erhält also für die kleinste Bedeckung der Röhren:

$$120.\quad i'_m = l'+\lambda'-\mathrm{e}'-e'-u_1-\nu_m-y_m$$
$$= l'+\lambda'-\mathrm{e}'-e'-u_1-\nu_m-M(H_m-N)$$

und folglich, zufolge (§. 32. 47. und 48.), wenn man i'_m als im Voraus gegeben annimmt,

$$121.\quad \begin{cases} l'+\lambda' = i'_m+\nu_m+y_m+\mathrm{e}'+e'+u_1 \\ \qquad\quad = i'_m+\nu_m+\mathrm{e}'+e'+u_1+M(H_m-N) \text{ und} \\ i' = i_m+\nu_m-\nu+y_m-y_1 = i_m+T''_m-T''. \end{cases}$$

57. Auf ähnliche Weise findet sich, dafs der kleinste Werth der veränderlichen Gröfse

$$122.\quad d' = E'+\nu+x'_1+e'-s'-\lambda'$$
$$= E'_m+\nu_m+e'-s'-\lambda'+\frac{A'}{A'+B'}(M(H_m-N)+h'_0-h'_1)+T'-T_i,$$

welcher für den kleinsten Werth von $E'+\nu+x'_1$ Statt findet, ebenfalls dem kleinsten Werthe T_i von T' oder dem stärksten Schleusengefälle H_m correspondirt, so dafs

$$123.\quad d'_m = E'_m+\nu_m+x'_m+e'-s'-\lambda'$$
$$= E'_m+\nu_m+e'-s'-\lambda'+\frac{A'}{A'+B'}(M(H_m-N)+h'_0-h'_1)$$

und demnach, wenn man d'_m als im Voraus gegeben annimmt,

$$124.\quad \begin{cases} \lambda_1 = E'_m+\nu_m+x'_m+e'-s'_1-d'_m \\ \quad\; = E'_m+\nu_m+e'-s'-d'_m+\frac{A'}{A'+B'}(M(H_m-N)+h'_0-h'_1) \text{ und} \\ d_1 = d'_m+E'-E'_m+\nu-\nu_m+x'_1-x'_m = d'_m+T'-T \end{cases}$$

ist.

Da nunmehr die Höhe λ_1 der beweglichen Scheide durch lauter gegebene Gröfsen ausgedrückt ist, so kann man sie in dem Ausdruck von $l' + \lambda'$ (121.) substituiren, worauf dann l' durch den Ausdruck

$$125. \quad l' = i'_m + d'_m - E'_m + \mathrm{e}' + s' + u_1 + \frac{B'}{A'+B'} M(H_m - N) - \frac{A'}{A'+B'}(h'_0 - h'_1)$$

sich berechnen läfst und welches schliefslich

$$126. \quad \varrho' = s' + \lambda' - l' = 2E'_m - \mathrm{e}' - 2d'_m + \nu_m - \nu'_m - s' + e' - u_1 + 2x'_m - \gamma_m$$

$$= 2E'_m - \mathrm{e}' - 2de'_m + \nu_m - \nu'_m - s' + e' - u_1 + \frac{A' - B'}{A'+B'} M(H_m - N) + \frac{2A'}{A'+B'}(h_0 - h'_1)$$

giebt.

58. Die kleinste Bedeckung der Röhren hängt von der Art und Höhe ihrer Verliederung ab; jedenfalls aber wird sie gegen 8 Zoll betragen müssen, damit die Röhren nicht aus einander sich ziehen können, wenn etwa der Wasserspiegel, der in dem Becken A dem höchsten Stande des Schwimmers entspricht, sich hebt, nemlich dem Stande, wenn der Schwimmer fast leer auf diesem Wasserspiegel schwimmt, dessen Höhe dann die nemliche sein mufs, wie die im untern Becken A'. Diese Höhe kann in der That die Grenze, welche ihr durch die untern Thore (§. 47.) gesetzt ist, nur dann überschreiten, wenn etwa die obern Thore unrichtigerweise verschlossen gehalten worden sind und das Becken A, wie im Bericht bemerkt, Zeit gehabt hat, aus A'' durch Einsickerung oder auf andere Weise Zuflufs zu bekommen, über den gehörigen Stand hinaus; welcher Zuflufs dann nur durch die Höhe der untern Thore begrenzt werden würde, wenn man nicht durch die Handhabung der Heberklappen das weitere Aufsteigen des Schwimmers hemmen sollte, und der dann einen wesentlichen Verlust an Wasser verursacht.

59. Läfst sich dem kleinsten Wasserdrucke d'_m, welcher auf die Mündung der beweglichen Heberscheide Statt finden mufs, nicht eine Gröfse geben, die viel kleiner ist als η (§. 52.), so kann derselbe auch nicht sehr grofs gemacht werden, weil er den kleinsten Abstand ϱ' des obern Randes des Hebers von der Abrundung der Scheide vermindert; und sollte dieser Abstand kleiner als die Hälfte des Heberdurchmessers D sein (§. 51.), so würde während eines Theiles der aufsteigenden Bewegung des Schwimmers innerlich eine Zusammenziehung des Strals entstehen. Wegen dieses Umstandes und in Folge der Erwägungen, dafs ν und η beim Anfange der Bewegung, oder bald nach der Öffnung der Heberklappen, sehr klein sind (§. 52.), so wie, dafs es gut sein werde, die Geschwindigkeit der Bewegung des Schwimmers vor dem

Verschlufs der Heberklappen allmälig vermindern zu können, damit der Schwimmer nicht aufstofse, glauben wir, dafs es hinreichen werde, wenn man für d'_m 4 bis $4\frac{1}{2}$ Zoll annimmt.

Da andrerseits ϱ', zufolge der Formel (126.), mit der Höhe der anfänglichen Druckwasserschicht $E'_m - e'$, die über der Mündung der beweglichen Scheide in der höchsten Lage des Schwimmers Statt findet, zunimmt, so folgt, dafs aus mehreren Gründen E'_m nicht, wie es in (§. 42.) schien, bis auf 2 Zoll zu vermindern sein dürfte, sondern wenigstens 4 Zoll, also etwa so viel als d'_m betragen müsse.

60. Diese Vergröfserung von E'_m, welche, wie schon bemerkt, dazu dient, die Standfestigkeit des Schwimmers zu verstärken, hat keinen andern Übelstand, als dafs sie die Höhe des untern Theils des Schwimmers um etwas vergröfsert; denn sonst ist ihr Einflufs in der Gleichung des Gleichgewichts (§. 40.), wo B' sehr wenig von B verschieden ist, unmerklich, und kommt nicht in Betracht. Da nun das Entgegengesetzte für die anfängliche Wasserhöhe E'' im obern Theile des Schwimmers Statt findet, so sind die Bedingungen für diesen weniger günstig, als für den untern; so dafs man den Werth von E'' auf den obigen zu beschränken Bedacht sein mufs.

Im Allgemeinen scheint es nach dem Ausdruck von η (§. 52.) am besten, das Verhältnifs zwischen E'_m und E'' so zu bestimmen, dafs es wenig von dem von $(D'v'_1)^{\frac{2}{3}}$ zu $(D''v''_1)^{\frac{2}{3}}$ abweicht; welche Regel nur dann der Standfestigkeit gemäfs ist, wenn $D''v''_1 < D'v_1$; aber dies ist auch wirklich der Fall, wenn nach (§. 17.) $Q'_1 > Q''_1$ oder $A' > A''$, das heifst, wenn das untere Becken gröfser ist, als das obere.

61. Betrachten wir jetzt den lothrechten Arm des Hebers, welcher nach der ersten Anordnung des Herrn *Girard* mit dem obern Theile des Schwimmers durch einen cylindrischen gufseisernen Arm in Verbindung stehen sollte, der durch den andern Schwimmertheil hindurchgeht und mit dessen beiden Böden fest verbunden ist. Da nichts hindert, die obere Mündung dieses Arms nach §. 51. abzurunden, so bleibt blofs die Schwierigkeit, zu vermeiden, dafs das feste obere Ende des Hebers nicht gegen das Ende des Herabsteigens des Schwimmers die Abrundung des Arms erreiche. Dieses kann einfach dadurch geschehen, wenn man den obern Theil des lothrechten Arms des Hebers durch einen beweglichen Cylinder ersetzt, der die Stelle einer Scheide für den untern festen Theil vertritt und sich längs der Wände des obern Arms

anlegt, sobald der Schwimmer seinen tiefsten Stand erreicht; ähnlich wie etwa bei Fernröhren, die sich in einander schieben lassen.

Da die Zwischenscheide oben aufserhalb einen etwas vorspringenden Rand bekommen mufs, der auf einen andern, innern Rand an dem Fufse des Arms zutrifft, welcher an dem Schwimmer fest ist, so wird sie durch ihr eignes Gewicht, wenn sie aus Eisen gegossen ist und, wenn sie aus dünnem Blech gemacht wird, vermöge einer kleinen Belastung, gleich der beweglichen Scheide, von welcher (§. 54. etc.) handelt, allen Bewegungen des Schwimmers folgen; ausgenommen in dem Augenblick, wo derselbe auf den Vorsprung am Boden des Brunnens aufstöfst.

Das obere und das untere Ende der beweglichen Scheiden werden mit Leder zu belegen sein, welches durch seine Umbiegung das Wasser abhält, aus dem obern Theil des Schwimmers durchzufliefsen; was unter der veränderlichen Druckhöhe

127. $e'+\mathrm{x}'+E''+x''-(y+y_0+z)=u+u''-h''=\mathrm{H}+\mathrm{H}''-z-z''-h''$,

wie solches aus dem Querschnitt der Vorrichtung zu sehen ist, geschehen würde. Das Maximum dieser Druckhöhen $\mathrm{H}+\mathrm{H}''-h_0''=H-\mathrm{H}'-h_0''$ findet Statt für $h''=h_0''$ und $y=z=x''=z''=0$; nemlich für den höchsten Stand des Schwimmers; das Minimum derselben, $u_1+u_1''-h_1''$ oder h_0'', zufolge der Gleichung (51. §. 23.), für den tiefsten Stand desselben, für welchen $u=u_1$, $u''=u_1''$, und $h=h_1''$ ist.

62. Man bezeichne für den Heber des obern Schwimmerstockwerks und für seine Scheiden oder Arme:

Die Höhen des festen Heber-Arms und der beweglichen Scheide, während die der obern Scheide $\mathrm{x}'+e'$, ist, durch . . l'' und λ'';

Die kleinste Überdeckung der Scheide beim höchsten Stande des Schwimmers durch . . . . i_m'';

Die correspondirende Überdeckung des obern Arms und der beweglichen Scheide durch . . . . o_m'';

Die Höhe des Vorsprungs am Boden des Brunnens, auf welchen diese Scheide unten aufstöfst, wenn der Schwimmer seinen tiefsten Stand erreicht, durch . . . . s'';

Den kleinsten Abstand des oben abgerundeten Arms der Scheide vom festen obern Rande des Hebers; welcher Abstand offenbar beim tiefsten Stande des Schwimmers Statt findet und welchen wir dem der obern Ränder des Hebers und der beweglichen Scheide gleich setzen, die alsdann auf ihrem Fufse ruht, welcher Abstand aber für den letzten Stand besser etwas kleiner einzurichten sein wird, durch . . . . ϱ''_m.

Behält man dann die sonstigen obigen Bezeichnungen bei, so findet sich für den höchsten, dem gröfsten Gefälle H_m entsprechenden Stand des Schwimmers:

$$128. \quad l''+\lambda''-i''_m-o''_m = \nu_m+y_m+u_1$$

und für den niedrigsten Stand des Schwimmers:

$$129. \quad \begin{cases} l'' = \lambda''+s'' \text{ und} \\ l''+\varrho''_m = x'+e'+\nu_m. \end{cases}$$

63. Diese Gleichungen geben unmittelbar für l'', λ'' und ϱ''_m:

$$130. \quad \begin{cases} 1. \; \lambda'' = \tfrac{1}{2}(\nu_m+y_m+u_1+i'_m+o''_m-s''), \\ 2. \; l'' = \tfrac{1}{2}(\nu_m+y_m+u_1+i''_m+o''_m+s''), \\ 3. \; \varrho''_m = x'+e'-\tfrac{1}{2}(y_m-\nu_m+u_1+i''_m+o''_m+s''); \end{cases}$$

in welche Ausdrücke die durch die Gleichungen (66. 79. und 86. §. 28. 32. und 38.) gegebenen Werthe von u_1, y_m und x' zu setzen sind; mit der Beobachtung, dafs statt des Zeigers (1) der auf das Maximum des Gesammtgefälles sich beziehende Zeiger (m) zu schreiben ist.

Die kleinsten Werthe von ν_m, i''_m und s'' werden nach (§. 48. 56. und 58.) geregelt. Auch hat man sich zu erinnern, dafs nach (§. 51.) möglichst vermieden werden müsse, dafs die obern Ränder des Hebers und der beweglichen Scheide bis in die Abrundung des obern Arms vordringen, weil sonst ϱ''_m mehr als zwei Fünftheile vom gröfsten Halbmesser der Abrundung würde sein müssen.

64. Wir verfolgen nicht weiter alle diese Einzelnheiten, da sie den Baumeister, der mit der Theorie und den Erfahrungen der Hydraulik bekannt ist, in keine Verlegenheit setzen können. Die obigen Rechnungen, welche übrigens viel weniger schwierig sind, als sie es nach der Gestalt der Ausdrücke zu sein scheinen, werden hinreichen, vollständig die Maafse der verschiedenen Theile der Vorrichtung zu bestimmen; den obigen Voraussetzungen gemäfs, und so, dafs die Vorrichtung, unter den verschiedenen örtlichen Umständen, sowohl auf neue, als schon vorhandene Schleusen anwendbar sei.

(Die Fortsetzung folgt.)

10.
Über die Baumaterialien des alten und des neuen Griechenlands, und über die geognostischen Verhältnisse dieses Landes.

(Von Herrn *F. Stauffert,* ehemaligem Stadt-Architekten von Athen, in den Jahren von 1835 bis 15ten September 1843.)

(Fortsetzung der Abhandlung Nr. 5. im vorigen Heft.)

---

5. *Porphyr.*

Der Porphyr, von den Alten auch „*Marmor von Lakonien*" genannt, verdient eine ganz besondere Beachtung; nicht allein wegen seiner Berühmtheit im Alterthum durch seine Anwendung bei den Bauwerken, zu welchen der Luxus der Römer ihn verschwenderisch benutzte, sondern auch, weil er der Gegenstand gelehrter Forschungen seit vielen Jahrhunderten war, indem sein alterthümlicher Name und die Kenntnifs seines Fundorts verloren gegangen waren. Man vermuthete nicht, dafs der Porphyr der unter dem Namen „Marmor von Lakonien" im Alterthum berühmt gewordene Stein sei. Noch in der neusten Auflage des *Rondelet*schen Werks wird grüner Porphyr und Ophit für ein und dasselbe Gestein gehalten und der „lakonische oder tänarische Marmor" unter die Marmor-Arten aufgezählt.

Der Führer der Reisenden durch Griechenland, *Pausanias,* erwähnt oft mit den gröfsten Lobeserhebungen des Marmors von Lakonien, den man aus den Brüchen auf der Strafse nach Gythion (jetzt Marathonisi) zog; er sagt aber nichts von der Natur dieses Steins, und wir würden auf dieselben irrigen Vermuthungen geleitet werden, wie unsere Vorfahren, wenn nicht die Genauigkeit der Topographie des *Pausanias* in den neusten Zeiten zur Entdeckung der so lange unbekannt gebliebenen Porphyrbrüche geführt hätte.

Im Jahre 1829 wurden sie von dem Französischen Obristen *Bory de St. Vincent* wieder aufgefunden. Auf der Strafse von Sparta nach Gythion fand er auf der Oberfläche des Erdbodens, einzeln umher zerstreut, Blöcke von grünem antiken Porphyr, welche er sogleich für denselben prächtigen

Porphyr zu erkennen glaubte, von welchem man polirte Bruchstücke in Sparta, Luka und Corinth gefunden hatte: desselben Gesteins, welches ***Pausanias*** mit dem Namen des „Steins von Krokeä" belegte (*εκ κροκεῶν λιθος*).

Zur Gewifsheit wurde diese Vermuthung im darauf folgenden Jahre, als der Obrist ***Bory*** von Sparta aus einen Ausflug machte, um die von ***Pausanias*** beschriebenen Steinbrüche von Krokeä aufzusuchen. Nachdem er die Spur der hin und wieder liegenden Porphyrblöcke verfolgte, kam er zu dem Fufse von Hügeln, welche an vielen Stellen ihres Umfanges durch tiefe Ausgrabungen eingeschnitten waren und die zur Entdeckung der gesuchten Steinbänke des „***Porfiro verde antico***" führten, nachdem man eine ungeheure Masse von Steintrümmern hinweggeräumt hatte.

Die topographische Lage stimmt durchaus mit der Beschreibung des ***Pausanias*** überein und die Charactere des Gesteins entsprechen ganz der Bezeichnung, welche er davon macht. Die Brüche scheinen erst unlängst verlassen zu sein; und wenn die ehernen Statuen der Dioskuren sich daselbst nicht mehr erheben, wie zur Zeit des ***Pausanias,*** so bezeichnen doch einige Ruinen auf der Höhe der Steinbrüche genau die Stellen, wo sie gestanden haben.

Zwei archäologische Thatsachen gehen aus dieser Entdeckung hervor. Erstlich: das prächtige Gestein, mit welchem die Griechen und Römer ihre Gebäude in Griechenland, Italien und selbst Gallien schmückten, wurde aus ***Lakonien*** bezogen. Diese Thatsache wird bewiesen durch die völlige Gleichheit der polirten, in den antiken Monumenten gefundenen Bruchstücke, mit dem Gestein, welches die neu entdeckten Steinbrüche liefern. Zweitens: der Marmor, oder der Stein von Lakonien, den Viele, die über das Alterthum schrieben, unter dem Namen *λιθος λακονικος* und Lakädemonischer Marmor berühmt machten, war nicht, wie man es bis in die neuste Zeit geglaubt hat, ein wirklicher grüner Marmor, sondern der echte antike grüne ***Porphyr.***

Pausanias bezeichnete diesen Porphyr nur mit dem einzigen Worte *λιθος,* Stein, während er andern Stein-Arten immer den Namen ihrer Fund-Orte giebt: z. B. Marmor von Paros oder Pentelikon; sandiger Kalk von Olympia; Muschelkalk von Megara u. s. w. Es geht daraus hervor, wie sehr hoch der Stein von Krokeä im Alterthum geschätzt wurde. ***Pausanias*** sagt, dafs dieser Stein zwar schwer zu bearbeiten, dann aber auch würdig sei, die Tempel der Götter zu schmücken; auch sei er bei Bädern, Fontainen, Bassins etc. von dem schönsten Effect.

Am Eingange der Burg von Krokeä stand nach ***Pausanias*** eine Statue des Jupiter, welche aus diesem Stein gemacht war: wahrscheinlich war dies wohl nur das einzige mal, dafs er zu solchem Gebrauch verwendet wurde, da er zur Bildnerei wegen seiner aufserordentlichen Härte und Vielartigkeit der Farben sich nicht eignete.

Am meisten machte der Luxus der Römer Gebrauch von diesem edlen Porphyr, zur Verzierung von Bädern und Wasserkünsten; zu welchem Zweck sie ihn in Griechenland und Italien verschwendrisch verwendeten. Man wird die bewundernswürdige Wirkung begreifen, welchen seine dunkelwiesengrüne Farbe, besäet mit blafsgrünen Parallelogrammen, unter dem Wasser hervorbringen mufste, welches dadurch die grüne und helle durchsichtige Farbe des Meeres annahm.

Mit dem berühmten Steine von Krokeä schmückte unter andern *Eurikles*, dieser reiche Spartaner und Besitzer der Insel Kythere (jetzt Lerigo), die Bäder des Neptun; die prächtigsten in Korinth.

Die Brüche von Krokeä liegen eine Stunde südlich von dem Orte Lewetsowa, in dem niedrigen Gebirge, welches die Ebene von Sparta vom Lakonischen Meerbusen trennt, und an der Westseite im nördlichen Theil eines Hügels, Psyphia genannt. Die ganze Ausbreitung des Porphyrs erstreckt sich von diesen Brüchen bis zu dem Wildbach Skotino langadi; er hebt sich am Fufse des Glimmerschiefers empor und tritt aus dem ihn umgebenden Porphyr mit schöner dichter Feldsteinmasse in gangartigen Massen auf.

Die Grundmasse des Porphyrs ist dichter dunkellauchgrüner Feldstein (Feldspath); in diese Masse sind reichlich blafslauchgrüne Feldspath-Krystalle eingewachsen, die meist matt, in der Regel aber scharf begrenzt sind; sie bilden häufig Kreuz-Krystalle und geben dem Gesteine das schöngefleckte alterthümliche Ansehen. Er ist bedeutend hart, und schwer zu bearbeiten, nimmt aber sehr gut die Politur an und giebt Feuer am Stahl. Auch der neben dem grünen brechende blafsröthliche oder blafsolivengrüne Porphyr verdient benutzt zu werden.

Bei der *Quelle des Alpheus,* auf der Grenze zwischen Arkadien und Lakonien, bricht Porphyr durch. Er ist braun, mit grüner Grundmasse, verschmolzen, in schwarzem Email, mit kleinen grauen Feldspathkrystallen, Quarzkörnern, Agat und grünlichen hornsteinartigen Bruchstücken; es zeigen sich oft Spalten, die sich aber nicht fortsetzen, und matte und schlackige Oberflächen.

In dem Thale von *Adami,* bei dem Dorfe gleiches Namens, zwischen Nauplia und Kranidi, bricht ein grünes, feldspathartiges Gestein durch, welches theils gleichartig, theils mandelsteinartig ist. Es wird begleitet von grünem porphyrartigem Gestein, welches zahlreiche weifse Feldspathkrystalle in einer grünen, hornsteinartigen Grundmasse einschliefst und hie und da mit blutrothen Feldspaththeilen vermengt ist; was dem Stein eine verschiedenartige Farbe von dem schönsten Aussehen giebt.

Unfern von da, bei ***Hiero,*** wo sich ein Aesculap-Tempel befindet, ist das vorherrschende Gestein Porphyr, mit zahlreichen kleinen, nicht gleichförmigen Krystallen von weifser Farbe, öfters übersäet von rothen Feldspathkörnern. Seine Grundmasse ist von lichter, graubrauner Farbe, untermengt mit grünem Hornstein. Durch die Abwechslung und den Glanz seiner Farben ist dies eins der merkwürdigsten Gesteine seiner Gattung.

6. ***Hornblende.***

Auf der Insel *Siphno* enthält der Glimmerschiefer, welcher häufig Lagen grau gestreiften Marmors einschliefst, Lagen von ölgrünem Granat, voll flacher, krystallschwarzer Hornblende. Auf *Syra* treten im Glimmerschiefer, im Norden der Insel, Massen von Hornblende und Granaten auf. Hinter der Anhöhe nördlich von der Stadt findet man am östlichen Abhange ein mächtiges Lager von Hornblende, welche dunkellauchgrün und reichlich mit feinkörnigem bräunlichrothen Rutil durchwachsen ist.

7. ***Trachyt.***

Er nimmt bedeutende Striche Landes ein. Die Halbinsel Methana, das Land zwischen der Insel Kalauria und dem Peloponnes, auf welchem die Stadt Poros liegt, das Vorgebirge Akra und die Insel Spezia bestehen ganz aus Trachyt. Auf Aegina hebt er sich durch das Kalkgebirge in mächtigen Kuppen empor; bei der alten Stadt in groteske Felsen zerborsten, als *βοῦνω σπασμενι* (geborstener Berg). Die Inseln Belopulo, Falkonera, Antimilo bestehen ganz aus Trachyt; auch auf Milos zeigt er sich. Er ist erdig, dicht, porphyrartig, voll glasiger Feldspathkrystalle, Hornblende und Glimmer. Die geschmolzenen Trachyte geben alle Feuer am Stahl und haben die Härte des Feldspaths.

Auf ***Santorin,*** am Rande des grofsen Kraters, steht eine mächtige Lage schöngeflossenen bräunlich-schwarzen und schwarzen Trachyts, welcher gesunde Stücke zu Vasen u. s. w. enthält; er läfst sich aber schwer bearbeiten.

Ebendaselbst findet man rothen erdigen, festen Trachyt, der zu Fenster- und Thürstöcken, Architraven, Gewölbsteinen u. s. w. behauen wird. Er ist wegen seiner Farbe und Leichtigkeit beliebt und wird auch aufser Santorin in ganz Griechenland zu den Bauten über der Erde gebraucht. Eine Viertelstunde nördlich von Kontochori liegt eine Lage rothen Trachyts, dessen untere Bänke noch halbgeflossenen schwarzen Trachyt enthalten; er ist porös, sehr rissig und ganz mit blasser, schmutzigrother erdiger Masse durchwachsen und überzogen. Die darüber liegenden, ein paar Lachter mächtigen Bänke sind röther und bilden eine ungleichförmige erdige Trachytmasse, die jedoch hinreichend erhärtet ist, um gute architectonische Steine zu Thür- und Fensterstöcken, Gewölbsteinen, Architraven, Gesimsen, ja auch Thür- und Fensterstöcke aus dem Ganzen zu liefern. Die oberste Bank ist am besten zusammengebacken und liefert die schönsten Stücke zu architectonischem Gebrauch; ihre Grundmasse ist bräunlichroth, dicht und erdig im Bruch; weifser glasiger Feldspath findet sich in ihr sehr vereinzelt. Dieser Spath ist äufserst fein porös und zeigt einzelne eingemengte kleine Brocken von dem beschriebenen röthlichgrauen, tiefer liegenden Trachyt, so wie von braunem porösen Trachyt, ferner Feldspaththeile etc., die jedoch bei der Bearbeitung nicht schaden.

Die Eingebornen der Insel Santorin benutzten bis jetzt nur den dunkelziegelrothen Baustein, den sie wegen seiner geringen Schwere *αλαφρό πετρα* (leichten Stein) nennen. Er ist der *κισηρις* der alten Griechen und der Pumex der Römer. Er ist das einzige Gestein auf der Insel, welches sich leicht zu regelmäfsigen Formen bearbeiten läfst; man sieht es in vielen ältern Gebäuden als Thürbögen und Fensterstöcke etc., auch in Gewölben, welche den Häusern zum Dache dienen. Die gewölbten Keller werden aus solchen leichten Bausteinen gemauert und, nachdem sie in Mörtel gelegt sind, mit Kalk getüncht; daher man die Steine nicht in ihrer natürlichen rothen Farbe sieht.

Auf der Insel *Kimoli* ist poröser Trachyt. Wo er sich bei Sidero Capsi an der Nordküste dieser Insel zu einem massigen Berge erhoben hat, wurden schon im Alterthume Mühlsteine gehauen und die Alten hatten dort einen grofsen Betrieb; wie es die bedeutenden Halden und die in Felsen ausgehauenen Wohnungen beweisen. Die graulich-schwarze poröse Lava ist der zu Mühlsteinen dienenden im Siebengebirge am Rhein ähnlich. Die Poren sind immer mit einem bläulich-weifsen erdigen Überzuge ausgekleidet, sehr gleichförmig vertheilt, selten über $\frac{1}{8}$ Zoll grofs, und etwas länglich. Es ist ein geschmolzener poröser Trachyt; häufig zeigen sich kleine Prismen glasigen Feldspaths in der dichten Masse. Von dieser Lava lassen sich Mühlsteine von 4 Fufs im Durchmesser aushauen; die tiefer liegenden Stücke sind noch gröfser. In Athen ziehen die Müller diese Mühlsteine denen von Milos vor. In gröbliche Stücke gestofsen und auch der Abfall vom Behauen der Mühlsteine giebt im Wassermörtel eine äufserst feste Masse.

Trachyt, in ein weifses mergelartiges Gestein umgewandelt, und ***Bimsstein-Tuff,*** finden sich, aufser auf Kimoli, auch auf der Insel Polinos. Diese Steine sind als Bausteine sehr gesucht und werden in grofser Menge nach allen Seiten hin, besonders nach Athen ausgeführt, wo ein viereckig bearbeiteter Stein von 4 Decimeter Länge, 3 Decimeter Breite und 2 bis $2\frac{1}{2}$ Decimeter Höhe 25 bis 30 Lepta oder 5 bis 6 Kreuzer C. M. kostet. [Der Cubikfufs etwa $2\frac{1}{2}$ Sgr.]

Etwa eine halbe Stunde nordöstlich, bei der Stadt Kimoli, springt ein felsiges Cap ins Meer hinaus, wo die Steine gebrochen werden, aus welchen man von allen Häusern die Ecken aufführt. Sie werden in kleine längliche Quadern gehauen und lassen sich sehr leicht bearbeiten. Die Bänke dieses Gesteins sind regelmäfsig; es können Stücke zu Thürstöcken, Architraven u. s. w. über 10 Fufs lang leicht aus dem Ganzen gewonnen werden; aber die Arbeiter hacken sie gewöhnlich mit ihrem schlechten Handwerkzeuge, wie es ihnen gerade bequem ist, in kleine Stücke entzwei. Der Transport ist nahe und leicht, da sich an diesem Vorgebirge eine sehr gute Bucht befindet.

Die Masse dieses Bausteins besteht aus etwas zersetztem, weifsem und gelblich-weifsem Feldspath, in zarten Prismen und Blättchen, zwischen denen eine grofse Menge kleiner rundlicher weifser Theile Bimsstein verwachsen sind. Dies ist die beste Art von Baustein, und hat in Griechenland eine bedeutende Wichtigkeit; er läfst sich leicht behauen, hat hinlängliche Festigkeit und gehört zu den leichten Arten architectonischer Steine. Es giebt aber auch härtere Bänke, welche die Arbeiter sonst sorgfältig vermieden; obgleich sie noch immer leicht zu bearbeiten sind. Jetzt werden sie jedoch auch schon angegriffen und liefern die trefflichsten Bausteine. Bei diesen Bänken ist die verwitterte weifse Feldspathmasse mit sehr vielen Puncten gelblichen dichten Feldsteins verwachsen und es zeigt sich darin eine grofse Menge äufserst feiner Magnet-Eisensand.

Die Bausteine auf dem Eilande Polinos, Kimoli südöstlich gegenüber, stehen in noch stärkern, 3 bis 4 Fufs mächtigen, ganzen Bänken; es können hier die schönsten Constructionstheile aus dem Ganzen gewonnen werden. Die Bänke sind fast alle bis oben zu brauchbar und der Transport zur Rhede ist nahe.

Methana, eine beinahe kreisförmige Halbinsel Epidauriens im Peloponnes, die sich unweit Démala, der Ebene von Troïzene, nördlich gegen Megares erstreckt und in der 139ten Olympiade als ein Berg von 7 Stadien Länge sich erhob, ist aus massiven, die Höhe von 741 Metern erreichenden Bergen zusammengesetzt, von einem düstern Ansehen, oft schroffen Formen, und gehört fast ganz der Trachytbildung an. Die hauptsächlichsten Arten dieses Gesteins, welches ganze Blöcke von über 100 Cubikmeter giebt, sind folgende:

1. Weifslich grauer granitischer Trachyt, einen grofsen Theil der ganzen Masse einnehmend, leicht von den dunkelfärbigen Sorten zu unterscheiden, aus glasigem körnigem Feldspath bestehend, gemischt mit schwarzer Hornblende und etwas glasigem schwarzem Glimmer in sechsseitigen Tafeln. Man findet von diesem Trachyt viel feinkörnigen und andere mit bläulichen und röthlichen Färbungen.
2. Trachytporphyr, mit etwas steiniger Grundmasse; gewöhnlich in ununterbrochenen Bänken stehend, mit röthlichen, kreisförmigen, parallelen Streifen von verschiedenem Korn, welche ihm das Ansehen geben, als ob er geschichtet wäre.
3. Rothbrauner Trachyt; der gemeinste; gewöhnlich schlackenartig und Trümmer anderer Trachyte einschliefsend.
4. Trachyte, mit Theilen von Glasquarz und glasigem Feldspath, Hornblende und braunem Glimmer; endlich
5. Schwarzer poröser Trachyt und schwarzer Trachytporphir, welche in grofser Ausdehnung in dem Kaïmeni-Petra genannten westlichen Theile der Halbinsel vorhanden sind.

Ein Theil der Insel ***Paros*** (Kalauria) liegt längs der Küste der Argolide, wo sie einen der schönsten Häfen Griechenlands bildet. Ein Theil derselben besteht ganz aus Trachyten. Die Insel bietet ein wahres Chaos von Gesteinbildung dar und ist zusammengesetzt aus Grünsandstein, Schiefer, Jaspis, vielen Arten von Kalksteinen, Serpentin etc., die alle in gröfster Unordnung unter einander gestürzt sind. Es finden sich

1. Blauer und röthlicher Trachyt, mit reichlichen, oft sehr grofsen Feldspath-Krystallen und beinahe steiniger Grundmasse.
2. Granitische Trachyte, beinahe weifs (wegen der Masse von glasigem Feldspath, welcher eingemengt ist), mit etwas schwarzem metallischem Glimmer und Körnern von Glasquarz.
3. Granitische Trachyte, mit gelblichen Feldspath-Krystallen, schwarzem glasigem Glimmer in sechsseitigen Prismen, und schwarzer Hornblende.

4. Bläulich-graue Trachyte, mit zahlreichem goldigem und schwarzem Glimmer, zahlreichen Feldspath-Krystallen, Glasquarz und Hornblendekörnern.

Aegina ist im westlichsten Theil der Insel aus zahlreichen Trachytmassen gebildet. Es finden sich

1. Blauer porphyrartiger Trachyt. Die gemeinste Art desselben hat eine von dichtem Feldspath gebildete Grundmasse von tiefblauer, dem schwarzen sich nähernder Farbe, von fettigem Ansehen, weifse glasige Feldspath-Krystalle und einige Tafeln Metallglimmer einschliefsend.
2. Granitischer Trachyt. Seine Farbe ist die bläulichgraue, welche so oft bei den Graniten vorkommt; seine Porosität ist aber gröfser. Das Gestein ist beinahe ganz aus glasigen Feldspath-Krystallen, mit Glimmerprismen verbunden, zusammengesetzt; und was ihm am meisten das granitartige Ansehen giebt, sind die Körner von Glas-Quarz. Diese Art Trachyt wird am häufigsten gebrochen und verwendet und gewöhnlich Porosgranit genannt.
3. Granulitischer Trachyt. Er ist der dichteste und am gleichartigsten zusammengesetzte, den man auf der Insel findet. Seine Farbe ist ziemlich dunkelbläulich-grau; er ist von ungleichem Bruch und mattem Ansehen; man nimmt in ihm unregelmäfsige kugelförmige Krystalle von glasigem Feldspath wahr, die von einer blassern Farbe sind, als die Grundmasse, und kleine Körner Magnet-Eisenerz.
4. Weifslicher oder gräulicher Domit (Erdiger Trachyt).
5. Rother porphyrartiger Trachyt, unter dem Namen eisenschüssiger Trachyt. Er ist rauher anzufühlen, weniger dicht, als die blauen Arten; seine Grundmasse ist gewöhnlich ziegelroth, öfters violet, und immer sehr porös. Weifse Feldspath-Krystalle und metallfarbige Glimmerprismen stechen besonders auf dem matt-rothen Grunde hervor.

Die Trachyte auf Poros und der Halbinsel Methane werden, aufser zu allen baulichen Zwecken, besonders zu Mühlsteinen gebrochen, sollten aber zu diesem Zweck verworfen werden, denn sie geben ein höchst nachtheiliges Steinpulver. Zum Baustein ist der Stein bei weitem vorzuziehen.

8. *Mühlstein-Porphyr auf der Insel Milos.*

Seine Grundmasse ist ganz als eine thonige, durch Dämpfe aufgetriebene und porös gewordene gefrittete Quarzmasse zu betrachten. Sie ist sehr glasig, nähert sich einerseits dem Bimsstein, anderseits dem Perlstein; sie ist sehr porös; die Räume sind theils leer, theils mit einer gelblich-weifsen Thonmasse gefüllt, in welcher sich Krystalle von Feldspath, Quarz, Glimmer und Sphärolith befinden. Diese Masse giebt die überall in Griechenland wegen ihrer Leichtigkeit und Dauer gebräuchlichen Mühlsteine, die aber aus 20 bis 30 Stücken bestehen und mit Harz an einander gekittet werden. Nur an einer Stelle der Insel, bei *Rhefma,* an der Ostküste, wird dies Gestein gebrochen, wo auch von den Venetianern und wahrscheinlich auch schon von den Alten kleine Stollen in die Gehänge getrieben wurden, um dasselbe herauszuholen. Im Sommer gehen die Arbeiter, am meisten auf der nördlichen Seite (denn die südliche ist zu sehr durchwühlt), mit kleinen Suchstollen in den untersten Abhang hinein und suchen oft in Schneckenwindungen, einige Lachter in der Tiefe, einen abgesunkenen Block zu finden; denn ausstehend kennt man jetzt dies Gestein nicht. Findet man nun auch ein solches Stück, oft von mehr als 6 Fufs Durchmesser, so mufs es, obgleich es grofs genug wäre, Mühlsteine im Ganzen daraus zu machen, in Stücke gespalten werden, von der Gröfse, wie sie gerade ein Mann durch den engen Stollen, der oft eine Windeltreppe ist, heraustragen kann. Dabei sind die Leute in steter Lebensgefahr; denn das Gebirge ist stets lebendig, und leider werden oft Menschen verschüttet. Dieser Bruch ist bis jetzt auf eine so nachlässige Weise betrieben worden, dafs zu fürchten ist, er werde, wenn nicht Abhülfe erfolgt, in Kurzem nicht mehr gebraucht werden können. Auf welche Weise sollte aber eine solche Abhülfe geschehen! Es giebt Niemand in Griechenland, der die nöthigen technischen Kenntnisse besäfse. Diejenigen Fremden, welche im Jahre 1833 zum Besten des jungen Staats von der damaligen Regentschaft nach Griechenland gezogen wurden, um das Forstwesen, den Bergbau, das Bauwesen u. s. w. zu organisiren, und worunter sich Männer befanden, die in ihrem Vaterlande bereits langjährige Proben ihrer Fähigkeiten gegeben hatten und welche aus Liebe zu dem classischen Boden und in der reinen Absicht, mit ihren Kenntnissen dort zu nützen, ihr Vaterland verliefsen, wurden bald nachdem ihr Wirken angefangen hatte wieder aus einem Lande verscheucht, dessen Bewohner in lächerlichem Stolz auf ihre Altvordern, denen sie doch nicht *im Geringsten* gleichen, die kenntnifsreichen Fremden verachteten und in ihnen nur Geschöpfe aus einem elenden Barbarenlande sahen, die gekommen seien, sich (in dem armen Lande!) zu bereichern, um mit Geld beladen zurückkehren zu können. Aufserdem mochte der den Griechen angeborne Hang zur Intrigue und vielfacher Hafs gegen alle Civilisation jede gute Maafsregel im Keime ersticken, und die natürliche Folge war, dafs Jeder, der aus Vorsicht seine amtliche Stellung im Vaterlande noch nicht aufgegen hatte, sich eiligst wieder dahin zurückzog.

Das Gestein hat fast die Härte des Quarzes und giebt am Stahl reichlich Feuer. Die Gröfse der Stücke bestimmt ihren Preis. Sie werden in 5 Arten sortirt, die im Preise von 15 Lepta oder 3 Xr. C. M. bis 5 Drachmen = 1 Fl. 45 Xr. C. M. stehen; man verkauft davon jährlich an 20000 Stück. Die aneinander gepafsten Stücke werden mit Harz verbunden; ein Läufer besteht aus 6 bis 10, Läufer und Bodenstein aus 20 bis 30 Stücken. Ein solcher Mühlstein dauert gegen 5 Jahr und kostet im Durchschnitt 100 Drachmen oder 35 Fl. C. M. Es sind die besten Mühlsteine in Griechenland, weshalb sie dort meistens im Gebrauch sind; im türkischen Gebiet finden sie sich an der makedonischen Küste. Diese wegen ihrer Leichtigkeit geschätzten Mühlsteine müssen ebenfalls, wie andere, von Zeit zu Zeit geschärft werden. Sie haben das Unangenehme und der Gesundheit Nachtheilige, dafs sie das Mehl reichlich mit feinem Sande vermengen.

9. ***Bimsstein***

findet sich, in starken Bänken geschichtet, auf ***Milo, Néo-Kaméni,*** im Krater von Santorin, so wie auch in ***Santorin, Therasia*** und ***Aspro-Nisi.***

Der Bimsstein auf ***Milo*** gehört sehr feldspathreichem Granit an und wird zu netten Quadern, Fenstern, Thürstöcken etc. behauen. Er eignet sich wegen seiner Leichtigkeit zum Oberbau. Die Stadt ***Palaeo-Chori*** ist aus solchen Steinen erbaut, die hier in regelmäfsigen Bänken stehen, welche oft, bei 6 Fufs Dicke, Stücke von 10 bis 12 Fufs Länge aus dem Ganzen geben; die Qualität der Steine ist gleich; nur sind die untern Bänke dicker und fester. An der Ostseite hat man den wenigsten Abraum; man kann dort leicht 30 Fufs hohe Steinbrüche anlegen und könnte von diesem Bimsstein ganze Städte erbauen. Der Stein ist weniger schaumig, aber glasiger, als der gewöhnliche, daher auch haltbarer; er ist weifs, ins Graue spielend, voller länglicher Blasenräume, zeigt sich als schaumige, glasige Feldspathmasse, in welcher sich hin und wieder eine stärkere Parthie als Krystall erhalten hat, und kann daher in ganzen Stücken zum Abschleifen grofser Flächen nicht dienen. Er läfst sich leicht bearbeiten und empfiehlt sich durch seine, im Verhältnifs zur Gröfse der Stücke sehr grofse Leichtigkeit und feste Verbindung, zum innern Ausbau, zu Gewölben etc. Vor immerwährender Nässe müssen aber diese Steine bewahrt werden, denn sie ziehen Feuchtigkeiten an und werden dann sehr schwer; Thür und Fensterstöcke, aus dem Ganzen gehauen, mit Ölfarbe u. s. w. angestrichen und mit feinem Sande beworfen, geben dem Stein das Ansehen von Holz, Sandstein etc. Dafs dieser Bimsstein aber doch auch, selbst im gewöhnlichen Zustande, fast unverändert der Witterung widersteht, beweisen die einige Hundert Jahr alten Ruinen in der Stadt.

Der Bimsstein von *Santorin* ist weifslich-grau und voll langer Blasenräume, die nach allen Richtungen mit einander parallel laufen.

10. ***Pechstein,*** in Perlstein übergehend, findet sich auf Polino, ***Perlstein*** auf Milo und Anaphé.

11. ***Obsidian.***

Er findet sich am südlichen Ende des geschmolzenen Trachyts auf *Milo.* Am Hafen Panagya zieht er sich nördlich in einer Schlucht bis auf die Anhöhe; auch östlich neben ihr hin in ziemlicher Menge in kleinen Stücken und weiter nördlich als Breccie-Perlstein. Er gehört unstreitig einem sehr feldspathreichen Granit an, ist völlig glasig geflossen, zeigt grüne Streifen und wolkige Flecken, und ist an den Kanten grau-durchscheinend.

Auf *Santorin* findet er sich nur in kleinen Stücken in einer vulcanischen Conglomeratschicht am Rande des grofsen Kraters.

12. ***Feldspath.***

Auf Anaphé findet er sich meist gelblich gefärbt und einer mächtigen Lage angehörend. Der am vollkommensten krystallinische Feldspath ist weifs. Auf der Insel Milos findet sich graulich-weifser zersetzter zart-krystallinischer Feldspath, welcher durch und durch spangrün gefärbte Stellen enthält, die vom Kupfer herrühren.

13. ***Vulcanische Asche.***

Sie bedeckt die Oberfläche von *Santorin, Therasia* und *Aspronisi* und besteht hier gröfstentheils aus Staub von Bimsstein, weniger von im Krater umhergeworfenen Trachytmassen; aus solchen hingegen besteht die Aschenablagerung am Rande des grofsen Kraters oberhalb der Bucht von Phira auf *Santorin;* ferner die Asche am Krater von *Mikro* und *Neo-Kamméni.* Am reinsten findet sie sich im südlichen Theile von Santorin, unterhalb *Megalo-chorio;* sie ist dort gelblich-weifs, erdig, sehr trocken, rauh im Anfühlen und mit einer Menge kleiner gerundeter Brocken untermengt, die aus glasigem Feldspath bestehen, der porös ist. Auch auf dem Wege nach *Apano-meria,* beim Hafen St. Nicolo, findet sich dergleichen Asche, die eine mächtige Lage bildet und eine schöne rothe Farbe hat. Sie ist Bimsstein in Pulverform und ist ungemein nützlich, sowohl zum gewöhnlichen, als zum Wassermörtel. An der

Bucht unterhalb ***Phira*** steht ein mächtiges Lager rother vulcanischer Asche, welche Staub von zertrümmertem Trachyt ist. Zu unterst derselben Bucht, am grofsen Krater, steht schwarzer, zackiger, geschmolzener Trachyt hervor; auf diesem liegt hier eine mächtige Lage vulcanischer Asche, die aus einer erdigen, blafs-graulich-rothen Masse besteht, kieselig-thonig und durch Eisen gefärbt ist. Sie ist sehr trocken; weshalb man grofse Vorrathskeller für Wein in der obern Aschenlage ausgehauen hat, welche mit Bimssteinbrocken untermengt ist und sich so dicht zusammensetzt, dafs sie, oben gewölbartig ausgehauen, gut steht, ohne Mörtel zu bedürfen. Der gewölbte Eingang ist dann in der Regel von den leichten Bausteinen aufgemauert, deren früher Erwähnung geschah. Auch diese Asche ist vorzüglich zum Wassermörtel tauglich, kann aber nicht ohne Nachtheil für die oben befindliche Stadt gewonnen werden. Da indefs die ganze Insel mit vorzüglicher Asche bedeckt ist, so kann sie auch von jedem andern Orte, als dem unter der Stadt, erlangt werden.

Die vulcanische Asche von ***Santorin***, *ασπρόχωμα* genannt, hat eine so bindende Kraft, dafs auf der Insel grofse Gebäude aufgeführt werden, die nur aus ganz kleinen, hand- und eigrofsen Steinen, in den mit der Asche angemachten Mörtel gelegt, bestehen. Schon seit langer Zeit hat sie Ruf in den Ländern, die das Mittelländische Meer begrenzen; namentlich läfst der Vicekönig von Ägypten zu seinen Wasserbauten jährlich viele Schiffsladungen davon holen. Sie ist sehr wohlfeil und wird von den Schiffern als Ballast mitgenommen.

Wie das Material, das am leichtesten zu gewinnen ist, wenn es sonst hinlängliche Sicherheit gewährt, die Constructionsart der Gebäude bedingt, sieht man auch auf dieser Insel, wo kein Holz zur Erbauung von Dächern zu haben ist. Die Häuser auf Santorin haben ein eignes Ansehen; jedes Zimmer eines Gebäudes ist für sich mit den daselbst brechenden leichten Bausteinen, die in Mörtel mit vulcanischer Asche gelegt sind, überwölbt, und die Häuser scheinen ebenso viele halbkreisförmige Dächer nach Aufsen zu haben, als Zimmer; oder aber die einzelnen Gewölbe werden auch über das ganze Gebäude hin mit einem leichten Dache überdeckt.

14. ***Krystallinisch-körniger Kalk. Marmor.***

Er bedeckt in der Regel den Glimmerschiefer, auf den Inseln, wie in Attika und dem Peloponnes. Er liegt in und über Granit auf Naxos, über Thon- und Grauwackenschiefer, als Übergangskalk, auf Amorgos, Skopelo, Chilidromia und Santorin, und zeigt sich edel, als Marmor, an vielen Puncten, wo er sich zu bedeutender Höhe erhebt, meist in starken Bänken gelagert ist und im Allgemeinen von Süd nach Nord streicht.

Im Allgemeinen ist zu bemerken, dafs der körnige Kalk krystallinischer sich zeigt, jemehr er sich von den Schiefern, auf die er gelagert ist, entfernt; denn an seinen Berührungspuncten mit diesen ist er beinahe ganz unrein, vermengt, häufig dicht, und nur kaum merklich körnig. Die reinsten Bänke des schönen Marmors von Tinos, Paros, Naxos, Taygetus und andern Orten, sind also durchaus nicht diejenigen, welche unmittelbar auf dem Schiefer oder Gneis liegen. Auch ist der körnige sowohl, als der dichte Kalk, krystallinischer und schöner, je ausgezeichneter und weniger thonhaltig der Glimmerschiefer ist, auf welchem er liegt, z. B. in Attika, im Pentelikon und Hymettus, der Marmor zu Stura und Marmarion auf Euböa, der rothgestreifte Marmor auf Skyros u. s. w.

Ferner ist zu bemerken, dafs der griechische Marmor viel leichter ist, als der von Carrara, denn während das specif. Gewicht dieses letztern 2,88 beträgt, variirt das des Griechischen zwischen 2,70 und 2,72. Im Gehalt von kohlensaurer Talk-Erde variiren die Griechischen Marmorarten, zwischen 0,05, dem von Paros, und 4,90, dem von Santorin. Der von kohlensaurer Talk-Erde freiste Marmor ist also der von Paros; ihm folgen die des Hymettus mit 0,60; der architektonische Marmor von Paros, mit 1,00; der weifs- und rothgestreifte Marmor von Skyros mit 1,00; dann der Marmor des Pentelikon mit 1,70, von Skiathos mit 2,50; der feinste weifse Marmor von Tinos mit 3,00 und der am Eliasberge auf Santorin mit 4,90.

Der feinste Marmor von Carrara hat 3,30 Talk-Erde.

Der Peloponnes besitzt ausgezeichnete Marmor-Arten, in den beiden Bergketten des Taygetus und des Monemwasia, die eine talkhaltige Kalkgruppe bilden, welche aufserordentlich ausgebreitet ist. Sie bildet vor Allem den gröfsten Theil der Taygetuskette, wo sie vorherrschend ist, von Leondari in Arkadien bis zu deren äufserstem Ende, dem Kap Matapan (Tänaron); sie zeigt sich hier mit ernormer Mächtigkeit und erhebt sich bis zu 2000 Meter. Man kann sie wegen der characteristischen Verschiedenheit des Kalksteins in zwei Etagen theilen: die untere besteht aus Thonschiefer von sehr verschiedener Art, aus Quarz, Basaltconglomerat und rothem, grünem und blauem Kalk; die obere Etage besteht zum Theil aus denselben Thonschiefern, mit einer Reihe von Kalkgestein, welches durch seine kugliche Textur merkwürdig ist und dessen Farben vom zarten Grau bis ins tiefste Schwarz übergehen. Dieser sehr krystallinische Kalk entwickelt beim Zerschlagen einen sehr starken, schwefligen und bituminösen, höchst ekelhaften Geruch.

Wenn man von dem höchsten Gipfel des Taygetos, dem 2409 Meter über der Meeresfläche sich erhebenden Eliasberg, nach Scardamula am Golf von Koron hinuntersteigt, stöfst man etwa 400 Meter unterhalb des Gipfels auf talkhaltiges Kalkgestein, welches sich in zwei verschiedene Arten theilen läfst, deren eine die Thon- und grünlichen Talkschiefer mit *grünen* und *weifsen* Marmor-Arten, die andere die violetten Talkschiefer und die *buntfleckigen* Kalke umfafst. Grüne, weifse, rothe körnige Kalke folgen den dichten Kalkschichten; sie wechsellagern scharf abgeschnitten, d. h. so, dafs nahe bei grünem Kalke der glimmerig-körnige liegt (der wahre Cipolin), oft ohne allen Übergang, und Bänke von rothem oder pfirsichblüthfarbigem Kalk (rothem antikem Marmor Aegyptium) vorkommen, die wiederum mit andern grünen und weifsen Kalkbänken bedeckt sind. Es ist sogar nicht selten, in einer und derselben Bank drei Farben bei einander zu sehen, die eine in die andere übergehend und sich allmälig damit vermischend; bei den meisten indefs sind die farbigen Streifen ganz scharf abgeschnitten und getrennt, so dafs man dann zwei- und dreifarbig gestreiften Marmor hat (Tricolores und Bicolores).

Unter den pfirsichblüthfarbigen Kalkbänken giebt es einige, die eine so kugelartige Structur haben, wie man sie nur in den kalkhaltigen Talkschiefern sieht. Hier ist die Masse aus kleinen rothen, sphärischen, blätterförmigen Körnern zusammengesetzt, die mit einem leichten, körnigen weifsen Kalknetz umgeben sind. Dieses doppelte körnige und kugelige Gewebe hat man bei den weifsen und grünen Kalken, welche die Letztern begleiten, niemals bemerkt.

In den Umgebungen von Skutari, auf der andern östlichen Seite der Taygetoskette, am Lakonischen Meerbusen, findet sich wieder dasselbe gefleckte, pfirsichblüthfarbene Kalkgestein; aber insofern verschieden von den Vorigen, dafs die Körner, statt roth, weifs und von einem rothen Netz umgeben sind, welches die vorherrschende Farbe des Gesteins ist. Öfters ist dieser Marmor mit sehr vielen sehr kleinen Kieselkörnern gemengt, so dafs abgeschlagene Stücke das Ansehen eines rothen Sandsteins haben, weshalb man sie sorgfältig betrachten mufs, um sich nicht zu täuschen.

Tiegerartig buntgefleckter Marmor zeigt sich in einer Folge der schönsten Marmorarten und ist vor Allen werth, gebrochen und gebraucht zu werden. Er durchgeht alle Farben, vom *Weifsgrau* bis zum schönsten *Schwarz*. Die kugeligen Körner, welche allen diesen Kalksteinen eine so sonderbare Textur geben, sind immer noch krystallinischer, als die Grundmasse des Gesteins selbst, und von einem leichten weifsen Netz oder Geflecht umgeben, die Kugelmasse sei grau oder schwarz. Man könnte dies Gestein für einen feinkörnigen schwarzen oder grauen krystallinischen Oolithen (Rogenstein) halten, dessen Körner in ein Netz von oft kaum sichtbaren weifsen körnigen Kalkfäden eingehüllt sind. Zu bemerken ist, dafs die Gröfse der Körner in jeder Bank verschieden ist, dafs sie aber stets in der ganzen Dicke einer und derselben Schicht dieselbe ist. Man findet auch eine Art dieses Marmors, dessen einhüllende graue Masse dicht ist und dessen Körner nicht regelmäfsig zerstreut sind. An einigen Stellen liegen die Körner dicht bei einander, während sie an andern ganz selten sind; was sonst niemals in den körnigen Schichten Statt findet, wo die Kugeln immer gleichförmig zerstreut sind. Die schwarze Marmor-Art hat gröfsere Kugeln und spathartige Blätter, die in ein leichtes weifses Netz eingehüllt sind, welches sich von dem Kohlenschwarz der Kügelchen scharf absetzt.

Bei *Tsimowa,* an der Westseite des Taygetos, giebt es einen weifsen, sehr körnigen Marmor, welcher dieselbe kugelartige Textur, aber mehr im Grofsen hat. Breite, graue, spathartige, wenig zahlreiche Nester sind unregelmäfsig in die weifse Grundmasse zerstreut. Es ist dies ein Marmor, der in Bauwerken die schönste Wirkung macht.

Alle diese Marmor-Arten sind mehr oder weniger stinkend, werden bleich vor dem Löthrohre und schmelzen oft zu weifsem Glase, wegen des grofsen Antheils von Talk, den einige enthalten. Der rothe antike Marmor bleicht gleichfalls aus und läfst dann kleine Blätter von Talk wahrnehmen. In Säuren aufgelöset lassen sie einen Satz von kleinen glänzenden Kieselkörnern und etwas Kohle zurück.

Die Schichten des buntfleckigen Marmors sind gewöhnlich sehr mächtig, von 5 bis 10 Fufs. Sie beschliefsen die sehr grofse Reihe des talkhaltigen Kalkgesteins, so weit man dieser westlichen Parthie der Taygetoskette folgen kann: dem Theile, wo sich die Steingruppe in ihrer ganzen Entwicklung von dem Fufse bis zu dem höhern Theil des Gebirges zeigt.

Der Marmor vom *Cap Tänaron* (Matapan) hatte nach ***Plinius*** und andern Schriftstellern des Alterthums eine gewisse Berühmtheit; indessen war er wohl zu unterscheiden von dem grünen lakonischen Marmor (dem Perfido verde antico), durch seine schwarze Farbe, besäet mit gelben Flecken, und es ist wahrscheinlich, dafs er von der Breccie war, die dem Portor (schwarzem Marmor mit goldgelben Adern bei dem Hafen von Luni zunächst Carrara) ähnlich sieht und die man noch heute bei Marathonisi und andern Orten der Halbinsel des Vorgebirges Tänaron findet.

Bei Gueranos und Marathonisi giebt es ebenfalls *weifsen*, *rothen* und *grünen* Marmor.

Das Cap Grosso, am Meerbusen von Koron, an der Westseite des Taygetos, ganz aus grauem, in verticalen Bänken stehendem Marmor, bietet einen höchst merkwürdigen, selten vorkommenden Anblick dar. Ganz isolirt stehend, erhebt es sich 200 Meter über die Meeresfläche von allen Seiten, sowohl vom Meere als vom Lande, senkrecht in die Höhe und ist an seiner Krone ganz wagerecht abgeschnitten, so dafs es ganz das Ansehen einer ungeheuern, 4700 Meter langen, weifsen, an ihrer Grundfläche mit einem schwarzen Bande (dem Meere) eingefafsten Mauer hat.

Bei dem Porphyrbruche von Krokeä findet sich auch eine Breccie weifsen körnigen Kalks, der wieder mit der grauen und dunkelblauen der Taygetoskette und mit einer Gangart blättrigen Kalksteins von gelber Farbe abwechselt und mit kleinen Stücken von eisenschüssigem Kalke gemengt ist. Diese Breccie zeigt sich in sehr beträchtlichen Massen.

Die hohe Hügelreihe, welche sich an der Quelle des Eurotas in Arkadien unweit Leondari ausbreitet und die Monemwasische Bergkette mit der des Taygetos verbindet, zeigt überall mächtige abgerissene Stücke der talkhaltigen Kalkgruppe.

Wenn man sich von hier gegen das nördliche Ende der Monemwasischen Bergkette nach dem *Marmorberge* (*Μαρμαροβοῦνο*) wendet, welcher Tegea, in der Ebene von Tripolitza, südlich beherrscht, findet man wieder denselben Marmor, wie auf dem Berge Kurkula; hier ist er aber mehr körnig; wie man aufserhalb der Brüche auch noch jetzt an den zahlreichen Bruchstücken von Statuen, Säulen etc. sehen kann, welchen man, nicht in den Ruinen der alten Stadt Tegea (denn dort ist *Alles* verschwunden), sondern in denen von Tripolitza begegnet. Alle Säulen der Hauptmoschee und ihrer Umfangsmauer, unter andern ein enormer Säulen-Tambour, der von dem Tempel der Minerva Alea zu sein scheint, kommen von Tegea und Marmarowano her.

Der Marmorberg, südlich von Tegea und beinahe auf der Grenze von Arkadien und Lakonien gelegen, ist ein Theil einer Gebirgskette von 1400 bis 1500 Meter Höhe, welche sich östlich bis zum Dorfe Werwena in der Monemwasischen Kette fortsetzt und mit dem Thale der Kelesphina in Lakonien, in der Richtung von Norden nach Süden sich alignirt. Die vorbenannte hohe Hügelreihe liegt zwischen ihm und dem Taygetos. Vom Vorgebirge Malea bis zu diesem Marmorberge werden die Schiefer fast beständig von Marmor begleitet. Dieser Berg ist aber der nördlichste, wo solches vorkommt; darüber hinaus herrschen ausschliefslich die blauen Kalke mit mehr oder minder krystallinischer Textur, aber niemals als weifser krystallinischer Marmor.

Der *weifse* Marmor ist hier in ungeheurem Überflufs vorhanden; weshalb dem Berge sein Namen gegeben worden ist. Er lieferte den Marmor zu den Städten Tegea, Pallantium, Mantinea, Megalopolis u. a. Alles ist von diesen Städten weggeschleppt, und unter andern war das neue Tripolitza, welches von den Türken 1828 gänzlich zerstört wurde, aus ihren Bruchstücken erbaut. Von Pallantium, auf dem Wege von Tripolitza nach Sparta, so wie von Tegea, sieht man nur noch ganz unscheinbare Spuren. Von den Tempeln, Denkmälern und Statuen von Mantinea ist aufser einigen Bruchstücken von Tempeln und der Stadtmauer, die aus grofsen, schön gehauenen Quadern von dichtem Kalkstein erbaut war, alles verschwunden.

Der körnige Marmor von Paros, mit seinem gröfsern Glanz, lebhaftem und funkelndem Ansehen, pafste weniger zum Bau der Tempel und heiligen Gebäude, als dieser Marmor von Tegea, der ungeachtet seiner Weifse ein ruhigeres und wohlthuenderes Licht reflectirt.

Den westlichen Abfall der Monemwasischen Gebirgsreihe weiter verfolgend, stöfst man überall auf verschiedene Gesteine, welche derselben Marmorgruppe angehören. In den Bergen von Mazaraki, eine Stunde nördlich von Hieraki, findet man weifsen körnigen grau-gesprenkelten Marmor, mit zahlreichen Glimmerblättchen und Adern von Eisenglanz-Erz.

Blauer, etwas blättriger Kalk bildet alle Gipfel der Gebirge von Agrianos, Zinzina, Malewo, des Hagios-Petros und von Werwéna und geht dort zu körnigem Kalk über, wie bei Kurkula und Marmarowuno. Der Malewo tis Hagios Petros, südlich vom Xerokampi, 1937 Meter über der Meeresfläche, ist beinahe ganz weifser schöner Marmor.

In derselben Monemwasischen Gebirgskette, auf der Halbinsel Malea, sieht man auf der Ostseite bei dem Thurme Guardia Kulendiani weifsen Marmor, der mehrmals ins Bräunliche übergeht und vielfach mit Adern von Eisen-Oker durchzogen ist.

Der spitze Kamm, mit steil abgebrochenen Abfällen, welcher das Dorf und Kloster Bézagny auf dem westlichen Abhange des Berges ***Kurkula*** in derselben Gebirgsreihe beherrscht, ist aus milch- oder vielmehr schneeweifsem Marmor gebildet, welcher hart, hellklingend und so feinkörnig ist, dafs sein Bruch beinahe glatt und splittrig ist. Er wurde im Alterthum viel benutzt, aber ohne Zweifel blofs zum ***Bauen;*** denn die aufserordentliche Feinheit seines Korns und seine Härte machten ihn leicht brechbar und nicht geeignet für ***Bildhauer.***

Derselbe blaue und schwarze talkhaltige Kalkstein zeigt sich auch noch in der Ebene von Zaraka (Stymphale) und bricht auch im Norden von Morea am Fufse des Berges Khelmos und auf dem Grunde einiger tiefen Thäler hindurch, wie z. B. bei Klukinaes am Styx.

Die Insel Salamine hat weifsen grüngeaderten Marmor; ferner Cipolin (glimmerigen Marmor), der bis auf den Fufs der Hauptgebirgskette der Insel hinuntergeht. Dieselbe Kette zeigt auch vom Fufse bis zu dem 277 Meter hohen Gipfel nichts als weifsen Marmor, identisch mit demjenigen von Kurkula und Marmarowuno; er ist milchweifs, hart, hellklingend und so feinkörnig, dafs er im Bruch beinahe glatt ist.

Der ***Marmor*** von ***Attika.***

Wahrscheinlich ist es, dafs der Kalkstein von Attika, und besonders der des berühmten Berges Pentelikon, welcher weifser körniger Kalk und oft mit grünlichen Glimmerblättchen vermengt ist und dann einen vortrefflichen Cipolin bildet, mit den weifsen, grünen und pfirsichblüthfarbenen Kalksteinen des Taygetos correspondirt und sowohl in Attika als in Lakonien die talkhaltige Kalkgruppe begrenzt.

Der Pentelische Marmor. Man nannte diesen Stein im Alterthum nur den Attischen Stein und er war so allgemein verbreitet, dafs man ihn auch blofs den „Stein" hiefs. Nicht allein im Alterthum hat der Pentelikon grofse Massen dieses beliebten Baumaterials geliefert, sondern auch seit dem Jahre 1836, wo der Bruch zur Erbauung des Königlichen Pallastes in Athen wieder eröffnet wurde, ist schon bedeutend viel davon in schönen grofsen Stücken gewonnen worden; weit mehr aber, als man im Alterthum und jetzt gebrauchte, ist noch vorhanden.

Sämmtliche öffentliche Gebäude des alten Athens und der benachbarten Städte waren aus Pentelischem Marmor erbaut: ferner das colossale Parthenon, mit den übrigen Tempeln der Akropolis, die Propyläen, der Theseus-Tempel, der majestätische Tempel des olympischen Zeus, dessen Umfang 4 Stadien betrug und der schon zu den Zeiten der Pisistratiden begonnen, von Antiochus, Epiphanes, Perikles und Augustus fortgeführt und von Hadrian endlich vollendet wurde. Von diesem Tempel, dessen Äufseres 10 Säulen an jeder Fronte, 20 an jeder Seite, die Eckpfeiler mitgerechnet, eine doppelte Säulenstellung, und im Ganzen 120 äufsere

Säulen von korinthischer Ordnung, jede von 60 Fufs Höhe und 6 Fufs Durchmesser zierten, sind, nachdem die übrigen weggeführt, oder in Kalk und Bausteine verwandelt wurden, nur noch 16 Säulen mit einigen Architraven übrig geblieben, so wie die starken, aus grofsen Quadern erbauten Umfangs- und Grundmauern. Auch das Hadriansthor ist meist noch ganz erhalten. Die Sitze des Stadiums waren aus Pentelischem Marmor, so wie die Theater etc. der ganzen Umgegend. Das Stadium liefs ***Herodes Atticus*** von Pentelischem Marmor aus seinen eignen Brüchen errichten. Ein colossaler Löwe, nicht bedeutend beschädigt, liegt noch in dem Thale zwischen dem Pentelikon und dem Hymettus, 3 Stunden von Athen. Der prachtvolle Tempel der Ceres zu Eleusis war ebenfalls aus Pentelischem Marmor. Alles daran ist zerstört; seine Grundmauern aber hat man nicht zerstören können; sie sind noch sichtbar in den Fufsböden der darauf gebauten elenden Häuser der jetzigen albanesischen Bevölkerung, und in den Stoppelfeldern sieht man sie noch herausragen; in einigen der Häuser haben sich noch schöne Mosaikböden erhalten. Im Jahre 1801 wurde das colossale Fragment der Statue der Demeter, das, mehr als ein Brustbild, doch 22 Centner wog, zur gröfsten Betrübnifs der Bewohner von Eleusis von dort weg nach England geschleppt; das Schiff ging zu Grunde, doch die Statue wurde gerettet, und ist in Cambridge aufgestellt. Auf einem Platze in dem elenden Dorfe sieht man eine grofse Menge von Tambours und Capitälen aufgehäuft. Auch zu Statuen wurde dieser Marmor verwendet und, nächst dem Parischen, für diesen Zweck in Hellas am meisten geschätzt. Unter andern war das Denkmal des Xenophon bei Skillos in Elis aus ihm geformt. Nur durch den Betrieb der Petelikonbrüche im Grofsen, wo man die reinen Bänke tief genug erfafste, war es möglich, eine so ungeheure Menge dieses Marmors zu gewinnen.

Der Pentelische Marmor ist feinkörniger als der Parische Statuen-Marmor und sticht stark ins Gelbliche; welchen Schimmer er jedoch erst nach einer guten Politur annimmt; was man bei den rauhen Oberflächen in den Marmorbrüchen nicht findet; während der Parische Marmor rein schneeweifs ist, beim Durchscheinen mit bläulichem Schimmer. Das feinere, innig verwachsene Korn des Pentelischen Marmors macht, dafs seine Aufsenflächen, der Witterung ausgesetzt, glatt bleiben und nur den alterthümlichen gelben, aber zarten goldschimmrigen Stich annehmen, während der Parische architektonische Marmor, in gleichen Verhältnissen, wegen seines gröbern Korns leichter auswittert, jedoch stets blendend-weifs bleibt.

Auch weifs-, grün- und rothgestreiften und gewellten Marmor birgt der Pentelikon; welche Streifung von eingewachsenem grünem und rothem Glimmerschiefer herrührt. Die vom Tempel der Aphrodite zu Athen übrig gebliebene Säule dieses Gesteins zeigt, wie schön dieser Marmor aussieht, wenn er behauen ist.

Der Cubikmeter des Pentelischen Marmors, in Blöcken, wird für 230 Drachmen = 80½ Fl. C. M. im Pyräus verkauft [etwa 1 Thlr. 22½ Sgr. der Cubikfufs] und wiegt 5250 Wiener Pfund. Seine specifische Schwere ist 2,71.

Seit dem Mai 1836 hat König Otto auf eigne Kosten zum Bau des neuen Residenzschlosses zu Athen den Weg bis zum Pentelikon und die Schleifbahn bis zu dem grofsen Bruche wieder herstellen lassen, und seit dieser Zeit sind die Brüche daselbst wieder in Betrieb gesetzt.

Zu den Brüchen hinaufsteigend, findet man am Fufse des Pentelikon Glimmerschiefer zu Tage, auf welchem der Marmor liegt. Gleich unten, wo sich eine enge Schlucht den Berg hinaufzieht, befinden sich einige kleine Brüche, die aber nicht viel werth sind und nur einige gute Blöcke hergeben. Gröfstentheils noch auf und neben der alten Schleifbahn, deren Spuren noch vorhanden sind, und auf welcher Blöcke von 400 Centner an Gewicht hinunter gelassen wurden, wie man an den Blöcken der Propyläen auf der Akropolis von Athen sieht, gelangt man hinauf zum gröfsten Bruch, bei welchem die Höhle des heiligen Philoteus ist, der dort als Eremit lebte. Diese Höhle ist ziemlich grofs und scheint durch Senkung einiger Bänke entstanden zu sein. Sie liegt voller Schutt; in der kühlen Grotte ist von den Alten wohl mancher Block Marmor behauen worden. An der nördlichen Seite geht ein Loch hinab, etwa ein paar Lachter tief. Im südlichen Theile geht bei einem starken Stalaktit eine kleine Seitengrotte einige Schritt hinab, in welcher unten, etwa 2 Fufs tief, frisches Wasser sich sammelt. Im östlichsten Theile sind Stufen ausgehauen, um bequem hinaufsteigen zu können; an einem grofsen Felsstück ist ein Loch hineingearbeitet, um einen dünnen Balken hineinzustecken. Es zeigt sich ein Stalaktit wie eine Säule; hinter ihm sind im Felsen Stellen ausgemeifselt, um Lampen darauf zu setzen. Die hinterste Wand ist mit Tropfsteinen übersäet. Rechts am Eingange befindet sich die kleine Capelle des Eremiten. Der Steinbruch sah bei seiner Eröffnung stärker bearbeitet aus, als er es war; denn nur einige Lachter weit wurden von der Südseite die Marmorbänke weggeräumt und sie stehen jetzt als eine über 150 Fufs hohe verticale Wand da, welche mit ihren darauf wachsenden kleinen Bäumen und Sträuchern einen imposanten Anblick gewährt und an deren westlichem Ende der jetzige Aushub des Marmors ist. Es ist dies der älteste Bruch. Die steile Wand endigt etwa 60 Meter weit gegen Westen am Abhange des Gebirges und es zeigt sich hier, dafs die stehen gebliebene Marmormasse nur einen Rücken bildet, welcher am westlichen Ende etwa 10 Meter mächtig ist, aber weiter nach der Höhle zu bis 16 Meter im Durchschnitt zunimmt; denn an ihrer nördlichen Seite haben die Alten einen Marmorbruch, gegen 10 Meter breit, bis fast der Höhle nördlich gegenüber ausgehauen, in welchem sie jedoch keine besonders guten Stücke gewannen, da die Nordseite jener Wand nicht aus reinen Bänken besteht. Neben dem zuletzt erwähnten Marmorbruche zieht sich nördlich ganz nahe die Wasserriese hinauf, von welcher bereits am Fufse des Pentelikon die Rede war.

Die stehen gebliebene steile Wand ist an ihrem westlichen Ende in Angriff genommen worden. Oberhalb ist der Marmor sehr dünn geschichtet und im Allgemeinen sehr unrein; nur die untern Bänke geben gute architektonische Stücke, welche, bis von 5 und 6 Meter Länge und beinahe 1 Meter im Quadrat zum Bau des Königlichen Schlosses in Athen und, einige 30 Fufs lang, zur Otto-Universität daselbst geliefert worden sind. Es giebt noch viele mächtige und reine Marmorbänke, die eine unendliche Menge guter Blöcke liefern können, wenn nur das Brechen nicht der Willkür der Arbeiter überlassen wird; wie es jetzt zu erwarten ist, da mit dem Abgange der fremden Techniker aus Griechenland seit dem September 1843 keine gehörige Aufsicht mehr Statt finden kann.

Verläfst man den grofsen Bruch und begiebt sich, im Streichen der Bänke, höher hinauf, so gelangt man zu einem andern ziemlich bedeutenden Bruche, dessen Verbindung mit dem grofsen Bruche und mit seiner Schleifbahn etwas schwierig ist; doch hat er viele gesunde Stellen. Etwas höher hinauf findet sich wieder ein Bruch mit schönen Bänken, und seine Communication mit dem letztern ist nicht schwierig; noch höher hinauf zeigen sich eine Menge Brüche, wo im Alterthum grofse Massen Marmor ausgehauen sind. Man findet dort auch noch Spuren der alten Schleifbahn, so wie in die Felsen eingeschnittene Wagengeleise.

Der Hauptaushieb des Marmors zieht sich nur auf eins der Gebirgsjoche des Pentelikon hinauf, bis zu dessen Höhe. Unter einer Glimmerschieferlage, welche den Marmor stetig bis zur Höhe durchsetzt, liegt der brauchbare und schöne Marmor. Im Hangenden dieser Schicht ist der Marmor sehr zerklüftet und nicht so schön im Korn; die Schicht ist $1\frac{1}{4}$ bis $1\frac{1}{2}$ Lachter mächtig; der Marmor in der Nähe dieser Schicht ist mit grünlichen, häufig auch mit rothen dünnen Glimmerschichten durchsetzt, wodurch er ein grün- oder auch rothgestreiftes Ansehen bekommt (Cipolin). Diese Glimmerschieferlage enthält kleine flache Nieren von unreinem weifsem Quarz; der Marmor ist im Liegenden derselben noch auf einige Lachter tief mit dünnen Glimmerschichten durchzogen; seine Bänke sind in ihrer Nähe dünn, werden aber, je tiefer, desto mächtiger und reiner; aber auch selbst die reinsten Marmorbänke sind oft mit schön-apfelgrünen Glimmerblättchen durchwachsen. Der im Marmor des Pentelikon vorkommende Glimmer ist weifs oder auch grünlich, bis ins apfelgrüne, und sieht oft dem Talk täuschend ähnlich.

Der Marmor wurde von den Alten mit grofser Geschicklichkeit senkrecht hinunter ausgeschrägt und behauen; daher sind auch die denselben durchsetzenden grünen Glimmerschichten ganz so sichtbar, wie sie im Gebirge in ihrer natürlichen Lage den Marmor durchstreichen; z. B. am Tempel des Theseus zu Athen.

Der Marmor des Hymettos. Von Athen aus bemerkt man südöstlich am mittlern und untern Abhange des Hymettos viele Berghalden, welche durch die dortigen Marmorbrüche der Alten entstanden sind. Der weifs- und grau-gestreifte Marmor des Hymettos war im Alterthum sehr beliebt; doch sind die Brüche nicht so grofsartig, wie die des Pentelikon. Der Marmor ist in Bänken, von ein bis zu mehrern Fufsen mächtig, gelagert. Der ansehnlichste der meistens kleinen Brüche befindet sich nördlich über der Schlucht, an deren Ende das Kloster Panagya steht. Der geschätzteste Marmor ist weifs und mit schmalen, nahe bei einander befindlichen, bläulich-grauen Streifen, ziemlich gleichförmig parallel mit der Lagerung durchzogen; es giebt auch Bänke, die mehr weifs sind, mit grauen und gelben Streifen; welche Art aber nicht sehr geachtet wird. In dem nächsten kleinen Bruch östlich bricht auch eine schmale Bank, welche weifser, aber doch noch mit grauer und gelber Färbung durchzogen ist.

Es werden jetzt viele Steine auf dem Hymettos gebrochen. Das neue Königliche Schlofs ist fast ganz, mit Ausnahme der Gesimse, Fenster-Einfassungen, Verdachungen und anderer Ornamente, von dem schlechtern Gestein erbaut; von dem bessern werden Platten zu Fufsböden, Trottoirs, Treppen, Gesimsen etc. für die Gebäude in Athen bereitet.

Der Cubikmeter des Marmors vom Hymettos wiegt, da seine specifische Schwere 2,70 ist, 5231 Wiener Pfund und wird in Athen für 90 bis 100 Drachmen $= 31\frac{1}{2}$ bis 35 Fl. C. M. verkauft. [Der Cubikfufs etwa 20 Sgr.]

Der Marmor des Lauriongebirges.

Der den Glimmerschiefer bedeckende Kalk des Lauriongebirges (an der

Südspitze von Attika), der die Berge bildet, ist krystallinisch körnig und in starken Bänken gelagert; die obern sind weifs, und häufig grau gestreift, die tiefern Bänke sind mächtiger und in ihnen zeigt sich der Kalk als weifser Marmor, welcher aber noch immer eine schwach-graue, auch wohl gelbliche Streifung hat. Er wurde von den Alten viel benutzt; wie es ihre Brüche bei Thorikos, im Thal Aulon, und die Reste ihrer Gebäude beweisen. Es finden sich noch überall viele Bruchstücke von Säulen und Quadern alter Gebäude, vom schönsten Marmor; Cisternen desselben Materials von den gröfsten Dimensionen u. s. w.

Auf dem Berge ***Theriko stin Blaka*** sind alte Marmorbrüche, die zwar nicht bedeutend sind, deren Marmor aber schön-weifs ist, jedoch mit gelben und grauen Streifen, und der in starken Bänken steht. An dem untern Abhange des Berges sieht man noch ein altes Theater und roh behauene Marmorquaderstücke.

Therikos, eine der 12 Städte von Attika, hatte in der Nähe einen Marmorbruch, dessen Bänke mächtig sind und eine graue Streifung haben. Der flache, niedrige, von Norden bis an den Hafen sich erstreckende Bergrücken besteht aus weifsem Marmor, mit gelblicher und grauer Streifung; der Hafen daselbst ist grofsartig und sicher. Im Thal Aulon sind mehrere Brüche von schönem weifsem, gelb und grau gestreiften Marmor, in starken Bänken.

Der Marmor von Theriko und im Lauriongebirge wurde zu Tempeln und andern Gebäuden verarbeitet. Obgleich er die schon gedachte schwach-grauliche Färbung hat, gab er dennoch schöne Säulen; z. B. zum Tempel der Athene Sunias am Cap Sunium, jetzt Colonne. Von diesem Tempel, der 300 Fufs über der Meeresfläche liegt und von wo man nahe am Vorgebirge, nicht vom Tempel aus, den Helmbusch und die Spitze des Speers der Athene im Parthenon auf der Akropolis in Athen sehen konnte, stehen noch 9 schöne cannelirte weifse Marmorsäulen nach der Meeresseite, welche den Schiffern zur Orientirung dienen, und 4 andere an der östlichen Seite. Alles andere ist schändlich zerstört, wild durch einander geworfen und mit Rufs und Theer, hauptsächlich von Kindern Albions beschmiert. Es ist in der That auffallend, mit welcher Wuth Engländer die Alterthümer Griechenlands nur deshalb zu bereisen und jedes Monument sehen zu müssen scheinen, um ihre Namen darauf zu schmieren oder einzuhauen und Stücke davon abzuschlagen! ich sah auf der Akropolis einen dem Anscheine nach sehr vornehmen Engländer von einem noch ganz gut erhaltenen scharfkantigen Block des Architravs vom Erechteum ein beträchtliches Stück abschlagen und in die Tasche stecken, ohne sich um etwas anderes gekümmert zu haben. Was mag nun erst in den Provinzen geschehen, wo die wenigen Überbleibsel des Aterthums nicht so bewacht werden können, wie auf der Akropolis, zu welcher der allgemeine Zutritt nur an 3 Sonntags-Nachmittagen monatlich Statt findet, zum Besuch aufser diesen Tagen aber die besondere Erlaubnifs des Conservators der Alterthümer nachgesucht werden mufs, und wo eine Menge von Invaliden überall aufgestellt sind, um Beschädigungen von frecher Hand zu verhindern!?

Die schwach-gelbe und graue Streifung des Marmors von Theriko ist nach der Bearbeitung nur wenig bemerkbar, und der Marmor bleibt sonst, wie der von Paros, der Witterung ausgesetzt, weifs.

Der Marmor von Paros.

Die Insel liefert den schönen architectonischen und Statuen-Marmor, der sie im Alterthum so berühmt machte. Das herrschende, Dreiviertel der Insel bedeckende Gestein ist körniger Kalk, öfters von einer glänzenden Weifse. Alle Bauwerke, sowohl Wohnungen, als Befriedigungsmauern, werden von diesem schönen Marmor errichtet. Die Ausbeutung des *edelsten* darunter hat sich auf einige Bänke beschränkt, die auf dem Berge Kapresso, dem alten Morpessa, gelagert sind; dort brechen die Einwohner zu ihren Bauten nichts, wohl aber von dem von Kephalo, der im nahe gelegenen Hafen verladen und versendet wird. In der Stadt Parkia befindet sich ein Schlofs, welches aus allerhand antiken Marmorstücken, wahrscheinlich vom Tempel der Demeter, erbaut ist; sein Thurm ist, um fest zu sein, barbarisch aus übereinander gethürmten dicken alten Marmorsäulen erbaut.

Der *architectonische Marmor* ist von mittlerem Korn, schön-weifs und rein; einige Bänke haben einen gelblichen Stich, andere einen bläulichen. Der Marmor läfst sich fein bearbeiten, nimmt eine gute Politur an und ist dann so schön weifs, dafs ihm nur der Marmor von Carrara gleich kommt. Er ist daher, und weil er auch in grofsen reinen Massen zu Säulen, Architraven u. s. w. gebraucht werden kann, zu architectonischen Zwecken vorzüglich geeignet. Das Gewicht eines Cubikmeters, sowohl dieses als des statuarischen Marmors, ist 5231 Wiener Pfund; seine spec. Schwere 2,70.

Der *architektonische Marmor* wird in den Brüchen zu Lakos (λακος, die Grube) gebrochen. Die östlichen dieser Brüche sind durch Haldensturze so zerwühlt, dafs man erst bedeutend starke Abräume hineintreiben müfste, um das ganze Gestein zu sehen. In den westlichen untern Steinbrüchen aber zeigen sich die schönsten Bänke, von 10 bis 15 Fufs lang, 6 bis 7 Fufs stark, gesund und rein, zum Aushub bereit; es scheint, als habe der Bruch wegen gewaltsamer Zeit-Ereignisse plötzlich verlassen werden müssen. Die Schleifbahn von den Brüchen herab bis auf den Weg der Alten herzustellen, würde unbedeutende Mühe machen; der alte Fahrweg hat festen und ziemlich ebenen Grund und ist daher leicht in guten Stand zu setzen. Es lassen sich die Verhältnisse kaum günstiger wünschen, wollte man nicht etwa, dafs die Brüche dicht am Hafen liegen und die Marmorblöcke gleich ins Schiff geladen werden könnten.

Der *Statuenmarmor* von Paros ist von mittlerem, sehr gleichförmigem Korn, oft blendend weifs, von sehr grofser Reinheit und ein wenig durchsichtig, mit bläulichem Schimmer. Öfters spielt seine Farbe ins Gelbliche und nähert sich der Fleischfarbe. Er wurde besonders wegen seines schönen Farbentons und der vollkommensten Feinheit für die Bearbeitung und Politur so sehr gesucht, obgleich er, der Luft ausgesetzt, leicht verwittert.

Der Statuenmarmor von Paros ist wohl unter allen bekannten Marmor-Arten hinsichtlich des Gehalts an kohlensaurer Talk-Erde der reinste, denn er enthält nur 0,05 kohlensaure Talk-Erde und 99,95 kohlensauern Kalk.

Eins der gröfsten Hindernisse ist, dafs man von dem Parischen Statuenmarmor nur Blöcke von 5 Fufs Länge haben und ihn deshalb nicht zu colossalen, sondern höchstens zu Statuen von natürlicher Gröfse verarbeiten kann. Die zahlreichen Spalten der Steinlagen lassen nicht gröfsere Blöcke als von der genannten Länge zu. Unangenehm ist auch, wie bei dem Marmor des Taygetos, der starke bituminöse Geruch, der sich beim Zerschlagen und Bearbeiten entwickelt.

Wenn man sich von der Stadt Parkia südöstlich wendet, nach einer halben Stunde den Bach Elytas überschritten hat und in dessen Thalschlucht hinaufgegangen ist, die Brüche des architectonischen Marmors zur Rechten lassend, so erreicht man in $1\frac{1}{2}$ Stunden das Kloster des heiligen Minas, welches auf dem flachen Rücken des Marmorberges Morpessa liegt. Etwa 10 Minuten östlich, abwärts von diesem Kloster, kommt man zu einer ziemlich grofsen, einige Lachter hohen Höhle, welche nördlich ursprünglich so gebildet, südlicher aber durch Aushieb der Bänke noch 100 Meter länger geworden ist. Dort findet sich, trefflich ausgeschrägt, schöner blendend weifser Marmor. Gegen 40 Meter weiter rückwärts senkt sich zwischen Bergversatz ein etwa 6 Meter breiter Stollen ganz flach hinab. Er ist am Eingange einige Fufs hoch, wird aber bald so eng, dafs man nur kriechend weiter kommen kann; denn der Gang ist voll von thoniger Erde, die von Aufsen durch Regenwasser hineingeschlämmt ist, und voll Abfall vom Brechen des Marmors. Die Alten hatten hier der besten Bank edelste Stelle gefunden; sie wird aber weiter hinein noch eben so edel sein; und tiefer liegende Bänke können sehr wohl noch den trefflichsten Marmor enthalten. Im vordern Theile dieses Bruches sind zwei Bänke ausgehauen, die obere um Raum für den Aushieb der untern zu bekommen; es zeigen sich zwei längs ihrem Fallen hinablaufende schmale bläulich-graue Streifen; wie dies bei den hiesigen Marmor-Arten und in Tinos, Syphno u. s. w. gewöhnlich ist. Darunter liegt die schöne, edle Bank, die aber auch oft unganz und mit gelber Färbung durchzogen ist. Sie ist, so weit der Schutt in dem vordern Theile und in dem engen Raume zu sehen erlaubt, nur 18 Zoll mächtig, so dafs hier nur Blöcke zu kleinen Statuen, oder zu kleinern Theilen derselben, die besonders schön sein sollen, gewonnen werden können. Tiefer im Bruch wird der edle Marmor mächtiger; was sogleich erhellen wird, wenn die genauern Verhältnisse dieses Bruchs angegeben sein werden.

Vom Tage herein erstreckt sich erst der weit ausgehauene Raum, wie eine lange Höhle, südlich, etwa 100 Meter weit; 40 Meter vorher, also nach 60 Metern, senkt sich der Aushieb in Südost flach in den Fall der Bänke nieder, wendet sich aber allmälig nördlich, so dafs er nach etwa 52 Metern beinahe ganz nördlich liegt und in dieser Richtung etwa 20 Meter weit getrieben ist. Hier hat man einen starken Pfeiler stehen lassen, um dort dem Bau mehr Breite zu geben. Die Marmorbank ist hier mächtiger und mehrere Fufs dick; sie ist blendend weifs und ziemlich ganz. Man kann dort aufrecht stehen. Es sind hier zwei kleine, regelmäfsig ausgehauene Plätze zu sehen, auf welche die Alten ihre Lampen stellten, um ihnen bei der Arbeit zu leuchten; wie sich dies in allen Gruben häufig findet. Es läfst sich auch bei dieser Gelegenheit entscheiden, warum der Parische Statuenmarmor auch *λιϑος λυχνεῦς* oder *λυκνιτης* hiefs, was man bisher so erklärte, dafs er bei Lichtschimmer durchscheinend sei; doch ist es bergmännisch richtiger, es dadurch zu erklären, dafs er bei Lampenschein (*λύχνος* Lampe) gehauen wurde; wie es auch schon ***Plinius*** behauptete, und was sonst bei keiner andern Marmor-Art in Griechenland nöthig war und also diesen Marmor vor allen andern bezeichnete: nur hier und bei dem nahen unterirdischen Bau, dessen sogleich erwähnt werden wird, wurde Marmor bei Lampenschein gebrochen.

Die Marmorbänke nehmen von jenem Pfeiler ab etwas mehr Steigung an;

der Marmor steht dort im Ganzen. Auch hier liegt alles voll Bruchstücke und hereingeschlämmter Erde; jedoch ist im Tiefsten alles trocken, weshalb zu vermuthen, dafs der Marmor offenklüftig ist und das Regenwasser durchläfst. Der Marmor wird, je tiefer, je besser, feiner im Korn und durchschimmernder. Im Tiefsten hat er keinen Stich mehr ins Bläuliche.

Von diesem Bruch nordöstlich abwärts finden sich einige kleine Tagebrüche; der Marmor scheint aber hier überall unganz. Zehn Minuten entfernt von dem beschriebenen Bruche ist eine grofse Höhle, über welche sich der Berg nur unbedeutend hebt. An der nördlichen Marmorwand findet sich, etwas roh und im spätern Alterthum ausgehauen, die Abbildung einer Festlichkeit oder Bewillkommnung des Pan. Rings herum hat man einen Einschnitt oder eine Vertiefung angefangen, um dann diese Gruppe vom Felsen abzusägen. Glücklicherweise erforderte dieser Raub gröfsere Anstrengungen, und mufste unterbleiben.

In dieser Höhle öffnet sich ein grofser unterirdischer Bruch, aus welchem die Alten die herrlichsten Blöcke zu grofsen Statuen zogen. Der Marmor ist auch hier wunderschön blendend weifs, gleich dem vorher beschriebenen, doch nicht so zart durchschimmernd. Dieser Bruch geht weit und tief hinab. Nach den Sagen der Einwohner führt von ihm ein Gang nach dem über eine Stunde entfernten Hafen Agusa; woher auch der heftige Luftzug rühre, der dort fortwährend herrscht. Die Bewohner von Paros wagen sich nicht in den Gang hinein, weil sie behaupten, die Luft dort sei tödtlich; was aber bei dem immerwährenden Luftzuge wohl nicht sein kann; jedoch ist die Untersuchung allerdings schwierig. Es öffnet sich von der Höhle tief hinab ein gewaltiger Raum, der sich nach Nordosten senkt und voll grofser Bruchstücke liegt; weiterhin stehen drei starke Pfeiler zur Unterstützung des Daches; die Seitenwände sind sehr regelmäfsig ausgehauen. Fremden wird diese Höhle gewöhnlich gar nicht gezeigt und man besieht meistens nur die Gruppe des Pan.

Einige der vorzüglichsten Statuen aus diesem Marmor waren folgende:

Zu Megara stand, von Praxiteles gemacht, ein Satyros.

Am Meere bei Megara fanden Engländer eine colossale weibliche Statue von Parischem Marmor; sie war von vortrefflicher Arbeit, und da die angestrengtesten Kräfte nicht hinreichten, die ganze Figur mitzunehmen, so lösete man derselben den Kopf ab und schickte ihn nach England. Der übrige Theil der Statue ist jetzt beim Theseustempel in Athen aufgestellt.

An den hölzernen Bildern der Demeter Erinnys (die Zürnende) und Lusia (die Badende), am Ladon, waren Gesicht, Hände und Füfse aus Parischem Marmor.

Das Bild der Aphrodite-Urania in Athen, von Phidias, war aus eben diesem Marmor.

Zur Einfassung des majestätischen Bildes des Zeus zu Olympia hatte man ebenfalls den blendend weifsen Parischen Marmor genommen.

Als die Perser, ihres Sieges schon gewifs, von Paros einen Marmorblock, um auf dem Felde von Marathon ein Denkmal zu errichten, mitgebracht hatten, und dann geschlagen wurden, bildete Phidias aus diesem Steine eine Nemesis.

Selbst die Ägypter, die nicht leicht zu ihren Bauwerken in der Ferne die Stoffe suchten, haben, nach der Erzählung des *Plinius,* Marmor von Paros geholt, um davon das Frontispice ihres Labyrinths zu machen.

Die Säulen des Apollotempels zu Bassä waren aus Parischem Marmor; sein übriger Bau aus bläulich-weifsem, bräunlich-geadertem dichtem Kalkstein von der festesten Art und der gröfsten Feinheit.

Wenn die griechische Regierung ihr Augenmerk auf die regelmäfsige Betreibung der Marmorbrüche von Paros richten will, wird sie jährlich ein bedeutendes Einkommen daraus ziehen können, ohne dafs etwas Andres nöthig wäre, als zwei Beamte zu besolden. Der Wohlstand der Insel wird sich dann heben und dem im Alterthume wieder gleich werden. Der seit grauen Zeiten fast verschollene edle Parische Marmor wird alsbald in tausendfachen Formen aus den Händen der Künstler hervorgehen und den Freund der Kunst erfreuen. Die Ausfuhr wird begünstigt durch die zwei Häfen bei der Stadt Parkia, welche Schutz gegen alle Winde, nur nicht gegen die Südwestwinde gewähren, und durch den Hafen am nördlichen Ende der Insel, den Hafen Agūsa.

Der *Marmor von Naxos.*

Der Kalkstein dieser Insel liefert ausgezeichnet schönen Marmor, dem von der Bergkette des Taygetos gleich; nur weniger bitumenhaltig.

Der Berg des Jupiter oder Thia besteht aus krystallinischem Kalk, welcher den besten Marmor giebt, der auch im Alterthum in bedeutender Menge ausgeführt wurde und sehr berühmt war. Man findet hier weifsen, dunkelblau gebänderten Marmor, und mannigfache weifse Arten; ferner sehr grobkörnigen Marmor von schöner matter weifser Farbe, so wie von Perlfarbe und sehr durchsichtig; endlich da, wo der Kalk auf dem Glimmerschiefer unmittelbar auflagert, Marmor mit eingemengtem Glimmer, schmutzig grau, aber krystallinisch. Der weifse Marmor von Perato, an der Südwestseite der Insel, ist ganz von der Art des Parischen architectonischen Marmors.

Der Marmor von Tinos.

Die schönen und grofsen Brüche, welche den Marmor liefern, den man nach der Levante und nach allen der Küste nahen Orten Griechenlands und der Türkei ausführt, liegen längs der westlichen Küste, von 9000 Meter nördlich von St. Nikolo an, bis zum nördlichsten Ende der Insel. Die Steinbrüche von Tinos sind die benutztesten von allen in Griechenland und geben einen bedeutenden Ausfuhr-Artikel; die Brüche von Pyrgos, Isternia und Kardiani werden am meisten benutzt. Der Marmor ist feinkörnig, entweder ganz weifs, oder weifs mit bläulich-grauen Streifen oder Wolken durchzogen; diesen nennt man Turkino. Auch dunkelgrauer, sogenannter schwarzer Marmor kommt bei Tiskelo vor.

Der weifse Marmor hier sieht dem Carrarischen sehr ähnlich; nur ist er nicht so gleichförmig im Korn und nicht so schön und weifs. Die Marmorbänke sind nur einige Fufs stark.

Da die Brüche Privatleuten gehören, so werden sie nicht regelmäfsig betrieben und man könnte viel stärkere Blöcke bekommen, als es der Fall ist; auch haben die Arbeiter keine Vorrichtung, Tafeln zu schneiden, sondern alles geschieht durch Abhauen, bis das Stück zur Tafel wird. Eine Tafel weifsen Marmors, von etwa 9 Zoll im Quadrat, kostet, mit einiger Politur, in Athen 5 Drachmen [1 Thlr. 7½ Sgr.], während eine dergleichen Platte von Carrara für 1 bis 1½ Drachmen [8 bis 12 Sgr.] geliefert wird. Dagegen sind gröfsere Stücke unverhältnifsmäfsig wohlfeiler; denn bei der Anlegung des Platzes vor dem Königlichen Schlosse in Athen kostete der laufende Meter gekörnt bearbeiteter Decktafeln dieses Marmors, 0,75 Meter [28⅔ Zoll] breit, 0,15 [5¾ Zoll] stark, nur 11 Drachmen [3 Thlr. 25 Sgr.].

Des blaugestreiften Marmors bedienen sich die Türken gern zu ihren Grabmählern. Aber nicht blofs nach dem Orient, sondern in allen Ländern am Mittelmeere finden Gegenstände aus diesem Marmor, als Camine, Tischblätter, Consolen u. s. w. bedeutenden Absatz.

Der Cubikmeter des weifsen Marmors von Tinos wiegt 5269 Wiener Pfund; seine specifische Schwere ist = 2,72.

Die Kirche in Syra ist gröfstentheils aus weifsem Marmor von Tinos gebaut; so wie auch das seltsame, doch prächtige Kloster der Panagia, welches die Stadt St. Nikolo beherrscht und deren Kirche als der schönste Tempel des neuen Griechenlands betrachtet wird.

(Der Schlufs folgt.)

Inhaltsverzeichnifs des dritten Hefts drei und zwanzigsten Bandes.

Berlin, gedruckt bei G. Reimer.

Journal
für
die Baukunst.

In zwanglosen Heften.

Herausgegeben

von

Dr. A. L. Crelle,

Königlich-Preufsischem Geheimen-Ober-Baurathe, Mitgliede der Königlichen Akademie der Wissenschaften zu Berlin, Correspondenten der Kaiserlichen Akademie der Wissenschaften zu St. Petersburg und der Königlichen Akademieen der Wissenschaften zu Neapel und Brüssel, auswärtigem Mitgliede der Königlichen Akademie der Wissenschaften zu Stockholm, Ehrenmitgliede der Hamburger Gesellschaft zur Verbreitung der mathematischen Wissenschaften.

Drei und zwanzigster Band.

Viertes Heft.

Mit einer Figurentafel.

Berlin.

Bei G. Reimer.

1846.

11.
Über die Baumaterialien des alten und des neuen Griechenlands, und über die geognostischen Verhältnisse dieses Landes.

(Von Herrn *F. Stauffert,* ehemaligem Stadt-Architekten von Athen, in den Jahren von 1835 bis 15ten September 1843.)

(Schlufs der Abhandlung Nr. 5. im 2ten und No. 10. im 3ten Heft dieses Bandes.)

Der *Marmor von Skiatos* (auf den Sporaden) bricht nur in kleinen Bänken, ist aber schön weifs, mit gelblichen Streifen, sehr feinkörnig, und läfst sich zu nicht grofsen architectonischen Stücken vortrefflich bearbeiten. Man brennt auch Kalk daraus. Sein spec. Gewicht ist 2,71.

Die Inseln *Siphno* und *Polykandro* unter den Kykladen, so wie *Skyro* unter den Sporaden, liefern guten weifsen Marmor, von welchem der auf der ersten Insel der schönste ist. Es giebt gelblich-weifsen und perlfarbenen Marmor, mit eisenockrigen Adern, dem auf Syra ähnlich. Wo dieser Marmor mit Glimmerschiefer wechsellagert, ist er schiefrig und weniger körnig.

Der *Marmor* von *Skyro* bricht am Hafen Trishutsches. Er ist weifs und feinkörnig und mit dünnen, durch Eisen-Oxyd rothgefärbten, thonig-schiefrigen, oft gekrümmten Lagen durchzogen. In diesem Bruche, der von den Alten stark benutzt wurde, befindet sich noch eine wohlerhaltene und grofsartig gebaute Cisterne, da das Gebirge kein Wasser hat. Sie ist gegen 9 Meter tief, aber jetzt voll Schutt und hineingeschlämmter Erde; der innere Raum ist viereckig und jede innere Seite gegen 17 Meter lang; durch zwei von Westen nach Osten längs durchlaufende Mauern wird sie in drei gleich lange Gewölbe getheilt, denen in der Mitte durch Gurtbögen gröfsere Festigkeit gegeben ist. Der Mörtel der Wände ist noch wohl erhalten.

Von dieser Cisterne nördlich kommt man in eine Schlucht, in welcher ein grofser Marmorbruch ist, und viele mächtige, rund behauene, zur Abfuhr fertige Säulen liegen. Auch am Meeres-Ufer liegen noch eine Menge solcher Säulen, die nicht abgeführt wurden. Noch höher den Abhang hinauf ist wieder ein grofser Bruch; der weifse Marmor dort zeigt sich von aufsen mit gelbem, eisenockrigem Überzug und wurde im Alterthum sehr gesucht.

Die noch übrig gebliebenen Säulen, der grofse Aushieb und die colossale Cisterne beweisen, dafs hier einst ein grofser Verkehr war. Man findet in Italien Vieles aus diesem Marmor von Skyros. Auch schon *Strabo* erwähnt, dafs diese Insel berühmt war durch den Überflufs von gesprenkeltem Marmor, aus welchem man zu Rom ganze Säulen und Tafeln aus einem Stück machte und den man daselbst so hoch schätzte, dafs durch ihn der weifse Marmor das Ansehen, in welchem er sonst stand, verloren hatte. Das spec. Gewicht dieses Marmors ist 2,71.

Der Marmor von *Polykandro* ist besonders zu Arabesken, Hautreliefs, Vasen u. s. w. zu gebrauchen.

Auf *Anaphé* findet sich weifser, grobkörniger Marmor; und zwar zu Chalepa, wo er sich zu einer bedeutenden Bergkuppe erhebt. Die Alten bearbeiteten ihn hauptsächlich zu Grabmonumenten; aber auch zu ziemlich guten Bildhauer-Arbeiten; so grobkörnig er auch ist. Aus ihm war auch der Tempel des Apollo-Eglete (des ersten göttlichen Wesens der Insel) erbaut.

Anaphépoulo oder *Paschia* hat ebenfalls noch alte Marmorbrüche; auf Andros bei Selo findet man weifsen grobkörnigen, hin und wieder gelblichfleckigen Marmor; im alten Bruche bei Selo liegen noch grofse behauene Werkstücke und ein Sarkophag.

Am Porto Furni auf der Insel Delos bricht Marmor, der schön *weifs* ist, mit einem Stich ins Röthliche; er enthält oft 1 Zoll grofse Stücke Kalkspath und wurde von den Alten zu Quadern, Grabsteinen, Säulen etc. gebraucht.

Bläulich-grauer Marmor bricht auf Sikino, bei der Capelle Hagios Theodoros. Aus ihm ist der dort befindliche, noch ziemlich wohl erhaltene Tempel des Apollo-Pythius erbaut. Auch *bräunlich-grauer* Marmor findet sich dort.

Auf Mykone, südlich von der Stadt, liegt auf dem Granit ein mächtiges Marmorlager; der Stein ist *weifs* und *sehr grobkörnig.*

Die Insel Dia oder Stondia, 2 Meilen nördlich von Kandia, hat guten weifslichen Marmor, in welchem man Adern von Alabaster von einigen Fufs Mächtigkeit findet, der von der gröfsten Schönheit ist.

Syra hat Marmor von schönem Ansehen; seltsam nüancirt in *blau und weifs*, und mit schönen kreisförmigen Streifen im Zig-zag und zuweilen mit divergirenden Strahlen. Dieser Marmor ist, polirt, von dem schönsten Effect und vor vielen andern Arten vortheilhaft anwendbar. Er schliefst einige Lagen Alabaster in sich.

Auch findet man auf Syra ***Kalkbreccie,*** die eine ziemliche Festigkeit hat und in grofsen Stücken zusammenhängend ist. Es lassen sich daraus Tafeln schneiden, die sich sehr gut ausnehmen; denn in einer bräunlich-gelben, thonig-kalkigen Grundmasse, die mit sandartigen Gesteinstückchen gemengt ist, liegen ½ bis 1 Zoll grofse, wenig gerundete Stückchen weifsen Marmors und braune, rothe, dichte Kalkstücke, graue und grünliche epidothaltige Stückchen Glimmerschiefer und hie und da ein weifses Quarzstück. Diese Masse ist so fest, dafs, wenn man sie zerschlägt, die Quarzstücke mit zerspalten werden. Es ist die schönste Kalkbreccie, die man sehen kann; sie nimmt Politur an und würde den Breccien-Marmor ersetzen, der sich in Griechenland nicht findet.

Der Eliasberg auf Santorin besteht aus ***weifslich-grauem*** und ***weifsem,*** krystallinisch-körnigem Kalk, welcher rein ist und sich nicht durch die Hitze verändert. Die alte Stadt Eleusis, welche auf dem St. Stephansberg lag, und die verschiedenen Monumente, von welchen man die Ruinen in der Umgegend sieht, waren gröfstentheils aus diesem Marmor.

Der Marmor von Euböa.

Der ***weifs- und grüngestreifte Marmor*** (der Cipolino antico der Italiener) von Karysto, Marmarion und Stura war sonst berühmt und gesucht; er steht noch mächtig an. ***Plinius, Strabo*** und andere Schriftsteller sagen von dem Marmor von Karysto, dafs er zu einer Menge von Verzierungen gebraucht worden sei; besser noch ist der von Marmarion.

Die Brüche von Karysto liegen am Ochat. Man findet noch jetzt dort 7 riesenhafte Säulen, vom Lager getrennt und rund gehauen, 4 nebeneinander, 2 höher hinauf und eine einzeln; es dürfte nur noch die letzte Hand zu ihrer Vollendung angelegt werden. Die alte Schleifbahn ist verfallen, doch ist ihre Spur noch sichtbar. Die sieben Säulen sind aus graulich- und gelblich-weifsem Marmor, der mit einer Menge regelmäfsiger Schichten, welche grünlich-graue Glimmerblättchen enthalten, durchsetzt ist, weshalb er das grün-gestreifte Ansehen hat.

Viel schöner findet sich derselbe Marmor 1½ Stunden östlich von Stura und längs eines Berg-Abhanges, wo es eine Menge alter Steinbrüche giebt: es sind die von Marmarion; welcher Ort westlich nach dem Meere zu lag. Dort war auch der Tempel des Marmarischen Apollon, von welchem noch Überbleibsel vorhanden sind. Dieser Marmor ist weifser, und mit schönem grünem Glimmerschiefer durchsetzt, welcher ihm ein gestreiftes und gewelltes Ansehen giebt.

An einem andern Orte, nahe bei Karysto, am Fufse des Gebirges, finden sich ebenfalls Marmorlager. Sie sind *grau gestreift;* die weifsen Lager sind kieselhaltiger, widerstehen deshalb der Witterung mehr und treten an den Aufsenflächen oft in gebogenen, gleichlaufenden, etwa ¼ Zoll starken Lagen hervor.

Östlich, nahe bei Stura, erhebt sich eine steile Felskuppe, auf welcher alte Marmorbrüche sind; der Marmor ist auch hier *weifs*- und *grün*-gestreift.

15. *Kieselhaltiger Marmor.*

Die Übergangsgebirge in Lakonien enthalten einen kieselartigen Marmor, dessen Formation man nur dort und sonst nirgend in Griechenland findet; er bedeckt den höchsten Theil der Taygetoskette, deren zahnförmige Gipfel er bildet. Man findet diese Formation auch wieder an mehren, wenig von dem westlichen Abhange dieser Bergkette entfernten Orten; auch an einem Puncte des entgegengesetzten Ablaufs unfern der Mühle von Graphako, am Fufse der Berge, im Bezirk von St. Nikolas oder von Skufomiti.

Dahin gehört auch der harte, zum Theil am Stahl Feuer gebende Kieselmarmor, welcher zwei ungeheure Mauern von 3 bis 400 Metern Höhe am Fufse der beiden Abhänge der Taygetos-Bergkette bildet.

Diese Steinformation hat an den verschiedenen Stellen eine mittlere Mächtigkeit von 3 bis 400 Metern; sie besteht auf dem Gipfel der Taygetos-Kette aus vielfältigen, sehr regelmäfsigen Schichten. Von diesem Gestein kamen unstreitig die Schleifsteine des Taygetos her, welche *Plinius* für die besten nach denen von Kreta hielt; und wenn man auch weder Spuren alter noch neuer Brüche dort findet, so ist doch dieser Marmor, in welchem der Kiesel aufs innigste mit dem Kalke in fast unsichtbaren Körnern verbunden ist, als Schleifstein vorzüglich.

Die ersten Lagen dieses Kieselmarmors, von unten aus, und diejenigen, welche unmittelbar auf der Formation der talkhaltigen Kalkgruppe lagern, sind zuerst wenig krystallinisch, aber mit der Höhe nimmt die Krystallisation stufenförmig zu. Man bemerkt nach und nach

1. Gelblichen, sehr wenig krystallinischen Kalkstein, welcher etwas locker, oft in der Oberfläche einem feinkörnigen Sandstein ähnlich ist und eine Menge kleiner Glaskrystalle enthält, die wie gesäet darin liegen. Dieses Gestein hat in der Bergkette des Taygetos selbst, und an einigen Puncten ihres westlichen Fufses, eine sehr merkwürdige Structur. Die Grundmasse des Kalksteins ist gelblich grau; in ihr liegen, wie eingeknetet, Kiesel in kaum zu unterscheidenden feinen Körnern; das Gestein ist etwas eisen-

hältig und geht selbst in ein dichtes, manchmal schieferartiges und faseriges Gewebe über. Wenn die Kiesel ganz gleichförmig in der Grundmasse zerstreut sind, so nimmt das Gestein den Anschein eines Quarzes an, welcher den Stahl nicht angreift, aber Feuer giebt. Im entgegengesetzten Fall bildet der Kiesel in der Grundmasse nur kieselhaltige Kalkknollen von unregelmäfsigen Gestalten und nicht erkennbaren Umrissen. Der Einflufs der atmosphärischen Wirkungen auf die seit langer Zeit der Luft ausgesetzten Oberflächen macht, dafs diese Art von Knollen, die viel härter sind als die einfachen sie umgebenden Kalktheile, oft plötzlich herausspringen. Man findet ferner

2. Gemeinen dichten Kalkstein, der auch sehr kieselhaltige Kalkkerne hat; aber nicht in so grofser Menge als in den untern Bänken.

3. Weifsen körnigen Kalk, mit eingsäeten goldgelben Talkblättchen und kleinen Adern von Glasquarz. Er läfst sich in dünne Tafeln spalten.

4. Kalkstein, dem No. 2. ähnlich, aber sehr wenig körnig und oft bläulichgrau. Die kieselhaltigen Kalkkerne machen sich in diesem Gestein durch ein matteres Weifs als in den vorhergehenden bemerkbar.

5. Körnigen Kalkstein, kreisförmig gestreift, in tief dunkelblau und bläulichem Grau, kieselhaltige, kreisförmige, mattweifse und dichte Kalkstreifen einschliefsend, von 2 bis 6 Zoll Mächtigkeit.

6. ***Blauen, mit Weifs gemischten Marmor.*** Er ist breccienartig, mit eingewachsenen Stücken von schwärzlichem Kieselschiefer, häufig splittrig, und zeigt auch kleine Glasquarz-Adern; beim Übergang zum obern schwarzen Kalk sieht man Bänke, die zum Theil breccienartig, zum Theil schwarz und dicht sind.

7. ***Schwarzen stinkenden Marmor,*** in vielfachen und nicht sehr starken Bänken, und wechsellagernd mit kleinen, sehr regelmäfsigen Bänken etwas kalkhaltigen Kieselschiefers von schöner tief-schwarzer Farbe, aber, so wie der Kalkstein, durchzogen von zahlreichen kleinen weifslichen Fäden oder Adern. Mit diesem Marmor wechsellagern grau-blaue Schichten, die ebenfalls Lagen von Kieselschiefer einschliefsen; nur mit dem Unterschiede, dafs derselbe hier, statt schwarz zu sein, blau ist, wie der Kalkstein, und eingemengte weifse Theile hat. Man findet diesen Marmor auch in schwärzlichen Bänken, besäet mit kleinen weifsen Körnern und eiartige Theile einschliefsend, deren Kern Kieselschiefer ist.

8. Der Kamm der Gebirgskette besteht aus ***lichtgrauem*** Marmor, mit dunkelgrauen Puncten und kieseligen Körnern. Ferner finden sich kreisförmig ***weifs- und blaugestreifter*** Marmor, und endlich verschiedene Arten mit ***grauem Grunde*** und beinahe regelmäfsig vertheilten ***blauen Puncten.***

Der Einflufs der Luft auf die obern Lagen des Gesteins hat gemacht, dafs seine Oberfläche wie ein Sieb aussieht und dafs die entfärbten und löcherig gewordenen Marmor-Arten aussehen wie weifslicher Sandstein.

Auf der östlichen Seite der Taygetoskette findet man, wie schon gesagt, gegen die Mühle von Graphako hin, beinahe dieselbe Art von Marmor, und auf der westlichen Seite einige andere Arten, von welchen die bemerkenswerthesten folgende sind:

1. *Schwarzgrauer* Marmor, mit weifsen Stellen und Contouren und Wellenlinien nach allen Richtungen durchzogen; was denn eine schinirte Masse von der bizarrsten Art giebt, die, polirt, bei Verzierungen von sehr angenehmen Aussehen ist.
2. Ein *schwarzer* Kalk, nach allen Richtungen hin mit sehr weifsen Spath-Adern durchzogen. Er giebt einen sehr schönen Marmor, dem ähnlich, welcher in Frankreich unter dem Namen Granddeuil bekannt ist.
3. Ein krystallinischer grau-weifser Kalk, gemengt und wie gespickt mit glatt geschlagenen Nieren, und durchzogen von Kieselschiefer von dem schönsten Schwarz; was die weifse Grundmasse noch mehr hervorhebt.

Auf dem östlichen Abfall der ***Monemwasischen Gebirgsreihe*** von dem Berge Malewo zu Kastania hinuntersteigend, um sich nach Prastos und dem Hafen Lenidi am Golf von Nauplia zu begeben, findet man ***grauen Marmor*** mit unregelmäfsigen Kieselknoten; dann dunkelblauen, kreisförmig weifs-gestreiften Marmor, wie der oben unter No. 5. beschriebene.

Wir wollen nun noch die körnigen und kieselhaltigen Kalke beschreiben, welche am Fufse des Taygetos zwei ungeheure parallele Massen in der Richtung der Gebirgskette bilden, abgesondert von dem Marmor des Gipfels. Von Sparta aus gesehen, zeigen sie sich am Fufse des Gebirges wie eine erste Bergstufe oder Terrasse von 400 Meter Höhe; was sich dem Auge als eine ungeheure Mauer von röthlicher Farbe darstellt, die mit tiefen und schmalen Rissen, welche dem Wasser der Wildbäche kaum den Durchgang gestatten, eingeschnitten ist. Diese Massen geben dem herrlichen Thale von Sparta oder dem des Eurotas die malerischesten Theile seiner Landschaften, welche schon im Alterthum so sehr bewundert wurden.

Der Kalk dieser mächtigen Steinwände bildet an beiden Seiten des Gebirges Massen ohne Schichtung; er ist oft krystallinisch und feinkörnig; selbst oft der dichten Structur sich nähernd, mit splittrigem Bruche, hart, manchmal Feuer gebend am Stahl; von grauer oder bläulicher Farbe, niemals aber rein weifs. An einigen Puncten ist er gelblich-grau, beinahe schmutzig, und mit Zellen durchzogen. Auf dem westlichen Abhange des Gebirges, oberhalb des Dorfes Andruwista, ist der Stein porös, weifslich-grau, beinahe krystallinisch und ohne irgend einen Anschein von Schichtung. Der Bruch ist unregelmäfsig, die Oberfläche röthlich-grau.

Die Bergkette des Mänales, an deren Fufse Tripolitza liegt, ist vom Fufse bis zum Gipfel aus einem *dunkelblauen* Kalkstein gebildet, der, körnig und in seinem Bruch hellglänzend, sehr dauerhaft und hellklingend ist. Zersetzt durch Säuren läfst er reichlich einen kieseligen Bodensatz zurück. Er ist in kaum 1 Meter starke Schichten getheilt, liegt aber in so vielen Bänken über einander, dafs sie, am Pich Pilly, westlich von der Stadt Tripolitza, zusammen mehr als 300 Meter mächtig sind. Der Stein kann als guter Marmor dienen.

16. Zwischen Kastri und Demala, in den Kalkgebirgen von Kastri, findet man einen schönen dichten Kalkstein, der beinahe körnig ist, durch die zahlreichen weifsspathigen Adern, welche ihn nach allen Richtungen durchziehen. Er giebt eine schöne Art *rothen, weifsadrigen* Marmors.

17. Der *Muschelmarmor* von Megara bricht in der Nähe dieser Stadt. Er ist weifser Kalkstein, der gröfstentheils aus Steinkernen von zweimaligen Muscheln besteht. Die Alten liebten ihn sehr, benutzten ihn zu Tempeln und zu Statuen, welche nach Rom verschickt wurden, und gaben ihm den Namen Muschelmarmor.

Kalkspath. Graulich-weifser grobkörniger Kalkspath steht zu Tage auf Tinos bei Kumara.

Braunspath findet sich in Attika, im Lauriongebirge, gelblich-braun und grofsblättrig. Daneben bricht schneeweifser körniger Marmor am Prtschéko, am Cap Chili auf Euböa.

18. *Dichter Kalkstein.*

Er findet sich überall in Griechenland; denn Glimmerschiefer, mit Kalk bedeckt, lagert fast auf allen Bergen dieses Landes; besonders aber herrscht er vor in Morea. Er wird gebrochen und als gewöhnlicher Baustein und zum Kalkbrennen benutzt. Er ist meistens graulich- oder gelblich-weifs, doch nicht häufig von andern und dunkleren Farben, in der Regel sehr rein und gleichförmig in seiner Masse, besteht fast ganz aus kohlensaurem Kalk, enthält unbedeutend Thon-Erde, und noch weniger Kiesel-Erde. Dem äufsern Ansehen nach, im frischen Bruche, zeigen sich bei den dichten Kalksteinen von Griechenland drei Hauptverschiedenheiten. Er kommt vor:

1. Graulich-weifs, im Bruch splittrig, ins Ebene und Flachmuschlige übergehend, dicht, fein, ist oberhalb massig, senkrecht gespalten und in der Tiefe in dicken Bänken geschichtet. Er ist sehr rein und von gleichförmiger Masse, findet sich besonders in Attika und ist dort am meisten verbreitet.
2. Gelblich-weifs, sehr blafs, im Bruch flachmuschlig, ins Splittrige fallend, ungemein fein und dicht. Er ist der obere; im Peloponnes ist er bei Sophiko, Trochia, bei Epidaurus u. s. w. massig und senkrecht gespalten; bei Konstantinus in Messenien ist er in dicken Bänken gelagert; am ausgezeichnetsten aber in der Gegend von Missolonghi und in Akarnanien.
3. Rauchgrau, im Bruch uneben, ins Splittrige fallend, massig und senkrecht gespalten. Er kommt nur an einigen Puncten vor.

Der dichte Kreide- oder Hyppuritenkalk erhebt sich, wie z. B. in Achaia und Arkadien, als Helikon Oëta, zu bedeutenden Höhen.

An kohlensaurer Talk-Erde enthält der dichte Kalk bei Dragomestre 0,20, der des Anchesmus bei Athen 0,60; und dann gewöhnlich zwischen 1,30 und 2,10. Der graulich-weifse dichte Kalkstein auf Skopelo enthält indefs 73,30.

Zum *Brennen* ist fast aller griechischer Kalkstein gut; nur brennt der eine etwas schwerer als der andere. Den feinsten gebrannten Kalk, wie man ihn sonst nirgend in Griechenland findet, giebt ein bläulich-grauer, krystallinisch-körniger Kalk der Insel Nio, welchem nur der des edelsten weifsen Marmors gleich kommt; er ist durch schwarzgraue glimmrige Schichten in unzählige ganz dünne Lagen gesondert, die fest zusammenhängen, sich aber regelmäfsig spalten lassen, und brennt leicht. Nahe bei diesem ist ein anderer weifser körniger Kalk, der aber viel schlechteren gebrannten Kalk giebt. Auch von dem körnigen Kalke des Eliasberges auf der Insel Santorin wird ein sehr feiner Kalk gebrannt.

Um Kalk zu brennen, wird in Griechenland ein cylindrischer Raum ausgegraben und mit einer trocknen Mauer umgeben. In diesem runden niedrigen Schachte setzt man zuerst die stärksten Kalksteinstücke wie ein Gewölbe auf, und über sie die minder grofsen Stücke, jedoch so, dafs sie hinlängliche Zwischenräume lassen, damit die Hitze gleichförmig durchziehen könne. In den Schacht wirft man Holz und Reisig zwischen die Kalksteine und zündet es an.

Da dichter Kalkstein in Griechenland das vorherrschende Gestein ist, so sieht man auch an allen Gebirgen, in der Nähe der Ortschaften, wo gebaut wird, eine Menge solcher Kalk-Öfen, welche die Kalkbrenner gegen eine kleine Abgabe anlegen, wo es ihnen gefällt.

In Athen kostet ein Kantar Kalk (100⅕ Wiener Pfund) 1 bis 1½ Drachmen oder 21 bis 31½ Kreuzer C. M. [7 bis 10½ Sgr.]. Zu einer gelöschten Masse von einem Cubikmeter [32⅜ C. F.] gehören, je nach der Güte des Kalks, 12 bis 16 Kantari. Der Kalk wird nicht in Kasten gelöscht und so in die Grube gelassen, sondern man schüttet den, oft und meistens schon in Pulver zerfallen ankommenden Kalk in die Grube und läfst so viel Wasser darauf fliefsen, als man für gut hält. Der Kalk ersäuft nicht, verbrennt nicht und die gelöschte Masse ist vorzüglich. Er wird gewöhnlich mit 3 Theilen Sand gemengt.

Der dichte Kalkstein liefert vorzügliche ***Tafeln*** bei Dragomester, an der westlichen Küste von Akarnanien, wo die Häuser in den Dörfern dort, mehrere Stunden im Umkreise weit, damit bedeckt werden. Es sind daselbst mehrere Steinbrüche, wo der dünn geschichtete Kalkstein in Tafeln von ⅜ bis 1¼ Zoll dick und ein paar Fufs im Quadrat grofs bricht; er ist gelblich weifs. Die feine Masse dieser kieselhaltigen Kalktafeln wäre zum Steindruck tauglich, wenn sie nicht zu sehr mit kiesigen Adern in allen Richtungen durchsetzt wäre.

Lithographen-Kalksteine.

In der Umgegend von Missolonghi bricht dichter fester feiner Kalkstein, der sich zur Lithographie zurichten läfst; ferner am Meerbusen von Nauplia, von der Grenze der Argolide bis Monemwasia. Am Lykäusgebirge, nördlich von der Messenischen Ebene, streckt sich ein Gebirgsjoch vor, welches nach der Ebene zu in niedrige Kalkberge endigt. Zwischen diesen liegt das Dorf Konstantino-us, welches noch zum Gouvernementsbezirk von Kalawata gehört. Die Häuser daselbst sind mit Kalksteintafeln bedeckt. Dieser Stein kommt nahe beim Dorfe vor, ist gelblich weifs, dicht, fein im Korn, hart, und läfst sich präpariren.

Der Lithographen-Stein von dem kleinen öden Eilande Makaris, östlich von Naxos, ist zu lithographischen Zwecken dem von Sohlenhofen noch vorzuziehen, denn er läfst nicht die feinste Linie aus, weil er dichter und daher härter ist und nicht so leicht Nässe einsaugt, wie dieser. Dahingegen ist er zum Radiren zu weich, kann aber für gröbere Linien durch einen Überzug dazu tauglich gemacht werden. Er bricht in Tafeln von $1\frac{1}{2}$ bis 6 Zoll dick, ist gelblich weifs, erdig im Bruch und löset sich in Salzsäure vollständig auf. In der lithographischen Königl. Anstalt zu Athen wurde dieser Stein geprüft und als ganz vorzüglich befunden. Eine 8 Zoll im Quadrat habende Tafel hielt 5 Centner Druck aus. Die tiefern Schichten werden noch fester und daher auch tauglicher zum Graviren sein.

19. *Kalkmergel und Kalkmergelschiefer.*

Derselbe ist auf Aegina thonig, erdig, gelblich, graulich-weifs und plastisch. Der festere Kreidemergel von Aegina giebt gute Bausteine. Der untere Theil der Befestigungsmauer der Akropolis von Athen, an der Nordwestseite, ist aus solchen Quadern erbaut.

Bei Longo-Kremismeni bis Sacharo, an der Ostküste von Morea, findet sich sehr guter Mergel zum Poliren. Er greift stärker an, als der nachstehende, und ist sehr rein in seiner Masse, gelblich-weifs und massig.

An der östlichen Spitze des Peloponnes, vom Cap Klarentza bis Chlemutzi, bei Gastuni, findet sich gelblich-weifser Kalkmergel, der erdig und massig aufgelagert ist.

In der Umgegend von Korinth giebt es erdigen, gelblich-weifsen Kalkmergel; dann auf dem Isthmus und auf der Strafse von Megara und Kéchries nach Korinth zu den sogenannten Poros Kalkstein, der zu den ältesten bedeutendsten Bauwerken von Korinth verwendet wurde und wovon man noch eine Menge von Steinbrüchen auf den genannten Strafsen findet.

Das Vorgebirge, welches sich von der Ebene von Athen aus ins Meer erstreckt und dort die drei atheniensischen Häfen bildet, ist mit Kalkmergel bedeckt, der am nordwestlichsten Gestade, am Pyräus, sehr regelmäfsig geschichtet ist und sehr zierliche Bausteine abgiebt.

Auf Euböa, bei Kumi und bei Limnes, giebt es gelblich-weifsen Kalkmergel und Kalkmergelschiefer, welche an beiden Orten mächtige Braunkohlenflötze enthalten, von welchen die bei Kumi in Betrieb gesetzt sind, bei letzterem Orte aber noch unaufgeschlossen liegen. Zu oberst liegt durch Zerstörung des Kalkmergelschiefers gebildeter Kalkmergel; tiefer bricht er in 1 bis $1\frac{1}{2}$ Zoll dicken Tafeln, die zum Bedecken der Häuser gebraucht werden; noch tiefer bricht er in 5 bis 6 Zoll dicken Schichten, welche sich zu den schönsten Bausteinen behauen lassen und als solche verbraucht werden; denn aufser diesen sind bessere Steine auf der Insel bis jetzt nicht bekannt. Sehr freundlich sehen die von dem Kalkmergelschiefer erbauten und mit dergleichen Tafeln bedeckten Häuser aus.

Auf Chelidromia, in den nördlichen Sporaden, findet sich ebenfalls guter Kalkmergel zu Bausteinen, der auch ein Braunkohlenflötz enthält.

Zur Pflasterung der Gänge in den Häusern, der Küchen, Höfe etc. der Vornehmen bedient man sich in Griechenland auch der ***Maltasteine,*** die auf dieser Insel gebrochen werden. Sie sind ein schwach röthlich-weifser Kreidemergel, dem ähnlich, welchen man zu den Gewölben und andern Theilen der Genovevenkirche in Paris nahm.

Kalktuff findet sich unter andern auf der Insel Aegina. Die Säulen des in Ruinen liegenden Tempels der Athene, von welchem aber die meisten Säulen noch stehen und ihren Architrav haben, sind aus Kalktuff gebauen. Dieser Tempel liegt auf einem 189 Meter hohen Berge und ruhte auf einem Unterbau; seine Säulen waren dorisch; der Eingang an der Westseite und der Boden sind von Pentelischem Marmor. 1812 wurden von den Engländern hier Nachgrabungen gemacht, bei welchen auch die Statue des Tempels gefunden wurde, die sich jetzt im brittischen Museum befindet.

Vom Tempel des Zeus auf dem Berge Panhellenium, der höchsten Spitze von Aegina, 532 M. über der Meeresfläche hoch, finden sich jetzt nur noch kyklopische Überreste.

20. ***Sandstein.***

Auf der Insel Skyro, bei diesem Orte und nahe den Mauerresten der Burg des Lykomedes, findet sich ein thoniger, okriger ***Conglomerat-Sandstein,*** der nördlich weithin am Meere fortgeht und dort eine Menge gröberer Conglomeratschichten enthält. Wo er nördlich gleichförmiges, feines, festes Korn hat, hauen die Einwohner daraus Quaderstücke, die als Bausteine zum Verkauf ausgeführt werden.

Auf Naxos, auf Granit ruhend, nahe bei der Stadt, liegt regenerirter Sandstein. Er sieht röthlich aus, weil er voll zarter ziegelrother okriger Puncte ist. Auf Mykone, am Porto Panormo, liegt über Granit rother Sandstein. An der Küste des Cap Kulendiaki, am lakonischen Meerbusen, liegt Sandstein, der durch parallele Schichtungsklüfte in starke Bänke getrennt ist. Bei Theben ist Sandstein in dicken, oft ziemlich festen Bänken regelmäfsig gelagert, zu kleinen Bergen sich erhebend. Auf der Halb-Insel Methana findet sich in 1 Fufs dicken Bänken grober, graulich-weifser Sandstein, der hin und wieder gröfsere Körner weifsen Quarzes enthält; darüber liegt dichter Sandstein.

Glimmerig-kalkiger Sandstein findet sich zwischen dem Kloster Panagya und dem Dorfe Micro-Gorio in Aetolien. Auch grauer Sandstein ist dort voll von weifsen kleinen Glimmerblättchen. Er brauset etwas mit Säuren ohne zu zerfallen, und hat einen starken Thongeruch. Nordöstlich von Karpenitze bricht ein grau-glimmeriges sandiges Gestein, hie und da mit Kalkspath-Adern durchzogen. Es sieht dem Karpathensandstein ähnlich. Hier ist die höchste Spitze von Rumelien; sie heifst Weluki. Auf Chelidromia (in den Sporaden), zu unterst am Strande, findet sich gelblich-grauer, glimmerig-kalkiger Sandstein; er ist zuweilen mit kleinen Quarzkörnern durchsetzt und auf der kleinen Insel Adelphi in den nördlichen Sporaden dick geschichtet.

Vom ***Meeressandstein*** ist an der Westseite des Isthmus von Korinth eine 4 Meter mächtige Bank; östlich vor der Stadt Korinth ist er in starken Bänken gelagert; auf Mykone, am südwestlichsten Theile der Insel, ist weifser Meeressandstein, der sehr stark mit Säuren brauset und kleine, meist durchscheinende eckige Quarzkörnchen hinterläfst; die obern Lagen sind tuffartig, die tiefern dichter. Es ist ein zersetzter Granit, dessen Feldspath gröfstentheils zerstört ist; die Quarzkörnchen sind durch einen kalkigen Cement gebunden.

21. ***Gips***

findet sich auf der Insel Milos zu Chalakas in mächtigen Stöcken, spathig und rein. Es werden davon jährlich 1500 bis 2000 Centner gewonnen und zum Mörtel verbraucht, so wie auch zur Mischung in den Wein, um das Sauerwerden zu verhüten. Die Alten schon brachen hier Gips. Man unterscheidet zwei Arten. Die erste ist schön-weifs, oder schwach-rosafarben, ziemlich rein in ihrer Masse, und wird sehr gesucht. Die zweite ist in ihren spathigen Theilen zwar eben so rein, aber hie und da wieder mit vielem Eisen-Oxyd durchwachsen, weshalb dieser Gips zum Wein nicht gebraucht wird, zum Mörtel aber ebenso brauchbar ist, als jener.

Bei Wudia, an der Ostküste derselben Insel, kommt an zwei Stellen Gips vor, und zwar, erstlich, als ein mächtiges Lager, mit eisenhaltigem röthlichem Gips, der zu Mörtel sehr brauchbar ist, und zweitens, als einzelne Krystalle von 6 Zoll und mehr Durchmesser. Der gelagerte Gips liegt in etwas gebogenen dünnen Lagen von 1½ bis 3 Zoll dick, und diese bestehen aus spathigem weifsem Gips. Derselbe läfst sich als Bindemittel wegen seines Eisengehalts und als farbiger Mörtel vortheilhaft benutzen.

Auf der Insel Candia, beim Hafen Aptera, jetzt Kisamos genannt, an der nordwestlichsten Küste der Insel, sind Brüche von schönem Gips, der auch nach Griechenland, besonders aber nach der Türkei und Egypten u. s. w. ausgeführt wird. Ebenso findet sich guter Gips auf einer der kleinen Inseln Casos, in der Nähe von Skarpathos.

Nordöstlich vom alten Sparta, das Eurotasthal hinauf, nach dem Thale der *Kelesphina* hin, stöfst man, 3 Stunden von Mistra, am rechten Ufer dieses Flusses, auf eine Masse reinen, feinkörnigen, weifsen Gipses, die über dem Flufsbette zu Tage steht und etwa 25 Meter breit und 20 Meter hoch ist. Der Gips ist in grofsen Stücken feinkörnig und rein genug, um als eine geringere Art von Alabaster benutzt zu werden. Für die Gegend von Sparta ist dieses Gipslager von grofsem Werth.

Auf der rechten Seite der Brüche und auf ihrem Hügel findet man Ruinen von römischen Bauwerken, welche beweisen, dafs schon die Alten diesen Gipsbruch benutzten.

Bei Zarukla in Ober-Arkadien, unweit Phonea, ist weifser, schuppiger und körniger Gips, der rein in seiner Masse ist, aber hie und da eingewachsene Körnchen gelblich-weifsen spathigen Gipses enthält. Der Transport vom Bruch aus ist sehr beschwerlich, weil der Bruch tief zwischen den Gebirgen liegt; am leichtesten und nächsten bringt man ihn nördlich nach dem Lepantischen Meerbusen.

Bei Werwena, unweit Hagios-Petros, in der Monemwasischen Gebirgskette, liegt weifser und körniger Gips; ebenso auf Kimoli beim Cap Ennéa.

22. *Thon.*

Der Thon, welchen man auf der Insel Aegina bei der Capelle des heiligen Demetrius findet, ist aufserordentlich fein und kann zu den feinsten Öfen und Geschirren gebraucht werden. Es giebt zwei Arten: die erste ist gelblich-weifs, sehr rein, leicht zerreiblich und polirt gut das Messing; die zweite ist blafsgelb, mit grünlichem Stich, voll kleiner, eisenrostiger Puncte, und hat so viel Zusammenhalt, dafs sich die Masse nur mit dem Nagel schaben läfst.

Die sehr zierlichen Gefäfse in den Gräbern der Alten auf Aegina, die zu den schönsten gehören, welche in Griechenland gefunden wurden, sind aus diesem Thone verfertigt.

Derselbe findet sich in grofsen Massen und bildet einen kleinen Berg unweit der Felsenkuppe Spasmenowuno (gespaltener Berg).

Auf der Insel Milo, zu Wudia, finden sich zwei Thon-Arten, die eine geblich, die reinste, die andere graulich; ferner gewöhnlicher Thon, bei Palaeochori, bei den Salinen und in den Mühlsteingruben auf derselben Insel.

Auf Euböa, in der Ebene nördlich von Xerochori, nahe am Meere, sind bedeutende und gute Thonlager; ferner giebt es auf der Insel Mikone und bei Athen Thonlagerungen.

23. *Metallische Mineralkörper.*

Schwefelkies mit gediegenem Kupfer findet sich auf Skopelo, Milo, Doliana in Morea, bei Trözene in Argolis und Diwri in Arkadien; auf den Inseln Serpho, Kimoli und Aegina.

Kupferkies giebt es auf der Insel Skopelo und bei Chalkis auf Euböa;

Kupfer auf Skopelo, bei Lastowa, südlich bei Karpenitze in Aetolien, bei Andritzena in Arkadien, im Lauriongebirge, bei Athen, bei Chalkis und auf der Insel Serpho;

Bleiglanz im Laurion- und Therikogebirge, zu Mutūle auf Sērpho, auf den Inseln Siphno und Anaphē.

Eisenerz findet sich am Porto Quaglio, am Cap Matapan im Peloponnes; ferner auf dieser Halbinsel in der Monemwasischen Gebirgskette, von Hagios-Petros bis zum Cap Maleā; in Rumelien unbedeutend, ebenso am Kopais-See in Liwadien. In Attika aber kommt es mächtig vor, im Theriko- und im Lauriongebirge, nördlich vom Cap Sunium, am westlichen Fufse des Prtschéko; am Cap Chili im Peloponnes; dann auf Euböa bei Chalkis, bei Metōchi, Kūmi, Achmet-Agā und bei Karystō; auf den Nord-Sporaden, auf Chilidromi und Skyros und auf den Kykladen in Zea, Thermia, Serpho, Siphno und Syra-Andros.

Chrom-Eisenstein findet sich auf Skyros, Euböa, und Tinos.

Es werde hier auch noch nachträglich des Schmirgels erwähnt, der einen Hauptausfuhr-Artikel der Insel bildet, welcher für mehr als 80000 Drachmen jährlich verpachtet ist. Die Insel Naxos ist die einzige Insel im Mittelländischen Meere, welche wahren Schmirgel und zugleich in grofser Quantität und bester Qualität besitzt. Der Schmirgel enthält in 100 Theilen 86 Theile Thon-Erde, 3 Kiesel-Erde, 4 Eisen-Oxyd und 7 Verlust, ist graulich-weifser Korund, feinkörnig mit Magnet-Eisenstein verwachsen und hat, der beste, 3,96 spec. Gewicht. Der Schmirgel liegt, von Westen her nach Wottri zu, in mächtigen Massen zu Tage und es giebt zwei Arten: die obere südwestlichere ist weich und greift die Metalle nicht sehr an; weiterhin ist eine bessere Art, die aus einem Gemenge von graulich-weifsem Korund und reichlich aus Magnet-Eisenstein besteht. Der beste Schmirgel liegt eine Stunde von Wottri; der Ort wird Päsules genannt; so auch bei dem Dorfe Perato auf dem Platze Mastiches.

Von den Baumaterialien aus dem *Pflanzenreiche,* die dem jetzigen Griechenlande zu Gebote stehen, sollen hier nur die bedeutendsten genannt werden. Vorher aber mögen einige Worte im Allgemeinen über die Waldungen und den fruchttragenden Boden des Landes stehen.

Mehrere Provinzen Griechenlands (die meisten waren immer so nackt als jetzt) sind in alten Zeiten gewifs mit mächtigen Waldungen bedeckt gewesen, die den Alten das Holz zum Bauen und zu andern Bedürfnissen lieferten; denn in den griechischen und andern Autoren lieset man von der Nacht des Waldes, welche meilenweit des Wandrers Fufs durchirrte, von Hainen, die den Göttern geweiht waren, von dem regen Betriebe des Schiffbaues und andrer Gewerbe. Die Stürme der Zeit entkleideten jene bewaldet gewesenen Berge ihres Schmuckes; die darauf gelagerte fruchtbare Erde wurde abgespühlt und nackte Klippen, oder höchstens krüppelhafte einzelne Bäume und niedrige Gesträuche stehen da wo einst üppige Waldung die Gebirge bedeckte. Indefs ist Griechenland noch nicht ganz entblöfst und noch nicht ganz arm an Holz. Es bieten sich den Schiffswerften und dem Bauen noch Vorräthe dar, die, wenn man nur anfängt sie richtig zu benutzen, statt sie zu zerstören, von Jahr zu Jahr sich mehren und alle Sorge wegen einstigen Mangels verscheuchen können. In Rumelien, besonders am Aspro-Potamas, im westlichen Peloponnes und einem kleinen Theile seines Innern, auf dem Taygetos, in Messenien und Arkadien, in Elis am Alpheus und in Achaia, ferner auf der Insel Euböa, finden sich noch kräftige Waldbestände, aber immer an den höchsten Abhängen der fast 8000 Fufs hoch sich erhebenden Berge, oder auch in Schluchten und Kesselthälern der Gebirge. Sie wurden verschont, weil die Wuth der Zerstörung nicht bis dahin dringen *konnte;* aber aus eben dem Grunde ist es auch bei den jetzigen Verhältnissen des Landes, bei dem Mangel an fahrbaren Strafsen, flöfsbaren Flüssen, Holzrutschen u. s. w. schon höchst schwierig, kleine Stämme Bauholz, und unmöglich, grofse und starke Stämme aus ihrem Versteck zu holen. Jedoch hat man seit dem Entstehen des jungen Königreichs, besonders in Euböa, wo wohlhabende Deutsche, Franzosen und Engländer (freilich nur *sehr* wenige) Güter besitzen und welche dann mehr Muth, Kenntnifs und Ausdauer haben, Schwierigkeiten zu überwinden, als die Eingebornen des Landes, schon schönes Bauholz zum Haus- und Schiffbau gewonnen; und manches Haus in Athen, im Pyräus und in Syra ist schon aus griechischem Holze von Euböa erbaut.

Für den jetzigen Zustand des Bauwesens und für das jetzige Bedürfnifs der Einwohner in den Städten und auf dem Lande der Provinzen ist das grofse Bauholz nicht gesucht; grofse mächtige Stämme werden in den Waldungen der Gebirge gefällt und in kleine, höchstens $2\frac{1}{2}$ Meter lange, 2 Decimeter starke Stücke geschnitten, um diese, auf den engen und holprigen, immer in scharfen Winkeln sich windenden Passagen, die oft ganz enge Hohlwege und ungemein steil sind, durch Esel und Maulesel bequemer nach der Ebene bringen zu können. Die Unkenntnifs von diesen Umständen ist bei den höhern Ministerial-Beamten in Athen so grofs, dafs, als Referent die Entwürfe zum Bau der öffentlichen Gebäude der neuen Stadt Sparta ausarbeitete, er die gröfsten Verweise bekam, dafs er (in der steinreichen Gegend!) gewölbte Räume im Erdgeschofs angenommen hatte, statt Balkendecken, die ungleich wohlfeiler sein müfsten, da das nöthige Bauholz ja ganz in der Nähe sei. Das Auge sieht freilich von der Ebene aus die schönen Stämme auf dem Taygetos, aber in einer Höhe von 4000 bis 7000 Fufs und, getrennt durch ungeheure Schluchten, kann man sie nicht anders haben, als auf die oben beschriebene Art.

Wo die Waldungen zugänglicher sind, wird wild gehauset, und wenn gleich ein starkes Forstpersonal angestellt wurde, um Forstfrevel zu verhüten und eine ordentliche Forstwirthschaft einzuführen, war dies Personal doch noch nicht zahlreich genug, um überall wachen zu können, und die Forstbeamten waren eigentlich nichts weiter als Holz- und Kohlenverkäufer. Von Anlage neuer Forsten kann noch keine Rede sein, denn den gröfsten Schaden für emporkommende Waldungen verursachen die zahlreichen Schaf- und Ziegenheerden, die fortwährend das Land bedecken und die jeden leichten Anflug, welcher hervorkommt, abfressen; auch von den Hirten wird derselbe muthwillig zerstört und verbrannt, und Waldbrände sind in Griechenland nicht selten. Auch die an jedem beliebigen Ort sich etablirenden Kalkbrenner tragen das ihrige bei, dafs die Berge wo möglich noch immer kahler werden.

Das grofse Bauholz, und das meiste kleine, dessen man in den gröfsern Städten Athen, Pyräus, Syra, Patras, Nauplia bedarf, mufs also, mit weniger Ausnahme, vom Auslande, und zwar von Rufsland, von der Türkei, von Candia, besonders aber vom österreichischen Littorale hergeholt werden, und steht daher immer in hohem Preise, steigend höher, wie es länger und stärker sein mufs, weil der Transport dann schwieriger ist. Bohlen und Bretter werden sämmtlich von Triest, Fiume, Venedig, und die besten aus Rufsland bezogen; im Lande schneidet man mit der Hand nur kleine Bretter zum Verschalen etc.

Was nun den Boden Griechenlands betrifft, so ist vor Allem zu bemerken, dafs Ausfüllungen, welche in bedeutendem Maafse Statt fanden, durch Diluvionen und darauf folgende Alluvionen die tief eingeschnittenen Thäler und Bassins zu langgedehnten, breiten, ebenen, culturfähigen Thälern und Ebenen, sogar zu bedeutenden Hoch-Ebenen, z. B. bei Tripolitza, Duke, Lala, Bukowina u. s. w. bildeten. Griechenland wäre aufserdem ein von kahlen, felsigen Gebirgen starrendes Land geblieben.

Im Allgemeinen ist der Boden Griechenlands mager und nicht sehr fruchtbar; was aber das herrliche Clima reichlich ersetzt. Einige Puncte, wie z. B. der Kopäis-See in Boeotien, die Thal-Ebene des Pamissus (jetzt Pirnazza) in Messenien, die Ebene von Drymala auf Naxos, haben indefs einen üppigen Boden.

Nach Verschiedenheit der Gebirgs-Arten ist der Boden fruchtbar, oder unfruchtbar. Der durch Zersetzung von Granit gebildete Boden ist dürr und unfruchtbar. Dagegen gehört der durch Zersetzung des Glimmerschiefers und des Thonschiefers entstandene zu den fruchtbarsten. Serpentin gab einen thonig-talkigen Boden, der sehr unfruchtbar aber nicht ausgedehnt ist; der dichte Kreidekalk ist ebenfalls der Vegetation nicht günstig und ist meistens, besonders in den höhern Gegenden, mit fast unfruchtbarer rother, eisenkalkig-thoniger Erde bedeckt.

Der am meisten verbreitete Boden ist der thonige Kalkboden. Er ist überall zu finden, wo der dichte Kalkstein besonders mächtig liegt: also in Morea, dem westlichen Attika, der Ebene von Eleusis, längs dem südlichen Küstenstrich von Rumelien, und in Akarnanien. Er eignet sich zum Getraidebau, für den Oelbaum, Feigenbaum u. s. w.

Reiner Kalkmergel ist nur auf wenige und nicht bedeutende Puncte beschränkt: wie in Aegina, bei Kumi auf Euböa etc. Er eignet sich zum Weinbau.

Fester unfruchtbarer Thonboden findet sich in einigen Niederungen am Meere; der fruchtbarste aber ist der Thonboden mit kohlensaurem Kalk, der von den Bergen abgespühlt und mit vegetabilischen und animalischen Theilen gemengt ist, z. B. am Kopaïs-See und am Stymphalischen Sumpf. Der Thonboden, mit Geröllen untermengt, füllt häufig grofse Flufsthäler aus und ist fruchtbar, besonders wo er bewässert werden kann. Der lockere Thonboden ist nur auf gewisse Districte beschränkt und fruchtbar für Obstbäume bei Hagios-Petros und auf den meisten Inseln. Humosen Boden findet man nirgends von einiger

Ausdehnung, und nur in einigen Gebirgskesseln; Sandboden ebenfalls nur auf einige Küstenstriche beschränkt, und der vulcanische Boden auf den Inseln Santorin, Milo, Kimolo, Polino eignet sich nur zum Weinbau.

Wie aber auch der Boden sei: es werden darauf, wenn er nur bearbeitet wird und etwas Wasser erhält, die meisten Gewächse gedeihen.

Die hauptsächlichsten Forstgewächse Griechenlands für das Bauen sind folgende.

Die Knoppern- oder Levantische Eiche.

Sie wächst auf Euböa, bei Agalia, Monitri, Kastra und Walla. Nicht unbedeutende Waldungen davon finden sich in Lakonien, Messenien, Elis und im südlichen Theile von Akarnanien. Diese Eiche ist stets ein ansehnlicher Baum, mit dichtbelaubter Krone; sie wird 50 bis 60 Fufs hoch und 2 bis 3 Fufs dick. Ihr Holz ist nicht so gut, wie von den übrigen griechischen Eichen-Arten, weshalb man es auch stets überständig werden läfst, um möglichst lange Zeit Knoppern zu gewinnen. Vorzüglich üppig wächst diese Eiche am Aspro-Potamos in Akarnanien, wo sie dichte Waldungen bildet; ihre grofsen Hülsen geben einen bedeutenden Handels-Artikel.

Die Stech-Eiche.

Sie wird 40 Fufs hoch, 1½ Fufs dick, hat einen schlanken Stamm und Äste und sehr hartes Holz. Sie findet sich auf Euböa, in den Gebirgen von Achmet-Aga, Xerochori und Mistros einzeln; auch schön gewachsen im nördlichen Akarnanien. Das Holz wird besonders zum Schiffbau gebraucht.

Die Französische Eiche

steht schön in der Ebene nördlich von Eretria auf Euböa, in Arkadien bei Leondari; weniger schön in Rumelien. Bei Leondari sind die Waldungen von der Art, dafs sie Wellen und starke Maschinenhölzer liefern können. Diese Eiche wird in 80 Jahren 40 bis 50 Fufs hoch und 1½ bis 2 Fufs dick. Das Holz steht in Güte und Benutzung der Winter-Eiche am nächsten.

Die Hang- oder Speise-Eiche

wächst auf Euböa, am häufigsten bei Janiki; ferner in den Gebirgen von Arkadien zwischen Diwri und dem alten Psaphis, steigt nicht in die Ebene herab und soll in 130 bis 180 Jahren 1½ bis 2 Fufs dick werden.

Die Kermes-Eiche

wird 30 bis 40 Fufs hoch und 1 bis 1½ Fufs dick und hat dann eine ziemlich ebene, dicht belaubte Krone. Als Baum findet sie sich auch auf Euböa. Ihr Holz ist härter und elastischer, als das anderer griechischer Eichen-Arten.

Die morgenländische Platane.

Sie wächst überall in Griechenland, in fruchtbaren Thälern, oder bei Quellen und erreicht zuweilen eine majestätische Gröfse und mächtige Höhe, da ihr Stamm nicht selten 2 Meter im Durchmesser dick wird und seine horizontalen Äste sich dann auf jeder Seite wohl 30 Fufs weit ausstrecken. Unweit Mistra bei Parori befindet sich in der Nähe der überhangenden Klippe Warathron, von welcher die Spartaner die mit Leibesgebrechen gebornen Kinder in die darunter befindliche Schlucht hinunterstürzten, eine Gruppe solcher grofsen Platanen, die, im Verein mit dem aus sechs Öffnungen des genannten Felsens springenden kühlen und krystallhellen Wasser, den Ort, besonders im Sommer, zum angenehmsten Aufenthalt machen. Dergleichen Stellen giebt es viele in Griechenland; wo nur Wasser ist.

Die Platane wächst schnell; ihr Holz ist theils gelblich weifs, theils stark röthlich; besonders auf Euböa. Das Holz wird jetzt in Athen gern zu Treppenstufen, zu getäfelten Fufsböden, so wie auch zu den feinsten Tischler-Arbeiten gebraucht. Die schon gedachten fremden Ansiedler auf Euböa lassen daselbst Bohlen von 36 bis 40 Fufs lang, 1½ Fufs breit und 4 Zoll dick schneiden, die in Athen für 10 bis 12 Drachmen oder 3 Fl. 30 Xr. bis 4 Fl. 12 Xr. verkauft werden [2½ bis 3 Thlr.].

Will man dies Holz verwenden, so mufs es sehr trocken sein; noch frisch der geringsten Zugluft oder den Sonnenstrahlen ausgesetzt, bekommt es augenblicklich starke Risse. Um es vollkommen auszutrocknen, mufs man es an einen trocknen Ort bringen, wohin kein Zugwind dringt, und jedes Stück Holz besonders mit ganz trocknem Mist umgeben und so 2 bis 3 Jahre liegen lassen; worauf es zu allen Zwecken zu verwenden ist.

Die Hainbuche.

Sie wächst in Griechenland auf den höhern Gebirgen bis zu 3000 Fufs über die Meeresfläche hinauf, in den ersten 30 Jahren ziemlich rasch, und vollendet ihren gröfsten Wuchs in 80 bis 90 Jahren, wird dann 60 bis 80 Fufs hoch und beträchtlich dick. Sie liebt guten lockern Boden, welcher lehmig, grandig und kalkig sein kann; so wie kühlen feuchten Sand. Das Holz ist weifs, sehr hart und fest, dicht und fein. Der rhein. Cukikfufs wiegt frisch 62, trocken 46 bis 50 Pfund. Als Bauholz hat die Buche wenig, als Nutzholz, zu Schrauben, Hammerstielen u. s. w. vorzüglichen Werth.

Die Hopfenbuche

wächst auf Euböa, in Morea und auf dem Athos, überall einzeln und selten.

Sie wird 30 bis 40 Fufs hoch, liebt guten, lockern, mehr feuchten als trocknen Boden und wächst dann ziemlich schnell.

Die Ulme oder Feldrüster.

Sie ist durch ganz Griechenland verbreitet, wächst bis zu 2500 Fufs über dem Meere hinauf und wird in 70 bis 100 Jahren 60 bis 90 Fufs hoch und 3 Fufs dick. Sie liebt fruchtbaren lockern Boden, eine warme, niedrige Lage, einen freien Stand, und wächst dann sehr schnell. Das reife Holz ist bräunlich, feinfaserig, fest, zähe, sehr dauerhaft und spaltet schwer. Der rheinl. Cubikfufs wiegt frisch 62, trocken 38 Pfund. Als Bauholz ist es sogar dem eichenen vorzuziehen; zu Glockenstühlen ist es das Beste.

Die Schwarz-Erle.

Sie wächst auf Euböa in kleinen Gruppen, bei Achmet-Aga an Bächen; ferner in Elis, Böotien und Rumelien und steigt bis zu 3000 Fufs über dem Meere hinauf. Sie liebt guten, lockern, feuchten, aber nicht sauren Boden; im trocknen thonigen Boden kommt sie nicht fort. Sie wächst in der ersten Periode rasch, vollendet ihren gröfsten Wachsthum in 50 bis 60 Jahren, kann aber viel älter und 60 bis 70 Fufs hoch und 2 bis 3 Fufs dick werden. Das Holz ist auf feuchtem Boden rothbraun, auf trocknem blasser, nicht sehr hart, jedoch ziemlich dicht und fest. Der rheinl. Cubikfufs wiegt frisch 56, trocken 41 Pfund. Als Bauholz hat die Erle im Trocknen, oder der Witterung ausgesetzt, keinen Werth, aber in der Nässe ist sie ganz vorzüglich und zu Pfahl- und Rostwerken so wie zu Brunnenröhren besonders gut. Als Nutzholz dient das Holz zu Schaufeln, Mulden u. s. w.

Die Schwarz-Pappel

wächst in Morea, wird in 40 bis 60 Jahren 60 bis 80 Fufs hoch und bedeutend stark. Sie wird sehr alt und liebt feuchte Plätze und fruchtbaren Boden. Das Holz ist weifslich, leicht, ziemlich zähe und wirft sich nicht. Es dient zum Bau im Trocknen, besonders zu den Fachwerkswänden, zu Faschinen und Pallisaden.

Die Linde

wächst auf Euböa auf dem Gebirge von Kastro-Walla und Melochi; sie wird 60 bis 80 Fufs hoch und nicht sehr stark. Das Holz ist weifs, leicht und weich, jedoch zähe und dem Wurmfrafs und dem Werfen wenig unterworfen. Als Bauholz ist es nur im Trocknen dauerhaft.

Der gemeine Zürgelbaum

wächst häufig in Griechenland, aber sehr langsam, und wird zuweilen 40 bis

50 Fufs hoch. Das Holz ist schwärzlich im Kern, aufserdem weifs, sehr hart, dicht und zähe und kann zu Wagen- und Bildhauer-Arbeiten verwendet werden.

Der zahme Kastanienbaum

wächst in der mittlern Höhe hoher Berge, oder auf mittelhohen Gebirgen, wo tiefer sandiger Lehmboden ist. Auf Euböa steht an der Südseite des Ocha ein kleiner Wald von Kastanienbäumen; so auch bei Metochi und im Peloponnes bei Hagios-Petros und bei Anastasōwa in Arkadien. Der Baum wird in 100 bis 120 Jahren 60 bis 70 Fufs hoch und über 3 Fufs dick. Das Holz ist im Splinte weifs, im Kerne gelbbraun, hart und sehr dauerhaft; es hat Ähnlichkeit mit dem Eichenholz und wird als Bauholz (Balken davon tragen schwere Lasten) zu Hausbauten, Mühlwerken, Pressen u. s. w. gebraucht; jedoch kommt das, welches man in Athen, Syra, Nauplia u. s. w. nöthig hat, meistens von der Insel Kreta. Im Preise steht es immer noch einmal so hoch als das beste Kiefernholz. Man hat bemerkt, dafs es, eingeschlossen und der Feuchtigkeit ausgesetzt, viel leichter fault als das letztere; gleichwohl ziehen es die Griechen in der Regel dem Kiefernholze vor, selbst da, wo Nässe verderblich wirken mufs.

Die Strand- oder Meereskiefer.

Sie ist der in diesem Lande am meisten verbreitete Baum, und selten ist ein Gestade so öde und so klippig, dafs es nicht noch einige dieser Kiefern trüge. Wo diese Kiefer an sanften Berg-Abhängen gegen Süd-Ost und Süd-West, oder auf etwas geneigten Gebirg-Ebenen in geschlossenem Stande wächst, sind die Stämme gerade und stark und werden in 80 bis 90 Jahren gegen 100 Fufs hoch und 2 bis 3 Fufs dick. Sie nimmt mit dürrem steinigem Boden vorlieb, gedeiht aber am besten auf lockrem Kalkboden, oder in sonstigem Lehmboden und wächst auf den Gebirgen bis auf eine Höhe von 3000 Fufs über dem Meere.

Die Meereskiefer enthält viel Harz und das Holz wird zum Haus- und Schiffbau, so wie auch als Werk- und Nutzholz angewendet und hat viele Brennkraft. Schlanke gerade Stämme liefern vorzügliche Mastbäume.

Die Pinie

wächst hin und wieder, meist einzeln, auf dem Festlande von Griechenland und auf den Inseln Naxos und Nio. Sie hat viel Harz und ist zum Schiffbau vorzüglich gut.

Die Weifse- oder Edeltanne

wächst auf allen hohen Gebirgen von Rumelien, Morea und Euböa. In 100 Jahren wird sie an 120 Fufs hoch und 3 bis 4 Fufs dick. Sie liebt lehmig-sandigen oder mit Steinen untermengten Boden.

Das reife Holz ist weifs, feinfaserig, zähe, dient zu Bau- und Nutzholz und der rheinl. Cubikfufs wiegt frisch 59, trocken 30 Pfund.

Die Rothe-Fichte

gedeiht in den Gebirgen von Aetolien und Achaia noch mit der vorigen bis zu einer Höhe von 3000 Fufs; die Äste geben Fafsreifen. Diese Fichte giebt treffliche Tragbalken und Mastbäume, die aber schwer aus den Gebirgen herauszubringen sind. Das Holz ist weifslich, auch röthlich-weifslich, ziemlich leicht, oft sehr harzig und dann schwer. Der Cubikfufs rheinisch wiegt frisch 57 und trocken 31 Pfund.

Bei Prostōwa unweit Wrachori sind die Gehänge der Gebirge dicht mit Fichten bewachsen, welche sehr schöne Mastbäume liefern würden; aber sie sind zu schwierig aus der Schlucht bei Prostōwa zu transportiren; von da würden sie nach dem Aspro-Potamos zu schaffen sein.

Schliefslich geschehe hier noch der Braunkohle von Kumi auf der Insel Euböa Erwähnung. In einem holzarmen Lande ist es eine grofse Wohlthat, wenn die Natur Hülfsmittel bietet, die das Fehlende ersetzen. Dieses Hülfsmittel ist in Griechenland die Braunkohle, die dort für die Dampfschiffahrt, für das Kalk- und Ziegelbrennen und überhaupt für Fabriken und Feuerungs-Anlagen jeder Art eine grofse Bedeutung erlangen wird. Griechenland ist sehr reich an Kohlenflötzen. Es finden sich deren bei Olympia, Gardiki, Limni, auf Cheliodromi etc.: besonders aber reich und mächtig bei Kumi auf Euböa. Schon seit mehreren Jahren ist hier die Gewinnung der Kohle in Betrieb; Kumi ist dadurch ein bedeutender Ort geworden. Er liegt auf der östlichen Küste von Euböa, in der Bai zwischen den Vorgebirgen Tilida und Kili.

Schon vor 36 Jahren, noch unter der türkischen Herrschaft, wurden die umherliegenden schwarzen Steine für Steinkohlen erkannt; die griechische Regierung liefs die Kohlenlager 1833 untersuchen und im nächsten Jahre in Betrieb setzen. Zwei Kohlenlager breiten sich in dem vorherrschenden Mergelschiefer, von Westen nach Osten eine, und von Norden nach Süden zwei Stunden weit aus, so dafs die Fläche des bebauten Lagers 2000 Morgen beträgt. Der Mergelschiefer, welcher die Kohle bedeckt, hat in seinen tiefen Lagen Bänke von 2 bis 3 Fufs Mächtigkeit, ist aber höher hinauf immer dünner geschichtet und liefert die schönsten Bausteine und Tafeln. Die Decke der Kohlen ist 45 Meter dick; die Lagen sind ungefähr $4\frac{1}{2}$ Meter mächtig und bestehen aus holzförmiger Braunkohle, mit flachmuschligem wachsglänzendem Bruch und mit vielen Lagen fasrigen Anthrazits durchsetzt.

Jahrhunderte werden sich diese Flötze ausbeuten lassen, ohne erschöpft zu werden. Die specifische Schwere der Kohle ist 1,48, ihre chemische Zusammensetzung 57,60 Kohlenstoff, 20,00 bituminöse Substanz, 20,17 Wassergehalt und 3,00 erdige Theile, welche als Asche sich offenbart. Es correspondiren demnach 100 Theile Braunkohle mit 60 Theilen der besten dichten, schweren, wasserlosen Kohle.

Versuche haben gezeigt, dafs die Kohle von Kumi, sobald die Feuerungen gehörig eingerichtet sind, vortheilhaft für Dampfmaschinen verwendet werden kann; für Schmelz-Öfen ist ihre Brauchbarkeit erwiesen; in den Königlichen Arsenalen wird blofs mit Braunkohle gearbeitet und es werden ohne Anstand Arbeiten jeder Art geliefert.

Damit aber dieses nützliche Product ja nicht dem armen Griechenlande eine neue und ergiebige Quelle zur Verbesserung seiner Finanzen gewähre, setzen die Engländer, obgleich einer ihrer Schiffscapitaine auf Befehl seiner Regierung den Werth der Kohle untersuchen mufste und über ihre physischen Eigenschaften nichts Nachtheiliges sagen konnte, den Werth derselben öffentlich herab! England hält am Mittelmeere die bedeutendsten Niederlagen seiner Steinkohlen, deren Absatz durch die Einführung der griechischen Kohle geschmälert werden würde.

12.

Des Grafen v. Pambour „Theorie der Dampfmaschinen."

(Nach der zweiten Auflage dieses Werkes von 1844; möglichst kurz; und mit einigen Anmerkungen des Herausgebers dieses Journals.)

(Fortsetzung der Abhandlung Nr. 8. im 3ten Heft dieses Bandes.)

Zweiter Abschnitt.

Von den Gesetzen der Wirkung des Dampfs und von den Werkzeugen zum Messen der Spannung des Dampfs.

Erste Abtheilung.

Von den Gesetzen der Wirkung des Dampfs.

Vorbemerkung des Herausgebers dieses Journals zu diesem Abschnitt.

„Zum genauern Verständnifs dieses Abschnitts wird es nicht undienlich „sein, die physicalischen Gesetze der Bildung und Wirkung des Wasserdampfs „hier im Voraus möglichst kurz und deutlich im *Zusammenhange* und über- „sichtlich darzustellen, da der Herr Verfasser beim allmäligen Fortschreiten seines „Vortrages sie nur von einander gesondert und einzeln herbeiziehen konnte. „Und zwar werden wir diese Gesetze, sogleich auf Dampfmaschinen angewen- „det, auseinandersetzen."

56.

„Es befinde sich in dem Kessel einer Dampfmaschine bis auf eine ge- „wisse Höhe über dem Boden Wasser von 0 Grad Wärme, oder von dem „Wärmegrade des schmelzenden Eises. Der mit Luft gefüllte Raum im Kessel „über dem Wasser sei z. B. 17000 Cub. Z. grofs. Die Sicherheitsklappe sei „z. B. mit 50 Pfd. Gewicht auf den Quadratzoll beladen."

57.

„Nun werde dieser Kessel über das Feuer gesetzt: so wird das Wasser „*allmälig* verdampft und dabei immer heifser werden. Hat es 100 Centigrade „Wärme erreicht, welches diejenge des Siedens unter dem Druck der atmosphäri-

„schen Luft ist, der auch im Kessel Statt findet, so wird der Raum über dem „Wasser mit einem Dampf ausgefüllt sein, welcher gerade die Spannung der „äufsern Luft hat. Dieser Dampf ist aus der Auflösung *eines Theils* von dem „Wasser in Dampf entstanden, der etwa den *1700ten* Theil des Raums über „dem Wasser beträgt; also in dem obigen Beispiel aus der Verwandlung von „10 C. Z. Wasser in Dampf. Wasser und Dampf haben jetzt die gleiche *fühl-„bare Wärme* von 100 Centigraden; das heifst: ein hunderttheiliger Wärme-„messer (Thermometer), in das Wasser und in den Dampf getaucht, wird „100 Grade anzeigen. Der Dampf hat die Stelle der Luft über dem Wasser „eingenommen, aber diese Luft ist nicht entwichen; sie hatte keinen Ausgang; „die in Dampf aufgelöseten Wassertheile haben sie *durchdrungen.* Dieses war „deshalb möglich, weil nichts anders als *Wärmestoff hinzugekommen* ist, und „dieser Stoff keine *Maafse* hat, denn er hat kein *Gewicht;* ein Körper ist er-„wärmt nicht *schwerer,* als kalt."

58.

„Der aus den 10 C. F. Wasser unter dem Druck *einer* Atmosphäre „erzeugte Dampf, von dem 1700fachen Volumen des Wassers und von der „Spannung *einer* Atmosphäre, hat aber *6½mal* so viel Wärme aufgenommen, „als nöthig sein würde, die 10 C. Zoll Wasser von 0 bis auf 100 Centigraden „zu erwärmen, oder auch, so viel als nöthig sein würde, den 10 C. Z. Wasser, „von 0 ab, 650 Grad Wärme zu geben, wenn dabei *kein* Dampf sich bildete. „Jedoch nur die *einfache* Wärmemenge ist in dem Dampf *fühlbar,* die übrige, „5½fache Wärmemenge befindet sich in dem Dampf *unfühlbar, gebunden* oder „*latent;* sie ist es, welche die Wassertheilchen *von einander hält* und dem „Dampfe seine *Spannung* giebt."

59.

„Der aus den ersten 10 C. Z. Wasser entwickelte Dampf ist unter keinem „stärkern Druck auf das Wasser als dem *einer* Atmosphäre gebildet worden; „denn anfangs hatte die Luft nur diese Spannung, und am Ende hatte der Dampf „sie ebenfalls. Wirkt jetzt das Feuer unter dem Kessel weiter fort, so ent-„wickelt sich ferner ein Theil des Wassers in Dampf. Der Dampf häuft sich „also in dem verschlossenen Raume des Kessels über dem Wasser an. Dadurch „wird er *dichter*, bekommt mehr *Spannung* und drückt also allmälig immer „stärker auf das Wasser. Je stärker aber der Druck auf das Wasser ist, um „so heifser mufs es werden, *ehe es siedet* oder in Dampf sich verwandelt; „jedoch nicht in *demselben,* sondern in *schwächerem* Maafs, als die Zunahme

„des Drucks. Sind z. B. neue 10 C. Z. Wasser in Dampf aufgelöset worden, „so hat der Dampf über dem Wasser die *doppelte* Dichtigkeit erlangt, denn „es befinden sich jetzt in *demselben* Raum über dem Wasser (abgesehen davon, „dafs dieser Raum, falls die verdampften 10 C. Z. Wasser nicht etwa durch „neues Wasser von gleichem Wärmegrade ersetzt worden sind, um 10 C. Z. „gröfser geworden ist) doppelt so viel in Dampf ausgespannte Wassertheilchen; „der verdichtete Dampf nimmt jetzt nur 850mal so viel Raum ein, als das „Wasser, aus welchem er erzeugt wurde, während der Dampf von den ersten „10 C. Z. Wasser 1700mal so viel Raum einnahm. Durch diese Verdichtung „hat der Dampf mehr *Spannung* bekommen, etwa die *doppelte* Spannung, „(*nicht*, nach dem *Mariotte*schen Gesetz für Gase, *genau* die doppelte; aus „Gründen von welchen weiter unten). Also bis etwa zur *doppelten Spannung* stieg jetzt der Druck auf die Oberfläche des Wassers. Gleichwohl ist „seine *fühlbare* Wärme nicht bis auf 200 Centigrade gestiegen, sondern nur „etwa bis auf 121 Centigr. Wenn *dritte* 10 C. Z. Wasser verdampft sind, „wobei wieder die Dichtigkeit und Spannung des Dampfs, also sein Druck „auf die Oberfläche des Wassers zugenommen hat, ist die *fühlbare* Wärme „des Wassers, so wie die des Dampfs, nicht bis auf 300 Grade, sondern nur „bis auf etwa 138 Centigr. gestiegen; bei den vierten 10 C. Z. Wasser nur „bis auf etwa 149 Centigr. u. s. w. So steigt immerfort die *fühlbare* Wärme „des Wassers und des Dampfs, wenn nach und nach mehr Wasser in Dampf „aufgelöset wird; aber in *schwächerem* Maafs, als der Raum des verdampften „Wassertheils und folglich die Dichtigkeit und die Spannung des verdichteten „Dampfes zunimmt."

60.

„Anders verhält es sich mit der Wärmemenge, welche *überhaupt* der „Dampf bei seiner Entstehung aus dem Wasser aufnimmt. Diese ist immer „*dieselbe für die gleiche Wassermasse*, unter welchem Druck auch das Wasser „in Dampf aufgelöset werden mag. *Dieselbe* Wärmemenge, welche die ersten „10 C. Z. Dampf aufnahmen, wird auch von jeden folgenden, unter stets zunehmendem Druck verdampften 10 C. Z. aufgenommen."

„Da nun aber der Dampf selbst, nebst dem Wasser, immer heifser wird, „das heifst immer mehr *fühlbare* Wärme annimmt, so folgt, dafs die *latente* „oder *gebundene* Wärme, welche auf die gleiche verdampfte Wassermasse kommt, „immerfort *abnimmt*. Setzt man z. B.: die ersten 10 C. Z., unter der Spannung *einer* Atmosphäre verdampften Wassers nehmen 650 *Einheiten* Wärme

„auf, so sind davon 100 Einheiten in dem Dampfe *fühlbar* und 550 sind ge- „bunden. Die zweiten, unter stärkerem Druck verdampften 10 C. Z. Wasser „nehmen wieder *ebenfalls* 650 Einheiten Wärmestoff auf, aber davon sind jetzt „121 Einheiten auf 10 C. Zoll Wasser, also 242 Einheiten für die 20 C. Z. „*fühlbar* und die übrigen $2 \cdot 650 - 242 = 1058$ Einheiten sind *gebunden*, folg- „lich kommen jetzt auf 10 C. Z. Wasser nur 529 latente Einheiten, statt 550. „Für die dritten 10 C. Z. Wasser kommen auf dasselbe Wasser-Volumen nur „$\frac{1}{3}(3 \cdot 650 - 3 \cdot 138) = 512$ Einheiten latente Wärme u. s. w.

„Da die *Dichtigkeit* des Dampfs nothwendig in *demselben* Verhältnifs „zunimmt, wie die verdampfte Wassermasse, so wird, wenn *alles* Wasser ver- „dampft ist, der daraus erzeugte Dampf die Dichtigkeit des *Wassers selbst* „haben und die im Dampfe *gebundene* Wärme wird Null sein. Alle weiter „hinzugefügte Wärme würde in dem Dampf *fühlbar* sein.

„Der Haupt-Umstand für Maschinen ist hiebei, dafs *dieselbe* Wärme- „menge, und also *dieselbe* Masse Brennstoff nöthig ist, um die gleiche Wasser- „masse in Dampf unter jedem beliebigen Druck auf das Wasser zu ver- „wandeln."

61.

„Wenn Dampf mit dem Wasser, aus welchem er entstand, *nicht mehr* „*in Berührung ist* und man verstärkt oder schwächt seine fühlbare Wärme, „so *nimmt* der Raum, welchen er ausfüllt, nach dem *Gay-Lussac*'schen Ge- „setz *zu* oder *ab*, ohne dafs die *Spannung* des Dampfs sich änderte. Die „Räume, welche der Dampf für t und t' Centigrade Wärme einnimmt, ver- „halten sich nach diesem Gesetz wie $274 + t$ zu $274 + t'$."

62.

„Wenn sich der Raum, welchen eine bestimmte Masse Dampf einnimmt, „*vergröfsert* oder *verkleinert*, und man sorgt, dafs die *fühlbare* Wärme des „Dampfs unverändert *dieselbe* bleibt, so folgt die *Spannung* des Dampfs dem „*Mariotte*schen Gesetz: sie verhält sich dann umgekehrt wie der *Raum*, wel- „chen der Dampf ausfüllt, oder umgekehrt wie seine *Dichtigkeit*."

63.

„Aber, gleich jeder elastischen Flüssigkeit, hat auch der Dampf die „Eigenschaft, dafs, so wie er (vom erzeugenden Wasser getrennt) in einen „gröfseren Raum sich ausdehnt, und also seine Spannung geringer wird, seine „fühlbare Wärme von selbst abnimmt; und zwar bis zu *demselben* Maafs, „welches sie haben würde, wenn der Dampf, mit *ebenso* starker Spannung,

„noch mit dem erzeugenden Wasser in Berührung wäre. Wenn nun die auf „diese Weise veränderte Wärme, wie es meist in den Maschinen geschieht, „nicht etwa durch äufsere Mittel ersetzt wird (obgleich sonst Wärme nach „aufsen nicht verloren geht), so folgt auch der Dampf dann nicht mehr nach „(§. 62.) dem *Mariotte*schen Gesetz, sondern einer dritten Regel, welche „aus der *Mariotte*schen und der *Gay-Lussac*schen zusammengesetzt ist: die „Räume, welche die gleiche Masse Dampf einnimmt, verhalten sich ***umgekehrt*** „wie die *Spannung* und ***gerade*** wie die *Wärme,* plus einer für alle Span-„nungen ***gleich bleibenden*** Zahl von Wärmegraden."

64.

„Es ist ***Dreierlei*** an dem Dampf mefsbar und zu messen nöthig: ***Erstlich*** „seine *fühlbare Wärme,* durch die Grade eines Thermometers oder Wärme-„messers; *Zweitens* seine *Spannung,* durch den Druck in Gewicht auf die „Einheit des Quadratmaafses, welchen der Dampf auf die Wände des Gefäfses „ausübt, in welchem er eingeschlossen ist, und ***Drittens*** seine ***Dichtigkeit,*** durch „den Raum, in welchen sich der aus der Einheit des Cubikmaafses von Wasser „entstandene Dampf ausdehnt.

„Von diesen Dreien sind die *fühlbare Wärme* und die *Spannung* „am bequemsten und schärfsten mefsbar: erstere unmittelbar durch einen in „den Dampf eingetauchten Wärmemesser (Thermometer); letztere durch die „Höhe einer Quecksilbersäule, auf welche man den Dampf drücken und welche „man von ihm in die Höhe heben läfst. Weniger bequem und scharf würde „die ***Dichtigkeit*** mefsbar sein, weil dazu, bei der allmäligen Verdampfung einer „Masse Wasser, derjenige Theil des Wassers ermittelt werden müfste, aus „welchem der Dampf nach und nach entstanden ist."

65.

Da nach der Erfahrung, wenn Wasser in einem verschlossenen, über „das Feuer gesetzten Gefäfs verdampft wird, wie oben gesagt, die ***fühlbare*** „***Wärme*** und die *Spannung* und, da allmälig immer mehr Wasser in Dampf „verwandelt wird, welcher in demselben Raum eingeschlossen bleibt, auch die „***Dichtigkeit*** des Dampfs immerfort zunimmt: so müssen nothwendig ***Wärme,*** „*Spannung* und ***Dichtigkeit*** des Dampfs nach irgend einem Naturgesetz zu „einander im Verhältnifs stehen; und zwar mufs zu einem bestimmten Maafse „***jedes*** der drei ein bestimmtes Maafs jedes der ***beiden*** andern gehören."

„Welches dieses Gesetz sei, ist noch nicht genau ermittelt; man mufs „sich, um aus dem Einen die beiden Andern zu finden, mit ***Einschaltungs-***

„*Formeln* behelfen, die nach den Ergebnissen von *Proben* aufgestellt und „durch unveränderliche Coëfficienten so eingerichtet sind, dafs, wenn man dem „Buchstaben, der das Maafs des einen der drei: *Wärme, Spannung* und „*Dichtigkeit* bezeichnet, diejenigen Werthe beilegt, die er bei den *Versuchen* „hatte, die Buchstaben, welche die andern beiden der drei bezeichnen, die Werthe „bekommen, welche die *Versuche* als *zugehörig* auswiesen. Von diesen For- „meln nimmt man dann an, dafs sie auch für diejenigen Werthe der Buch- „staben passen werden, welche *nicht* von den Versuchen getroffen wurden. „Von denjenigen Werthen, welche *zwischen* denen bei den Versuchen liegen, „kann dies auch wohl mit hinreichender Sicherheit geschehen: weniger sicher „aber, und selbst unsicher sind die Formeln für Werthe, welche *über jene* „*hinaus* liegen."

66.

„Da die *Wärme* und die zugehörige *Spannung*, wie in (§. 64.) be- „merkt, am besten mefsbar sind, so hat man zuerst für die gegenseitige Ab- „hängigkeit dieser *beiden* Gröfsen Einschaltungsformeln, nach Dem, was genaue „Versuche gaben, aufgestellt. Da diese Formeln, wenn sie, wie die hier unten „(37. und 39.), so eingerichtet sind, dafs sie für den *ganzen* Umfang passen, „über welchen sich Wärme und Spannung bei den *Versuchen* erstreckten, „sehr verwickelt und für die Ausübung wenig passend sind, so theilt der Herr „Verfasser auch noch andere einfachere Formeln (hier unten 32. 33. 34. 35.) „mit, welche *stufenweise* für Spannungen von 0 bis 1, von 1 bis 4 und von „4 bis 50 Atmosphären passen."

67.

„Aber es kommt auch noch auf die *Dichtigkeit* an. Zu der Abhängigkeit „dieser von den beiden andern gelangt man durch Verbindung des *Mariotte*schen „mit dem *Gay-Lussac*schen Gesetz, welche Gesetze ihrerseits durch besondere „Versuche bestätigt worden sind und welche auch für andere elastische Flüssig- „keiten gelten. Das *Mariotte*sche Gesetz bezieht sich auf die Abhängigkeit „der *Spannung* von der *Dichtigkeit* bei *unveränderter Wärme* (§. 62.): das „*Gay-Lussac*sche Gesetz auf die Abhängigkeit der *Dichtigkeit* von der *Wärme* „bei *unveränderter Spannung* (§. 61.). Also giebt die Verbindung beider „Gesetze die Abhängigkeit zwischen allen dreien: *Wärme, Spannung* und „*Dichtigkeit*. Die hieraus hervorgehende Formel ist die weiter unten (48.). „Nach dieser Formel und nach den vorigen (32. bis 35.) ist die Tafel (unten „in §. 82.) berechnet; nemlich zuerst nach (32. bis 35.) die zu bestimmten

„*Spannungen* gehörigen *Wärmegrade*, und dann nach (48.) das zu diesen „beiden gehörige Maafs der *Dichtigkeit*."

68.

„Da es bei den Dampfmaschinen besonders auf die Abhängigkeit der „*Spannung* von der *Dichtigkeit* oder von dem Raum ankommt, in welchen „eine bestimmte Masse Dampf von bestimmter Spannung ausgedehnt ist (oder „umgekehrt), weniger zugleich auf die zugehörige *Wärme*, so ist auch noch „ein *unmittelbarer* Ausdruck der gegenseitigen Abhängigkeit von *Spannung* „und *Dichtigkeit* nöthig. Dieser Ausdruck liefse sich finden, wenn man zwi- „schen dem Ausdrucke der Abhängigkeit zwischen *Spannung* und *Wärme* „(§. 66.) und demjenigen zwischen *Spannung*, *Wärme* und *Dichtigkeit* (§. 67.), „die *Wärme* wegschaffte. Aber die Verbindung, selbst der einfacheren Formeln „(32. bis 35.) mit (48.), würde Schwierigkeiten haben. Deshalb stellt der „Herr Verfasser, statt derjenigen Ausdrücke, welche die Wegschaffung geben „würde, andere, ganz einfache Ausdrücke (hier unten 52. und 53.) auf, welche „(für die verschiedenen Fälle) der *Tafel* angepafst sind, die, wie in (§. 67.) „gesagt, nach den Formeln (32. bis 35.), verbunden mit (48.), berechnet „ist, so dafs sie also ebenfalls diesen Ausdrücken zusammen Angemessenes „geben und folglich die Stelle Dessen vertreten, was die Wegschaffung geben „würde."

„Alles dies hier Vorbemerkte findet sich nun in dem folgenden Vor- „trage des Herrn Verfassers weiter erörtert."

I. Verhältnifs zwischen der Wärme und der Spannung von Dampf, der mit dem ihn erzeugenden Wasser in Berührung ist.

69.

Bei der Berechnung einer Dampfmaschine ist von dem Dampf *Viererlei* zu wissen nöthig:

Erstlich seine *Spannung*, das heifst, die Kraft mit der er in dem Gefäfs, welches ihn einschliefst, auf die Einheit der Wandfläche wirkt. Man unterscheidet von dieser Spannung, welche die *gesammte* (absolute) heifst, die *wirksame*, die der Überschufs jener über die der äufsern Luft ist, und welche also nur bei Hochdruckmaschinen vorkommt.

Zweitens die *Wärme* oder *Temperatur* des Dampfs, die durch die Zahl der Grade gemessen wird, welche ein in den Dampf eingetauchter *Wärmemesser* (*Thermometer*) anzeigt.

Drittens die ***Dichtigkeit,*** welche durch das Gewicht der Cubik-Einheit von Dampf bestimmt wird.

Viertens sein ***Ausdehnungsverhältnifs*** (***specifisches Volumen***), welches im allgemeinen die ***Zahl*** ist, die ausdrückt, das Wievielfache der Raum, in welchen sich der Dampf [in einem verschlossenen Gefäfs] ausgedehnt hat, von dem Raume beträgt, den das Wasser einnahm, aus welchem er erzeugt wurde und dessen ***Gewicht*** also dem seinigen gleich ist. Der ***Ausdehnungs-Raum*** (das ***absolute Volumen***) ist der Raum selbst, welchen ein bestimmtes Gewicht von Dampf ausfüllt. Wenn der Raum, welchen der aus der Wassermasse S unter dem ***Druck*** p auf das Wasser erzeugte Dampf ausfüllt, durch V und sein ***Ausdehnungsverhältnifs*** durch μ bezeichnet wird, hingegen der Raum des aus der ***gleichen*** Wassermasse S unter einem ***andern Druck*** p_1 auf das Wasser erzeugten Dampfs durch V_1 und sein Ausdehnungsverhältnifs durch μ_1, so ist

$$30. \quad \mu S = V \quad \text{und} \quad \mu_1 S = V_1,$$

woraus

$$31. \quad \frac{\mu}{\mu_1} = \frac{V}{V_1}$$

folgt; so dafs also die ***Ausdehnungsverhältnisse*** μ und μ_1 der beiden Arten Dampf sich verhalten wie die Räume, in welche sich die gleichen Gewichte von Dampf ausgedehnt haben. Die Räume V und V_1 haben aber bestimmte ***Grenzen,*** die von den Pressungen p und p_1 abhangen. So z. B. ist für Dampf, der unter einem der Spannung p der äufsern Luft gleichen Druck auf das Wasser erzeugt wird, die Grenze des Raums V, in welchen er sich ausdehnt, 1696mal so grofs als der Raum S, den das erzeugende Wasser einnahm, und folglich ist für dieses p_1 die Grenze von μ gleich 1696.

70.

Nun kann man den Dampf entweder in dem Augenblick seiner Bildung im Kessel und noch in Berührung mit dem Wasser, oder schon davon getrennt betrachten.

Im ersten Fall behält der Dampf mit der gleichen ***Wärme*** die gleiche ***Spannung,*** und umgekehrt; und so wie man ihn stärker erwärmt, nehmen seine Spannung und seine Dichtigkeit von selbst zu [„weil dann mehr Wasser ver-„dampft wird" D. H.]. Die Dichtigkeit und Spannung des Dampfs läfst sich nicht erhöhen, ohne seine Wärme zu verstärken. Der Dampf hat also dann die für seine Wärme ***möglich-gröfste*** Dichtigkeit und Spannung, so dafs ein bestimmtes Verhältnifs zwischen seiner Wärme und Spannung, oder zwischen seiner Wärme und Dichtigkeit Statt findet. [„Da die Dichtigkeit des „Dampfs von dem Raum abhangt, welchen er einnimmt, so hangt dies mit den „obengedachten *Grenzen* für V und μ zusammen." D. H.]

Ist dagegen, *im zweiten Fall,* der Dampf von dem Wasser *getrennt,* und man erhitzt ihn ferner, so hört die vorige Grenze der Dichtigkeit auf, weil kein Wasser mehr da ist, um *mehr* Dampf zu erzeugen und seine *Dichtigkeit* im Verhältnifs der stärkern Wärme zu vergröfsern. Alsdann findet das vorige nothwendige und bestimmte Verhältnifs zwischen der *Wärme* und der *Spannung* des Dampfs nicht mehr Statt: die eine läfst sich durch andere Mittel beliebig vermehren und vermindern, ohne dafs, wie in dem Fall der *gröfsten* Dichtigkeit, die andere nothwendig ab- oder zunähme.

Es sind daher diese beiden Fälle bei dem Dampf bestimmt zu unterscheiden.

71.

Eine der wichtigsten Aufgaben für die Natur des Dampfes ist, die *Spannung* desselben, wenn er mit dem Wasser noch *in Berührung* ist, aus dem *Wärmegrade* zu finden; und umgekehrt diesen aus jener. Die Aufgabe ist nicht allein an sich selbst interessant, sondern auch, wie wir sehen werden, für die Theorie der Dampfmaschinen wichtig.

Man hatte seit lange Versuche angestellt, um diese Aufgabe zu lösen, und die Versuche waren sogar sehr zahlreich, für Dampf, der unter *geringeren* Spannungen, als die der äufsern Luft, erzeugt wird. Beobachtungen für diesen Fall stellten *Southern, Ure* und *Dalton* an. Für höhere Wärmegrade hatten *Taylor* und einige Andere Versuche gemacht; aber sie gingen nicht über 4 bis 5 Atmosphären Spannung hinaus, und wenn einzelne Versuche bis zu 8 Atmosphären reichten, so waren die Zwischengrade nicht ausgefüllt. Wegen der grofsen Schwierigkeit solcher Versuche, wenn man *genauere* Resultate verlangt, so wie auch wegen der Kosten und der Gefahr bei *starken* Spannungen, unterblieben sie lange. Dem Französischen Institut verdankt man hier die Bereicherung unserer Kenntnisse. Dasselbe übertrug den beiden berühmten Physikern *Arago* und *Dulong* jene Versuche; welche dann auch Alles anwendeten, was die gründlichsten wissenschaftlichen Kenntnisse vermochten, um zu *sichern* Resultaten zu gelangen. Die Spannung des Dampfs wurde direct durch Quecksilbersäulen in crystallenen Röhren gemessen, deren Höhe bis zu 83 F. (Pr.) stieg, und die also den Druck von 24 Atmosphären vertraten. Die nöthigen Instrumente wurden eigends durch die geschicktesten Mechaniker verfertigt und es wurden dabei keine Kosten gescheut; weshalb denn das Ermittelte auch volles Vertrauen verdient. (Man findet den Bericht über diese Versuche im 10ten Bande der Schriften der Französischen Akademie der Wissenschaften und im 43ten Bande der Annales de chemie et physique.)

Fügt man zu den Ergebnissen dieser Versuche die von *Southern*, *Dalton* und *Taylor*, so hat man eine sehr enge Reihe von Ergebnissen für Spannungen von $\frac{1}{150}$ bis zu 24 Atmosphären und für Wärme von 0 (dem schmelzenden Eise) bis zu 224 Centigraden. [„Wir werden den 100theiligen „Thermometer nicht auf den 80theiligen Réaumurschen bringen; denn obwohl „in Deutschland der Réaumursche Thermometer im gemeinen Leben mehr „im Gebrauch ist, als der 100theilige, so ist doch auch der letztere nicht „mehr ungebräuchlich, und in Büchern kommt er wohl ebenso häufig vor, als „jener; auch ist die Reduction so sehr leicht, dafs Jeder, der sie etwa wünscht, „sie leicht selbst machen kann. Die Zahl 100theiliger Thermometergrade darf „nur um den 5ten Theil vermindert werden, um die Zahl Réaumurscher Grade „zu finden, und die Zahl dieser nur um den 4ten Theil vergröfsert, um die „Zahl 100theiliger Grade zu haben." D. H.]

72.

Um indessen eine ganz *ununterbrochene* Reihe von Ergebnissen zu haben, kam es noch auf eine Einschaltungsregel an, nach welcher sich die Lücken zwischen den einzelnen Beobachtungen ausfüllen liefsen; welche Regel dann auch wieder die Ergebnisse der Beobachtung selbst ausdrücken mufste. Man hat der Reihe nach folgende Formeln vorgeschlagen.

Erstlich. *Southern* gab eine Formel, welche sehr gut für Spannungen von *weniger* als 1 Atmosphäre pafst; aber weniger gut für stärkere Spannungen. Von 1 bis 4 Atmosphären weichen ihre Ergebnisse mehr von den wahren ab, als die veränderte Formel von *Taylor;* und über 4 Atmosphären hinaus wieder mehr, als die der Formel von *Arago* und *Dulong;* nach welcher sich aufserdem bequemer rechnen läfst. Über 4 Atmosphären hinaus giebt sie Abweichungen bis zu $1\frac{1}{2}$ Centigr.; die *Arago*- und *Dulong*sche Formel nirgends stärkere Abweichungen als $\frac{2}{3}$ Centigr.

Zweitens. Für Spannungen von 1 bis 4 Atm. hatte ursprünglich *Tredgold* eine Formel vorgeschlagen, welche sein Übersetzer *Mellet* veränderte und die, so verändert, die genauste Übereinstimmung mit den Messungen gewährte; weshalb auch *Arago* und *Dulong* sie für *diese* Spannungen annahmen.

Die Formel ist ganz bequem, wenn man nur von halben zu halben Atmosphären eine Tafel aufstellen will. Da wir aber für unsere Zwecke eine Tafel von Pfund zu Pfund Spannung, also etwa von 15tel zu 15tel Atm. nöthig haben, so werden wir eine, weiter unten neben der andern mitgetheilte Formel vorziehen, die, während sie eben so viel Übereinstimmung mit den Beobachtungen gewährt, als die von ***Tredgold***, noch den Vortheil hat, von 4 bis $4\frac{1}{2}$ Atm. ganz mit der ***Dulong-Arago***schen Formel zusammenzufallen; welche dann zur ***weitern*** Fortsetzung dient. Folgendes ist die Vergleichung der Ergebnisse der beiden Formeln mit denen der Beobachtung:

Spannung des Dampfs in Atmosphären.	Beobachtete Wärme.	Wärme, nach *Tredgold-Mellet* berechnet.	Wärme, nach unserer Formel berechnet.	Wärme, nach der *Arago-Dulong*schen Formel berechnet.
1	100 Centigr.	99,96 Centigr.	100 Centigr.	
2,14	123,7 -	123,54 -	123,34 -	
2,8705	133,3 -	133,54 -	133,17 -	
4		145,43 -	144,88 -	
4,5735	149,7 -	150,39 -	149,79 -	149,77

Wie man sieht, entfernen sich die Ergebnisse ***unserer*** Formel von den beobachteten Wärmegraden ungefähr nur eben so viel, als die der ***Tredgold***schen Formel; aber zum Theil in +, statt in —. Für $4\frac{1}{2}$ Atmosphären fallen sie mit denen der ***Arago-Dulong***schen Formel zusammen. Übrigens weichen die Ergebnisse unserer Formel von 1 bis $4\frac{1}{2}$ Atm. nie um mehr als $\frac{2}{5}$ Grad ab.

Drittens. Für Spannungen ***über*** $4\frac{1}{2}$ Atm. drückt die ***Arago-Dulong***sche Regel die Ergebnisse sehr gut mit den Beobachtungen übereinstimmend aus. In der ganzen Ausdehnung von $4\frac{1}{2}$ bis 24 Atm. findet sich nirgend eine gröfsere Abweichung als von $\frac{2}{5}$ Centigr., und meistens nur von $\frac{1}{10}$ Grad. Die Übereinstimmung ist so grofs, dafs man vermuthen möchte, es werde sich, wenn man nach der Formel weiter, bis zu 50 Atm. rechnete, nicht mehr als etwa 1 Centigr. Abweichung ergeben. [„Doch bedarf diese Vermuthung wohl „noch der Bestätigung durch die Erfahrung." D. H.] So haben denn die Herren ***Arago*** und ***Dulong*** zum erstenmal eine Tafel der Wärmegrade des Dampfs bis zu 50 Atm. Spannung zu berechnen vermocht, bei welcher man ***gewifs*** sein kann, [auch über 24 Atmosphären hinaus?], dafs sie keine bedeutende Abweichung von der Wirklichkeit gebe.

Die ***Southern***sche Formel ist also die passendste von 0 bis 1 Atm.; die Formel von ***Tredgold***, so wie die, welche wir statt ihrer vorschlagen, pafst von 1 bis $4\frac{1}{2}$ Atm.; und von $4\frac{1}{2}$ Atm. bis 50 Atm. pafst die ***Arago-Dulong***sche Formel; keiner dieser Ausdrücke aber pafst für ***alle*** Wärmegrade von 0 bis 50 Atm. Man mufs demnach die Tafel nach den verschiedenen Regeln ***absatzweise*** berechnen; was sich nicht vermeiden läfst, da das allgemeine physicalische Gesetz des Zusammenhanges zwischen der Spannung und der Wärme des Dampfs unbekannt ist und der Zusammenhang also nur näherungsweise gefunden werden kann.

73.

Die vier oben genannten Formeln sind folgende, in welchen p die Zahl der ***Preufsischen Pfunde*** bezeichnet, mit welchen der Dampf von t ***Centigraden Wärme*** auf den ***Preufsischen Duodecimal-Quadratzoll*** drückt.

32. 1. $p = 0{,}050431 + \left(\frac{46{,}278 + t}{86{,}194}\right)^{5{,}13}$ ..... Die ***Southern***sche Formel, für 0 bis 1 Atmosphäre Spannung passend; und daraus für t:

2. $t = 86{,}194\,[p - 0{,}050431]^{0{,}195} - 46{,}278$

33. 1. $p = \left(\frac{75 + t}{111{,}3}\right)^{6}$ .... Die ***Tredgold***sche, durch ***Mellet*** veränderte Formel, für 1 bis 4 Atm. Spannung passend; und daraus für t:

2. $t = 111{,}3\,p^{\frac{1}{6}} - 75.$

34. 1. $p = \left(\frac{72{,}67 + t}{109{,}84}\right)^{6}$ .... Unsere Formel, ebenfalls für 1 bis 4 Atm. Spannung passend; und daraus für t:

2. $t = 109{,}84\,p^{\frac{1}{6}} - 72{,}67.$

35. 1. $p = (0{,}48991 + 0{,}012309)^{5}$ ...... Die Formel von ***Arago*** und ***Dulong***, für 4 bis 50 Atm. Spannung passend; und daraus für t:

2. $t = 81{,}241\,p^{\frac{1}{5}} - 39{,}802$

[„Der Herr Verfasser giebt diese Formeln in Französischen und in „Englischen Maafsen und Gewichten. Sie sind hier auf Preufsische Maafse „aus den Angaben der ***Französischen*** Maafse reducirt; und zwar auf folgende „Weise. Die Formel bei dem Herrn Verfasser, z. B. welche die hiesige (32. 1.) „gab, ist

$$36. \quad p_1 = 0{,}0034542 + \left(\frac{46{,}278 + t}{145{,}360}\right)^{5{,}13}.$$

„In dieser Formel ist p_1 die Zahl der ***Kilogramme,*** mit welchen der Dampf

„von t Centigraden Wärme auf den ***Quadrat-Centimeter*** drückt. Da nun „ein Kilogramm $= 2{,}1343$ Preufsischen Pfunden und ein Quadrat-Centimeter „$= 0{,}146187$ Preufsischen Duod. Quadratzollen, also 1 Preufsischer Quadratzoll „$= \frac{1}{0{,}146187}$ Quadrat-Centimetern ist, so würde man, wenn man in (36.) „die ***Zahl*** p_1 erst mit 2,1343 multiplicirte, die Zahl der ***Preufsischen Pfunde*** „finden, mit welchen der Dampf von t Centigr. Wärme auf den ***Quadrat-*** „***Centimeter*** drückt; folglich, wenn man ferner mit $\frac{1}{0{,}146187}$ multiplicirt, die „Zahl p der ***Preufsischen Pfunde*** Druck auf einen ***Preufsischen Quadrat-*** „***zoll.*** Es ist also zusammengenommen p_1 in (36.) mit $2{,}1343 \cdot \frac{1}{0{,}146187} =$ „14,59979 zu multipliciren, um p in (32. 1.) zu finden; und dies ist geschehen. „Auf ähnliche Weise sind die andern Formeln reducirt." D. H.]

74.

Aufser den obigen Formeln giebt es seit lange auch noch einen Ausdruck von ***Biot,*** deren Ergebnisse dieser berühmte Physiker mit denen der Versuche von ***Arago, Dulong*** und ***Taylor,*** so wie mit einer Reihe noch nicht bekannt gemachter Ergebnisse von ***Gay-Lussac*** verglichen und dabei nur so geringe Abweichungen gefunden hat, dafs sie auch wohl auf die Beobachtungen selbst kommen können. Diese Formel hat den Vortheil, für ***alle*** Spannungen, ohne Unterschied, von Null an zu passen. Sie ist folgende

$$37.\qquad \log p = a - a_1 b_1^{20+t} - a_2 b_2^{20+t}.$$

$\log p$ ist der Briggische Logarithme der Zahl von Millimetern Quecksilberhöhe bei 0 Grad Wärme, deren Druck der des Dampfs von t Centesimal-Graden Wärme, am Luftthermometer genommen, gleich ist. Dieser Thermometer mufs nach dem Ausdehnungs-Coëfficienten für die Gase von ***Gay-Lussac*** getheilt sein, dafs heifst, für 0,00375 mal das Volumen der Luft bei Nullgrad Wärme für jeden höhern Wärmegrad. Die Buchstaben a und b in (37.) bezeichnen unveränderliche Zahlen, deren Werthe folgende sind:

$$38.\quad \begin{cases} a = +\,5{,}96131330259, \\ \log a_1 = +\,1{,}82340688193, \\ \log b_1 = -\,0{,}01309734295, \\ \log a_2 = +\,0{,}74110951837, \\ \log b_2 = -\,0{,}00212510583. \end{cases}$$

Diese Formel kann für genaue Untersuchungen über die Wirkung der Spannung des Dampfs sehr nützlich sein, aber, um danach eine Tafel zu berechnen, müfste man erst die Spannung des Luftthermometers, nach dem *Gay-Lussac*schen Coëfficienten getheilt, von Grad zu Grad abziehen und dann die Ergebnisse auf den Quecksilberthermometer übertragen; worauf dann weiter noch eine Einschaltungsrechnung nöthig wäre. Da hingegen die obigen Formeln das Verlangte unmittelbar geben, so haben wir sie zu der Berechnung der Tafel vorgezogen. [„Deshalb ist denn auch hier die Reduction der Formel „(37.) auf Preufsisches Maafs unterblieben." D. H.]

75.

Endlich hat auch noch Herr *Lubbock* (seit der ersten Ausgabe der gegenwärtigen Schrift) eine Formel aufgestellt, welche für eine grofse Stärke der Dampfwärme sehr genaue Ergebnisse liefert und nur für sehr niedrige Grade von der Wirklichkeit abweicht. Zufolge der von ihm mitgetheilten Tafel weicht seine Rechnung für Spannungen von 1 bis 24 Atmosphären nicht über $\frac{1}{5}$ Centigr. von Dem ab, was die *Arago-Dulong*sche Formel, verbunden mit der unsrigen, giebt. Für geringere Spannungen von 1 bis $\frac{1}{4}$ Atm. ist die Formel ebenfalls noch gut passend, aber für noch geringere Spannungen finden sich Abweichungen von 1,43 bis 1,83 auf 82 und 62 Fahrenheitsche Grade der Wärme. Die Formel drückt also zwar nicht allgemein den Zusammenhang zwischen der Wärme und der Spannung des noch mit dem Wasser in Berührung sich befindenden Dampfs aus; allein sie kann gleichwohl nützlich sein. Sie ist folgende:

$$39. \quad t = \frac{116{,}17316}{1{,}17602 - p^{0{,}0134}} - 448.$$

Es bezeichnet hier p die Zahl der ***Atmosphären***, deren Druck dem der Dampfspannung gleich ist; was sich also auch leicht auf die Zahl von Pfunden Druck auf den Quadratzoll reduciren liefse. t ist die Zahl der Wärmegrade des Dampfs nach dem Fahrenheitschen Luftthermometer, der nach dem *Gay-Lussac*schen Ausdehnungs-Coëfficienten getheilt ist: nemlich für jeden Grad höherer Wärme 0,0020833 des Raums trockener Luft von 32 Gr. Fahr. Wärme genommen.

Auch diese Formel kann recht nützlich sein; doch haben wir ihr wegen der nöthigen Umrechnung der Wärmemaafse und wegen der beschwerlichen und unsichern Einschaltungsrechnungen die obigen Formeln vorgezogen. [„Sie ist deshalb hier ebenfalls nicht auf Preufsisches Maafs reducirt worden." D. H.]

II. Zusammenhang zwischen der Spannung und dem Ausdehnungsverhältnifs (dem specifischen Volumen) des Dampfs, welcher mit dem Wasser nicht mehr in Berührung ist, für gleiche Wärmegrade; oder zwischen dem Ausdehnungsverhältnifs und der Wärme für gleiche Spannungen.

76.

Wir haben gesagt, dafs, wenn der Dampf mit dem Wasser noch in ***Berührung*** ist, seine Spannung von seiner Wärme abhängt; und da nun die Dichtigkeit einer elastischen Flüssigkeit durch die Wärme und durch die Spannung bestimmt wird, so folgt, dafs die Dichtigkeit für eine bestimmte Wärme, oder für eine bestimmte Spannung, immer dieselbe ist. Ist dagegen der Dampf ***nicht*** mehr mit dem Wasser in Berührung, so findet nicht mehr der ***nemliche*** Zusammenhang zwischen der ***Wärme*** und der ***Spannung*** Statt. Die Wärme kann zunehmen, ohne dafs die Spannung sich änderte; und umgekehrt. So wie aber Eins oder das Andere sich ändert, ändert sich die Dichtigkeit; wovon die Physiker das Gesetz untersucht haben.

77.

Ein allgemeines Gesetz für Gase und Dämpfe, welches auch ***Arago*** und ***Dulong*** bis zu 27 Atm. Spannung bestätigt fanden, ist das bekannte ***Mariotte***sche: nemlich, ***dafs sich die Spannung oder Dichtigkeit eines Gases, oder des Dampfs, von unveränderter Wärme, umgekehrt wie der Raum verhält, welchen es einnimmt.*** Nimmt eine und dieselbe ***Masse*** oder ein und dasselbe ***Gewicht*** von Dampf ***von gleicher Wärme*** die Räume V und V_1 ein und bezeichnen p und p_1 die Spannungen in den beiden Fällen, so ist

$$40.\quad \frac{p}{p_1} = \frac{V_1}{V}.$$

Also auch, wenn μ und μ_1 das ***specifische Volumen*** des Dampfs in den beiden Fällen bezeichnet, so ist, wie wir in (I.) dieses Abschnitts sagten,

$$41.\quad \frac{p}{p_1} = \frac{\mu_1}{\mu}.$$

Nach diesem Gesetze ***verdoppelt*** sich also z. B. die Spannung des Dampfs, wenn man ihn, ***ohne seine Wärme zu ändern,*** in den ***halben*** Raum zusammenprefst. Aber dieses findet nicht Statt mit Dampf, welcher noch mit dem Wasser in Berührung ist; denn es wird hier vorausgesetzt, dafs bei der Veränderung der Spannung die Wärme sich ***nicht ändern*** soll, während, wie wir sahen, immer die Spannung mit der Wärme von selbst sich ändert; und umgekehrt.

78.

Ein anderes wesentliches Gesetz für den Dampf ist von *Gay-Lussac* gefunden. Demselben zufolge nimmt die Ausdehnung eines bestimmten Gewichts einer elastischen Flüssigkeit, sei sie Gas, oder Dampf, wenn man ihre *Wärme* verändert, während die *Spannung* gleich stark erhalten wird, genau in dem Verhältnifs der *Wärme* zu, und zwar, von 0 bis 100 Centigr. des Quecksilberthermometers Wärme, für jeden dieser Grade um 0,00375 oder $\frac{3}{800}$ des Volumens bei 0 Grade Wärme.

Andrerseits aber stimmt nach den Versuchen von *Petit* und *Dulong* ein *Luftthermometer,* welches einen Grad Wärme für $\frac{3}{800}$ Zunahme des Volumens trockner Luft anzeigt, und welches wegen der Ausdehnung des Glases gehörig berichtigt ist, über 100 Grade hinaus nicht mit dem *Quecksilberthermometer* überein. Die Abweichungen nehmen bis zu 360 Graden, welches die der Siedewärme des Quecksilbers ist, zu; für welche das Luftthermometer blofs 350 Grade anzeigt. Man hatte daraus geschlossen, dafs die Zunahme des Volumens der Gase nur für den wegen der Ausdehnung des Glases gehörig berichtigten *Luftthermometer* unveränderlich und dafs die Ausdehnung des Quecksilbers im Glase zu unregelmäfsig sei, als dafs das Gesetz für Wärmegrade über 100 hinaus darauf Anwendung fände; man glaubte, für höhere Wärmegrade die Grade des Quecksilberthermometers erst auf Luftthermometergrade reduciren zu müssen, und dafs dann erst für diese der Coëfficient $\frac{3}{800}$ gelte.

Späterhin hat *Rudberg* gefunden, dafs der Ausdehnungs-Coëfficient nur 0,003646 betrage; und die Versuche von *Regnault* haben solches bestätigt. Ein hienach getheilter Luftthermometer weicht dann, selbst für hohe Wärmegrade, vom Quecksilberthermometer nur so wenig ab, dafs der Unterschied für unsern Zweck aufser Acht gelassen werden kann. (Man sehe die Annalen der Physik und Chemie von *Poggendorf* Band 41. 43. und 44. und die „Comptes rendus" der Franz. Akademie Band 12. S. 655 und 766; wo sich auch eine von uns gemachte Bemerkung findet.) Wir setzen daher hier, dafs die Ausdehnung der Gase und des Dampfs für jeden Grad des hunderttheiligen Quecksilberthermometers *unveränderlich* 0,00365 $= \frac{1}{274}$ des Volumens des nemlichen Gases für Null Grad Wärme betrage, so dafs also, wenn V_0 das Volumen für 0 Grade, und V_t das Volumen für t Centigr. Wärme bezeichnet,

$$42. \quad V_t = V_0(1+0{,}00365\,t) = V_0\left(1+\frac{t}{274}\right)$$

ist. Für zwei verschiedene Wärmegrade t und t_1 ist demnach, für *gleiche*

Spannungen:

$$43. \quad \frac{V_t}{V_{t_1}} = \frac{274+t}{274+t_1}.$$

Eben so verhalten sich die Ausdehnungsmaafse für die *gleichen* Wärmegrade (31.).

Dieses Gesetz findet für Dampf, der in Berührung mit dem Wasser ist, *nicht* Statt, weil da für ungleiche Wärmegrade die *Spannung* nicht, wie hier vorausgesetzt, unverändert dieselbe bleiben kann.

III. Zusammenhang zwischen dem Ausdehnungsverhältnifs (dem specifischen Volumen), der Spannung und der Wärme von Dampf, der mit dem Wasser in Berührung ist; oder auch nicht.

79.

Wie wir sagten, ist weder das *Mariotte*sche Gesetz *allein*, noch auch das *Gay-Lussac*sche allein, auf Dampf anwendbar, der sich noch mit dem Wasser in Berührung befindet: aber aus beiden zusammen läfst sich für solchen Dampf ein drittes Gesetz für den Zusammenhang des *Volumens* mit einer gleichzeitigen *Wärme und Spannung* ableiten, weil Spannung und Wärme hier von einander abhängig sind.

80.

Gesetzt nemlich, man suche den *Raum*, welchen ein gegebenes Gewicht von Dampf einnehmen wird, der von der Spannung p_1 und der Wärme t_1 zu der Spannung p und der Wärme t übergeht: so läfst sich zuerst annehmen, der Dampf gehe von der *Spannung* p_1 zu der *Spannung* p über, *ohne* dafs sich seine *Wärme* ändert [„das heifst, er nehme einen veränderten *Raum* „ein" D. H.]. Alsdann ist nach dem *Mariotte*schen Gesetz, wenn μ_1 und μ_2 die Ausdehnungsverhältnisse für die beiden Fälle bezeichnen:

$$44. \quad \frac{\mu_2}{\mu_1} = \frac{p_1}{p} \ (41.).$$

Nun setze man ferner, die *Wärme* t_1 gehe in t über, *ohne* dafs sich die *Spannung* ändere [„er nehme also *wieder* einen andern Raum ein" D. H.], so ist jetzt nach dem *Gay-Lussac*schen Gesetz, wenn μ das neue Ausdehnungsverhältnifs bezeichnet:

$$45. \quad \frac{\mu}{\mu_2} = \frac{274+t}{274+t_1} \ (43.).$$

Und (44. mit 45.) multiplicirt giebt

$$46. \quad \frac{\mu}{\mu_1} = \frac{p_1}{p} \cdot \frac{274+t}{274+t_1}.$$

[„Ebenso also verhalten sich auch die Räume V und V_1, welche der „Dampf einnimmt, so dafs auch

$$47. \quad \frac{V}{V_1} = \frac{p_1}{p} \cdot \frac{274+t}{274+t_1}$$

„ist." D. H.]

Diese Formel drückt demnach die Veränderung des *Ausdehnungsverhältnisses* des Dampfs aus, wenn seine *Spannung und Wärme zugleich* sich ändern, und es sind in den Ausdruck für p und t und p_1 und t_1 die Werthe zu setzen, welche für Dampf, der noch mit dem Wasser in Berührung ist, zusammengehören.

81.

Andrerseits ergiebt sich aus den *Gay-Lussac*schen Versuchen, dafs der Raum, welchen Dampf, der noch mit dem Wasser in Berührung ist, bei 100 Centigr. Wärme und unter dem ***Druck der Atmosphäre*** (von 15,0889 Pr. Pfd. auf den Pr. Duod. Q. Z.) einnimmt, 1696mal derjenige des Wassers ist. Es läfst sich also aus (46.) das Ausdehnungsverhältnifs des Dampfs für eine *beliebige* Spannung p und für die zugehörige Wärme t finden, wenn man $\mu_1 = 1696$, $p_1 = 15{,}0889$ und $t_1 = 100$ setzt. Dieses giebt in (46.):

$$48. \quad \mu = \frac{1696 \cdot 15{,}0889}{p} \cdot \frac{274+t}{274+100} = 68{,}4245 \cdot \frac{274+t}{p},$$

woraus dann auch für die Spannung

$$49. \quad p = 68{,}4245 \cdot \frac{274+t}{\mu}$$

folgt. Nach diesen Ausdrücken also läfst sich das *Ausdehnungsverhältnifs* des unter einer gewissen *Spannung* erzeugten Dampfs finden; oder auch blofs aus der Wärme, die dem Dampf für *seine gröfste Dichtigkeit* entspricht.

82.

Berechnet man demnach erst nach den Formeln (32. 33. 34. und 35. in §. 73.), die den verschiedenen Spannungen unter den *gröfsten Dichtigkeiten* entsprechenden *Wärmegrade* für die Zahlen in der ersten Spalte der hier folgenden Tafel, so erhält man die Zahlen der zweiten Spalte. [„Die Zahlen der „ersten Spalte sind die Zahlenwerthe von p in (32. 2. 33. 2. 34. 2. und 35. 2. „in §. 73.). Die Zahlen der zweiten Spalte sind die Zahlenwerthe von t, welche „sich aus diesen Formeln ergeben." D. H.] Setzt man darauf diese Wärme- „grade [also die gefundenen Zahlenwerthe von t] in die Formel (48.), so ergeben sich die Zahlen der dritten Spalte der Tafel, welche die *Ausdehnungsverhältnisse* des Dampfs von 0 bis zu 8 Atmosphären ausdrücken. [„Da in

„der ersten Spalte der Tafel, welche der Herr Verfasser giebt, die Spannung „nur in *Gewicht auf die Einheit der Fläche* ausgedrückt ist, so haben wir „noch in einer vierten Spalte auch die Zahl der *Atmosphären* beigefügt, deren „Druck dem jener Gewichte gleich ist; und zwar nach (§. 81.) für den Druck „der Atmosphäre von

50. 15,0889 Pr. Pfunden auf den Pr. Duod. Quadratzoll gerechnet; „was zur Übersicht noch zu wünschen sein konnte." D. H.]

Diese Tafel erspart nun alle weitern Berechnungen, sowohl der Wärmegrade, als der Ausdehnungsverhältnisse oder der Dichtigkeit des Dampfs. Die Ausdehnung [bis zu 8 Atm.] genügt zu dem Gebrauch für Dampfmaschinen. Zu bemerken ist, dafs wenn wir von Dampf sprechen, der unter einer gewissen Spannung *erzeugt* ist, Dampf verstanden werden mufs, der sich in dem Augenblick der Erzeugung, also noch mit dem Wasser in *Berührung* befindet.

Tafel des Raums, welchen Dampf, der unter verschiedenen Spannungen erzeugt ist, im Vergleich mit dem Raume des Wassers einnimmt.

Spannung des Dampfs in Preufsischen Pfunden auf den Preufsischen Duodecimal-Quadratzoll.	Wärme dieses Dampfs in Graden des 100theiligen Wärmemessers.	Vielfache vom Raume des Wassers, welche der Raum des Dampfs ist.	Spannung des Dampfs in Atmosphären.
1,460	45,9	14992	0,096758
2,920	59,6	7817	0,193516
4,380	68,4	5349	0,290274
5,840	75,1	4090	0,387032
7,300	80,5	3323	0,483790
8,760	85,2	2806	0,580548
10,220	89,2	2432	0,677306
11,680	92,8	2149	0,774064
13,140	94,4	1918	0,870822
14,600	99,0	1748	0,967580
16,060	101,8	1601	1,064338
17,520	104,4	1477	1,161096
18,980	106,7	1373	1,257854
20,440	109,0	1282	1,354612
21,900	111,1	1203	1,451370
23,360	113,0	1133	1,548128
24,820	114,9	1072	1,644886
26,280	116,7	1017	1,741644

Spannung des Dampfs in Preufsischen Pfunden auf den Preufsischen Duodecimal-Quadratzoll.	Wärme dieses Dampfs in Graden des 100theiligen Wärmemessers.	Vielfache vom Raume des Wassers, welche der Raum des Dampfs ist.	Spannung des Dampfs in Atmosphären.
27,740	118,4	967	1,838402
29,200	120,1	923	1,935160
30,660	121,7	882	2,031918
32,120	123,2	845	2,128676
33,580	124,6	811	2,225434
35,039	126,1	780	2,322192
36,499	127,4	752	2,418950
37,959	128,7	726	2,515708
39,419	130,0	701	2,612466
40,879	131,2	678	2,709224
42,339	132,4	657	2,805982
43,799	133,6	637	2,902740
45,259	134,7	618	2,999498
46,719	135,8	600	3,096256
48,179	136,9	583	3,193014
49,639	137,9	568	3,289772
51,099	138,9	553	3,386530
52,559	139,9	539	3,483288
54,019	140,9	525	3,580046
55,479	141,8	513	3,676804
56,939	142,8	501	3,773562
58,399	143,7	489	3,870320
59,859	144,6	478	3,967078
61,319	145,3	468	4,063836
62,779	146,1	458	4,160594
64,239	147,0	448	4,257352
65,699	147,8	439	4,354110
67,159	148,7	430	4,450868
68,619	149,5	422	4,557626
70,079	150,3	414	4,644384
71,539	151,1	406	4,741142
72,999	151,8	399	4,837900
74,459	152,6	392	4,934658

Spannung des Dampfs in Preufsischen Pfunden auf den Preufsischen Duodecimal-Quadratzoll.	Wärme dieses Dampfs in Graden des 100theiligen Wärmemessers.	Vielfache vom Raume des Wassers, welche der Raum des Dampfs ist.	Spannung des Dampfs in Atmosphären.
75,919	153,3	385	5,031416
77,379	154,1	378	5,128174
78,839	154,8	371	5,224932
80,299	155,5	365	5,321690
81,759	156,2	359	5,418448
83,219	156,9	354	5,515206
84,679	157,6	348	5,611964
86,139	158,3	343	5,708722
87,599	158,9	338	5,805480
89,059	159,6	333	5,902238
90,519	160,3	328	5,998996
91,979	160,9	323	6,095754
93,439	161,5	318	6,192512
94,899	162,1	314	6,289270
96,359	162,8	310	6,386028
97,819	163,4	306	6,482786
99,279	164,0	302	6,579544
100,739	164,6	298	6,676302
102,199	165,2	294	6,773060
103,659	165,7	290	6,869818
105,118	166,3	287	6,966576
106,578	166,9	283	7,063334
108,038	167,5	280	7,160092
109,498	168,0	277	7,256850
110,958	168,6	273	7,353608
112,418	169,1	270	7,450366
113,878	169,7	267	7,547124
115,338	170,2	264	7,643882
116,798	170,7	261	7,740640
124,098	173,3	247	8,224430
131,398	175,7	234	8,708220
138,698	178,1	223	9,192010
145,998	180,3	213	9,675800

IV. Unmittelbarer Zusammenhang zwischen dem Ausdehnungs-Verhältnifs und der Spannung des Dampfs, welcher noch mit dem Wasser in Berührung ist.

83.

Wir sahen, dafs die Dichtigkeit und das Ausdehnungsverhältnifs des Dampfs (er sei mit dem Wasser noch in Berührung, oder nicht) so, wie es die Formeln im vorigen Paragraph ausdrücken, von seiner *Spannung* und von seiner *Wärme zugleich* abhängt. [„Z. B. durch die Formel (48.) wird das Ausdeh- „nungsverhältnifs μ durch die Spannung p und die Wärme t ausgedrückt." D. H.] Nun aber weifs man, dafs, so lange der Dampf mit dem Wasser in Berührung ist, die *Wärme* unmittelbar von der *Spannung* abhangt. Es mufs sich also das Ausdehnungsverhältnifs für Dampf, der noch mit dem Wasser in Berührung ist, oder der, wenn man will, die *gröfste* Dichtigkeit für seine Wärme und Spannung hat, *unmittelbar* durch die Spannung ausdrücken lassen, unter welcher er gebildet wurde. Dieses wird geschehen, wenn man zwischen der Formel (48.), welche μ durch p und t ausdrückt, und den Formeln (32. bis 35.) oder auch (37.), welche p durch t ausdrücken, t wegschafft.

84.

Aber hier findet sich eine Schwierigkeit. Die *Biot*sche Formel (37.) nemlich ist ihrer Gestalt nach nicht gut zur Wegschaffung von t geeignet. Die Formeln (32. bis 35.) sind es zwar: aber wenn, in dem Fall von Maschinen mit *Absperrung*, der Dampf im Kessel z. B. mit einer Spannung von 8 oder 10 Atm. erzeugt wird und darauf im Dampfstiefel bis auf 4 oder 1 Atm. oder bis auf noch weniger sich ausdehnt, so weifs man nicht im Voraus, *welche* von den Gleichungen (32. bis 35.) zur Wegschaffung zu nehmen sei. Auch würden die Potenzen und Exponentialgröfsen, welche in den Formeln vorkommen, z. B. wenn man etwa die *Lubbock*sche Formel (36.) benutzen wollte, die Rechnung für die Ausübung zu sehr erschweren. Es läfst sich also aus den obigen Formeln nicht wohl ein für alle Fälle passender Ausdruck aufstellen, und es ist daher auf anderem Wege ein, wenigstens näherungsweise passender Ausdruck zu suchen.

85.

Herr *Navier* hat die Formel

$$51. \quad \mu = \frac{1000}{0{,}09 + 0{,}0000484\,p}$$

vorgeschlagen, wo p die Zahl der Kilogramme Spannung auf den Quadratmeter bezeichnet. Diese Formel pafst zwar gut genug für *starke* Spannungen, aber nicht genug für Spannungen von weniger als 1 Atm.; die gleichwohl bei Maschinen mit Dampfniederschlag vorkommen. Wir geben daher folgende Ausdrücke aus der ersten Auflage der gegenwärtigen Schrift, aber in bequemerer Gestalt; nemlich:

$$52.\quad \begin{cases} 1.\quad \mu = \dfrac{29254}{1{,}784+p} \text{ für Maschinen } \textit{mit} \text{ Dampf-Niederschlag;} \\ 2.\quad \mu = \dfrac{30981}{4{,}395+p} \text{ für Maschinen } \textit{ohne} \text{ Dampf-Niederschlag,} \end{cases}$$

wo p die Zahl der Preufs. *Pfunde* Spannung auf den Preufs. *Quadratzoll* bezeichnet. Soll p die Zahl der Preufsischen *Pfunde* Spannnng auf den *Quadratfufs* bezeichnen, so mufs noch oben und unten mit 144 multiplicirt werden und es ist dann

$$53.\quad \begin{cases} 1.\quad \mu = \dfrac{4212576}{257+p} \text{ für Maschinen } \textit{mit} \text{ Dampf-Niederschlag;} \\ 2.\quad \mu = \dfrac{4461264}{633+p} \text{ für Maschinen } \textit{ohne} \text{ Dampf-Niederschlag.} \end{cases}$$

[„Im Original heifsen diese Formeln für *Französisches* Maafs und Gewicht:

$$54.\quad \mu = \frac{20\,000\,000}{1200+p} \text{ für Maschinen } \textit{mit} \text{ Dampf-Niederschlag;}$$

$$55.\quad \mu = \frac{21\,232\,000}{3020+p} \text{ für Maschinen } \textit{ohne} \text{ Dampf-Niederschlag.}$$

„Da μ *absolute* Zahlen bezeichnet, für welche sich die nemlichen Werthe für „das *gleiche* p ergeben müssen, beziehe es sich auf Französisches oder auf „Preufsisches Maafs, so ist man, um die Formeln auf Preufsisches Maafs zu „reduciren, wie folgt verfahren. Man hat z. B. für die Formel (54.) von den „danach von dem Herrn Verfasser berechneten Werthen von μ aus der weiter „unten folgenden Tafel *zwei* Werthe für *zwei* bestimmte Spannungen genommen, „namentlich die beiden Werthe $1786 = a$ und $198 = b$ für $p_1 = 1$ und $p_2 =$ „10 Kilogr. Spannung auf den Quadrat-Centimeter, was $q_1 = 14{,}6$ und $q_2 =$ „145,998 Pr. Pfunde auf den Pr. Duod. Q. Z. ausmacht, und dann

$$56.\quad \frac{x}{y+q_1} = a \quad \text{und} \quad \frac{x}{y+q_2} = b$$

„gesetzt. Dies giebt, wenn man x und y sucht:

$$57.\quad x = \frac{ab}{a-b}(q_2-q_1) = 29254 \quad \text{und} \quad y = \frac{bq_2-aq_1}{a-b} = 1{,}784,$$

„also $\mu = \dfrac{29254}{1{,}784+p}$; welches die Formel (52. 1.) ist. Auf ähnliche Weise ist „die Formel (52. 2.) berechnet." D. H.]

86.

Nach diesen Formeln ergeben sich folgende Werthe von μ, welchen diejenigen aus der Tafel in (§. 81.) zur Vergleichung gegenübergestellt sind.

Spannung des Dampfs		Vielfaches vom Raume des Wassers, welches der Raum des Dampfs ist.		
In Preufsischen Pfunden auf den Preufsischen Duod. Quadratzoll.	In Atmosphären.	Nach der Tafel in §. 68.	Nach der Formel 52.	Nach der Formel 53.
1,460	0,096758	14992	—	—
2,920	0,193516	7817	—	—
4,380	0,290274	5349	4762	—
5,840	0,387032	4090	3864	—
7,300	0,483790	3323	3326	—
8,760	0,580548	2806	2778	—
10,220	0,677306	2432	2439	—
11,680	0,774064	2149	2174	—
13,140	0,870822	1918	1961	—
14,600	0,967580	1748	1786	1631
21,900	1,451370	1203	1235	1178
29,200	1,935160	923	943	922
36,499	2,418950	752	763	758
43,799	2,902740	637	641	643
51,099	3,386530	553	552	558
58,399	3,870320	489	485	494
65,699	4,354110	439	433	442
72,999	4,837900	399	391	400
80,299	5,321690	365	356	366
87,599	5,805480	338	327	337
94,899	6,289270	314	302	312
102,199	6,773060	294	281	291
109,498	7,256850	277	262	272
116,798	7,740640	261	246	256
124,098	8,224430	247	232	241
131,398	8,708220	234	219	228
138,698	9,192010	223	208	217
145,998	9,675800	213	198	206

87.

Die Formel (52.) pafst also, wie aus dieser Zusammenstellung zu sehen, ganz gut, sowohl für Spannungen über, als unter 1 Atm.; wenigstens in dem Umfange, wie es bei Dampfmaschinen vorkommt. Für $\frac{2}{3}$ bis 3 Atmosphären Spannung, welches die gewöhnlichen Spannungen vor und nach der Absperrung sind, giebt sie sehr nahe die richtigen Werthe. Von $\frac{1}{2}$ bis 5 Atm. weichen die Werthe nicht über $2\frac{1}{2}$ pr. c. von den richtigen ab, und bis 8 Atm. nicht über 5 pr. c. Die Spannung in Maschinen mit Dampf-Niederschlag übersteigt aber nicht leicht $5\frac{1}{2}$ Atm. und sinkt, zufolge Dessen, was der *Watt*sche Spannungsmesser anzeigt, nicht unter $\frac{1}{3}$ Atm. hinab. Also ist die Formel (52.) für Dampfmaschinen *mit* Dampf-Niederschlag, da sie bis zu $\frac{1}{2}$ Atm. auf $2\frac{1}{2}$ pr. c. und bis zu $\frac{1}{3}$ Atm. auf 5 pr. c. zutrifft, hinreichend genau. Auch für Maschinen *ohne* Dampf-Niederschlag würde sie gut genug passen. Aber da in solchen Maschinen die Spannung des Dampfs fast nie unter $1\frac{1}{2}$ Atm. hinabsinkt, so braucht die zu benutzende Formel für niedrige Spannungen nicht genau zu sein; und dann ist die Formel (53.) besser, da sie für höhere Spannungen, wie die obige Vergleichung zeigt, noch näher das Richtige trifft. Für Spannungen von 2 bis 5 Atm. trifft sie sehr gut zu, und von $1\frac{1}{3}$ bis 10 Atm. weicht sie nicht über $2\frac{1}{2}$ pr. c. ab.

Übrigens sind die Formeln (52. und 53.) nicht allein zur Berechnung von Dampfmaschinen nöthig, sondern sie sind auch noch in andern Fällen der Technik nützlich, weil sie der *Wärmegrade* des Dampfs gar nicht bedürfen und die Stelle einer Tafel des Ausdehnungsverhältnisses ersetzen, wenn man eine solche nicht zur Hand hat.

V. Von den nöthigen Wärmegraden zur Bildung des Dampfs.

88.

Es ist noch eine Ermittlung für die Eigenschaften des Dampfs übrig, welche lange die Physiker beschäftigt hat: nemlich die der *Wärmemenge*, welche nöthig ist, um Dampf von bestimmter Spannung zu *erzeugen*.

Bekanntlich läfst sich, wenn Wasser unter dem Druck der äufsern Luft in Dampf verwandelt wird, durch keine Verstärkung des Feuers die Wärme, weder des Wassers, noch des Dampfes, über 100 Centigrade hinaus erhöhen. Es mufs also alle Wärme, die man noch in das Wasser treibt, in den Dampf übergehen und in demselben *gebunden (latent)* werden; denn sie ist dem Wärmemesser nicht mehr fühlbar und wird es nur in dem Augenblick, wo sie beim Niederschlage des Dampfs wieder *frei* wird. Diese *gebundene* Wärme dient offenbar dazu, die Wassertheilchen zu Dampf von einander zu sperren. Der Dampf verbirgt sie auf eine ähnliche Weise, wie das Wasser, wenn es von dem festen Zustande des Eises in den flüssigen übergeht. Es kommt aber darauf an, diese *gebundene Wärme* und ihre Wirkung auf den Dampf zu *messen.*

89.

Einige Versuche *Watts* erregten schon die Vermuthung, dafs der Dampf, in Berührung mit dem verdampfenden Wasser, immer *dieselbe Summe freier und gebundener Wärme* aufnehme, von welcher Spannung oder Dichtigkeit er auch erzeugt werden möge, und die Versuche von *Sharpe* in Manchester und von *Clement* und *Desormes* in Paris bestätigten diese Vermuthung. Daraus folgt dann, dafs die *gebundene* Wärme im Dampf, der mit dem Wasser in Berührung ist, immerfort *abnimmt,* so wie die *freie* Wärme *wächst,* oder so wie der Dampf heifser wird; was sich aus der Zunahme seiner Dichtigkeit erklärt. *Die Summe der gebundenen und der freien Wärme beträgt immer 650 Centigrade.*

Southern glaubte zwar aus einigen Versuchen schliefsen zu müssen, dafs nicht die *Summe* der Wärme im Dampf, sondern vielmehr die *gebundene* Wärme, für sich allein, immer dieselbe sei. Doch fernere Versuche zeigten dies nicht; vielmehr wurde durch die weiter oben genannten Versuche, so wie durch die Erfahrung, dafs immer *dieselbe* Menge von *Brennstoff dasselbe Gewicht von Wasser* in Dampf verwandelt, welches auch *die Spannung* des Dampfs sei, das *Watt*sche Gesetz bestätigt. Indessen gilt dieses Gesetz nur für Dampf, der mit dem Wasser *in Berührung* ist.

90.

Wenn man also Wasser in ein hinreichend festes Gefäfs thut und ihm fortwährend Wärme zuführt, so wird die *gebundene* Wärme in dem Dampf, welcher sich bildet, immerfort *abnehmen,* und wenn der Dampf 650 Centigr. *fühlbare* Wärme erreicht hat, wird er *keine* Wärme weiter *binden,* sondern alle, ferner ihm zugeführte Wärme wird dem Wärmemesser *fühlbar* sein. Es folgt daraus, dafs alsdann der Dampf die Dichtigkeit des Wassers selbst haben wird, weil keine weitere Wärme nöthig ist, um dem Wasser die Dampfform zu geben; was sein müfste, wenn die Spannung noch verstärkt werden sollte. Alles Wasser im Gefäfs wird also nun in Dampf verwandelt sein, und das *Watt*sche Gesetz gilt weiter nicht. Setzt man das Feuer noch weiter fort, so wirkt dasselbe nicht mehr auf einen *flüssigen,* sondern auf einen *gas-*

förmigen Körper, und alle weiter ihm zugeführte Wärme ist dem Wärmemesser *fühlbar*. Das *Watt*sche Gesetz kann hier nicht weiter anwendbar sein, weil sonst, demselben zu Folge, die gebundene Wärmemenge *kleiner als Null* werden müfste; was nicht möglich ist.

91.

Da nun immer dieselbe Menge Brennstoff oder Wärme nöthig ist, um Dampf unter jedem beliebigen Druck auf das Wasser zu erzeugen, so fragt es sich, wie es sich damit näher verhalte.

Setzen wir, in einem Kessel befinde sich, bis zu einer gewissen Höhe über dem Boden, Wasser, und über dem Wasser, bis zur Decke des Kessels, ein freier Raum von 17 000 Cub. Zoll für den Dampf. Der Kessel werde über ein Feuer gesetzt, welches in einer bestimmten Zeit eine bestimmte Menge von Wärmestoff liefert. Sobald das Feuer 10 Cub. Z. Wasser in Dampf verwandelt hat, wird dieser Dampf den *ganzen* Raum von 17 000 Cub. Z. über dem Wasser ausfüllen und folglich seine *Ausdehnung* $\frac{17\,000}{10} = 1700$mal diejenige des Wassers sein, aus welchem er erzeugt wurde [„seine *Dichtigkeit* also „der 1700te Theil der des Wassers" D. H.]. Nach der obigen Tafel in (§. 69.) ist die gesammte Spannung dieses Dampfs gleich dem Druck *einer Atmosphäre* und seine dem Wärmemesser fühlbare Wärme ist 100 Centigrade. Ist nun die Sicherheitsklappe des Kessels mit *keinem* Gewicht, also nur mit dem Druck der äufsern Luft beladen, und dabei die Öffnung derselben grofs genug, so wird, wenn das Feuer fortwirkt, und so stark es auch sein mag, kein Dampf von stärkerer Spannung und von stärkerer fühlbarer Wärme als 100 Centigr. im Kessel erzeugt werden können, sondern, so wie ferner Wasser in Dampf verwandelt wird, wird der Dampf fortwährend durch die Sicherheitsklappe entweichen.

Setzen wir jetzt, die Sicherheitsklappe werde mit 50 Pfund Gewicht auf den Quadratzoll beladen, so dafs also die Klappe jetzt den Druck von 1 Atm. und noch von 50 Pfd. auf den Quadratzoll trägt, so werden erst wieder durch die *ersten* 10 Cub. Z. in Dampf verwandelten Wassers die 17 000 Cub. Z. Raum über dem Wasser im Kessel mit Dampf von 1 Atm. Spannung und 100 Centigr. fühlbarer Wärme ausgefüllt werden; aber wenn nun das Feuer fortwirkt, so wird der Dampf, da er jetzt die Klappe nicht heben kann, in dem Raum über dem Wasser sich *anhäufen*. Die *zweiten* 10 Cub. Z. Wasser werden wieder so viel Dampf liefern, als die *ersten*, und folglich wird der

Dampf über dem Wasser jetzt die *doppelte* Dichtigkeit und mithin das Ausdehnungsverhältnifs $\frac{1}{2}\cdot 1700 = 850$ erlangt haben, also jetzt nach der Tafel (§. 69.) etwa $121\frac{1}{2}$ Centigrade fühlbare Wärme und etwa 32 Pfd. Spannung auf den Quadratzoll besitzen. Da der Dampf mit dieser Spannung die Klappe noch nicht heben kann, so wird sich, wenn ferner das Feuer fortwirkt, abermals Dampf im Kessel anhäufen. Die *dritten* 10 C. Z. verdampften Wassers werden die Dichtigkeit des Dampfs auf das *dreifache,* also sein Ausdehnungsverhältnifs auf $\frac{1}{3}\cdot 1700 = 567$, seine fühlbare Wärme nach der Tafel auf etwa 138 Centigrade und seine Spannung auf $49\frac{2}{3}$ Pfd. auf den Quadratzoll bringen. Aber auch dieser Dampf kann die Sicherheitsklappe noch nicht heben. Erst nachdem in Allem 40 C. Z. Wasser in Dampf verwandelt sind und also sein Ausdehnungsverhältnifs auf $\frac{1}{4}\cdot 1700 = 425$, mithin, nach der Tafel, seine fühlbare Wärme auf etwa 149 Centigr. und seine Spannung auf 68 Pfd. auf den Quadratzoll gebracht ist, wird der Dampf die Klappe *heben* und durch dieselbe entweichen. Seine Spannung und Wärme werden nun fortwährend dieselben bleiben, so lange auch die Verdampfung fortdauert. [„Es ist hier angenommen, „dafs der Raum über dem Wasser im Kessel für den Dampf *nicht zunehme,* „also das Wasser durch die Verdampfung *nicht abnehme,* sondern der ver„dampfte Theil durch anderes Wasser von 100 Centigr. Wärme stetig ersetzt „werde; wie es auch in den Kesseln der Dampfmaschinen geschieht." D. H.]

92.

Bleibt das Feuer stets gleich stark, z. B. so stark, dafs es in jeder Secunde einem Cubikzoll kalten Wassers 650 Centigrade Wärme zuführt, so wird es in jeder Secunde 1 C. Z. Wasser im Kessel in Dampf verwandeln, und dieser Dampf wird, wenn die Belastung der Sicherheitsklappe stark genug ist, der Tafel zufolge, eine Spannung von 15, 32, $49\frac{2}{3}$ und 68 etc. Pfd. auf den Quadratzoll haben, ohne das Feuer *verstärken* zu dürfen, also ohne in gleicher Zeit mehr Heitzstoff zu verbrennen. [„Verstärkt man das Feuer, so wird die Bil„dung des Dampfs *beschleunigt* werden." D. H.]

VI. *Von der Erhaltung der möglich-gröfsten Dichtigkeit des Dampfs während seiner Wirkung in Dampfmaschinen.*

93.

Wenn eine Dampfmaschine im Gange ist, so wird im Kessel fortwährend Dampf von einer gewissen Spannung erzeugt. Vom Kessel strömt derselbe in den Dampfstiefel und nimmt dort eine *geringere* Spannung an. Hat die Maschine eine ***Absperrung*** im Stiefel, so dehnt sich der vom Kessel abgesonderte Dampf im Stiefel noch weiter aus, bis zum Ende des Kolbenlaufs.

Gewöhnlich nimmt man an, dafs bei allen diesen Veränderungen die Spannung des Dampfs und seine ***Wärme*** die nemlichen bleiben, und dafs also die ***Dichtigkeit*** des Dampfs nur nach dem ***Mariotte***schen Gesetz im umgekehrten Verhältnifs des ***Raums*** stehe, welchen er einnimmt. Diese Voraussetzung vereinfacht zwar die Rechnung, aber, da sie der Erfahrung zuwider ist, so müssen wir untersuchen, nach welchem ***Gesetz*** die Veränderung der ***Wärme*** des Dampfs von der Veränderung seiner ***Spannung*** in der Maschine abhängt. Und da nun die Wirkungen des Dampfs wesentlich von dem ***Raum*** abhangen, welchen er ***ausfüllt,*** so müssen wir sehen, welche Veränderungen dieser Raum durch die gleichzeitigen Veränderungen der Wärme und der Spannung erleide. An die Stelle des ***Mariotte***schen Gesetzes mufs hier ein anderes, der Wirklichkeit gemäfseres treten.

94.

Alle elastischen Flüssigkeiten, so wie sie sich ***ausdehnen, verlieren an Wärme.*** Sollte also die Voraussetzung, dafs der in der Maschine sich ausdehnende Dampf seine Wärme beibehalte, erfüllt werden, damit das ***Mariotte***sche Gesetz darauf anwendbar bleibe, so müfste man annehmen, dafs der sich ausdehnende Dampf, so wie er mit dem hinreichend erhitzten Dampfstiefel in Berührung kommt, Zeit genug behalte, um die durch die ***Ausdehnung*** verlorne Wärme ***wieder zu erlangen.*** Aber dies ist wegen der Schnelligkeit der Bewegung des Dampfs durch die Dampfröhre und den Stiefel, welche aufserdem dem Dampf wohl eher Wärme entziehen, als zuführen, nicht der Fall.

95.

Um uns hievon durch die Anschauung zu überzeugen, haben wir bei vielen, in der zweiten Ausgabe der Schrift über Dampfwagen (Cap. II. §. VI. und Cap. VII. §. II.) beschriebenen Versuchen an dem Kessel von Dampfwagen ein Luftthermometer und ein Luftmanometer angebracht, und zwei eben solche Mefswerkzeuge an die Röhre, durch welche der Dampf, der seine Dienste gethan hat, in die freie Luft entweicht. Diese Werkzeuge haben wir beobachtet. Sie zeigten zunächst an, dafs Dampf, welcher sich im Kessel mit einer Gesammtspannung von 2,7 bis 4,4 Atm. entwickelt hatte, nach den Umständen mit einer Gesammtspannung von 1,4 bis 1,03 Atm. in die freie Luft entwich. Hätte nun dieser Dampf seine Wärme beibehalten, so würde er zwar, z. B. mit der Spannung von 1 Atm., aber mit einer Wärme entwichen sein, welche der Spannung von 4 Atm. zukommt. Dem aber war nicht also; vielmehr fand sich bei mehreren hundert Versuchen, dafs der ausströmende Dampf immer genau nur *diejenige Wärme hatte, die seiner Spannung zukam.* Der Wärmemesser (Thermometer), welcher so getheilt war, dafs er die Spannung des Dampfs für *seine gröfste Dichtigkeit anzeigte*, zeigte dieselbe Spannung wie der Dichtigkeitsmesser (Manometer) und stimmte mit einem kleinen Hebermanometer, welchen wir ebenfalls noch an der Ausgangs-Öffnung für den Dampf angebracht hatten, überein. Der Dampf wurde also im Kessel stark gespannt erzeugt, entwich aber mit einer nur geringen Spannung, und nur mit der Wärme, die dieser geringen Spannung gemäfs war. So wie die Spannung des Dampfs bei seiner Wirkung in der Maschine abnahm, verminderte sich auch seine Wärme, und der Dampf *behielt* folglich immer seine *gröfste Dichtigkeit* für die ihr entsprechende Wärme.

96.

Bei der Maschine, mit welcher wir die Versuche anstellten, war der Dampf gegen jede Erkältung von aufsen vollkommen gesichert. Die Dampfröhre vom Kessel nach dem Stiefel hin befand sich, mitten im Dampf, im Kessel selbst, bis zum Schornsteinkasten. Von da bis zu der Einmündung in die Stiefel, ferner in den Stiefeln selbst, und weiter bis zur Ausmündung, befand sich der Dampf überall im Innern des Schornsteinkastens und folglich überall mit der Flamme und den erhitzten Gasen aus der Esse in unmittelbarer Berührung. Der Dampf konnte also in seinem ganzen Lauf durchaus keine Erkältung erfahren.

97.

In andern Maschinen, wo der Erkältung des Dampfs weniger vollkommen vorgebeugt ist, kann ein Theil des Dampfs während seines Laufs *niedergeschlagen* werden, und es kann sich in den Röhren etwas Wasser bilden. Eben so in dem Stiefel einer Maschine mit Niederschlag. In allen diesen Fällen befindet sich dann der Dampf wesentlich mit Wasser fortwährend *in Berührung* und wird also ebenfalls die gröfste, seiner Wärme entsprechende Dichtigkeit bewahren.

98.

Es kann auch noch einen dritten Fall geben, nemlich den, dafs der Dampf im Stiefel *von neuem erwärmt* wird. Auch in diesem Fall findet wieder Gleiches Statt. Das Wasser, welches immer der Dampf von seiner Erzeugung her mitbringt, wird dann in dem Stiefel allmälig verdampft, und der Dampf bleibt also auch hier mit dem Wasser ***in Berührung.*** Würde der Dampfstiefel sehr stark erhitzt, so könnte das in ihn gelangte Wasser ganz verdampft und dann der Dampf selbst weiter erwärmt werden. Aber dieser letztere Fall kommt bei Dampfmaschinen fast gar nicht vor; denn nur bei wenigen wird der Stiefel ***von aufsen*** erwärmt, oder doch nicht so stark, um alles etwa in ihm befindliche Wasser zu verdampfen und dadurch den Dampf selbst noch weiter zu erwärmen. Nur bei den *Cornwallis*schen Maschinen kann der Fall vorkommen. Um aber zu einer allgemeinen Aufstellung zu gelangen, setzen wir diesen Fall einstweilen bei Seite und werden erst weiter unten ihn besprechen.

99.

Im *Allgemeinen* wird also der Dampf während seiner Wirkung im Stiefel immer die seiner Wärme entsprechende *gröfste Dichtigkeit* behalten; eben so, als wenn er nicht aufgehört hätte, mit dem ihn erzeugenden Wasser *in Berührung* zu sein.

Nun haben wir oben in (IV.) dieses Abschnitts gezeigt, dafs für Dampf, der mit dem Wasser in Berührung ist, das Ausdehnungsverhältnifs μ mittels der sehr einfachen Formeln (52. und 53.) durch seine *Spannung* p ausgedrückt wird. Diese Formeln lassen sich *beide* auf

$$58. \quad \mu = \frac{m}{n+p}$$

bringen, wo

59. $\begin{cases} 1.\ m = 4212576 \text{ und } n = 257 \text{ für Maschinen } \textit{mit} \text{ Dampfniederschlag und} \\ 2.\ m = 4461264 \text{ und } n = 633 \text{ für Maschinen } \textit{ohne} \text{ Dampfniederschlag} \end{cases}$

gesetzt werden mufs; und zwar für Pr. Pfunde und Fufse zur Einheit des Gewichts und Maafses.

Werden also S Cub. Z. Wasser in Dampf von p Pfd. Spannung auf den Quadratzoll verwandelt, und bezeichnet dann M die Zahl der Cubikzolle Raum, welchen dieser Dampf einnimmt, so ist

$$60. \quad \frac{M}{S} = \mu = \frac{m}{n+p}.$$

Für irgend eine andere Spannung p_1 und den zugehörigen Raum M_1, aber für *dieselbe* Wassermasse S, würde

$$61. \quad \frac{M_1}{S} = \mu_1 = \frac{m}{n+p_1}$$

sein. Aus (60. und 61.) folgt

$$62.\quad \frac{M}{M_1} = \frac{\mu}{\mu_1} = \frac{n+p_1}{n+p},$$

also *nicht* $\frac{M}{M_1} = \frac{p_1}{p}$; das heifst: die ***Räume,*** welche die ***gleiche*** Dampfmasse von verschiedener ***Spannung*** ausfüllt, verhalten sich ***nicht*** nach dem ***Mariotte***schen Gesetze umgekehrt wie die ***Spannungen,*** sondern umgekehrt wie die Spannungen ***plus einer unveränderlichen Zahl n.***

Aus (62.) folgt

$$63.\quad M = M_1 \cdot \frac{n+p_1}{n+p} \quad \text{und}$$

$$64.\quad p = \frac{M_1}{M} \cdot (n+p_1) - n$$

Diese Gleichungen geben M durch p, und p durch M.

100.

Für den allgemeinen Fall also, nemlich, wenn der Dampfstiefel von aufsen nicht erwärmt wird, geben die Gleichungen (63. und 64.) den Raum oder die Spannung des Dampfs für seine Wirkung in der Maschine. Wird dagegen, wie in (§. 98.) angenommen, dem Dampfe, nachdem er aus dem Kessel getreten ist, werde durch künstliche Mittel seine Wärme unveränderlich erhalten, so folgt er dem *Mariotte*schen Gesetz.

Bezeichnet in diesem Fall μ' das Ausdehnungsverhältnifs des Dampfs, der bei seiner Erzeugung t' Centigr. Wärme haben würde, und p' seine Spannung, wie die Tafel sie angiebt, so ist der Raum, den er einnimmt, für eine beliebige andere Spannung p, aber für ***dieselbe*** Wärme t':

$$65.\quad \mu = \mu' \cdot \frac{p'}{p},$$

und seine Spannung

$$66.\quad p = p' \cdot \frac{\mu'}{\mu}.$$

Will man also die Gleichungen (58. 63. und 64.) auf den gegenwärtigen Fall anwenden, so mufs man

$$67.\quad m = \mu' p \quad \text{und} \quad n = 0$$

setzen. Sie geben dann

$$68.\quad \mu = \mu' \cdot \frac{p'}{p},$$

$$69.\quad \frac{M}{M_1} = \frac{p'}{p} \quad \text{und}$$

$$70.\quad p = p' \cdot \frac{M_1}{M};$$

wie es dem ***Mariotte***schen Gesetze gemäfs ist.

Die allgemeinen Formeln (58. 63. 64.) lassen sich demnach ohne Weiteres auch auf den Fall anwenden, wo der Dampf *wieder erwärmt* wird, sobald man darin nach (67.) $m = \mu' p$ und $n = 0$ setzt; wo sich μ' und p' aus der Tafel ergeben, sobald man den Wärmegrad t' kennt, bis zu welchem der Dampf wieder erwärmt worden ist. Wir haben demnach immer nur die *allgemeinen* Ausdrücke weiter zu berücksichtigen.

101.

Da der *Raum*, welchen ein bestimmtes Gewicht von Dampf für eine bestimmte Spannung einnimmt, ein Haupt-Element bei der Berechnung der Wirkung der Dampfmaschinen ist, so sieht man leicht, dafs der Grundsatz: die *gröfste Dichtigkeit* werde dem Dampf während seiner ganzen Wirkung stets *erhalten*, nebst den darauf gegründeten Formeln, insbesondere dazu diene, nambafte Irrthümer in den Resultaten zu vermeiden.

Man setze z. B. für eine Maschine *mit* Niederschlag werde der Dampf mit 8 Atm. Spannung erzeugt und dehne sich bei seiner Wirkung in der Maschine bis auf $\frac{2}{3}$ Atm. aus, so würde man auf die gewöhnliche Weise voraussetzen, seine Wärme ändere sich *nicht* und der Dampf folge also dem *Mariotte*schen Gesetz. Der Dampf von 8 Atm. Spannung nimmt zufolge der Tafel (§. 81.) 249mal den Raum des Wassers ein, aus welchem er erzeugt ist: also würde er sich bis zu $\frac{2}{3}$ Atm. Spannung, nach dem *Mariotte*schen Gesetz, bis auf $\frac{8}{\frac{2}{3}} \cdot 249 = 2988$mal den Raum des Wassers ausdehnen müssen. Man nimmt hier also an, Dampf von $\frac{2}{3}$ Atm. Spannung fülle 2988mal den Raum des Wassers. Allein nach der Tafel in (§. 85.) füllt er denselben nur 2422mal. Man rechnet demnach an 20 pr. c. zuviel an Raum, und folglich für die Wirkung der Maschine. Dieser Irrthum wird vermieden, wenn man sich der obigen Formeln und der Tafel in (§. 85.) bedient.

Für Maschinen *ohne* Niederschlag ist der Fehler ebenfalls noch bedeutend; obgleich geringer. Wird z. B. für eine solche Maschine der Dampf mit 5 Atm. Spannung erzeugt, und mit 2 Atm. verbraucht, so würde, da nach der Tafel in (§. 81.) Dampf von 5 Atm. Spannung etwa 380mal den Raum des Wassers ausfüllt, dieser Dampf bis zu 2 Atm. Spannung nach dem *Mariotte*schen Gesetz bis auf den $\frac{5}{2} \cdot 380 = 950$fachen Raum des Wassers sich ausdehnen müssen, während dieser Raum nach der Tafel in (§. 71.) nur etwa der 880fache Raum des Wassers ist; so dafs man also hier etwa 6 pr. c. zu viel rechnen würde; was wiederum die obigen Formeln vermeiden.

102.

Für geringe Veränderungen der Spannung, wie es häufig vorkommt, ist der Fehler bei der Anwendung des *Mariotte*schen Gesetzes unbedeutend.

Zweite Abtheilung.

Von den gebräuchlichen Werkzeugen zum Messen der Dampfspannung.

103.

Diese Werzeuge sind von zweierlei Art. Der ***Quecksilber-Spannungsmesser*** (Manometer) giebt die Dampfspannung an, wenn sie in einem Gefäfse ***unveränderlich*** ist: der ***Wattsche Spannungsmesser*** giebt die Spannung an, wenn sie sich in Folge der Veränderung der Gröfse des Raums oder anderer Umstände ***stetig ändert.***

I. Der Quecksilber- oder Heber-Spannungsmesser (Manometer).

104.

Derselbe, so genannt, weil er durch eine Quecksilbersäule in einem Heber die Dampfspannung mifst, ist einem gewöhnlichen Barometer ähnlich. Fig. 1. Taf. No. 1. stellt ihn vor. ***Mbm*** ist eine eiserne, in Form eines Hebers gebogene Röhre, welche in ihren beiden Armen Quecksilber bis zu den Puncten ***M*** und ***m*** enthält, wo sich zwei eingeschraubte Pflöcke befinden, welche zwei kleine Öffnungen in der Röhre verschliefsen. ***FG*** ist ein mit Wasser bis zu dem Hahn ***e*** hinauf gefülltes Gefäfs; durch den Hahn ***e*** kann das etwa überflüssige Wasser abgelassen werden. Endlich ist ***c*** eine Röhre, welche nach dem Gefäfse hingeht, in welchem sich der Dampf befindet. Diese Röhre kann nach Belieben durch den Hahn ***d*** verschlossen werden. Der Heber-Arm ***M*** wird oben durch den Hahn ***R*** verschlossen, der andere Arm ***m*** ist aber nach der freien Luft hin offen.

Der durch die Röhre ***c*** in das Gefäfs ***FG*** strömende Dampf drückt nun auf das Wasser in ***FG*** vermöge seiner Spannung und treibt das Quecksilber im Heber in ***m*** in die Höhe, bis es mit der Spannung des Dampfs, zusammen mit dem Gewicht des Wassers in dem Arm ***M,*** im Gleichgewicht steht. Ein kleiner metallener Schwimmer wird in ***m*** von dem Quecksilber getragen und steigt mit ihm in die Höhe, und ein Zeiger ***S,*** der an einem seidenen, über die Rolle ***p*** gehenden Faden an dem Schwimmer hängt, senkt sich um eben so viel vor einer Scale zwischen den beiden Heber-Armen nieder und zeigt also die durch die Dampfspannung hervorgebrachten Veränderungen der Höhe des Quecksilbers an. Auch befestigt man zuweilen an die Rolle einen Zeiger, der auf einem eingetheilten Kreise Grade anzeigt; was dann die Stelle des Zeigers *S* und der Scale vertritt.

105.

Vor dem Gebrauch mufs man dieses Werkzeug erst *einrichten.* Zuerst mufs man nachsehen, ob die Heber-Arme auch bis *M* und *m* ganz mit Quecksilber und bis *e* mit Wasser gefüllt sind. Zu dem Ende schliefst man den Hahn *d,* öffnet den Hahn *R* und schraubt den Pflock *M* ab, um das Wasser aus *FG* abzulassen. Dann schüttet man durch *R* etwas Quecksilber ein, bis es durch *M* abläuft, und darauf, nachdem der Pflock *M* wieder eingeschraubt ist, giefst man, ebenfalls durch *R,* Wasser ein, bis es durch den noch offen gehaltenen Hahn *e* abfliefst. Nun schliefst man *e* und *R.* Alsdann steht das Quecksilber und das Wasser auf der verlangten Höhe. Alles dies ist nöthig, weil die Scale, wie sich sogleich zeigen wird, in der Voraussetzung getheilt ist, dafs der Arm *m nur* Quecksilber enthalte, und dafs in *M* Anfangs *Wasser* über dem Quecksilber bis zur Höhe *e* stehe.

Ferner mufs man sich versichern, dafs der Zeiger an der Scale oder auf dem Kreise auf Null zeige, weil jetzt auf *M* nur die Luft drückt. Zeigt der Zeiger nicht auf Null, so verlängert oder verkürzt man den Faden, oder stellt danach die Nadel auf der kreisförmigen Scale.

So berichtigt ist das Werkzeug zum Gebrauch fertig. Man öffnet nun den Hahn *d* und läfst den Dampf in das Gefäfs *FG* treten. Nachdem man aus demselben noch durch den Hahn *e* die Luft hat ausströmen lassen, verschliefst man *e,* und der Zeiger zeigt nun die Stärke der Dampfspannung an.

Die erste der oben beschriebenen Vorbereitungen, nemlich die Untersuchung, ob die Röhre mit Quecksilber gefüllt sei, ist nur vor dem *ersten* Gebrauch des Werkzeuges und hernach nur selten nöthig. Späterhin hat man nur öfters den Hahn *e* zu öffnen, um das Wasser, welches sich in *FG* aus dem Dampf niedergeschlagen hat, abzulassen, und dann nachzusehen, ob der Zeiger auf Null stehe, wenn wieder Luft durch *M* eingetreten ist. [„Dafs „Dampf, sobald derselbe das Wasser in *FG* berührt, *niedergeschlagen* wird, „kann nicht das Maafs der Spannung des *nachströmenden* Dampfs, welcher das „Quecksilber das Gleichgewicht halten mufs, ändern, sondern es kann daraus „nur insofern ein Fehler entstehen, dafs jetzt etwas mehr Wasser in *FG* auf „das Quecksilber drückt, als es sein sollte." D. H.]

106.

Um die Theilung der Scale zu machen, oder zu berichtigen, ist eine kleine Rechnung nöthig. Die Zahl der Pr. Pfunde, mit welcher der Dampf auf den Pr. Quadratzoll drückt, sei $= P$: man will wissen, bis auf welche Höhe diese Spannung das Quecksilber in m hinauftreiben werde.

Zuerst ist zu erwägen, dafs M und m in der *Mitte* der ganzen Höhe des Werkzeuges sein müssen. Dann kann nie Wasser in den Heber-Arm m gelangen. Sodann mufs, was keine Schwierigkeit hat, der Querschnitt des Wassergefäfses FG gegen den Querschnitt der Röhre Mm *so grofs* sein, dafs, selbst wenn auch der Arm M ganz mit Wasser sich gefüllt hat, die Oberfläche des Wassers in FG nur unbedeutend gesunken ist.

Steigt nun alsdann das Quecksilber in dem Arm m um x, so sinkt es in dem Arm M ebenfalls um x, und der Unterschied der beiden Quecksilbersäulen ist also $= 2x$. Mithin drückt nun in dem Arm m eine $2x$ hohe Quecksilbersäule nebst der Luft nach unten, und in dem Arm M drückt die Spannung des Dampfs entgegen, nebst einer Wassersäule von der Höhe, in welcher sich jetzt e über der Oberfläche des Quecksilbers in M befindet, welche Höhe durch $x+k$ bezeichnet werden mag. Eins mufs mit dem Andern im Gleichgewicht sein. Bezeichnet man also durch h und H die Höhen der Quecksilbersäulen, welche dem Druck der äufsern Luft und der Spannung P des Dampfs das Gleichgewicht halten, und setzt das Quecksilber δmal so schwer als Wasser, so mufs

$$71. \quad 2x+h = H+\frac{x+k}{\delta}$$

sein, welches $[2\delta x+h\delta = H\delta+x+k$ oder $(2\delta-1)x = (H-h)\delta+k$, also$]$

$$72. \quad x = \frac{(H-h)\delta+k}{2\delta-1}$$

giebt; welches die Höhe x ist, auf welche die Spannung P des Dampfs das Quecksilber in der Röhre m emportreibt.

107.

In Preufsischem Maafs und Gewicht beträgt der Druck der Luft 15,0889 Pfund auf den Quadratzoll (50.), und die Höhe der Quecksilbersäule, welche diesem Drucke das Gleichgewicht hält, ist

$$73. \quad h = 29{,}0568 \text{ Zoll.}$$

Dieses giebt für die Höhe H der Quecksilbersäule, welche den P Pfunden

Druck auf den Q. Z. der Dampfspannung das Gleichgewicht hält,

$$74.\quad \boldsymbol{H} = \frac{29{,}0568}{15{,}0889}\boldsymbol{P}.$$

Ferner ist das Quecksilber

$$75.\quad \delta = 13{,}568\text{mal so schwer als das Wasser.}$$

Diese Werthe von $\boldsymbol{H}$, $\boldsymbol{h}$ und δ in (72.) gesetzt geben

$$x = \frac{\left(\frac{29{,}0568}{15{,}0889}P - 29{,}0568\right)13{,}568 + k}{2\cdot 13{,}568 - 1} = \frac{29{,}0568(P-15{,}0889)\,13{,}568 + 15{,}0889\,k}{15{,}0889(2\cdot 13{,}568-1)}$$

oder

$$76.\quad x = 0{,}9998(\boldsymbol{P} - 15{,}0889) + 0{,}03826\,\boldsymbol{k},$$

[„wofür man auch wohl, nahe genug, blofs

$$77.\quad x = \boldsymbol{P} - 15{,}0889 + 0{,}03826\,\boldsymbol{k}$$

„setzen kann." D. H.]

Die Gröfse $\boldsymbol{P}$ — 15,0889 ist die ***wirksame*** Spannung des Dampfs [„nemlich die gesammte Spannung nach Abzug des Drucks der Luft, welche letztere 15,0889 Pfd. auf den Quadratzoll beträgt (50.)" D. H.]; und die ***wirksame*** Spannung kommt auch in der Ausübung meistens nur in Rechnung. Die Höhe x am Zeiger ist also [nach 77.] unmittelbar der wirksamen Spannung $+0{,}03826\,\boldsymbol{k}$ Zollen gleich. Nun ist $0{,}03826\,\boldsymbol{k}$ die Höhe am Zeiger für die ***wirksame*** Spannung 0; wie aus (77. oder 76.) zu sehen, denn für diese ist $\boldsymbol{P} - 15{,}0889 = 0$, also $x = 0{,}03826\,\boldsymbol{k}$. Man darf also diese Höhe nur ein für allemal an der Scale bemerken und den Nullpunct ***dort*** setzen; dann zeigt die Scale unmittelbar und ohne alle weitere Rechnung [nemlich wenn man (77.) statt (76.) annimmt] die ***wirksame*** Spannung an. Z. B. 70 Zoll an der Scale geben 70 Pfd. ***wirksame*** Spannung des Dampfs auf den Quadratzoll an. Die Scale wird natürlich in ***gleiche*** Theile getheilt.

108.

Da die Scale die ***halbe*** Höhe des Instruments einnimmt, so bedarf dasselbe für Maschinen mit niedrigem Druck, wo die Dampfspannung nie über 4 bis 5 Pfd. auf den Quadratzoll steigt, nur die geringe Höhe von etwa 1 Fufs. Für Hochdruckmaschinen, wo die Dampfspannung bis auf 6 Atm., also bis auf 90 Pfd. auf den Q. Z. steigt, mufs der Spannungsmesser 15 bis 16 Fufs hoch sein. Die halbe Höhe kann unter den Boden gelegt werden. Da das Werkzeug sonst leicht zu machen ist, so sollte es an keiner stehenden Maschine fehlen.

II. Der barometrische Spannungsmesser oder der Spannungsmesser des Niederschlag-Gefäfses.

109.

Für Maschinen mit *Niederschlag* ist, aufser dem vorhin beschriebenen Spannungsmesser, noch ein zweites barometrisches Werkzeug nöthig, um die Spannung der in dem Niederschlaggefäfs durch die theilweise Verdichtung der Dämpfe entstehenden unvollkommnen Leere zu messen. Dieses Instrument ist dem vorigen ähnlich, jedoch etwas verändert, weil hier nur Spannungen von weniger als dem Druck der Luft zu messen sind. Es besteht aus einer umgekehrten Heberröhre aus Metall oder Glas (Taf. No. I. Fig. 6.), überall genau von gleichem Querschnitt und mit Quecksilber bis etwas über die Mitte der Höhe gefüllt. Das eine Ende der Röhre ist gegen die Luft hin offen, das andere steht mit dem Niederschlag-Gefäfs mittels einer kleinen kupfernen Röhre in Verbindung, die durch einen Hahn verschlossen werden kann. So wie das Kühlgefäfs durch die Luftpumpe ausgeschöpft ist, ist auch die Leere in dem mit dem Kühlfafs in Verbindung stehenden Arm des Spannungsmessers hervorgebracht und die Luft drückt also nun in diesem Arm von dem andern Ende her das Quecksilber so lange in die Höhe, bis sein Gewicht, zusammen mit der Spannung in dem Kühlgefäfs, ihr das Gleichgewicht hält. Ein Schwimmer auf dem Quecksilber in dem offenen Arm senkt sich, während das Quecksilber in dem andern Arme steigt, und zeigt so auf einer eingetheilten Scale die Spannung des Dampfs im Kühlgefäfs an. Damit der Schwimmer sichtbar sei, ist über die metallene eine gläserne Röhre gekittet, in welcher der Schwimmer auf- und niedersteigt. Wie man sieht, ist dieser Spannungsmesser ganz dem vorigen ähnlich, nur dafs das Quecksilber hier in dem nicht mit der äufsern Luft in Verbindung stehenden Arm, sondern in dem andern Arm in die Höhe getrieben wird und das Gefäfs voll Wasser nicht nöthig ist; wodurch das Werkzeug noch einfacher wird.

110.

Auch die Theilung der Scale ist hier noch einfacher, weil keine Wassersäule in Betracht kommt, sondern nur das gehobene Quecksilber. Da eine Quecksilbersäule von 29,0568 Pr. Duod. Z. hoch dem Druck der Luft das Gleichgewicht hält (73.) und dieser Druck 15,0889 Pr. Pfunde auf den Quadratzoll beträgt, so zeigt $\frac{29,0568}{15,0889} = 1,9257$ Z. Unterschied des Quecksilberstandes in den beiden Heberröhren und folglich $\frac{1}{2} \cdot 1,9257 =$

78. 0,96285 Zoll Höhe an der Scale 1 Pfd. Spannung auf den Quadratzoll an.

Der Nullpunct der Scale mufs also $\frac{1}{2} \cdot 29{,}0568 = 14{,}5284$ Zoll tief unter den Punct gelegt werden, in welchem das Quecksilber, wenn beide Heber-Arme *offen* sind, in der Wage steht, und von da an werden auf der Scale gleiche Theile von 0,96285 Zoll hoch vermerkt, die dann jeder Ein Pfund Spannung auf den Quadratzoll anzeigen.

111.

Da das Werkzeug auf diese Weise gerade für die Barometerhöhe von 29,0568 Zoll eingerichtet ist, der Barometerstand aber immerfort sich verändert, so mufs man, um auf diese Veränderung Rücksicht zu nehmen (was bei geringen Spannungen nöthig ist) den Nullpunct, je nach den Abweichungen des Barometerstandes, nach einem gewöhnlichen Barometer berichtigen. Z. B. wenn bei einer Beobachtung der Barometerstand allgemein $= h$ wäre, so würde jeder Theil der Scale nicht 1 Pfd. sondern nur

79. $\frac{h}{29{,}0568}$ Pfund Spannung auf den Quadratzoll anzeigen.

112.

Man giebt auch dem Spannungsmesser des Kühlgefäfses nach (Fig. 5. Taf. No. I.) eine gerade gläserne Röhre, deren oberes Ende mit dem Kühlgefäfs mittels einer kleinen kupfernen Röhre in Verbindung steht, und die unten in ein kleines, mit Quecksilber gefülltes Gefäfs eintaucht. So wie in dem Kühlgefäfs die Leere entsteht, steigt das Quecksilber in der gläsernen Röhre in die Höhe, bis die Quecksilbersäule, mit der verminderten Spannung des Dampfs im Kühlgefäfs zusammen, dem Druck der Atmosphäre auf die obere Fläche des untern offenen Gefäfses das Gleichgewicht hält. Hier also zeigt das Steigen in der einen Röhre *allein* die Abnahme der Spannung an, da die Oberfläche des Quecksilbers in dem untern offenen Gefäfs immer fast auf derselben Höhe stehen bleibt. Es müssen mithin die Theile der Scale *doppelt so grofs* sein, wie bei dem vorigen Spannungsmesser, und der Nullpunct mufs 29,0568 Zoll hoch über der Oberfläche des Quecksilbers im untern Gefäfs liegen. 1,9257 Zoll an der Scale geben 1 Pfd. Spannung auf den Quadratzoll, und wiederum, für eine beliebige andere Barometerhöhe h, wie in (79.), $\frac{h}{29{,}0568}$ Pfunde.

Beide Arten von Werkzeugen brauchen nur etwa 31 Zoll hoch zu sein. An der kupfernen Röhre, welche nach dem Kühlgefäfs führt, mufs ein kleiner Hahn sein, um die Röhre absperren zu können, wenn das Werkzeug nicht gebraucht wird.

III. Von dem Spannungsmesser durch Luft (dem Luft-Manometer) und einigen andern Werkzeugen zum Messen der Dampfspannung.

113.

Der *Spannungsmesser durch Luft* ist für Hochdruckmaschinen sehr gebräuchlich, weil der Spannungsmesser durch Quecksilber dort eine bedeutende Höhe erfordert und deshalb schwierig anzubringen und theuer ist.

Fig. 7. Taf. No. 1. stellt den Luftspannungsmesser vor. Die gläserne Röhre *tt* ist oben verschlossen; die Spannung des Dampfs prefst die Luft in derselben zusammen, und die Verminderung des Raums für die Luft mifst die Spannung. Die Luft darf nicht den ganzen Raum der Röhre einnehmen. Man schüttet deshalb erst etwas Quecksilber hinein, und dann taucht man sie mit ihrem offenen Ende in ein mit Quecksilber gefülltes kleines Gefäfs *AB*. Hierauf schraubt und kittet man auf dieses Gefäfs einen Deckel, durch welchen die gläserne Röhre hindurchgeht. Dieser Durchgang wird fest verkittet, und es ist darauf zu sehen, dafs die Röhre nicht ganz den Boden von *AB* erreiche, damit das Quecksilber frei in die Röhre gelangen könne. Eine Röhre *c* geht durch den Boden von *AB* und nach dem Dampfkessel hin. Dieselbe kann durch den Hahn *d* verschlossen werden. Längs der gläsernen Röhre hinauf ist eine Scale, welche die durch das Aufsteigen des Quecksilbers entstandene Spannung der zusammengeprefsten Luft anzeigt. So wie der Hahn *d* geöffnet wird, tritt der Dampf in das Gefäfs *AB*, drückt auf die Oberfläche des Quecksilbers in demselben und treibt dasselbe in der Röhre so weit in die Höhe, bis die Höhe der Quecksilbersäule, zusammen mit der Spannung der zusammengeprefsten Luft, der Spannung des Dampfs das Gleichgewicht hält.

114.

Die Gesammtspannung des Dampfs sei dem Druck einer Quecksilbersäule von P und der Druck der Luft dem einer Säule von ϱ Pr. Duod. Zoll hoch gleich. Die ganze Länge der gläsernen Röhre von ihrem Gipfel bis auf die Oberfläche des Quecksilbers in dem Gefäfse *AB*, welche als unveränderlich anzunehmen ist, wenn man das Gefäfs gegen die Röhre hinreichend grofs macht, sei $= L$ Zoll. Das Quecksilber steige in die Röhre h Zoll hoch hinauf, wenn auf dasjenige in *AB* blofs die Luft, und H Zoll hoch, wenn der Dampf mit der Spannung P darauf drückt.

Im ersten Fall ist die Spannung der Luft über dem Quecksilber in der Röhre gleich dem Druck einer Quecksilbersäule von $\varrho - h$, im andern Fall von $P-H$ Zoll hoch; die Höhe, und folglich die Gröfse des Luftraums dagegen ist in dem ersten Fall $L-h$, im andern $L-H$: also ist, nach dem *Mariotte*schen Gesetz:

$$80. \quad \frac{L-h}{L-H} = \frac{P-H}{\varrho-h},$$

woraus

$$81. \quad P = H+(\varrho-h)\frac{L-h}{L-H}$$

folgt; welches also die gesuchte gesammte Dampfspannung P giebt, und zwar in Zollen der Höhe einer Quecksilbersäule, deren Druck der Spannung gleich ist. Da nun $\varrho = 29{,}0568$ Zoll hoch Quecksilber dem Druck der Luft von 15,0889 Pfd. auf den Quadratzoll das Gleichgewicht halten (73. und 50.), so giebt (81.) für die Spannung des Dampfs in Pfunden auf den Quadratzoll:

$$82. \quad P_1 = \frac{15{,}0889}{29{,}0568}P = 0{,}5193\left[H+(29{,}0568-h)\frac{L-h}{L-H}\right].$$

In diesem Ausdruck sind L, H und h Zahlen von *Zollen* und P_1 ist eine Zahl von *Pfunden.* Z. B. wenn $L=15$ und $h=3$ Zoll wäre und der Dampf triebe das Quecksilber in der Röhre auf $H=9$ Zoll in die Höhe, so würde die *gesammte* Spannung dieses Dampfs nach (82.)

$$P_1 = 0{,}5193\left[9+(29{,}0568-3)\frac{15-3}{15-9}\right] = 31{,}7363 \text{ Pfd.},$$

folglich die *wirksame* Spannung desselben 31,7363 — 15,0889 = 16,6474 Pfd. auf den Quadratzoll betragen.

Nach dem Ausdruck (82.) berechnet man nun für verschiedene Höhen H die Spannungen P_1 und richtet danach die Scale ein.

115.

Wenn die gläserne Röhre blofs in das Quecksilber eingetaucht wird, ohne vorher theilweise damit gefüllt zu sein, so ist $h=0$, also in (82.)

$$83. \quad P_1 = 0{,}5193\left[H+\frac{29{,}0568\,L}{L-H}\right]$$

und man bekommt eine näherungsweise Theilung der Scale, wenn man die Höhe der Röhre über der Quecksilber-Oberfläche in AB in 2, 3, 4, 5 etc. gleiche Theile theilt, um die Puncte der Scale für 2, 3, 4, 5 etc. Atm. zu finden; wobei dann die in der Röhre aufgestiegene Quecksilbersäule aufser Acht gelassen wird, [„was aber doch eine *bedeutende* Weglassung sein „würde." D. H.]

116.

Einestheils ist die Höhe der zusammengeprefsten Luft über dem Quecksilber in der Röhre für starke Spannungen des Dampfs nur noch sehr klein: anderntheils setzt das *Mariotte*sche Gesetz, auf welchem die Theilung der Scale beruht, voraus, dafs die Luft ihre *Wärme* nicht ändere; was hier bei sehr starken und also sehr heifsen Dämpfen nicht der Fall ist. Ferner mufs die Luft in der Röhre immer völlig *trocken* sein, weil sich etwaige Feuchtigkeit in derselben in Dampf verwandeln und die Spannung der Luft ändern würde, und endlich kann, im Fall etwa der Hahn *d* nicht verschlossen worden wäre, Luft aus der Röhre entweichen. Aus allen diesen Ursachen mufs man, ehe man das Werkzeug gebraucht, nachsehen, nicht allein ob das Quecksilber in der Röhre, wenn man die Luft in das Gefäfs *AB* eintreten läfst, wirklich bis zu dem Puncte der Scale steige, der 1 Atm. gesammte Spannung anzeigt, sondern man mufs auch noch mehrere andere Puncte der Scale erst prüfen. Dieser Schwierigkeiten wegen ist der Luftspannungsmesser für *stehende* Dampfmaschinen nicht so gut, als der Quecksilberspannungsmesser. Für Dampfwagen, so wie auf Dampfschiffen, ist letzterer freilich nicht anwendbar; dort ist der Luftspannungsmesser nützlich. In der Schrift über Dampfwagen haben wir die passendste Einrichtung des Werkzeuges für diesen besondern Fall angegeben; worauf wir den Leser verweisen.

117.

Aufser den beiden beschriebenen Arten von Spannungsmessern giebt es noch andere Werkzeuge zum Messen der Dampfspannung: z. B. den *Spannungsmesser durch Wärme (Thermomanometer)* und die *Federhebelklappe*. *Ersterer* ist ein Wärmemesser (Thermometer), dessen Scale die nach der Tafel in §. 69. den verschiedenen Wärmegraden zukommenden Spannungen des Dampfs anzeigt. An der *Federhebelklappe* drückt der Hebel auf eine Feder, deren Spannung die Scale anzeigt, und der Dampf drückt durch die Klappe, welche er zu heben strebt, auf den Hebel. Diese beiden Instrumente sind ebenfalls für Dampfwagen und auf Schiffen nützlich; aber für stehende Maschinen ist der Heber-Spannungsmesser, seiner gröfsern Genauigkeit und Sicherheit wegen, besser. Wir verweisen auch wegen jener beiden Werkzeuge auf die Schrift über Dampfwagen.

IV. *Der Wattsche Spannungsmesser.*

118.

Die im vorigen Paragraph beschriebenen Werkzeuge dienen, die Spannung des Dampfs in den Fällen zu messen, wo sie, wie in dem *Dampfkessel*, oder in dem *Kühlgefäfs* einer Dampfmaschine, längere Zeit, oder doch so lange unverändert *dieselbe* bleibt, dafs man Zeit hat, Das was das Werkzeug anzeigt, niederzuschreiben. Will man aber die Spannung des Dampfs in dem *Stiefel* einer Maschine messen, so sind die beschriebenen Mefswerkzeuge dazu nicht passend, weil hier die Spannung sehr schnell und dabei sehr bedeutend sich *verändert.*

119.

In solchem Fall bedient man sich des *Wattschen Dampfspannungsmessers.* Fig. 8. und 9. Taf. No. I. stellen dieses Werkzeug vor. Es besteht in einer, etwa 1 F. langen und 1,6 Zoll inwendig und überall genau gleich weiten Röhre von kreisförmigem Querschnitt, mit einem Kolben ohne Klappe, der in der Röhre frei gleiten kann und den man mit Öl bedeckt, um das Entweichen des Dampfs zu verhindern. Damit die Kolbenstange genau in der Axe der Röhre bleibe, geht sie oben durch einen festen Ring *a*. Unten hat die Röhre aufsen eine Schraube, mittels welcher sie in das Loch des Maschinenstiefels eingeschraubt werden kann, welches zum Eingiefsen des Öls bestimmt ist; worauf dann der Dampf aus dem Maschinenstiefel in die Röhre des Werkzeuges treten und den kleinen Kolben in demselben heben kann. Die Verbindungsröhre kann indessen durch einen Hahn auch verschlossen werden. Der Kolben des Werkzeuges drückt auf eine schraubenförmige Feder, die sich oben gegen den Boden *a* des Gestells stemmt, von welchem das Werkzeug getragen wird.

120.

Wenn beide Enden der Röhre des Mefswerkzeuges der äufsern Luft zugänglich sind, so ist die Feder in Ruhe und der Kolben steht etwa in der *Mitte* der Länge der Röhre. Sobald aber der Dampf unter den Kolben treten kann, drückt er, falls seine Spannung *stärker* ist, als die der äufsern Luft, den Kolben in die Höhe und die Feder so lange *zusammen*, bis ihre Spannung dem Drucke das Gleichgewicht hält. Ist im Gegentheil die Spannung des Dampfs *schwächer*, als die der Luft, so drückt *diese*, mit ihrem Überschufs über die Spannung des Dampfs, den Kolben hinunter und *zieht* die Feder so lange *auseinander*, bis wieder das Gleichgewicht hergestellt ist. Der Kopf der

Kolbenstange bewegt sich also in Folge der Veränderungen der Dampfspannung *auf und nieder* und zeigt an einer an dem Gestell angebrachten Scale die Stärke der Spannung unmittelbar an.

121.

An der Scale ist der Nullpunct der, auf welchen der Kopf der Kolbenstange zeigt, wenn das Werkzeug frei und noch gar nicht mit dem Maschinenstiefel verbunden ist, weil dann die Luft auf den Kolben von beiden Seiten gleich stark drückt und mithin die Scale 0 Atm. *wirksame*, also 1 Atm. *Gesammtspannung* anzeigen mufs. Die Theilungspuncte der Scale findet man, indem man den Kolben durch Gewichte nach oben oder nach unten treibt und durch Dividiren mit der Kolbenfläche den Druck auf die Einheit der Fläche daraus berechnet. Soll das Werkzeug die *wirksame* Dampfspannung anzeigen, so ist der Nullpunct der Scale der, welchen die Kolbenstange anzeigt, wenn die Feder in Ruhe ist: soll dagegen die Scale die *Gesammtspannung* geben, so ist der Nullpunct der, auf welchen der Kopf der Kolbenstange steht, wenn die Feder durch 15,0889 Pfd. Gewicht auf den Quadratzoll der Kolbenfläche zusammengedrückt ist. Jedesmal vor dem Gebrauche des Werkzeuges mufs man sich von der Richtigkeit der Scale überzeugen; weshalb denn auch dieses Mefswerkzeug sehr sauber gehalten und immer neues Öl eingethan werden mufs, damit sich der Kolben in der Röhre nicht stärker reibe.

122.

Damit das Werkzeug Das, was es giebt, *selber* aufzeichnen möge, ist an den Kopf der Kolbenstange ein Bleistift *t* angebracht, welcher mittels eines Bleistifthalters auf einem Ringe gehalten und durch eine Feder angedrückt wird. Das Gestell des Werkzeuges reicht über die Kolbenstange hinaus und es schiebt sich darin in zwei Pfalzen ein mit Papier bespannter hölzerner Rahmen hin und her, in senkrechter Richtung auf die Kolbenstange. Dieser bewegliche Rahmen fasset einerseits eine Schnur *b*, die an dem Wagebalken der Dampfmaschine befestigt ist, an der andern Seite eine Schnur *c*, welche ein Gegengewicht trägt. Wenn daher der Wagebalken der Maschine *steigt*, das heifst, der Kolben im Dampfstiefel der Maschine sich z. B. nach der einen Richtung bewegt, so zieht die Schnur *b* den Papierrahmen von rechts nach links, und wenn der Balken wieder *hinunter* sich bewegt, so zieht das Gegengewicht mittels der Schnur *c* den Papierrahmen *zurück*, von links nach rechts. Und da nun der Bleistift von der Feder auf das Papier des Rahmens angedrückt wird, so beschreibt er vermöge der wagerechten, hin- und hergehenden Bewegung des Papierrahmens und der lothrechten auf- und absteigenden Bewegung der Kolbenstange des Werkzeuges auf dem Papier des Rahmens eine *krumme Linie,* etwa von der Gestalt, wie in Fig. 8. oder Fig. 10.; die dann von der Art abhängt, wie die Maschine arbeitet. Und zwar wird die krumme Linie in der Regel *geschlossen* sein, weil nach einem Hin- und Hergange des Dampfkolbens der Maschine sich dieselbe Bewegung wiederholt. Die *höchste* Stelle der krummen Linie wird der *stärksten* Dampfspannung entsprechen, also der Zeit, wo der Dampf auf diejenige Seite des Dampfkolbens, an welcher das Werkzeug angebracht ist, in den Stiefel eingetreten ist: die *niedrigste* Stelle der krummen Linie wird der Zeit zugehören, wo die Dampfspannung am schwächsten ist; was für den Theil des Kolbenlaufs vorkommt, wo das Innere des Stiefels mit dem Niederschlaggefäfs in Verbindung sich befindet. Nimmt man daher, nachdem der Dampfkolben der Maschine eine Auf- und Niederbewegung gemacht hat, das Werkzeug von dem Dampfstiefel ab und zieht erst OX Fig. 10., in der Höhe, wo der Bleistift für die gesammte Spannung 0 stehen würde, und dann die Linie OY, welche die Scale des Werkzeugs enthält, auf OX senkrecht, so findet sich aus der Scale die Spannung des Dampfs im Dampfstiefel der Maschine für jeden einzelnen Punct des Dampfkolbenlaufs. Nimmt man das Mittel zwischen den Ordinaten mp, $m'p'$, $m''p''$ etc. des obern Theils der krummen Linie, und das Mittel derer nq, $n'q'$, $n''q''$ etc. für den untern Theil derselben, so erhält man das Mittel der Gesammtspannung für jede Einheit des Kolbenlaufs, sowohl während der Dampf den Kolben forttreibt, als während er ihn aufhält.

123.

Der *obere* Theil der krummen Linie (Fig. 10.) entspricht dem Druck des Dampfs auf den Kolben im Maschinenstiefel, der *untere* Theil der Entweichung des Dampfs aus dem Stiefel und dem Niederschlage des Dampfs. Die Spannungen des Dampfs für beides mifst das Werkzeug *auf der nemlichen Seite des Kolbens.* Aber da die gleichen Wirkungen *gleichzeitig* auch auf der andern Seite des Kolbens vorkommen, so kann man den untern Theil der krummen Linie als Dasjenige vorstellend betrachten, was dem Kolben, also Dem *entgegen* wirkt, welches der obere Theil der krummen Linie ausdrückt. Mithin wird der *wirksame* Druck des Dampfs auf den Kolben an jeder Stelle seines Laufes gefunden, wenn man von den Ordinaten des obern Theils der krummen Linie die des untern Theils für den *nemlichen Punct* abzieht; und zwar ist zu berücksichtigen, dafs, während die obere Krümmung, von *A* aus, vom *Druck* des Dampfs beschrieben wird, die untere, oder doch eine ähnliche Krümmung, aus dem Niederschlage und der Entweichung des Dampfs von *E* aus entsteht. Man mufs also *diejenigen* Ordinaten, welche *gleichweit* von *A* und von *E* entfernt sind, von einander abziehen. Zum Beispiel die Ordinate *mp* stellt die Spannung des Dampfs vor, für den Punct des Kolbenlaufs, in welchem der Kolben den *nemlichen Theil* seines ganzen Laufs zurückgelegt hat, welcher *Pp* von *Pq* ist, und *nq* (wenn $Qq = Pp$) stellt die in eben jenen Puncte des Kolbenlaufs dem Kolben *entgegenwirkende* Spannung vor: also ist $mp - nq$ der *wirkliche* Druck auf den Kolben. Nimmt man also die Mittel aus einer hinreichenden Zahl von Ordinaten *mp* und *nq*, so ist der *Unterschied* dieser Mittel der *mittlere wirksame Druck* auf den Kolben. [„Es ist nemlich hier von einer Dampfmaschine *ohne* Absperrung die „Rede, in deren Stiefel der Dampf während des *ganzen* Kolbenlaufs einströmt, „z. B. über den Kolben während seines Laufs von oben nach unten. Die „Spannung des Dampfs während dieses *Einströmens* stellen die Ordinaten *mp* „des *obern* Theils der krummen Linie vor, falls der Spannungsmesser *über* „dem Kolben an den Dampfstiefel angesetzt ist. Während nun der Dampf „*über* den Kolben in den Stiefel *einströmt*, strömt er *gleichzeitig* aus dem „Stiefelraum *unter* dem Kolben *aus*, nach dem Niederschlaggefäfs hin, und die „dadurch verminderte Spannung, welche er unter dem Kolben noch hat, wirkt „der vollen Spannung über dem Kolben *entgegen* und mufs also für jeden Zeit„punct davon *abgezogen* werden. Wollte man nun die verminderte Spannung „des unter dem Kolben ausströmenden Dampfs *gleichzeitig* mit der vollen Span„nung über dem Kolben *messen*, so müfste man unter dem Kolben einen „*zweiten* Spannungsmesser anbringen. Allein dieser zweite Spannungsmesser „kann erspart werden, da auf dem *Rückwege* des Kolbens wieder über dem„selben die Spannung ganz *dieselbe* ist, wie auf dem Hinwege unter ihm, weil „jetzt über dem Kolben, statt vorhin unter ihm, der Dampf in das Niederschlag„gefäfs ausströmt. Man darf also nur den *Rückgang* des Kolbens abwarten, „so giebt auch *derselbe* Spannungsmesser, welchen man über den Kolben an „den Dampfstiefel angesetzt hatte, die verminderten Spannungen des *aus*„*strömenden* Dampfes an, und zwar *durch die Ordinaten nq; aber in um*„*gekehrter Ordnung.* Zu jeder Ordinate *mp* gehört diejenige Ordinate *nq*, „welche von *Q* so weit entfernt ist, als *mp* von *P*. *Diese* Ordinaten also „müssen von einander *abgezogen* werden." D. H.]

124.

Auch folgendergestalt läfst sich die ***mittlere wirksame*** Spannung des Dampfs im Stiefel finden. Beschreibt man nemlich über ***PQ***, als Grundlinie, zwei Rechtecke, an ***Inhalt***, das eine der Fläche ***PBCEQ***, das andere der Fläche ***PAGEQ gleich***, so wird die ***Höhe*** des ersten das ***Mittel*** der Ordinaten ***pm***, die ***Höhe*** des andern das ***Mittel*** der Ordinaten ***qn***, folglich der ***Unterschied der Höhen*** dieser beiden Rechtecke der Unterschied jener beiden Mittel und mithin nach (§. 107.) der gesuchte mittlere wirksame Druck auf den Kolben sein. Aber der Unterschied der Flächen ***PBCEQ*** und ***PAGEQ*** ist die von der ganzen krummen Linie eingeschlossene Fläche ***ABCEG***. Also auch: wenn man über ***PQ*** ein dieser Fläche an Inhalt gleiches Rechteck beschreibt, stellt die Höhe desselben unmittelbar den gesuchten mittlern wirksamen Druck auf den Kolben vor, der sich nun mit der Spannung des Dampfs im Kessel vergleichen läfst.

Man kann auch recht gleichförmig dickes Papier oder ein Cartenblatt in der Form ***ABCEG*** mit der Scheere ausschneiden, und aus einem gleich dicken Cartenblatt ein Rechteck, welches ***PQ*** zur Grundlinie und die nach dem Maafsstabe ausgedrückte Spannung des Dampfs im ***Kessel*** zur Höhe hat, und beide ***wägen:*** so giebt das Verhältnifs der beiden Gewichte das Verhältnifs der Dampfspannung im ***Kessel*** zu der ***mittlern*** Dampfspannung im ***Stiefel***. Indessen ist es besser und leichter, die Mittel aus einer hinreichenden Zahl von Ordinaten ***mp*** und ***nq*** zu nehmen, [„oder auch die Fläche der krummen Linie „***ABCEG*** durch Summirung einer hinreichenden Anzahl von einander gleich- „weit entfernten Ordinaten dieser Fläche, multiplicirt mit ihrem Abstande, zu „berechnen." D. H.]

125.

Statt der hin- und her zu schiebenden Tafel giebt man auch dem *Watt*schen Spannungsmesser eine metallne Walze, welche durch eine an den Balken der Maschine befestigte Schnur nach der einen Richtung und durch eine Feder im Innern nach der entgegengesetzten Richtung um ihre Achse gedreht wird. Das Papier befindet sich dann auf der Fläche der Walze und der Bleistift wird auf diese Fläche, statt wie vorhin auf die Tafel angedrückt. Nach dieser Art ist das Werkzeug noch kleiner und tragbarer. Aber da man sich hier keines Öls bedient, so kann der kleine Kolben in der Röhre eher ins Stocken gerathen; auch ist die Figur, welche das Werkzeug auf dem Papiere zeichnet, viel kleiner, folglich das Ergebnifs weniger sicher.

V. *Tafel der verschiedenen Ausdrücke der Spannung des Dampfs.*

126.

[„Wir theilen nach dieser Tafel, die der Herr Verfasser für Französi-„sches und Englisches Maafs giebt, in ***Preufsischem Maafse*** den Ausdruck der Spannung des Dampfs in ***Atmosphären*** und in ***Pfunden auf den Quadrat-zoll*** und auf eine Kreisfläche von 1 Zoll im Durchmesser, so wie in ***Höhen*** gleich stark wirkender Quecksilbersäulen mit." D. H.]

	Gesammte Dampfspannung, ausgedrückt in		
Atmosphären;	In Preufs. Pfunden auf den Preufs. Duod. Quadratzoll;	In Preufs. Pfunden auf eine Kreisfläche von 1 Zoll Durchmesser;	In Pr. Duod. Zollen Höhe einer Quecksilbersäule.
0,5	7,5445	5,9255	14,5284
1,0	15,0889	11,8510	29,0568
1,5	22,6334	17,7765	43,5852
2,0	30,1778	23,7020	58,1136
2,5	37,7223	29,6275	72,6420
3,0	45,2667	35,5530	87,1704
3,5	52,8112	41,4785	101,6988
4,0	60,3556	47,4040	116,2272
4,5	67,9000	53,3295	130,7556
5,0	75,4445	59,2550	145,2840
5,5	82,9890	65,1805	159,8124
6,0	90,5334	71,1060	174,3408
6,5	98,0779	77,0315	188,8692
7,0	105,6223	82,9570	203,3976
7,5	113,1668	88,8825	217,9260
8,0	120,7112	94,8080	232,4544
8,5	128,2557	100,7335	246,9828
9,0	135,8001	106,6590	261,5112
9,5	143,3446	112,5845	276,0396
10,0	150,8890	118,5100	290,5680

(Die Fortsetzung folgt.)

13.

Vom Portland-Cement.

(Dem Journale mitgetheilt von Herrn *Emil Müller* in Hamburg, bei welchem der Cement zu haben ist.)

Unter den verschiedenen Mörtelstoffen, welche zur Zeit des Wieder-Aufbaues des abgebrannten Theils von Hamburg bekannt geworden sind, hat keiner so viele und bleibende Beliebtheit erlangt, als der Portland-Cement aus der *Maude*-schen Fabrik bei London. Denn nach zwei starken Wintern hatte *keines* der damit ausgeführten zahlreichen Mauerwerke vom Froste gelitten, während der Roman- oder schwarze Cement dem Angriff des Frostes nicht immer widerstand; was gar manche Klagen veranlafste.

Aber auch nicht blofs in Dauerhaftigkeit und Härte, sondern auch durch sein schöneres Äufsere übertrifft der Portland-Cement alle übrigen Cement-Arten bei weitem. Seine guten Eigenschaften sind zusammen etwa folgende:

1. Die Farbe des Cements gleicht der des Portland Steins, welchen man bekanntlich zu den schönsten Bauwerken in England anwendet, so sehr, dafs sie kaum davon zu unterscheiden ist.
2. Der Portland-Cement ist *schwerer, dauerhafter, bindet stärker und kann mehr Zusatz von Sand ertragen, als irgend eine andere bisher bekannte Cement-Art.* Der besten Gattung kann man drei Theile und, zu gewöhnlichen Zwecken benutzt, vier und selbst bis fünf Theile Sand zusetzen.
3. *Der Portland-Cement ist zu allen Arten von Bauwerken anwendbar:* im Innern und im Äufsern, so wie unter Wasser, als: zu Behältern, Cisternen, Schleusen, Brücken, Sielen etc. Im Wasser sollte er fast ganz ohne Sand benutzt werden.
4. *Er erfordert keinen Anstrich,* da er nie oxydirt, nie grün ausschlägt, sondern immer seine natürliche, helle Steinfarbe behält. Auch hierin unterscheidet er sich sehr vom Roman-Cement.
5. *Er erträgt jeden Einflufs der Witterung.* Die stärkste Nässe, und *selbst starker Frost,* wirkt nicht darauf und er wird, wenn nur *kunst-*

gerecht gebraucht, nie reifsen oder abblättern. Er ist daher auch sehr zu Façaden zu empfehlen.

6. ***Es ist nicht nöthig, ihn sogleich oder ganz frisch zu verbrauchen;*** wie es fast mit allen andern Cementen geschehen mufs.

7. ***Er ist sehr gut zu Ornamenten, unterschnittenen Verzierungen,*** Gesimsen, Figuren, Fontainen, Vasen, Balustraden, Consolen etc. ***anwendbar,*** da er sich gut aus der Form nehmen läfst. Alle diese Eigenschaften äufsern sich nicht nur auf der Oberfläche, ***sondern gehen durch die ganze Dicke der Masse.***

8. Neuerdings ist er auch zu ***Trottoir-Platten*** und zum ***Belegen*** von ***Fufsböden*** in ***Kirchen, Dielen, Hallen, Küchen etc.*** benutzt worden. $2\frac{1}{2}$ Zoll dicke Trottoir-Platten von 10 Quadratfufs kosten nur 7 Schillinge Crt. (etwa 5 Silbergr.) der Quadratfufs.

Der Preis dieses Portland-Cements ist 15 Mark Courant (6 Thlr. Preufs. Courant) das Fafs von 5 Bushel oder 4 Centnern, von der ersten Qualität. Für die zurückgelieferten Fässer, wenn sie unbeschädigt sind und noch die Boden haben, wird 1 Mark Courant vergütigt. Zu diesem Preise wird man den Portland-Cement in der Praxis wohlfeiler finden, als den Roman-Cement, da er, während ***dieser nur drei*** Theile Sand zuläfst, ***fünf bis sechs*** Theile annimmt, und ***dann doch noch besser bindet.***

Der Baumeister Herr ***Hamley*** in Bristol ist bereit, zu bescheinigen, dafs die von ihm ***vor 22 Jahren*** in Bristol mit Portland-Cement erbauten Häuser jetzt so dauerhaft sind, als wären sie aus Stein. Man ist daher auch dort zu dem Entschlufs gekommen, den Portland-Cement, mit 5 bis 6 Theilen reinem grobem Kies oder Grand gemischt, zur Aufführung von Mauerwerk zu benutzen, so dafs der Grand die Masse und der Cement die ihn verbindenden Theile bilden wird.

In Hamburg sind mehrere öffentliche Gebäude, u. a. die Börsen-Arcaden, die Alster-Arcaden, das neue Wachtgebäude am Hafenthor etc., so wie auch das Haus No. 2. in der grofsen Johannisstrafse damit abgeputzt worden, deren Façaden nun von den schönsten Sandsteinen zu sein scheinen.

Neulich hat man auch angefangen, mit dem besten Erfolge Wasser- und Gas-Röhren von bedeutendem Durchmesser aus Portland-Cement zu verfertigen. Die Röhren haben einen Druck von 500 Fufs hoch ausgehalten.

Ferner hat man den Portland-Cement, mit 6 Theilen grobem Grand auf 1 Theil Cement gemischt, zu Mauern statt der Ziegel benutzt, und es hat sich gefunden, dafs der Cement fähig ist, einen grofsen Druck auszuhalten und dafs er nur sehr wenig Wasser einzieht.

Der Londoner Stadt-Ingenieur, Herr ***Edward J'Anson*** jun., war in der Fabrik des Portland-Cements bei einigen Versuchen gegenwärtig und berichtete darüber am 13. Febr. 1845 an die Commission der Bau-Gesetzgebung Folgendes.

„Sehr hart gebrannte Mauersteine, welche mit ***Maude's*** Portland-Cement zusammengefügt waren, wurden mit grofser Gewalt gegen einen eisernen Ambos geworfen; und wie auch die Mauersteine den Ambos trafen: gerade gegen die Fuge, oder im rechten Winkel auf die Fuge: immer erfolgte der Bruch nicht in der Fuge, sondern stets brach der Stein."

„Im November 1842 gelegte öffentliche Fufspfade hielten sich sehr gut und es widerstanden die Tafeln sehr heftigen Stöfsen."

„Treppenstöcke von 5 Zoll dick widerstanden ebenfalls starken Schlägen mit einem langstieligen Hammer."

„Die Probe-Arbeiten aus 5 bis 9 Zoll dickem Mauerwerk, aus Blöcken aufgeführt, waren sehr fest und solide und nur mit vieler Mühe zu beschädigen."

„Ferner, Steine mit einer dichten Schicht Portland-Cement nach Fig. 1. Taf. IV. in einer Wand befestigt, brachen erst, nachdem daran 11 Centner angehängt waren."

„Steine, nach Fig. 2. etwa $1\frac{1}{2}$ Zoll in die Mauer eingelassen, blieben mit 14 Centner belastet noch darin fest und brachen erst nach heftigen, in der Richtung des Pfeils geführten Schlägen. Beim Zusammenbrechen rissen sie einen Theil der Mauer, an welche sie befestigt waren, ein."

„Bei einem dritten Versuch mit einer Reihe nach Fig. 3. zusammengefügter, frei aufgehängter Mauersteine brachen dieselben erst unter 14 Centner Last, und zwar ***neben*** einer Fuge."

Andere, auf der Baustelle der neuen Parlamentshäuser in London im October 1843 angestellte Versuche ergaben Folgendes.

1. Es wurden freiliegende Träger nach Fig. 4. aus Ziegeln gemauert und am ***dritten*** Tage probirt.

In ***Roman***-Cement mit

1 Theil Sand auf 1 Theil Cement gemauert, brach der Träger unter 319 Pfd. Belastung;

In ***Portland***-Cement

mit 1 Theil Sand auf 1 Theil Cement gemauert, brach er unter 634 Pfd. Belastung,
- 2 - - - 1 - - - - - - - 490 - - -
- 3 - - - 1 - - - - - - - 389 - - -

2. Ein Träger, nach Fig. 5., am *zehnten* Tage probirt, brach,

In ***Roman***-Cement

aus 1 Theil Sand auf 1 Theil Cement gemauert, unter 257 Pfd. Belastung;

In ***Portland***-Cement

von 1 Theil Sand auf 1 Theil Cement, unter 837 Pfd. Belastung,

- 2 - - - 1 - - - - 968 - - -

- 3 - - - 1 - - - - 672 - - -

- 4 - - - 1 - - - - 616 - - -

3. Es wurden nach Fig. 6. und 7., frei an eine Mauer heraussteheud, Ziegel mit Cement an einander gefugt.

A. Mit ***Roman***-Cement, und zwar

a. Mit ***reinem*** Cement, hielten 17 Ziegel sich selbst;

b. Mit Cement aus 1 Theil Sand auf 1 Theil Cement trugen sich 14 Ziegel;

c. - - - - - 2 - - - 1 - - - - - - 11 -

d. - - - - - 3 - - - 1 - - - - - - 9 -

Der Bruch erfolgte nach den punctirten Linien jedesmal in einer ***Fuge.***

B. Mit ***Portland***-Cement, und zwar

a. Mit ***reinem*** Cement aneinander gesetzt, hielten sich 22 Ziegel freischwebend;

b. Mit Cement aus 1 Theil Sand auf 1 Theil Cement trugen sich 23 Ziegel;

c. - - - - - 2 - - - 1 - - - - - - - - 21 -

d. - - - - - 3 - - - 1 - - - - - - - - 20 -

e. - - - - - 4 - - - 1 - - - - - - - - 22 -

Der Bruch erfolgte nach den punctirten Linien bei ***a*** und ***b*** im ***Stein*** und bei ***c, d*** und ***e*** in der Fuge an der Mauer.

Ein Träger, wie beim Versuch No. 2. in Portland-Cement gemauert, aber erst nach 14 Tagen probirt, trug sogar 1344 Pfd., ehe er brach; woraus folgt, dafs die Bindekraft des Cements nach längerer Zeit zunimmt.

Die Unternehmer des Baues der Parlamentshäuser, die Herren ***Grissel*** und ***Peto,*** bescheinigen der Cementfabrik des Herrn ***Maude,*** dafs diese, in ihrem Auftrage und unter ihrer Leitung angestellten Versuche das oben Beschriebene ergeben haben, und sind der Meinung, dafs die Ergebnisse vorzügliche Eigenschaften dieses Cements beweisen.

Es dürfte demnach nicht zu viel sein, wenn man, nach der Erklärung des Architekten Herrn ***Geo. Gilbert Scott,*** des Erbauers der meisten Kirchen neuerer Zeit in England, den Portland-Cement *für eine der werthvollsten Erfindungen* hält, welche neuerdings im Baufache gemacht worden sind.

Der Fabricant ***Maude*** hat dem Herrn ***Emil Müller*** in Hamburg das ausschliefsliche Verkaufsrecht für das Festland übertragen.

Der Herausgeber dieses Journals, sobald er Gelegenheit gefunden haben wird, die Wirkungen dieses Cements irgendwo zu sehen, wird seinerseits davon weiter berichten.

Berlin, im Mai 1846.

14.
Die Girardsche Schiffschleuse mit Schwimmer.

(Fortsetzung der Abhandlung No. 1. im 1ten, No. 7. im 2ten und No. 9. im 3ten Heft dieses Bandes.)

Schwimmer mit drei Stockwerken, für den Fall von Sparbecken.

65. Ehe wir zu den Fällen übergehen, die bei der Schiffahrt insbesondere in Betracht kommen, wollen wir nachweisen, wie sich die obigen Rechnungen ohne Schwierigkeit auf den Fall anwenden lassen, wo der Schwimmer noch ein mittleres Stockwerk für ein Neben- oder Sparbecken bekommen mufs; welches Becken etwa bestimmt wäre, die Höhe des Laufs des Schwimmers, die Tiefe des Brunnens u. s. w. zu verändern, und welches seinerseits zwischen den Becken A' und A'' liegen würde. Da dieses Becken von dem vorgeschlagenen Schleusensystem ganz unabhängig ist, so entsteht durch dasselbe keine wesentliche Änderung der Anordnung; wenigstens nicht des Schwimmers, welcher nach wie vor frei auf dem Wasser des Beckens A in einem, damit unten in Verbindung stehenden Brunnen schwimmt.

66. Es sollen dieselben Buchstaben wie oben, mit *drei Strichen* ($'''$) bezeichnet, Alles das ausdrücken, was sich auf das *dritte* Stockwerk des Schwimmers bezieht. Verfährt man dann ganz wie bei dem zweistöckigen Schwimmer, so werden sich, ohne neue Untersuchungen, leicht die folgenden Gleichungen ergeben:

131. $B'x' = A'z', \quad B''x'' = A''z'', \quad B'''x''' = A'''z'''$,

132. $P_0 = \varepsilon B y_0$,

133. $B'x' + B''x'' + B'''x''' = B(y+z)$,

134. $By = Az$,

135. $h' = h'_0 + y - x' - z'; \quad h'' = h''_0 + y - x'' - z''; \quad h''' = h'''_0 + y - x''' - z'''$;

welche Ausdrücke den Grundgleichungen (§. 14.) analog sind und aus welchen unmittelbar folgt:

$$136. \quad \begin{cases} x' = \frac{A'}{A'+B'}(y_0 + h'_0 - h'); \\ x'' = \frac{A''}{A''+B''}(y + h''_0 - h''); \\ x''' = \frac{A'''}{A'''+B'''}(y + h'''_0 - h'''); \end{cases}$$

mithin auch, vermöge der Bedingung der Ununterbrochenheit und Gleichförmigkeit der Bewegung des Wassers und des Schwimmers:

$$137. \begin{cases} 1. & \frac{A'B'}{A'+B'}+\frac{A''B''}{A''+B''}+\frac{A'''B'''}{A'''+B'''} = \frac{B(B+A)}{A}, \\ 2. & \frac{A'B'}{A'+B'}+(h'_0-h'_1)+\frac{A''B''}{A''+B''}(h''_0-h''_1)+\frac{A'''B'''}{A'''+B'''}(h'''_0-h'''_1) = 0. \end{cases}$$

67. Die Gleichung (137. 1.) dient, die Flächen B, B', B'', B''' des Schwimmers zu bestimmen, auf die Weise, wie in (§. 43. etc.), und unter der Beachtung, dafs diese, immer nur wenig von einander verschiedenen Flächen die Grenzen A und $(\sqrt{3}-1)A = 0{,}732A$ haben.

Die andere Bedingungsgleichung (137. 2.) läfst sich auf die einfache Gestalt

$$138. \quad h'_1-h'_0+k(h''_1-h''_0)+k'(h''_1-h''_0) = 0$$

bringen, wenn man der Kürze wegen

$$139. \quad \frac{A''B''(A'+B')}{A'B'(A''+B'')} = k \quad \text{und} \quad \frac{A'''B'''(A'+B')}{A'B'(A'''+B''')} = k' \quad \text{setzt.}$$

68. Die Bedingung der Ununterbrochenheit der Bewegung des Wassers in den Hebern der verschiedenen Schwimmerstockwerke giebt, wie in (§. 16. etc.), für das mittlere Stockwerk des Schwimmers:

$$140. \quad S''v'''_1 = \frac{A'''B'''}{A'''+B'''}v_1 = Q'''_1 \quad \text{und}$$

$$141. \quad h'''_0 = \frac{4a'''Q'''_1}{\pi g D'''^2}+\frac{8b'''Q'''^2_1}{\pi^2 g D'''^4},$$

$$142. \quad h'''_1 = \frac{4a'''A'''B'''}{g\pi D'''^2(A'''+B''')}v_1+\frac{8b'''A'''^2B'''^2}{g\pi^2 D'''^2(A'''+B''')^2}v_1^2;$$

welche Formeln zu denen (40. 43. und 45. §. 17. 20. und 21.) hinzukommen, indem die auf a' und a'', b' und b'' bezüglichen Ausdrücke (§. 20.) auf a''' und b''' ausgedehnt werden.

69. Substituirt man die Werthe von h'_1, h''_1 und h'''_1 in (138.), so findet sich ein Ausdruck, der demjenigen (46.) ganz ähnlich ist und mittels dessen sich, wenn die Vorrichtung schon vorhanden ist, die Geschwindigkeit v_1 des Schwimmers durch die anfänglichen Druckhöhen h'_0, h''_0 und h'''_0, die als gegeben betrachtet werden, berechnen läfst. Diese Druckhöhen geben in der That aus (138.) unmittelbar

$$143. \quad h'_1+kh''_1+k'h'''_1 = h'_0+kh''_0+kh'''_0;$$

wo die Gröfse rechts ganz der $h'_0+kh''_0$ in (46.) ähnlich ist und noch zur Bestimmung der Geschwindigkeit hinreicht. Auch behält diese Gröfse, wie sich zeigen wird, ein gleich einfaches und bestimmtes Verhältnifs zu dem Wasserverlust wegen der verschiedenen Widerstände.

70. Es scheint nicht nöthig, die den Ausdrücken in (§. 22.) analogen Formeln herzusetzen, welche den Durchmesser D''' des dritten Hebers durch die Druckhöhe h_1''' und durch den Wasser-Ergufs Q_1''' oder durch die Normalgeschwindigkeit v_1 des Schwimmers geben; nach (140. §. 68.).

Die Bedingungsgleichungen (51. 53. und 54.) für die Gleichmäfsigkeit und Periodicität der Handhabung finden hier ohne andere Abänderung Statt, als dafs noch die Gleichung

$$144. \quad h_1'''+h_0''' = u_1 = \frac{A'(h'_1+h'_0)}{B+A+A'}$$

hinzuzufügen ist, welche ausdrückt, dafs die auf das mittlere Becken und das mittlere Schwimmerstockwerk bezüglichen anfänglichen Druckhöhen beim Wiederbeginn der Bewegung, das heifst nach der Öffnung der oberen Thore des voll vorausgesetzten Beckens A, wieder dieselben sind.

Diese Gleichungen (51. 53. 54.), mit der auf die Bedingung der Gleichförmigkeit der Bewegung bezüglichen Gleichung (138.) verbunden, lassen sich vermittels der Elimination durch folgende ersetzen:

$$145. \quad \begin{cases} 1. & h_1'+h_0' = \dfrac{B+A+A'}{A'(B+A)}\,q, \\ 2. & h_1''+h_0'' = \dfrac{B+A+A''}{A''(B+A)}\,q, \\ 3. & h_1'''+h_0''' = \dfrac{q}{A+B}, \\ 4. & h_1'+k\,h_1''+k'\,h_1''' = h_0'+kh_0''+k'h_0'''. \end{cases}$$

Dieselben sind ganz unabhängig, und q drückt darin immer nach (25.) den Wasserverlust während jeder doppelten Bewegung des Schwimmers aus, so dafs nach (§. 23.)

$$146. \quad q = A'u_1' = (B+A)u_1 = Au_1''$$

ist; welches auf die Beziehungen (66. §. 28.) zurückkommt, die unmittelbar die Wasserstandsveränderungen u_1', u_1 und u_1'' am Ende der Bewegung geben, wenn der Wasserverlust q im Voraus bestimmt ist.

71. Setzt man in (145. 4.) die Werthe von h_1', h_1'', h_1''' in h_0', h_0'' und h_0''' aus (145. 1. 2. und 3.), so ergiebt sich

$$147. \quad h_0'+k\,h_0''+k'\,h_0''' = h_1'+k\,h_1''+k'\,h_1''' = \frac{q}{2i_1(A+B)},$$

wenn man der Kürze wegen die ganz gegebene Gröfse

$$148.\quad \frac{B+A+A'}{A'}+k\cdot\frac{B+A+A''}{A''}+k'=\frac{1}{i_1}\quad\text{setzt.}$$

Die Gleichung (147.), für den gegenwärtigen Fall, correspondirt mit (59. und 60.) für den Fall eines zweistöckigen Schwimmers. Setzt man darin die durch (43. und 98.) oder (45. und 99.) gegebenen Werthe von h'_1, h''_1 und h'''_1, so führt sie auf eine neue Gleichung vom 2ten Grade mit v_1, welche an die Stelle von (61. und 62.) tritt und aus welcher dann Ähnliches für die Mittel folgt, nach Belieben den Wasserverlust u. s. w. zu vermindern.

72. Verbindet man endlich (147.) mit (145. 1. 2. 3.), indem man h'_0, h''_0, q und v_1 als willkürlich betrachtet, so ergeben sich für h'_1, h''_1, h'''_1 und h'''_0 die Ausdrücke

$$149.\quad \begin{cases} 1.\quad h'''_1 = \dfrac{(2k'i_1-1)q}{2k'i_1(A+B)}+\dfrac{k}{k'}h''_0+\dfrac{1}{k'}h'_0, \\ 2.\quad h''_1 = \dfrac{B+A+A''}{A'(B+A)}\cdot q-h''_0, \\ 3.\quad h'_1 = \dfrac{B+A+A'}{A'(B+A)}\cdot q-h'_0, \\ 4.\quad h'''_0 = \dfrac{q}{2k'i_1(A+B)}-\dfrac{k}{k'}h''_0-\dfrac{1}{k'}h'_0; \end{cases}$$

welche Ausdrücke hier an die Stelle von (67. 68. und 69.) treten und deren man sich auf eine ähnliche Weise wie dort zur Bestimmung der Durchmesser der Heber (§. 45.) bedienen kann, nachdem über die Wahl der willkürlichen h'_0, h''_0, q oder v_1 entschieden ist; welche Gröfsen, wie sich zeigen wird, unveränderlich angenommen werden können.

73. Da die Gleichungen (70. 71. 74. 79. und 80.), nebst den ihnen analogen, noch fortbestehen, so lassen sich die partiellen Gefälle H, H′, H″ der Becken A, A', A'', so wie die Höhe y_1 des Schwimmerlaufs, die von dem Gesammtgefälle H abhangt, daraus berechnen, sobald man die, immer sehr kleinen Werthe von q, h'_0, h'_1, h''_0 und h''_1, welche sich auf jenes Gefälle beziehen, im Voraus bestimmt hat. Blofs der Zahlen-Coëfficient M wird hier vermöge (137.), statt sehr nahe $=1$, viel kleiner als 1 sein.

In der That ist für die drei Stockwerke des Schwimmers

$$150.\quad \frac{1}{M}=\frac{B}{A}+\frac{B'}{A'+B'}+\frac{B''}{A''+B''}$$
$$=1+\frac{A'''B'''}{B(A'''+B''')}-\frac{A'(A''+B'')(B-B')+A''(A'+B')(B-B'')}{B(A'+B')(A''+B'')};$$

zufolge einer ähnlichen Verwandlung wie oben. Da nun die Flächen $\boldsymbol{B}'$ und $\boldsymbol{B}''$ der innern horizontalen Querschnitte des Schwimmers, welcher immer prismatisch vorausgesetzt wird, sehr wenig von dem äufsern Querschnitt $\boldsymbol{B}$ verschieden sind, so wird das dritte Glied rechts in (150.) gegen die beiden ersten weggelassen werden können und es ist also $\frac{1}{M}$ gröfser als 1: um einen Bruch, der um so gröfser ist, je gröfser das Spar- oder Hülfsbecken $\boldsymbol{A}'''$ im Vergleich zu dem ihm correspondirenden Stockwerke $\boldsymbol{B}'''$ des Schwimmers ist.

74. Andrerseits treten folgende Gleichungen an die Stelle derer, welche die Höhen der Stockwerke des Schwimmers bestimmen (§. 35.).

I. Für ein ***beliebiges*** Gefälle $\boldsymbol{H}$ ist, wenn x', x'', x''' die Höhen der Stockwerke, von der Oberfläche ihrer Böden an gemessen, bezeichnen:

$$151.\quad \begin{cases} \mathrm{x}' = \boldsymbol{E}' + x_1' + \nu' + e'''; \quad \mathrm{x}''' = \boldsymbol{E}''' + x_1''' + \nu''' + e''; \quad \mathrm{x}'' = \boldsymbol{E}'' + x_1'' + \nu''; \\ \mathrm{x}' + \mathrm{x}''' = \boldsymbol{E}' + h_0' + \mathrm{H} + \mathrm{H}'' - h_0' - \boldsymbol{E}'' = \boldsymbol{E}' - \boldsymbol{E}'' + \boldsymbol{H} - \mathrm{H}' + h_0' - h_0'. \end{cases}$$

Aus diesen Gleichungen ergiebt sich zur Bestimmung der Gröfsen $\boldsymbol{E}'$, ν', ν'' ν''', welche mit dem Gesammtgefälle $\boldsymbol{H}$ des Systems $\boldsymbol{A}$, $\boldsymbol{A}'$, $\boldsymbol{A}''$ sich verändern, wenn die andern, nach (§. 30. etc.) von dem Gefälle $\boldsymbol{H}$ abhangenden Gröfsen x_1'', x_1''', H, H' und H'' nebst x', x'' und x''' gegeben sind:

$$152.\quad \begin{cases} \nu' = \mathrm{x}' - x_1' - \boldsymbol{E}' - e''', \\ \nu'' = \mathrm{x}''' - x_1''' - \boldsymbol{E}'' - e'', \\ \nu''' = \mathrm{x}'' - x_1'' - \boldsymbol{E}'', \\ \boldsymbol{E}' = \boldsymbol{E}'' + \mathrm{x}' + \mathrm{x}'' - \boldsymbol{H} + \mathrm{H}' + h_0' + h_0''. \end{cases}$$

II. Für den Fall des ***gröfsten*** Gefälles $\boldsymbol{H}_m$ erhält man, wenn $\boldsymbol{E}''$ und $\boldsymbol{E}'''$, wie für den zweistöckigen Schwimmer, unveränderlich angenommen werden,

$$153.\quad \begin{cases} \mathrm{x}' = \boldsymbol{E}_m' + x_m' + \nu_m' + e'''; \quad \mathrm{x}''' = \boldsymbol{E}''' + x_m''' + \nu_m''' + e'''; \quad \mathrm{x}'' = \boldsymbol{E}'' + x_m'' + \nu_m'', \\ \mathrm{x}' + \mathrm{x}''' = \boldsymbol{E}_m' - \boldsymbol{E}'' + \boldsymbol{H}_m - \mathrm{H}_m' + h_0' - h_0''. \end{cases}$$

Diese Gleichungen dienen zur Bestimmung der Höhen x', x'', x''' der verschiedenen Stockwerke des Schwimmers durch $\boldsymbol{H}_m$, wenn man ν_m', ν_m'' und $\boldsymbol{E}''$ so annimmt, dafs die Bedingungsgleichung

$$154.\quad \nu_m' + \nu_m''' = \boldsymbol{H}_m - \mathrm{H}_m' - \boldsymbol{E}'' - \boldsymbol{E}''' - e'' - e''' - x_m' - x_m''' + h_0' - h_0'',$$

welche aus der Verbindung der beiden vorigen entsteht (was mit der Gleichung (87. §. 83.) correspondirt), erfüllt wird.

75. Setzt man die Werthe von x', x'' und x''' in die allgemeinen Ausdrücke von $\boldsymbol{E}'$, ν', ν'' und ν''' und nimmt dabei Rücksicht auf die Gleichungen (70. 71. 79. und 80.), oder auf die (70. und 71.) ähnlichen, auf das dritte Stockwerk des Schwimmers bezüglichen Gleichungen, so gehen jene

allgemeine Formeln in folgende einfachere Ausdrücke über:

$$155.\quad \begin{cases} 1.\quad E' = E'_m + \left(1 - \frac{B'M}{A'+B'}\right)(H_m - H), \\ 2.\quad \nu' = \nu'_m + (M-1)(H_m - H), \\ 3.\quad \nu''' = \nu'''_m + \frac{A'''M}{A'''+B'''}(H_m - H), \\ 4.\quad \nu'' = \nu''_m + \frac{A''M}{A''+B''}(H_m - H); \end{cases}$$

welche denen (88. §. 39.) für einen zweistöckigen Schwimmer ähnlich sind.

76. Endlich sind die Bedingungen des hydrostatischen Gleichgewichts für den Schwimmer beim Anfange seines Aufsteigens (§. 40.) für den gegenwärtigen Fall folgende:

$$156.\quad P_0 = P + \varepsilon B'E' + \varepsilon B''E'' + \varepsilon B'''E'''.$$

Dieses giebt, da immer

$$157.\quad P_0 = \varepsilon B y_0 \quad \text{und} \quad y_0 = h'_0 + E' + e' \quad \text{ist},$$

$$158.\quad h'_0 = \frac{P}{\varepsilon B} + \frac{B''}{B}E'' + \frac{B'''}{B}E''' - \frac{B-B'}{B}E'$$
$$= \frac{P}{\varepsilon B} + \frac{B''}{B}E'' + \frac{B'''}{B}E''' - \frac{B-B'}{B}E'_m - \frac{B-B'}{B}\left(1 - \frac{B'M}{A'+B'}\right)(H_m - H);$$

wo H beliebig und $\frac{B-B'}{B}$ ein Bruch ist, welchen es gut sein wird so klein als möglich anzunehmen, um den Einfluſs des letzten Gliedes rechts in (158.) möglichst zu verringern und h'_0, P, E'' und E''' möglichst unveränderlich und von den Veränderungen $H_m - H$ des Gesammtgefälles des Systems der drei Becken A, A' und A'' unabhängig zu machen.

Zu dem Ende wird man in (158.) den mittleren Werth der Veränderung $H_m - H$ (§. 41.) zu setzen und dann über P, E'_m, E'' und E''' etwa so zu verfügen haben, wie (§. 42.) es andeutet; nemlich so, daſs h'_0 denjenigen mittleren oder constanten Werth erhält, welchen man für das System zum Grunde gelegt wissen will.

77. Da der Fall eines dreistöckigen Schwimmers dem eines zweistöckigen, wie die Ähnlichkeit der Formeln es zeigt, ganz analog ist, so wird es überflüssig sein, die Fälle von Schwimmern mit noch mehr Theilen übereinander besonders in Betracht zu ziehen, wenn solches auch sonst einigen practischen Nutzen haben könnte. Wir beschränken uns daher darauf, nur noch die näherungsweisen Ausdrücke herzusetzen, welche für den gegenwärtigen Fall die vorzüglichsten Maaſse der Vorrichtung in der Voraussetzung

geben, dafs man bei den Berechnungen die sehr kleinen Gröfsen q, h'_0, h''_0, $\boldsymbol{N}$, $\boldsymbol{B}-\boldsymbol{B}'$, $\boldsymbol{B}-\boldsymbol{B}''$ etc. aufser Acht läfst.

In dieser Voraussetzung ergiebt sich ohne Schwierigkeit:

159. 1. x' oder $x'_m = \frac{A'}{A'+B}\cdot y_m = \frac{A'M}{A'+B}\cdot \boldsymbol{H}_m$ für die geringste Höhe des untern Schwimmerstockwerks;

2. x''' oder $x'''_m = \frac{A'''}{A'''+B}\cdot y_m = \frac{A'''M}{A'''+B}\cdot \boldsymbol{H}_m$ für die geringste Höhe des mittlern Schwimmerstockwerks;

3. x'' oder $x''_m = \frac{A''}{A''+B}\cdot y_m = \frac{A''M}{A''+B}\cdot \boldsymbol{H}_m$ für die geringste Höhe des obern Schwimmerstockwerks;

4. $x'_m + x''_m + x'''_m = \left(\frac{A'}{A'+B} + \frac{A'''}{A''+B} + \frac{A'''}{A'''+B}\right)\cdot y_m = \frac{A+B}{A}\cdot \boldsymbol{MH}_m$ für die geringste Höhe des Schwimmers, mit Rücksicht auf die Bedingungsgleichung (137.);

160. 1. $v_m + x'_m = v_m + \frac{A'}{A'+B}\cdot y_m = v_m + \frac{A'M}{A'+B}\cdot \boldsymbol{H}_m$ für die geringste Tiefe des Brunnens unter dem Unterwasser;

2. $v_m + x'_m + \boldsymbol{H}_m = v_m + \left(1 + \frac{A'M}{A'+B}\right)\cdot \boldsymbol{H}_m$ für die geringste Tiefe des Brunnens unter dem Oberwasser;

3. $v_m + y_m + y_0 - \boldsymbol{T}''_m = v_m + \boldsymbol{E}'_m + e_1 + h'_0 - \boldsymbol{T}''_m + \boldsymbol{MH}_m$ für die geringste Tiefe des Brunnens unter dem Boden des Beckens $\boldsymbol{A}$;

wo v_m immer die geringste Tiefe des Spielraums unter dem Boden des Schwimmers und $\boldsymbol{T}''_m$ die gröfste Tiefe des obern Wassers bezeichnet.

Ferner ergiebt sich, das Hülfs- oder Sparbecken zur Seite der Schleuse betreffend, welches mit lothrechten Wänden angenommen wird:

161. 1. $z'''_m = \frac{B}{A''}\cdot x'''_m = \frac{B}{A'''+B}\cdot y_m = \frac{BM}{A'''+B}\cdot \boldsymbol{H}_m$ für die geringste Tiefe dieses Beckens und

2. $x'_m + z'_m = \left(1 + \frac{B}{A'}\right)\cdot x'_m = y_m = \boldsymbol{MH}_m$ für die Höhe des Wasserspiegels in dem Becken über dem untern Wasser.

Anwendung auf verschiedene besondere Fälle.

78. Unter der Menge von Anwendungen, welche sich von den hier aufgestellten Ausdrücken machen lassen, wählen wir folgende, am Schlusse des Berichts erwähnten, die uns besonders geeignet scheinen, über das Maafs und die Art der Vortheile, welche die *Girard*sche Vorrichtung gewähren kann, ein Urtheil zu begründen, nemlich:

I. Den Fall gewöhnlicher einfacher Schleusen mit sehr grofsen Wasserbecken oberhalb und unterhalb.

II. Gekuppelte Schleusen mit zwei gleich grofsen Kammern und ebenfalls mit sehr grofsen Wasserbecken oberhalb und unterhalb.

III. Gekuppelte Schleusen mit drei gleich grofsen Kammern und einem einzelnen Schwimmer.

IV. Gekuppelte Schleusen mit drei Kammern, deren beide äufsern gleich grofs sind, während die mittlere, zur Begegnung der Schiffe bestimmt, die dreifache Gröfse hat.

V. Endlich gekuppelte Schleusen mit drei gleich grofsen Becken und einem Hülfsbecken.

In allen diesen Fällen soll nur ein Schwimmer mit zwei oder drei Stockwerken vorhanden sein, um die Schiffe über die verschiedenen Gefälle mittels einer, zweier oder dreier Bewegungen zu heben.

79. Unsere Absicht ist nicht, alle Einzelnheiten der Rechnung aufzustellen, welche zur wirklichen Ausführung eines Schwimmers nöthig sein würde; wir wollen nur die Haupt-Ergebnisse berechnen, in so weit sie nöthig sind, um die Möglichkeit und den Nutzen der Vorrichtung in den verschiedenen obigen Fällen zu beurtheilen. Deshalb gestatten wir denn auch die Voraussetzungen und Vereinfachungen, auf welche die *näherungsweisen* Formeln (§. 77.) beruhen; welche Formeln ohne weiteres auch für einen zweistöckigen Schwimmer passen, wenn man Das, was das Hülfsbecken und das dritte Stockwerk des Schwimmers betrifft, wegläfst und nach (§. 31.) $\boldsymbol{M}=1$ setzt.

80. Demnach wird man, um die kleinsten Höhen der Stockwerke des Schwimmers

162. $$\mathrm{x}'=x'_m=\frac{A'}{A'+B}\cdot\boldsymbol{H}_m,\quad \mathrm{x}''=\mathrm{x}''_m=\frac{A''}{B''+A}\cdot\boldsymbol{H}_m,\quad \mathrm{x}'+\mathrm{x}''=\frac{A-B}{A}\cdot\boldsymbol{H}_m$$

zu finden, die Höhen des Auf- und Absteigens des Schwimmers und der theilweise veränderlichen oder bestimmten Gefälle, welche nach (§. 32. 33. und 49.) durch die abgekürzten Ausdrücke

$$163.\quad \begin{cases} \gamma_1 = \boldsymbol{H}, \quad \mathrm{H}' = \dfrac{B}{A'+B}\cdot\boldsymbol{H}, \quad \mathrm{H} = \dfrac{B}{A}\cdot\boldsymbol{H}, \quad \mathrm{H}'' = \dfrac{B}{A''+B}\cdot\boldsymbol{H}, \\ \mathrm{C}' = \dfrac{B}{A'+B}\cdot\boldsymbol{C}, \quad \mathrm{C} = \dfrac{B}{A}\cdot\boldsymbol{C}, \quad \mathrm{C}'' = \dfrac{B}{A''+B}\cdot\boldsymbol{C} \end{cases}$$

bestimmt werden, näherungsweise zu nehmen haben; und ebenso die Tiefe des Brunnens unter dem Boden der Becken, für welche andererseits nach (§. 47. und 48.) die Ausdrücke

$$164.\quad \boldsymbol{Z}' \text{ oder } \mathrm{Z}' = \frac{A}{A'+B}\cdot\boldsymbol{H}_m - \boldsymbol{T}_i \text{ und}$$

$$\mathrm{Z} = \mathrm{Z}' + \mathrm{C}' = \frac{A'}{A'+B}\cdot\boldsymbol{H}_m + \frac{B}{A+B}\cdot\boldsymbol{C} - \boldsymbol{T}_i \text{ etc.}$$

Statt finden, aus welchen sich dann weiter leicht näherungsweise die Höhe der lothrechten Arme der Heber finden läfst.

Um endlich nach (§. 20. 21. und 22.), unter den nemlichen Voraussetzungen, die bewegenden Kräfte uud die Durchmesser der Heber als abhängig von der Normalgeschwindigkeit ν_1 des Schwimmers und des Wasserverlustes q für zwei entgegengesetzte Durchschleusungen zu finden, wird es nach (§. 45. etc.) nöthig sein, erst die Werthe der Gröfsen k, k_1, i, Q'_1, Q''_1 und B mittels der Formeln (§. 15. 17. 23. 24. und 43.) zu berechnen, in welchen $B'' = B' = B$ und $\delta = 0$ zu setzen ist, und zu welchen noch die Gleichungen (59. 60. 67. 68. 69. §. 25. und 29.) zu fügen sind.

81. Was die Zahlenconstanten a', a'', b' und b'' betrifft, welche nach (§. 20. etc.) in den Ausdrücken (43. 45. 47. und 49.) vorkommen, die sich auf die Druckhöhen und Durchmesser der Heber beziehen, so werden wir bei den folgenden Anwendungen

$$165.\quad \begin{cases} \boldsymbol{L}'' = \boldsymbol{L}, \quad \mathrm{L}'' = \mathrm{L}', \quad \dfrac{\boldsymbol{D}''}{\mathrm{D}''} = \dfrac{\boldsymbol{D}'}{\mathrm{D}'} = \tfrac{1}{2}, \quad \dfrac{\boldsymbol{S}''}{\mathrm{S}} = \dfrac{\boldsymbol{S}'}{\mathrm{S}'} = \tfrac{1}{4}, \\ r'' = r' = 1{,}5 \text{ Meter}, \quad c'' = c' = 4{,}712 \text{ Meter}, \\ (0{,}0039 + 0{,}0186\,r')\,\dfrac{c'}{r'^2} = 0{,}0666, \quad \dfrac{1}{\mu''} = \dfrac{1}{\mu'} = 1, \quad \dfrac{1}{m''} = \dfrac{1}{m'} = \tfrac{3}{2} \end{cases}$$

setzen, welches einfacher

$$166.\quad \begin{cases} a' = 0{,}00068\,\dfrac{\boldsymbol{L}'}{\boldsymbol{D}'} + 0{,}000085\,\dfrac{\mathrm{L}'}{\boldsymbol{D}'}, \quad b' = 0{,}02736\,\dfrac{\boldsymbol{L}'}{\boldsymbol{D}'} + 0{,}000855\,\dfrac{\mathrm{L}'}{\boldsymbol{D}'} + 1{,}0822 \\ \text{und} \\ a'' = 0{,}00068\,\dfrac{\boldsymbol{L}''}{\boldsymbol{D}''} + 0{,}000085\,\dfrac{\mathrm{L}''}{\boldsymbol{D}''}, \quad b'' = 0{,}02736\,\dfrac{\boldsymbol{L}''}{\boldsymbol{D}''} + 0{,}000855\,\dfrac{\mathrm{L}''}{\boldsymbol{D}''} + 1{,}0822 \end{cases}$$

giebt; vorausgesetzt, dafs für das Vermeiden der Zusammenziehung der Stralen an den Mündungen der Heber nach den Andeutungen in (§. 51.) gesorgt ist. Wäre dies nicht geschehen, so könnten μ' und μ'' zufolge (§. 16.) bis zu $\frac{1}{2}$ betragen; der Coëfficient m_1 wäre dann 0,6 und b' und b'' würden

$$167. \quad b' = 0{,}02736\frac{L'}{D'} + 0{,}000855\frac{L'}{D'} + 2{,}0944 \text{ und}$$

$$b'' = 0{,}02736\frac{L''}{D''} + 0{,}000855\frac{L''}{D''} + 2{,}0944,$$

also viel gröfser werden. Auch die Durchmesser D' und D'' der Heber, welche, den näherungsweisen Ausdrücken (49.) zufolge, wegen der vergleichsweise geringen Gröfse von a' und a'' etwa wie die 4ten Wurzeln von b' und b'' zunehmen, würden folglich gröfser sein müssen.

82. Die Coëfficienten a' und a'' sind so klein, dafs, selbst wenn L' und $L' = 160$ F. wären, was mehr ist als jemals vorkommen wird, a' von b' und a'' von b'' nur etwa 0,0154 beträgt. Deshalb kann man sich auch ohne merklichen Fehler bei gewöhnlichen Anwendungen der Ausdrücke (40.) bedienen, wenn man nicht etwa mehrerer Schärfe wegen statt der Formel (47.) die folgenden setzen will:

$$168. \quad \tfrac{1}{2}D' = \sqrt{\left[\frac{Q'_1}{2\pi g h'_1}\sqrt{(a' + \sqrt{(2gh'_1 b')})}\right]} \text{ und}$$

$$\tfrac{1}{2}D'' = \sqrt{\left[\frac{Q''}{2\pi g h''_1}\sqrt{(a'' + \sqrt{(2gh''_1 b'')})}\right]},$$

nach welchen sich ein wenig leichter rechnen läfst und die hier hinreichend genau sind.

Aus ähnlichen Gründen kann man die Veränderlichkeit der Länge der Heber, welche Statt findet, weil sie sich theilweise zusammenschieben (§. 54. und 61.) (was dann ein verhältnifsmäfsiges, zu y (§. 13.) hinzuzurechnendes oder davon abzuziehendes Glied giebt), aufser Acht lassen; denn dieses Glied beträgt noch nicht den 300ten Theil von b' und b''. Demnach setzen wir für L' und L'' ihre *gröfsten* Werthe für den höchsten Stand des Schwimmers.

83. Andrerseits werden wir, immer in der Absicht, die Rechnungen zu vereinfachen, annehmen, der Spiegel des obern und des untern Wassers verändere sich nicht in dem Fall einer einfachen oder doppelten Schleuse mit sehr grofsen Becken ober- und unterhalb, weil dann diese Veränderungen gegen die Druckhöhen h'_0 und h'_1 in der That sehr gering sind. Dies ist indessen, wir wiederholen es, nur dann richtig, wenn man gegen A, $A' = A''$ $= \infty$ annehmen darf.

Nach diesen Vorausbemerkungen gehen wir nun zu den oben bezeichneten Anwendungen über. Die Voraussetzungen dabei sind dem in (§. 43. etc.) bezeichneten Gange der Auflösung der Aufgabe gemäfs; denn man gelangt so gleichsam zu den ersten näherungsweisen Ergebnissen, aus welchen sich weiter die End-Ergebnisse finden lassen.

Einfache Schleuse mit zweistöckigem Schwimmer.

84. Für diesen Fall ist dem Obigen zufolge $\boldsymbol{A}' = \boldsymbol{A}'' = \infty$ und $\boldsymbol{B}'' = \boldsymbol{B}' = \boldsymbol{B}$ etc.: also geben die Gleichungen (31. 34. 35. 40. 53. 54. 57. und 67. 68. 69.)

169. $$\begin{cases} \boldsymbol{B} = \boldsymbol{A}, \quad Q_1' = Q_1'' = \boldsymbol{B} v_1 = \boldsymbol{A} v_1, \\ k = k_1 = 1, \quad i = \tfrac{1}{2}, \quad h_1' = h_0'' = \frac{q}{2\boldsymbol{A}} - h_0', \quad h_1'' = h_0', \end{cases}$$

und dann die besondern Ausdrücke in (§. 80.):

170. $$y_1 = \boldsymbol{H}, \quad \mathrm{x}' = \mathrm{x}'' = \boldsymbol{H}_m, \quad \mathrm{x}' + \mathrm{x}'' = 2\boldsymbol{H}_m, \quad \mathrm{H}' = \mathrm{H}'' = 0,$$
$$\mathrm{H} = \boldsymbol{H}, \quad z' = z = \boldsymbol{H}_m - \boldsymbol{T}_i \text{ etc.}$$

Die meisten dieser Ergebnisse folgen, wie in dem Bericht bemerkt, von selbst, und sind gänzlich den von Herrn ***Girard*** zuletzt gegebenen Constructionsregeln gemäfs.

85. Setzt man, mit Herrn ***Girard***, $h_0' = h_0'' = 2$ Zoll und $\boldsymbol{A} = 2030$ Q. F. (welches letztere für gewöhnlich grofse Schleusen passend ist), und dann die gleichförmige Normalgeschwindigkeit der Bewegung des Schwimmers $v_1 = 0{,}38$ Zoll in der Secunde, mit welcher derselbe eine Höhe von $12\frac{3}{4}$ F. in 400 Secunden oder etwa 7 Minuten durchlaufen würde, so erhält man

171. $$Q_1' = Q_1'' = 0{,}01\boldsymbol{A} = 20 \text{ Cub. F.}, \quad q = 0{,}2\boldsymbol{A} = 1294 \text{ Cub. F.},$$
$$h_1' = h_1'' = 2 \text{ Zoll.}$$

Der Wasser-Aufwand für eine doppelte gegenseitige Durchschleusung beträgt danach eine Schicht von 8 Zoll hoch in der Schleusenkammer, also von 4 Zoll hoch für eine Durchschleusung, in dem günstigen Fall, wenn auf ein nach oben gehendes Schiff sogleich ein hinabfahrendes folgt; und das ist, wie man sieht, nur der 20te Theil des Aufwandes in den gewöhnlichen Schleusen ohne Schwimmer von $12\frac{3}{4}$ F. Gefälle und, selbst wenn das Gefälle nur $6\frac{3}{8}$ F. betrüge, doch nur erst der 10te Theil.

86. Nimmt man weiter $\boldsymbol{L}' = \boldsymbol{L}'' = 70$ F. und $\mathrm{L}' = \mathrm{L}'' = 38$ F. an, wie es für ein Gefälle von $12\frac{3}{4}$ F. angemessen sein dürfte, und setzt voraus, dafs der Zusammenziehung des Strals in den Mündungen der Heber vorge-

beugt sei, so findet sich nach (§. 81.)

172. $a'' = a' = \frac{0,01596}{D}$, $b'' = b' = \frac{0,612}{D} + 1,0822$ (Franz. Maafs).

Setzt man nun zunächst in die Näherungs-Ausdrücke (49. §. 22.) die Zahl 1,0822 statt b' und b'' und ferner

173. $g = 9,81$ Meter, $\pi = 3,1416$, h_1'' oder $h_1' = 0,05$ Meter,
Q_1'' oder $Q_1' = 2$ Cub. Meter,

so erhält man für einen, erst näherungsweisen Werth von D' und D'', 1,63 Meter; was weiter

174. $a' = 0,0098$, $b' = 1,0822 + 0,3755 = 1,458$ (Fr. Maafs)

giebt. Diese Zahlen, weiter in die genauen Ausdrücke (§. 82.) gesetzt, geben 1,766 Meter für den schon genaueren Werth von D' und D''. Endlich giebt eine letzte Substitution in die nemlichen Formeln:

175. $a' = 0,00904$ und $b' = 1,430$ und dann

176. $D' = D'' = 67$ Zoll (1,76 Meter);

welches das hinreichend genaue Maafs des den Hebern nöthigen Durchmessers ist.

87. Findet man diesen Durchmesser der Heber zu beträchtlich, so kann man ihn vermindern: entweder dadurch, dafs man den Schwimmer langsamer sich bewegen läfst und also seiner Bewegung mehr Zeit giebt: oder durch einen gröfsern Wasser-Aufwand, wo er zuläfslich ist. Gäbe man z.B. dem Schwimmer nur die Hälfte der obigen Geschwindigkeit, so würden sich für $D' = D''$ etwa 48 Zoll ergeben. Der Wasser-Aufwand wäre der nemliche, und also auch die Fallhöhe nur noch 2 Zoll. Liefse man dagegen die Geschwindigkeit des Schwimmers die nemliche bleiben und verdoppelte dagegen den Wasser-Aufwand, so würde sich $D' = D'' = 56$ Zoll finden.

Diese letzte Verminderung des Durchmessers der Heber würde bei einem Schleusengefälle von $12\frac{3}{4}$ F. eine Verminderung der Ersparung an Wasser bis auf ein Zehntheil und bei einem Gefälle von $6\frac{3}{8}$ F. bis auf ein Fünftheil zur Folge haben; welches letztere beinahe nicht mehr genügt; denn die Ersparung an Wasser und Zeit würde unter Umständen vielleicht nicht mehr die Baukosten der Vorrichtung werth sein. Umgekehrt wird durch Verminderung der Geschwindigkeit der Bewegung des Schwimmers die Verkleinerung des Durchmessers der Heber auf Kosten der Zeitdauer des Schleusenspiels erreicht. Die Verzögerung desselben würde für $12\frac{3}{4}$ F. Gefälle fast unzuläfslich sein, obgleich die Durchschleusung blofs durch die Thore, ohne Schwimmer, fast eben so lange dauert. Anders wäre es für das halbe Gefälle, wo die Durchschleusung mit dem Schwimmer immer nur etwa 7 Minuten dauern würde; jedoch ohne Rücksicht auf die Verzögerungen beim Anfange und beim Ende der Bewegung; welche aber durch die Schnelligkeit gehoben wird, mit welcher hier die Heberklappen geöffnet werden können.

Die kleinen Gefälle sind demnach für die Verminderung der Durchmesser der Heber vortheilhaft, wenn man der Durchschleusung mehr Zeit gewährt: aber sie sind unvortheilhaft für die Ersparung an Wasser-Aufwand. Läfst man übrigens die freien Enden der Heber aus dünnem Kupferblech zusammenschweifsen und die Heber selbst aus Béton machen (wie im Bericht gesagt), so können sie auch recht gut noch mehr als 67 Zoll Durchmesser bekommen; was dann eine bedeutende Ersparung an Wasser erreichbar macht, ohne die Zeitdauer der Durchschleusungen verhältnifsmäfsig zu vergröfsern; wie es nemlich die Formel (61. §. 25.) zeigt, welche hier, wegen $A'' = A' = \infty$, $k = 1$ und $B = A$, näherungsweise

$$177.\quad \frac{q}{A} = \frac{32\,b'A^2}{g\pi^2 D'^2}\left(\frac{v_1}{D'}\right)^2 = 0{,}3306\,b'\frac{A^2}{D'^2}\left(\frac{v_1}{D'}\right)^2 \text{ (Fr. Maafs) giebt.}$$

88. Hätte man nicht der Zusammenziehung des Strals in den Mündungen der Heber vorgebeugt, so wäre in (§. 81.)

$$178.\quad b'' = b' = 2{,}0944 + \frac{0{,}612}{D'}$$

und die Werthe von D unter den verschiedenen Umständen in (§. 86. und 87.) wären jetzt 81, 54 und 63½ Zoll, statt 67, 48 und 56 Zoll; woraus sich der Nutzen der Abrundung der Mündungen zeigt. Dieser Nutzen zeigt sich auch noch besonders, wenn man, die Durchmesser der Heber und die Normalgeschwindigkeit des Schwimmers v_1 für die Ausdrücke (43. 61. und 62. §. 20. und 25.) als gegeben vorausgesetzt, erwägt, dafs die Druckhöhen h_1' und h_1'', so wie der Wasser-Aufwand q, beinahe mit b' und b'' gleichmäfsig zunehmen, indem a' und a'' immer nur wenig Einflufs haben.

Zusammengenommen zeigen diese Rechnungen, die wir nicht weiter fortsetzen und bei den folgenden Anwendungen sogar noch abkürzen wollen, dafs in dem hier abgehandelten Falle gewöhnlicher einfacher Schleusen der Nutzen der *Girard*schen Vorrichtung, wie in dem Bericht bemerkt, bedeutend genug ist, um ihre Anwendung, da, wo es an Wasser fehlt und die Verzögerung der Schiffahrt sehr nachtheilig ist, rathsam zu machen; und dies selbst ungeachtet der Kosten und der Schwierigkeit der Ausführung der Vorrichtung, die wir keineswegs für gering ausgegeben haben.

Doppelte oder gekuppelte Schleusen.

89. Da die zwei Kammern der Schleuse gleich grofs und die Becken ober- und unterhalb sehr grofs gegen die Kammern angenommen werden, so wird man den Schwimmer auf den Wasserspiegel der *untern* Kammer zu setzen haben, damit das untere Stockwerk des Schwimmers am stärksten belastet und dadurch an Standfestigkeit des Schwimmers gewonnen werde. Man erhält dann, wenn man nach (§. 79.) etc. verfährt, wenn $B'' = B' = B$, $\delta = 0$ etc. ist:

179. $A' = \infty, \quad A'' = A, \quad B = \frac{1}{2}(\sqrt{5} - 1)A = 0{,}618\,A,$

und dies giebt vermittels der Ausdrücke in (§. 80. und 84.)

$$180. \left\{\begin{array}{lll} Q'_1 & = Bv_1 = \frac{1}{2}(\sqrt{5}-1)Av_1 = 0{,}618\,Av_1, \\ Q''_1 & = \frac{1}{2}(3-\sqrt{5})Av_1 = 0{,}382\,Av_1, \\ k & = \frac{1}{2}(\sqrt{5}-1) = 0{,}618; \quad k_1 = \frac{1}{2}(3-\sqrt{5}) = 0{,}382; \quad k + k_1 = 1, \\ i & = \frac{k_1}{k+k_1} = \frac{1}{2}(3-\sqrt{5}) = 0{,}382, \end{array}\right.$$

und hierauf

$$181. \left\{\begin{array}{l} x' = H_m; \; x'' = 0{,}618\,H_m; \; H' = 0, \; H = 0{,}618\,H, \; H'' = 0{,}382\,H, \\ z' \text{ oder } z = H_m - T_i, \qquad C' = 0, \; C = 0{,}618\,C, \; C'' = 0{,}382\,C \text{ etc.} \end{array}\right.$$

Die Tiefe des Schwimmerlaufs y_1 ist immer $= H$.

Da die Wasser-Ergüsse Q'_1 und Q''_1 durch die Heber hier während der gleichförmigen Bewegung des Schwimmers nothwendig ungleich sind, so müssen es auch entweder die Druckhöhen h'_1 und h''_1, oder die Durchmesser D' und D'' der Heber sein; der gröfsere Durchmesser gehört, wie es die Ausdrücke in (§. 22.) zeigen, zu dem gröfsten Verhältnifs des Quadrats des Wasser-Ergusses zu der Druckhöhe.

90. Die Gleichungen (67 bis 69. §. 29.) geben im Allgemeinen, um die wechselseitige Abhängigkeit der Druckhöhen am Anfange und am Ende der Bewegung für die örtlichen Umstände und Bedingungen am passendsten zu bestimmen:

$$182. \quad h'_1 = 0{,}618\frac{q}{A} - h'_0, \quad h''_1 = 0{,}309\frac{q}{A} + 1{,}618\,h''_1, \quad h''_0 = 1{,}309\frac{q}{A} - 1{,}618\,h'_0.$$

Man kann nach den Andeutungen in (§. 45.) denjenigen Werth von h'_0 suchen, für welchen zur Ersparung der Kosten die Durchmesser D' und D'' der Heber nahebei gleich sind, ungeachtet hier Q'_1 und Q''_1 sehr von einander abweichen. Rechnet man nach der allgemeinen Formel von (§. 45.), oder in Zahlen, und setzt zunächst

183. $\left(\frac{Q'_1}{Q''_1}\right)^3 = \frac{h'_1}{h''_1}$ oder $\frac{h'}{h''_1} = \frac{0{,}618\frac{q}{A} - h'_0}{0{,}309\frac{q}{A} + 16{,}18 h'_0} = \left(\frac{0{,}618}{0{,}382}\right)^2 = 2{,}618,$

so findet sich für die verschiedenen Druckhöhen:

184. $h'_0 = -0{,}0365\frac{q}{A};\quad h'_1 = 0{,}655\frac{q}{A};\quad h'_1 = 0{,}250\frac{q}{A};\quad h''_0 = 1{,}368\frac{q}{A}.$

Der *negative* Werth von h'_0 giebt, da er sehr klein ist, ebenfalls eine Auflösung der Aufgabe; blofs die Gleichung für das Gleichgewicht (90. §. 40.) ist dann schwierig zu erfüllen; wie sich weiterhin zeigen wird. Der negative Werth bedeutet blofs, dafs im Anfange des Herabsteigens des Schwimmers das Wasser im untern Becken A' um einige Linien tiefer steht als im correspondirenden Theile des Schwimmers; anstatt höher. Aber durch die Bewegung, in welche der Schwimmer durch das in seinen obern Theil unter der anfänglichen Druckhöhe h'_0 einfliefsende Wasser gesetzt wird, mufs die veränderliche Druckhöhe h' bald zu der *positiven* Grenze der Druckhöhe h'_1 gelangen, welche (184.) angiebt.

Setzt man hier $L' = L'' = 70$ F., L' = L'' = 44½ F., was

185. $a'' = a' = \frac{0{,}01615}{A},\quad b'' = b' = \frac{0{,}6138}{D'} + 1{,}0822$ (Fr. Maafs)

giebt, und dann weiter $q = 0{,}1\,A,\ v_1 = 4\frac{2}{3}$ Linien und $A = 2030$ Q. F., so findet sich, wenn man wie in (§. 86.) verfährt, $D' = D'' = 50\frac{1}{2}$ Zoll.

Dieses rückwärts in (43. §. 20.) gesetzt, so wie auch

186. $Q'_1 = 0{,}618\,A v_1 = 40$ C. F. $\quad Q''_1 = 0{,}382\,A v_1 = 24\frac{1}{2}$ C. F.,

giebt genauer für die Druckhöhen:

187. $h'_1 = 2\frac{1}{2}$ Zoll, $\quad h''_1 = 1$ Zoll, $\quad h'_0 = -1\frac{4}{5}$ Linien, $\quad h''_0 = 5\frac{1}{4}$ Zoll;

welches sehr wenig von Dem abweicht, was sich finden würde, wenn man im Voraus $D' = D''$ annähme.

91. Da die Durchmesser D nach (§. 22. und 82.) sehr nahe wie die vierten Wurzeln der Verhältnifszahl des Quadrats des Wasser-Ergusses oder der Geschwindigkeit v_1 zu der correspondirenden Druckhöhe wachsen, so sieht man, dafs, wenn v_1 doppelt so grofs oder $= 9\frac{1}{3}$ Linien angenommen wird, die nun (immer einander gleichgesetzten) Durchmesser etwa $= 50\frac{1}{2} \cdot 1{,}414 = 71$ Zoll sein müssen; welches die Vortheile der Vorrichtung in dem gegenwärtigen Fall einer gekuppelten Schleuse zeigt, indem mit einer so geringen Druckhöhe und mit so wenigem Wasser-Aufwande der Schwimmer bei einem Gefälle von z. B.

16 F. seinen Lauf in 250 Secunden oder in etwas mehr als 4 Minuten zurücklegen kann.

Aber dieser Vortheil, so wie der der Verminderung der Höhe $x'+x'' = 1{,}618\,H_m$ und des horizontalen Querschnitts B des Schwimmers, wird hier wieder durch die mehrere Tiefe z oder $z' = H_m - T_i'$ des Brunnens unter dem untern Becken A (§. 89.) aufgehoben, welche Tiefe, für ein Gefälle von $H_m = 16$ F. und eine geringste Wassertiefe T_i von $4\frac{3}{4}$ F. z. B., wenigstens $11\frac{1}{8}$ F. ist. Dieser Übelstand würde sich nur auf Kosten der Standfestigkeit des Schwimmers heben lassen, indem man gewissermaafsen die Anordnung umkehrt, nemlich den Brunnen mit dem Becken oberhalb in Verbindung setzt und folglich in den Gleichungen $A' = A$ und $A'' = \infty$ annimmt, was immer $B = 0{,}618\,A$, aber blofs $z' = 0{,}618\,H_m - T_i$ und dann $x' = 0{,}618\,H_m$ und $x'' = H_m$ giebt. Der Schwimmer wäre dann nach oben stärker als nach unten belastet und man müfste ihn nothwendig mit Rollen an starken Leitstangen auf- und nieder- sich bewegen lassen.

92. Will man nicht auf die Gleichheit der Durchmesser der Heber bestehen, so läfst sich eine andere Bedingung setzen, unter welcher die Handhabung der Vorrichtung und die Regulirung der obern und untern Wasserstände sehr erleichtert und überhaupt der Fall gekuppelter Schleusen näher auf den der einfachen Kammer gebracht werden würde. Sucht man nemlich vermittels der obigen allgemeinen Ausdrücke der Druckhöhen (§. 90.) der besondern Bedingung $h_1' = h_0'$, welche für die einfache Schleuse Statt findet, genugzuthun, so erhält man gleichzeitig:

$$188.\quad h_1' = h_0' = 0{,}309\frac{q}{A} \quad \text{und} \quad h_1'' = h_0'' = 0{,}809\frac{q}{A}.$$

Dann ist das Verhältnifs der beiden Durchmesser D' und D'' ungefähr 1,63 zu 1 und man findet für die obigen Zahlenwerthe von A, q und v_1 ungefähr $D' = 61$ Zoll und $D'' = 38$; welche Maafse der D zuläfslich sein würden; jedoch für den untern Heber nicht mehr, wenn man, während der Wasser-Ergufs q derselbe bleibt, v_1 verdoppeln oder die Zeitdauer der Durchschleusung auf die Hälfte reduciren wollte. Es würde dann etwa $D' = 86$ Zoll und $D'' = 53\frac{1}{2}$ Zoll sein müssen; woraus zu sehen, dafs die Gleichheit der Heber-Durchmesser vortheilhaft ist; auch für die Kosten und die Bequemlichkeit der Handhabung der Vorrichtung.

(Der Schlufs folgt.)

Inhaltsverzeichnifs des vierten Hefts drei und zwanzigsten Bandes.

Berlin, gedruckt bei G. Reimer.

1.

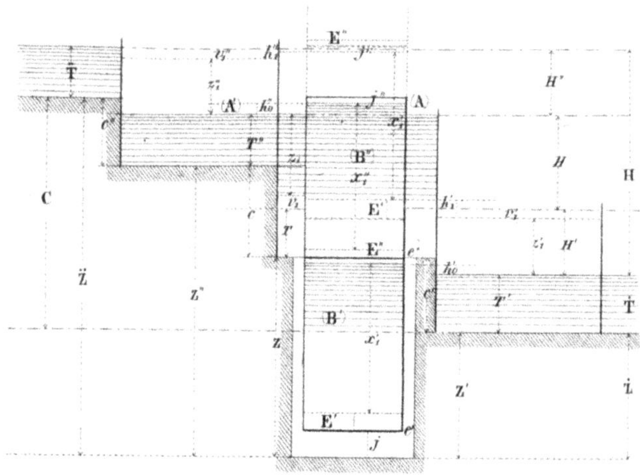

2.

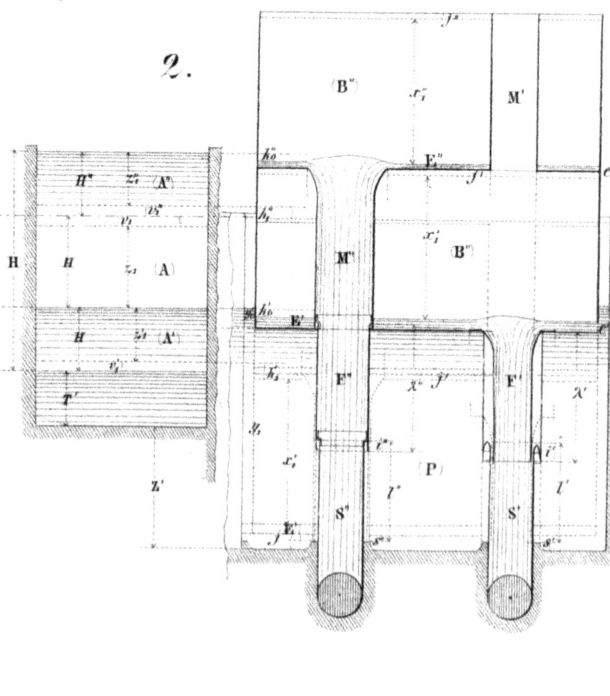

Taf. I.

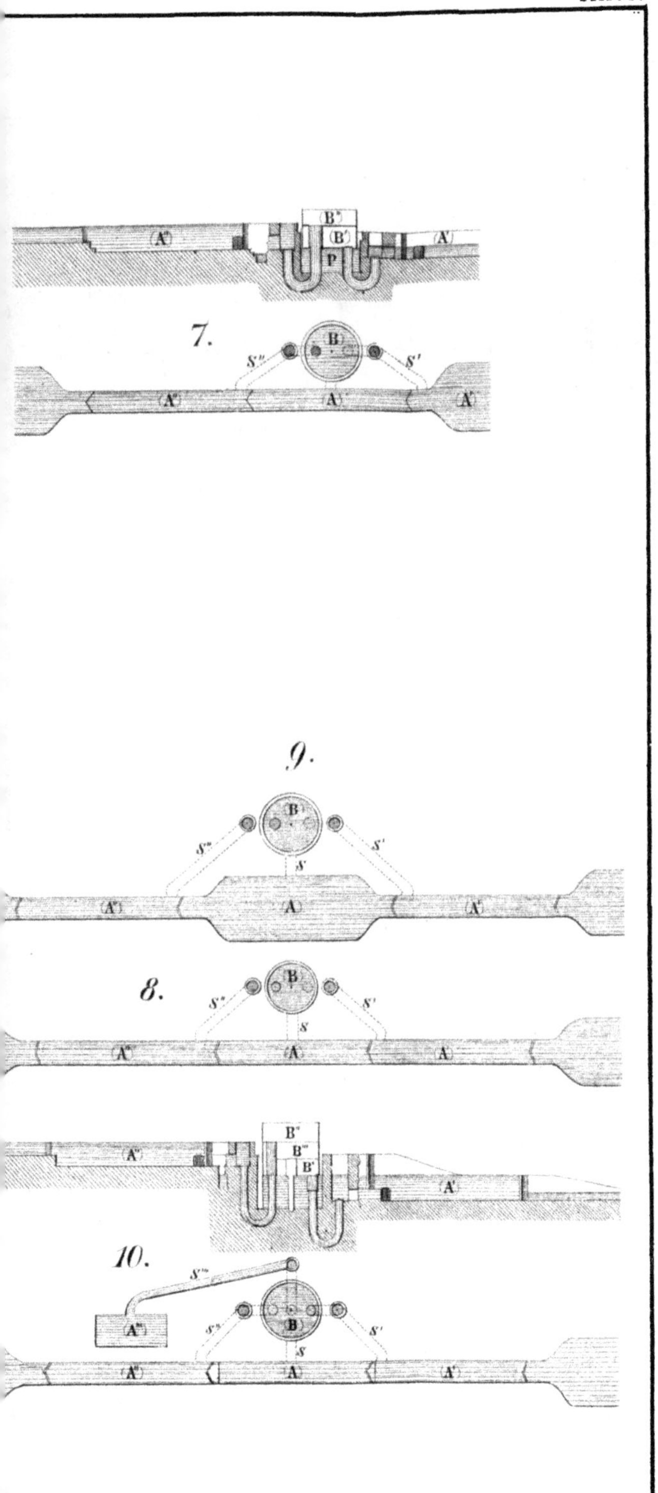

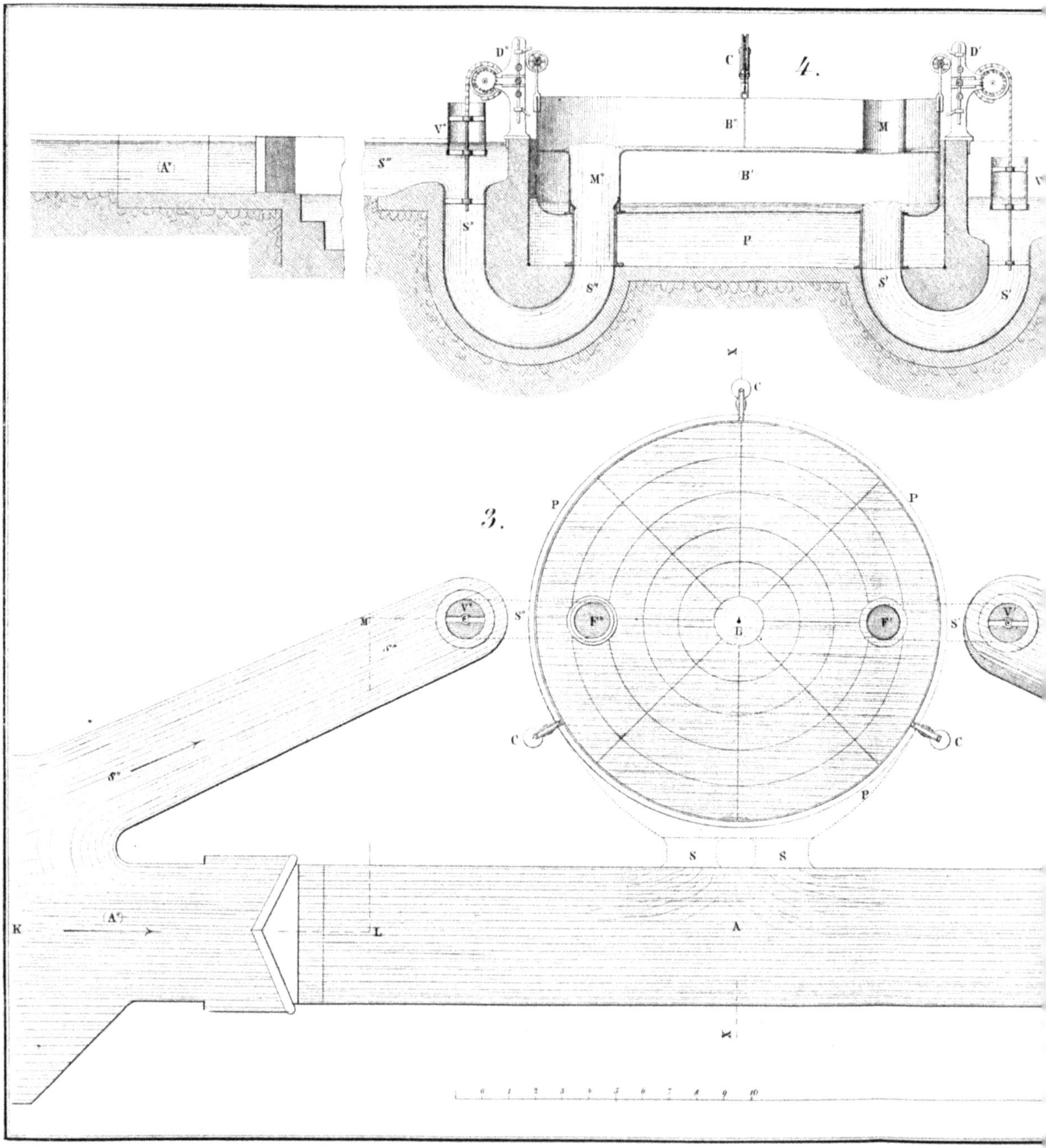
4.
3.
C
D″
D′
V″
V′
B″
B′
M
M″
(A″)
S‴
S″
S′
P
C
X
F″
F′
B
S
A
K
L
(A″)
0 1 2 3 4 5 6 7 8 9 10

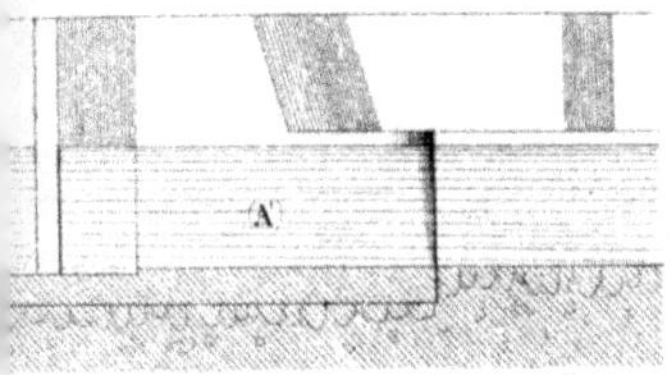

6.

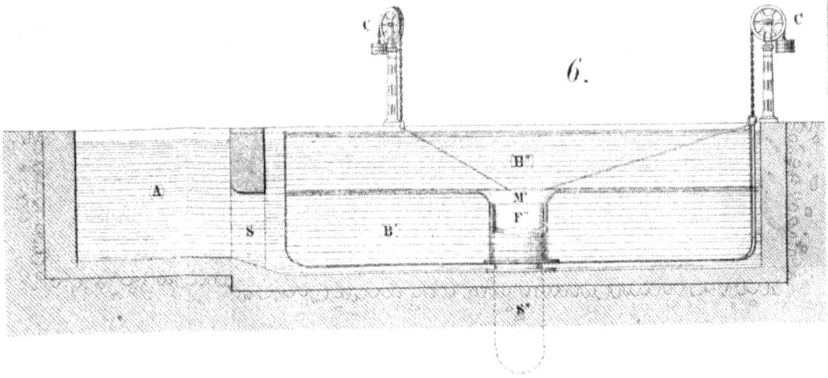

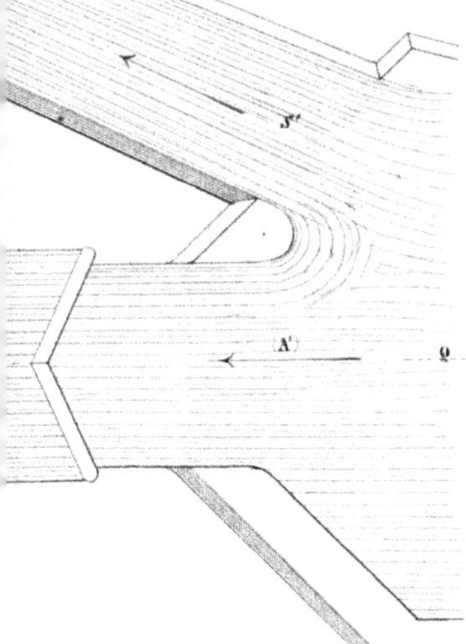

5.

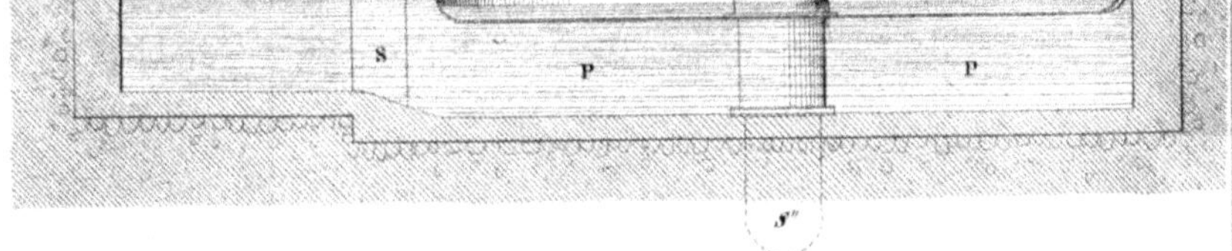

1.

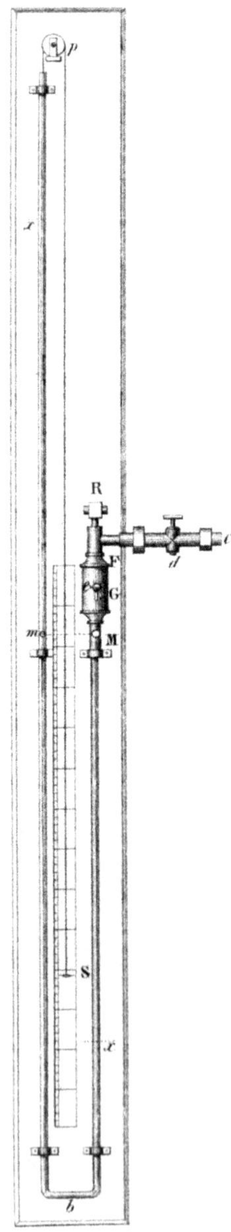

2.

4.

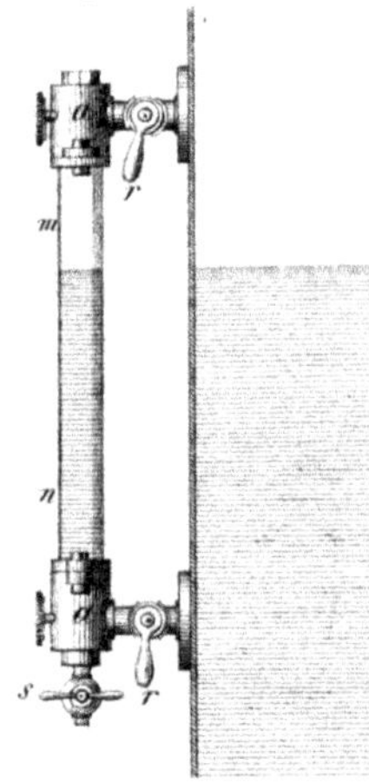

8.

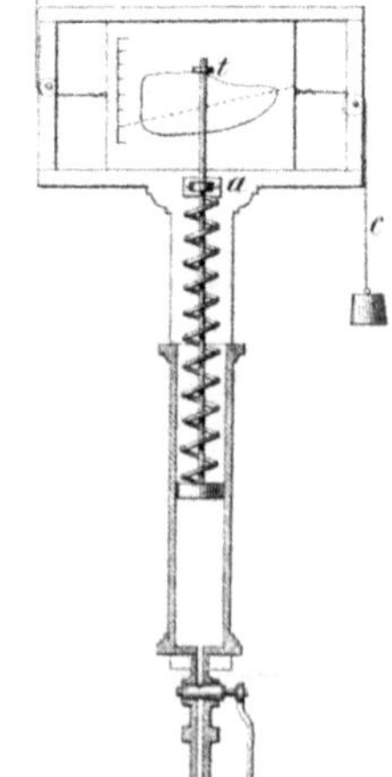

№ 1.

3.

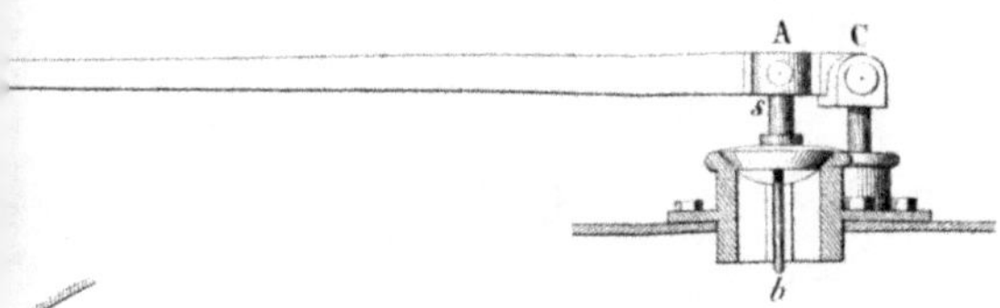

7.

5.

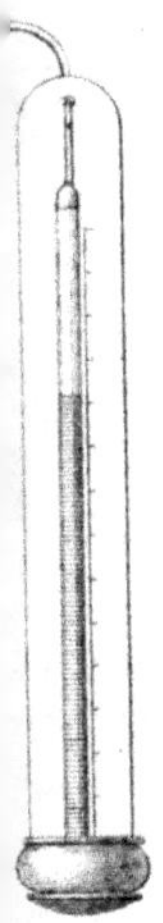

6.

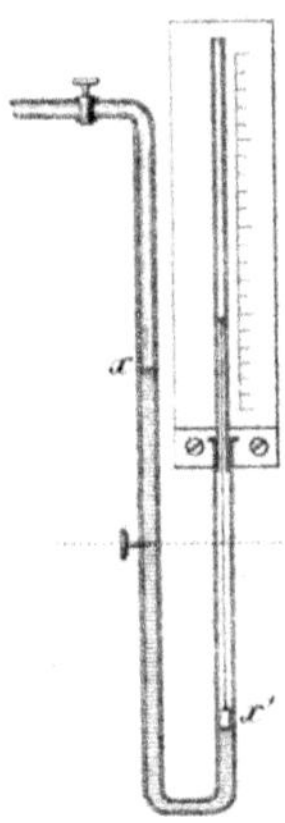

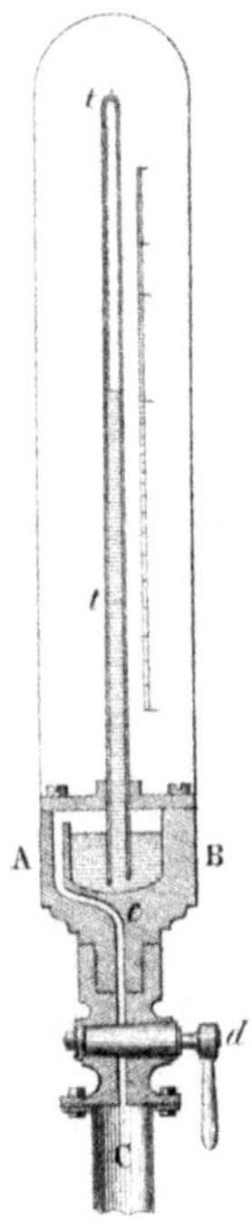

10.

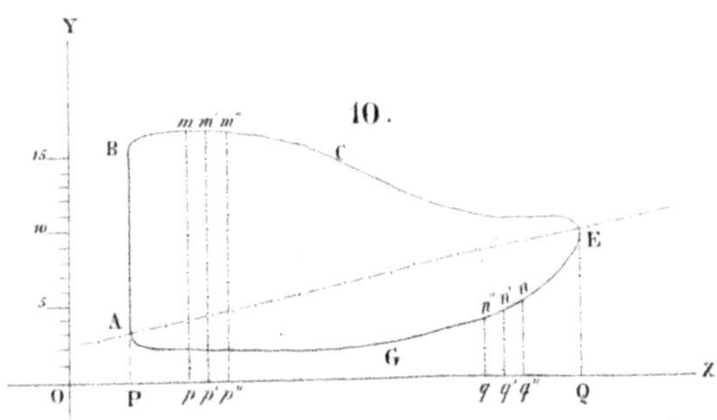

1.

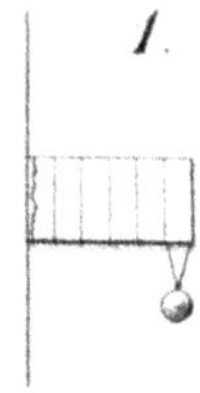

3.

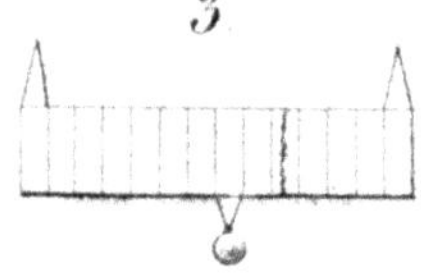

5.

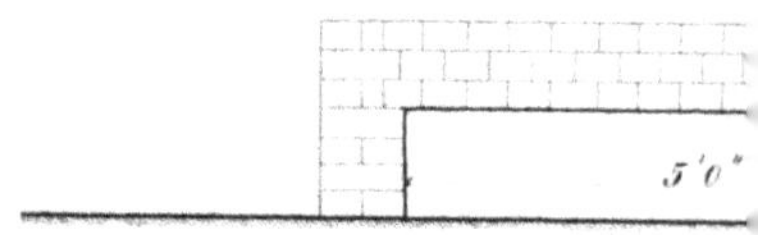

6

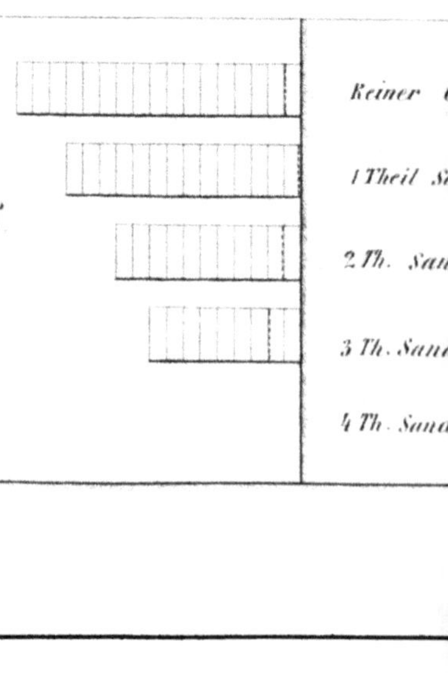

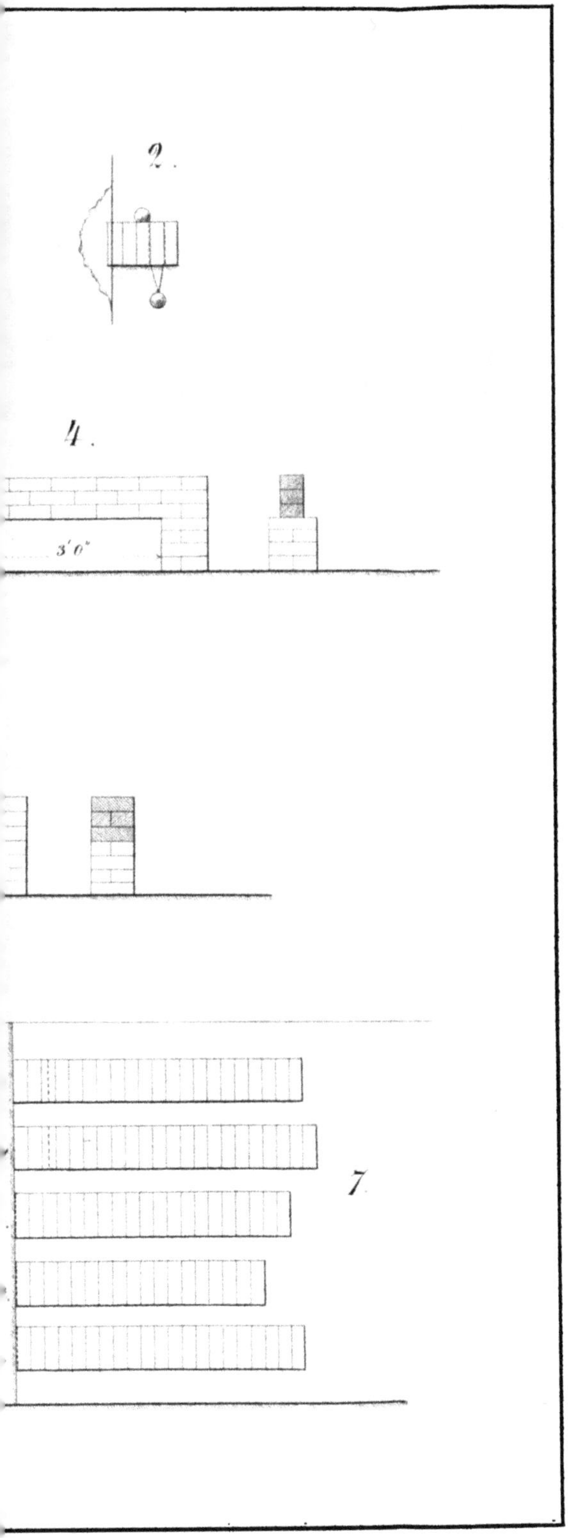
2.
4.
3′ 0″
7.

www.ingramcontent.com/pod-product-compliance
Lightning Source LLC
LaVergne TN
LVHW080745300926
849162LV00008BA/1752